JN014491

常微分方程式
Ordinary Differential Equations
入門

物理を使うすべての人へ

OOSHIDA Takeshi

大信田丈志

日本評論社

目次

第0章　何が始まるんです？

　機械工学や電気工学など，物理学を応用して成り立つ工学を，ここで
は仮に「物理系工学」と呼ぶことにする。何よりも先に言っておきたい
のは，物理系工学では微分方程式の知識が必須となることだ。微分方程
式を知らなければ，運動方程式が扱えず，物理学は使いこなせない。

　しかし，本書を読み始めた皆さんのうち，特に工学部1年の学生の方々
のなかには疑問をもつ人がいるかもしれない。

　1．高校で習った物理学は，数学とはあまり関係がなさそうで，むしろ
暗記科目だったような印象があるが，大学の物理学はこれとは違うのか？

　2．機械や電気に物理学を応用するやりかたは，実際にエンジンや回路
を組み立てて学ぶものであって，微分方程式とかいう数学の勉強に時間
をかけるのは時間の無駄ではないだろうか？

　筆者の答えはこうだ。まず物理学は暗記科目ではなく考える科目であ
る。ちょっと微分や積分の知識を応用して考えれば覚えなくても済むも
のを，一生懸命暗記しているのが受験物理なのだとしたら，こちらのほ
うがむしろ時間と労力の無駄ではないだろうか。微分方程式の知識と経
験が少しでもあれば，本当に覚えないといけない事項（用語や係数の定
義など）と，覚えなくても導ける事項の区別がつくから，暗記の労力は
激減する。そのことを知らずに，物理は暗記だと勘違いしたままの学生
が，工学の膨大な知識を丸暗記して試験に臨むのを見ていると，気の毒
で仕方がない。さらに，公式を丸暗記した場合は，問題設定を少し変更
されると対応不能に陥るが，微分方程式から導出する方法を知っていれ
ば，柔軟な応用が可能になる（たとえば水平投射と斜方投射の式を別々
に覚える必要はなくなる）。

　そして，もし機械工学や電気工学に数学が役立ちそうにないというの

なら，どうしてそんな無駄なものを工学部で低学年の必修単位にしているのか，逆に疑問に思わないだろうか。どこの大学でも高専でも，工学部には必ず数学の講義がある。本当に数学が無駄だったら「わが大学では数学を廃止して実践的な工学系科目のみでカリキュラムを構成します」という大学があってもいいはずだ。しかし，もしそんな大学があったら，悲惨な結果に終わるに違いない（そうでなければ，実践的工学系科目と称しつつ，実際には数学の補習をするはめに陥るだろう）。

　なぜそう言い切れるのかを説明しよう。

　試しに，大学図書館に行くか先輩に頼むかして，工学部3年の専門科目の教科書を見せてもらうといい。どの教科書も，数式が大量に並んでいることが分かるだろう*。そして，いくつかの科目では，その数式の大半が微分方程式とその解なのである。科目名を具体的に挙げると，振動工学・制御工学・電磁気学など，そして「なんとか力学」と名前がつくほぼすべての科目が該当する。いくら実用第一だからといって，こういう科目を，微分方程式などの数学の知識なしでいきなり学ぼうというのは，無防備にもほどがある。某人物の言葉[26]を借りるなら "極寒の地で全裸で凍えながら" つらさの原因も対策も知らずにいるようなものだ。

　そういうわけで，物理系工学のさまざまな科目を習得しようと思うなら，まずは基本装備あるいは基本技としての数学的知識を身につけておく必要がある。そのなかの必須アイテムの一つが微分方程式なのだ。

　㊟ ここまで数学のメリットだけを書いたが，中途半端な微分方程式の知識はデメリットになり得ることも警告しておこう。表面的な数式の形にとらわれて意味を見失い，間違った結果に気づかない危険性があるのだ。そのような落とし穴を避けるためには，常に数式と実際の現象の対応を考え，数式の意味を読み取る習慣をつけることが重要だ。中途半端な生兵法に陥らないように，よく考える態度を大切にし，実際に使えるところまで頑張って技を磨こう。

---

　* これには宇宙工学の分野で有名な逸話がある。今から百年ほど昔，あまり成績優秀とは言えないある天文好きな少年が『惑星間宇宙へのロケット』という本を喜び勇んで購入した。ところが少年はページを開いて愕然とした。数式が大量に並んでいて全く分からなかったからだ。そこで少年は猛勉強を開始し，苦手だった数学と物理を得意科目に変えるまでになった。この少年こそ，のちにNASAでロケット開発を率いたW. von Braunだという[16]。

　† 本書において[16]や[26]などの数字は引用文献リスト（p. 298）への参照を表す。

　この本では，読者が数学の必要性について納得できるように，また数式を扱う技能と意味を読み取る感覚を両方とも養えるようにという願いを込めて，二種類の題材を盛り込むようにした。一方では，計算方法や考え方を示すために，なるべく単純明快な数学的例題を繰り返し用いるようにする。他方では，たとえ少々複雑であっても，現実の工学的な問題に微分方程式を応用する様子が分かるような題材を織り交ぜる。後者の例としては，たとえばロケットの燃料の計算，高い塔から重い物体を落とした場合の空気抵抗の影響の評価，化学反応の実験データの解析，伝熱工学や流体力学の基礎的な問題，ロボットの二足歩行のモデル，電気回路や機械系における振動の取り扱い，フィードバック制御の最適化問題などを取り上げることにした。

　もともと，微分方程式という題材は説明すべき内容が多いうえに，上記のように欲張った内容にしたものだから，この本は，かなり厚くなってしまった。特に，どうしても ⑳ や ㊟ などで脇道に入らないといけない箇所も多々あるので，本筋を見失わないように，できればノートを用意して，メモをとりながら，また途中計算を補いながら読み進めてほしい。

　そういうわけで，今から，物理系工学を習得するための基本技として，微分方程式について学んでいこう。

考える科目 —— 丸暗記に頼らず考えることで柔軟に対応できる

第1章　導関数と原始関数

　まずは基本的なところから始めよう。

方程式 　常微分方程式とは，文字どおりには "通常の微分方程式" を意味し，微分方程式は方程式の一種である。方程式にもいろいろあるが，たとえば1次方程式の解き方を学ぶときは掛け算と割り算について既に知っていなければならないし，2次方程式の解き方を学ぶには，その前に2乗と平方根について知っていることが前提となる。では，微分方程式の解き方を学ぶには何が必要なのだろうか？

　この章の前半では，まずは微分方程式とは何であるかを説明し，今後必要になる重要な用語をいくつか導入する。微分方程式とは，未知の関数の微分（導関数）を含む方程式である。そこで，1次方程式を解くためには掛け算の逆である割り算が必要になるように，また2次方程式を解くためには2乗の逆である平方根が必要になるように，微分方程式の解き方を学ぶためには，導関数を求める計算の逆が必要になる。この章の後半では，導関数の仕組みと，その逆としての原始関数の計算の仕組みについて学ぶ。

導関数

原始関数

1-1 常微分方程式とは

1-1-A 方程式と関数

微分方程式は方程式の一種である。それゆえ，微分方程式について説明するために，まずは方程式とは何であるかを明確にするところから始めよう。たとえば，高校で習ったことを思い出してほしいのだが，2次関数と2次方程式の違いは何だろうか？

方程式（equation）とは，未知数を含む等式のことだ。たとえば

$$2x + 1 = 3 \tag{1.1.1}$$

という等式は（x が未知数だとするなら）方程式である。式 (1.1.1) の内容を，数式でなく言葉で書くなら

　何を2倍して1を足したら3になるか？

という疑問文になる。未知数を含む等式とは，つまり疑問詞を含む疑問文の数式版だと思えばいい。このような疑問文は「〜なものはなーんだ？」という謎々遊びで馴染んできた形であり，日常生活でも推理ドラマでも

　この金額で何グラムの肉が買えるか？

　自宅をいつ出発すれば8時40分に教室に着くか？

など，さまざまな形で現れ得る。

方程式ではない数式としては

⊕ 未知数を含まない： $1 + 1 = 2$

⊕ 等式でない： $x^2 + 5x + 6, \quad 6y > 3$

といったものが挙げられる。そのほか，

$$(1+x)^2 = 1 + 2x + x^2 \tag{1.1.2}$$

のように x に何を代入しても成り立つ等式（恒等式）や，

$$x = 5 \tag{1.1.3}$$

のように左辺が x だけになっている形の式は，x が未知数であるとは言いがたいため，方程式とは見なさないのが普通である。

方程式の未知数に代入すると等号が成立するような値のことを，その方程式の解（solution）という。方程式が「〜な者は誰か」という謎だとしたら，その条件に当てはまる者が解である。方程式の解を求めること

（余白の注記）

方程式は "WH 疑問文"

恒等式

x について解いた形

解

解く
　　　　　　を「方程式を解く」という（"謎を解く" という場合と同じ語を用いる）。
〜を満たす
　　　　　　方程式の等号を成立させることを「方程式を満たす」ともいうので，た
　　　　　　とえば "$x = 1$ は方程式 (1.1.1) の解である" と "$x = 1$ は方程式 (1.1.1)
　　　　　　を満たす" は同じ意味である。

解であること
　　　　　　㋑ 方程式 (1.1.1) に対し，$x = 1$ が解であることを確かめよ。
　　　　　　⇒ 素直に $x = 1$ を左辺に代入してみよう：

$$[\text{式 (1.1.1) の左辺}] = 2 \times 1 + 1 = 3 \tag{1.1.4}$$

　　　　　　これは式 (1.1.1) の右辺に等しいので，等号が成立する。したがって
　　　　　　解である。

　　　　　　㋑ 方程式

$$y^2 + 6 = 5y \tag{1.1.5}$$

　　　　　　に対し，$y = 1$ が解であるかどうか確かめよ。また $y = 2$ はどうか？
　　　　　　⇒ まず $y = 1$ を左辺と右辺にそれぞれ代入すると

$$[\text{式 (1.1.5) の左辺}] = 1^2 + 6 = 7$$
$$[\text{式 (1.1.5) の右辺}] = 5 \times 1 = 5$$

　　　　　　のように明らかに異なる値になり，式 (1.1.5) の等号が成立しない。
　　　　　　したがって，$y = 1$ は解ではない（方程式を満たさない）。

　　　　　　続いて，同様に $y = 2$ を左辺と右辺にそれぞれ代入すると

$$[\text{式 (1.1.5) の左辺}] = 2^2 + 6 = 10$$
$$[\text{式 (1.1.5) の右辺}] = 5 \times 2 = 10$$

　　　　　　となり，この場合は式 (1.1.5) の等号が成立する。したがって，$y = 2$
　　　　　　は解である（方程式を満たす）。

証明問題
　　　　　　㊟ このような問題に対し，方程式を解いて答えようとするのは見当違い
　　　　　　である。むしろ，等号成立を証明せよ，という問題であることに気づ
　　　　　　かなければならない。証明問題では「ゴールとスタートをきちんと区
　　　　　　別すること」したがって「ゴールをスタートに書かないこと」が鉄則で
　　　　　　ある。今の場合，等号成立がゴールなので，それをうっかりスタート
　　　　　　に書かないように，左辺と右辺を切り離して計算し，最後に「等号が成
　　　　　　立する，したがって解である」で締めくくる。

では

(1.1.6)

例 $y = 2x + 1$

は方程式だろうか？ これは，x を未知数と見るかどうかによる。つまり式 (1.1.6) 自体だけで決まることではなく，文脈や意味づけに依存する。

式 (1.1.6) のような形の式でよくある意味づけは，先に x の値を与え，それに対応する y の値を式 (1.1.6) で決める，というものだ。このような対応関係を定める機能をもつ数式（またはそれに準じる仕掛け）を，関数 (function) という。式 (1.1.6) が関数を表すことを明確に示すには

(1.1.7)

$$x \mapsto y = y(x) = 2x + 1$$

のように書けばいい*。記号 $\mapsto$ は値の対応関係を表す[40]。誤解のおそれがない場合には，式 (1.1.7) の前半部分を省略し，後半部分のみで

(1.1.7′)

$$y = y(x) = 2x + 1$$

のように書くことも多い。いずれにしても，カッコ内の x に何か値を入れたら対応する y の値が返ってくるという"機能（ファンクション）"[25] を $y = y(x)$ という形で表している。式 (1.1.6) をこのように解釈するなら，これは方程式ではないことになる。

関数で対応づけられた変数のうち，入力側の変数を独立変数，出力側の変数を従属変数という[25, 38]。式 (1.1.7) の場合には，x が独立変数で，y が従属変数である。

他方，もし式 (1.1.6) で y の値が先に決まっていたらどうだろうか。そうなると式の意味づけとしては式 (1.1.1) と同じことで，

等号が成り立つような x を見つけよ

という問題設定だと解釈するのが自然である。この場合は式 (1.1.6) は方程式であり，特に，右辺は x の1次式だから，これは1次方程式だということになる。要は，x を未知数と見なすべきかどうかであって，

- 式 (1.1.6) で x を先に決めて y を求める → 1次関数
- 式 (1.1.6) で y を先に決めて x を求める → 1次方程式

ということになる。2次関数と2次方程式についても，もう違いは明ら

----

* 式 (1.1.7) を見て，$y = y(x)$ と書いてあるのは $y = f(x)$ か何かの間違いではないか？と思った読者は，p. 11 を見てほしい。

（右欄外注記）

関数

記号 $\mapsto$

関数を示す括弧
$y = y(x)$
⇒ p. 11

独立変数

従属変数

式 (1.1.1)
⇒ p. 7

かだろう (あえて説明は書かない：自分で考えてみよう)。

式 (1.1.6) を方程式と見た場合，たとえ y の具体的な値が分からなくても，式 (1.1.6) を x について解いて[†]

$$x = \frac{y-1}{2} \qquad (1.1.8)$$

と変形できる。式 (1.1.8) を関数 $x = x(y)$ と見るなら (独立変数が y で従属変数が x)，これは式 (1.1.7) の関数 $y = y(x)$ に対する 逆 関数にほかならない[‡]。このように，方程式と逆関数には密接な関係がある。

関数 $y = y(x)$ に話を戻そう。物理系工学では多くの場面で関数が登場し，さまざまな意味づけが可能である。たとえば，x は ある歯車機構における歯車 A の回転角で，それに応じて物体 B の位置 y が定まる，という仕組みを式 (1.1.7) は表しているのかもしれないし，x はある電気回路における入力端子の電圧で，y は出力電圧なのかもしれない。とにかく入力側の変数 x を設定すると，それに連動して出力側の変数 y が変わるような何らかの仕掛けを考えたらいい。ただし，そのような仕掛けを数学的に関数と呼ぶためには，出力 y の値は，過去の履歴や他の要因によらず，入力 x の現在の値だけによって一意的に[§]定まる必要がある。工学的には，このようなものを静的システムという[33]。関数とは静的システムの数学的表現であるというのが関数の意味づけのひとつであって，この意味づけによるイメージは，関数を理解する上でかなり助けになる。独立変数 x は「動かせる変数」「動く変数」というイメージ，従属変数 y は「独立変数に連動するもの」というイメージでとらえてほしい。

ほかにも関数の物理的あるいは工学的な意味づけはいくつかある。よく出てくるのは，独立変数が時刻 t という場合で，たとえば

$$t \mapsto x = x(t) = \cdots \qquad (1.1.9)$$

のような関数は，位置 x をもつ物体の運動を表していると解釈できる。他方，独立変数が空間的な位置という場合もあって，たとえば

$$x \mapsto \phi = \phi(x) = \cdots \qquad (1.1.10)$$

側注: ～について解く　逆関数　関数の意味づけ　静的システムとしての関数　動く変数　時刻 t　運動を表す関数

[†] 与えられた等式を，たとえば $p = \cdots$ の形 (右辺は p を含まない) に同値変形することを "p について解く" という。

[‡] ここで x と y の入れ替えは行わず，独立変数と従属変数という役割だけを入れ替えていることに注意せよ。式 (1.1.7) と (1.1.8) の同値関係を崩さずにおくほうが何かと便利である。

[§] "一意的" とは，ただひとつに値が確定する様子[40]を意味する数学用語である。

は（もし x が位置なら），何らかの場（field）を表していると考えられる。 場を表す関数

> ㊟ 独立変数は単一の変数とは限らない。たとえば3次元の場を表すには
>
> $$(x, y, z) \mapsto \phi = \phi(x, y, z) = \cdots \qquad (1.1.11)$$
>
> のようなものが必要だし，時間 t を含むような
>
> $$(x, y, z, t) \mapsto \phi = \phi(x, y, z, t) = \cdots \qquad (1.1.12)$$
>
> という場も必要になってくる。

式 (1.1.7) で $y = y(x)$ と書いているのはおかしくないですか？本当は $y = f(x)$ だと思うのですが。

→ ある意味では全くそのとおりで，従属変数を y で表すならば，関数はそれとは違う文字（たとえば f など）であらわすほうが良い，と考えるのが素直です。高校の教科書などはたいていそうなっているでしょう。

ところが，実際の物理系工学の問題でそういうことをしていると，たちまち文字が足りなくなります。物体の位置 x を時間の関数として $x = f(t)$ と書いたら，力を f 以外の文字で書かないといけなくなるし，力が時間に応じて変化するのを $f = g(t)$ と書こうとすると，重力加速度とかぶってしまうし……。そういうわけで，実際には関数と従属変数を同じ文字で書くことがよくあるので，この本も，それに合わせることにしました。最初は混乱しやすいかもしれませんが，慣れてください。

ある変数を設定すると，それに連動して別の変数が決まる

方程式の解<ruby>解<rt>かい</rt></ruby>と根<ruby>根<rt>こん</rt></ruby>は同じ意味ですか？

→　確かに，

- 方程式 $x^2 = 4$ の解は $x = \pm 2$
- 方程式 $x^2 = 4$ の根は $x = \pm 2$

という言い方はどちらも正しいので，これだけ見ると，根と解は同じ意味かと思ってしまいそうですが，そうではありません。解という語はさまざまな方程式で一般的に用いるのに対し，根という語は n 次方程式に限って用いられます [32]。特に重根<ruby>重根<rt>じゅうこん</rt></ruby>という概念は，n 次式の因数分解に基づくものであり，等号成立に基づく解の概念とはだいぶ違った見方をしていることになります。

1-1-B　微分方程式とは何か

本題である微分方程式の説明に移ろう。

微分方程式　　　微分方程式とは<ruby>微分方程式<rt>びぶんほうていしき</rt></ruby>，未知の関数の微分（導関数）を含む等式のことである。つまり，方程式の一種なのだが，未知数（unknown）が単なる数ではなく関数になっているところが，今までに出てきた 1 次方程式 (1.1.1) や 2 次方程式 (1.1.5) などとは大きく異なる。

> ㊟ 上記のことから，微分方程式の未知数は "未知関数" と呼ぶほうが正確なのかもしれないが，この本では，未知関数も含めた意味で「未知数」という語を用いることにする。

微分方程式の具体例を挙げよう。たとえばこんな式だ：

㊟　$$\frac{\mathrm{d}^2 x}{\mathrm{d}t^2} = 8 - 4x \tag{1.1.13}$$

未知の関数　　　方程式 (1.1.13) の未知数は，独立変数を t とする未知の関数 $x = x(t)$ である。式 (1.1.13) は，関数 $x = x(t) = \cdots$ に何を代入したら等号が成立

独立変数　　　しますか？という，数学的な疑問文になっている。独立変数が t である

微分演算子 $\dfrac{\mathrm{d}}{\mathrm{d}t}$　ことは，$\mathrm{d}/\mathrm{d}t$ という微分演算子<ruby>微分演算子<rt>びぶんえんざんし</rt></ruby>が使われていることから分かる。

注 方程式 (1.1.13) は，プライムを用いて

$$x''(t) = 8 - 4\,x(t)$$

と書いてもよいが，この場合は，独立変数を省略しないほうがよい（省略する場合は "プライムは t での微分を意味する" などといった注記が必要である）。注記もせずに独立変数 t を省いて x'' と書くと，x を何の変数で微分しているのか分からなくなるからだ。

なお，ドットつきの文字は t に関する導関数を表すという約束のもと，

$$\ddot{x} = 8 - 4x$$

のように書くこともある。この記法は質点力学でよく用いられる。

プライム ⇒ p. 32

　方程式 (1.1.13) の解は，この本を読み終わる頃には自力で求めることができるようになるはずだ。しかし，ここでは解を天下り¶に与え，それが解になっていることを代入によって確かめてみよう。今の場合，解は

$$x = 2 + A \cos 2t + B \sin 2t \tag{1.1.14}$$

と書けて，ここで A と B は任意定数である。任意 (arbitrary‖) とは "あとから好きなように設定する余地がある" という意味，定数 (constant) とは，独立変数（今の場合だと t）が動いても影響を受けることなく同じ値を保つという意味——もう少し平たく言えば，A や B のなかに t は含まれていないという意味——である。

　では，式 (1.1.14) の関数 $x = x(t)$ が確かに方程式 (1.1.13) の解であることを確認しよう。そのための準備として，まず導関数を計算する：

$$\frac{\mathrm{d}x}{\mathrm{d}t} = -2A \sin 2t + 2B \cos 2t$$

$$\frac{\mathrm{d}^2 x}{\mathrm{d}t^2} = -4A \cos 2t - 4B \sin 2t$$

これと式 (1.1.14) を用いると

代入による検算

任意定数

導関数

¶　"天下り" とは，数学の本や講義で用いられる慣用句で，「理由はあとで説明するから，とりあえず今は説明抜きで（天から降って来たものとでも思って）話を進めさせてほしい」というような意味である[14, 40]。

‖　もともと，arbitrary という語は "勝手な独断による" という意味の形容詞で，ラテン語（古代ローマ帝国の言語）の arbitrarius という語に由来する。現代のローマで話されているイタリア語では，arbitro とはサッカーなどの審判を意味する語だという（"自由な判断を下す権限がある者" ということなのだろう）。

$$[\text{式 (1.1.13) の左辺}] = -4A\cos 2t - 4B\sin 2t$$

$$[\text{式 (1.1.13) の右辺}] = 8 - 4x = 8 - 4\left(2 + A\cos 2t + B\sin 2t\right)$$

$$= -4A\cos 2t - 4B\sin 2t$$

解であること
⇒ p. 7

となり**, 左辺と右辺が一致する。こうして, 式 (1.1.14) は方程式 (1.1.13) の解であることが確かめられる。

方程式 (1.1.13) は, 微分方程式のなかでも「2階の常微分方程式」と呼ばれる, 力学などによく出てくる種類の微分方程式である。ここで "2階" というのは, その方程式に含まれる最も階数の高い導関数が2階の導関数 $x''(t)$ であることを意味する。常微分方程式とは, もう少しあとで詳しく説明するが, "偏微分方程式ではない, 通常の微分方程式" という意味である。力学に2階の常微分方程式が出てくる理由は, 位置ベク

運動方程式

トル $\mathbf{r} = \mathbf{r}(t)$ で示される質点の運動方程式が

$$m\frac{\mathrm{d}^2\mathbf{r}}{\mathrm{d}t^2} = \mathbf{F} \tag{1.1.15}$$

の形に書けることから, ほぼ明らかだろう。

2階の微分方程式があるなら1階の微分方程式も当然ある。たとえば

例 $$\frac{\mathrm{d}y}{\mathrm{d}t} + 4y = 8 \tag{1.1.16}$$

の解はどうなるだろうか?

間違い答案

じつは方程式 (1.1.16) を試験に出すと, 必ずと言っていいほど

$$y \overset{?}{=} \frac{8t}{1+4t} \tag{1.1.17}$$

という答案が出てくる。これが本当に解になっているのか, 式 (1.1.16) に代入して検証してみよう。式 (1.1.17) の $y = y(t)$ を t で微分すると

$$\frac{\mathrm{d}y}{\mathrm{d}t} = \frac{8}{(1+4t)^2}$$

だから

$$[\text{式 (1.1.16) の左辺}] = \frac{8}{(1+4t)^2} + 4 \times \frac{8t}{1+4t} = \frac{8\left(1 + 4t + 16t^2\right)}{(1+4t)^2}$$

解でないこと
⇒ p. 8

となり, これはどう見ても式 (1.1.16) の右辺 (= 8) とは一致しない。したがって, 式 (1.1.17) は, 方程式 (1.1.16) の解にはなっていない。

** 独立変数が t なので, 式 (1.1.13) の左辺と右辺を両方とも t であらわして比較する。

t の恒等式とし
ての等号成立

注 もしかしたら「いや，t の値によっては等号が成立するかもしれない」
と思う人があるかもしれないが，独立変数 t は動く変数だということを
忘れてもらっては困る。関数 y = y(t) が微分方程式 (1.1.16) の解であ
るためには，等号成立は一瞬ではダメで，独立変数 t のすべての値に対
して恒等的に成立しないといけないのである。場合によっては "すべ
て" ではなく 0 ≤ t < t_max に限定しないといけないこともあるが，そ
の場合でも，この範囲内のあらゆる t に対して等号成立が要求される。

解の適否を知る
のに正解と見比
べる必要はない

こういう "間違った解" は，正解を知らなくても間違いと判定できる。こ
れは非常に役立つ知識なので押さえておこう。

それでは，正しい解はどういうものだろうか？ 式 (1.1.16) に

$$y = 2 + Ae^{-4t} \qquad (A は任意定数) \tag{1.1.18}$$

を代入してみると（導関数が $dy/dt = -4Ae^{-4t}$ となることを考慮して）

$$[式 (1.1.16) の左辺] = -4Ae^{-4t} + 4\left(2 + Ae^{-4t}\right) = 8$$

となり，これは式 (1.1.16) の右辺に等しい。より正確に言えば，式 (1.1.18)
を方程式 (1.1.16) に代入すると，すべての t について左辺と右辺が等し
くなる。したがって，式 (1.1.18) は方程式 (1.1.16) の解である。

検算

注 次章以降では「解を検算せよ」という指示が頻繁に登場する。その意味
は，x = x(t) を方程式 (1.1.13) の両辺に代入したり，y = y(t) を方程
式 (1.1.16) の両辺に代入したりしたのと同様にして，t の恒等式として
の等号の成立を検証せよ，ということである。計算過程を逆にたどれ
という意味ではないし，もとの方程式を再現せよという意味でもない。

1-1-C 力学に登場する微分方程式の例

運動方程式
(1.1.15)
⇒ p. 14

力学では，運動方程式 (1.1.15) の右辺の **F** を状況に応じて定めること
により，質点の位置を未知数とする常微分方程式を導き，それに基づい
て物体の運動の様子を予測する。その最も簡単な例のひとつとして，一
定の重力を受ける質点の運動方程式

$$m\ddot{y} = -mg \tag{1.1.19}$$

について考えてみよう（y 軸は鉛直上向きに設定した）。式 (1.1.19) を
知っていれば，もう自由落下の式と鉛直投射の式を別々に覚える必要は

〜を満たす
⇒ p. 8

なくなる。単に式 (1.1.19) を満たす $y = y(t)$ を見つければいい。

そんなものをどうやって見つけるのか？と疑問に思うが，たとえば

$$y = y(t) = A_0 + A_1 t + A_2 t^2 + A_3 t^3 + A_4 t^4 + \cdots \tag{1.1.20}$$

と推測して*代入してみよう。すると

$$\frac{\mathrm{d}y}{\mathrm{d}t} = A_1 + 2A_2 t + 3A_3 t^2 + 4A_4 t^3 + \cdots$$

$$\frac{\mathrm{d}^2 y}{\mathrm{d}t^2} = 2A_2 + 6A_3 t + 12A_4 t^2 + \cdots$$

なので

$$[式 (1.1.19) の左辺] = 2mA_2 + 6mA_3 t + 12mA_4 t^2 + \cdots$$

$$[式 (1.1.19) の右辺] = -mg$$

t の恒等式

となり，t の恒等式として両辺が等しくなる条件から，係数が

$$A_2 = -\frac{1}{2}g, \quad A_3 = A_4 = \cdots = 0$$

に決まる（A_0 と A_1 は何でもいい）。こうして，方程式 (1.1.19) の解

$$y = A_0 + A_1 t - \frac{1}{2}gt^2 \tag{1.1.21}$$

を見つけることができた。あとは，初期位置や初速度などの条件に応じて，残る定数 A_0 と A_1 を決めればいい。

もちろん「推測しろ」だけではあんまりなので，もう少し系統的な解法をマスターする必要があるが，とりあえず "等号を成立させれば勝ち" というゲームであることだけ理解できれば OK だ。このあとの章でも，基本的なゲームのルールはこれと同じで，何を代入したら等号が成立するかという問題になる。

等号を成立させれば勝ち

1-1-D 常微分方程式と偏微分方程式

この本では，主に常微分方程式（ordinary differential equation）を扱うが，微分方程式には，このほか偏微分方程式（partial differential equation）というものがある。

常微分方程式の例はすでに式 (1.1.13)(1.1.16) に示した。式 (1.1.13) で

＊ 微積分学の講義で Taylor 展開について習った人は，さまざまな関数が式 (1.1.20) のような形で表せることを知っているだろう。それゆえ，微分方程式という，未知の関数を推測して等号を成立させるゲームにおいて，式 (1.1.20) はかなり強力な手札となり得る。

は $x = x(t)$ という関数が未知，式 (1.1.16) では $y = y(t)$ という関数が
未知で，どちらも独立変数は 1 変数（今の場合は t のみ）である。このよ
うに独立変数が 1 変数のみであるような微分方程式を，常微分方程式と
いう（ODE という略称で呼ぶことも多い）。もちろん独立変数は t に限   ODE
るわけではなく，別の変数であっても，1 変数なら何でもいい。たとえば

$$\frac{\mathrm{d}z}{\mathrm{d}s} + 4z = 8 \tag{1.1.22}$$

も常微分方程式で，独立変数は s であり，求めるべき未知数は $z = z(s)$
という 1 変数関数である。

　これに対し，独立変数が複数ある微分方程式を偏微分方程式という。   PDE
たとえば

$$\frac{\partial u}{\partial t} + 2\frac{\partial u}{\partial x} = 0 \tag{1.1.23}$$

とか

$$\frac{\partial^2 \phi}{\partial x^2} + \frac{\partial^2 \phi}{\partial y^2} + \frac{\partial^2 \phi}{\partial z^2} = 0 \tag{1.1.24}$$

とかいったもので，方程式 (1.1.23) では $u = u(x,t)$ という 2 変数関数，
方程式 (1.1.23) では $\phi = \phi(x,y,z)$ という 3 変数関数が未知数となって
いる。一見して目立つ特徴は，$\partial/\partial t$ とか $\partial/\partial x$ とかいった偏微分の記号
が用いられていることで，物理的な場面としては，式 (1.1.11)(1.1.12) の
ような "場" に関連して偏微分方程式が必要になってくる。偏微分方程式   場
（PDE）は常微分方程式（ODE）に比べて非常に難しいので，本書では，   ⇒ p. 11
PDE はほとんど登場しない。

　ここで本書の到達目標を示しておこう。常微分方程式の例として，式   到達目標
(1.1.13)(1.1.16) などをすでに見た。これらの方程式は，本書の内容を習
得すれば自力で解けるようになる。このあと登場する方程式 (1.1.28)–
(1.1.32) も，この本を最後まで学び抜いた暁には自力で解けるようになっ
ているはずだ。これらの方程式や，第 3 章で扱う方程式 (3.1.14) など，   方程式 (3.1.14)
本書の例題のなかには，明らかに質点の運動方程式 (1.1.15) と関係があ   ⇒ p. 104
るものも含まれている。右辺の $\mathbf{F}$ の与え方によっては式 (1.1.15) はきれ
いに解けないこともあるのだが，解ける場合を中心に，基本技をひとと
おり習得することを目指そう。

練習問題

練習問題略説
⇒ p. 321

模範解答の弊害

㊟ 本書では，一部の問題については "練習問題略説" で解説しているが，それ以外の問題の解答は載せていない。答え合わせの利便性よりも，単一の模範解答を示す弊害のほうが大きいからだ。同じ解が何通りにも表記できるのはよくあることなのだが，模範解答と見比べる "答え合わせ" では，少しでも表記が違っていたら不正解と思ってしまいがちで，本当は正解なのに間違いと言われて黙ってしまうような権威主義的なことになりかねない。そもそも方程式の解は代入すれば自力で検算できるわけで，そのほうが自主性を育むうえでは大事だし，答えが載っていない不便さは大きくないはずだと筆者は考えている。

1. 自分が将来学ぶ予定の専門科目の教科書を見て，その本に載っている微分方程式の例を見つけよ。

2. 適当な2次式の例を挙げ，その例を用いて，2次関数と2次方程式の違いと関係について説明せよ。

式 (1.1.6)
⇒ p. 9

3. 式 (1.1.6) を x について解いて逆関数 $x = x(y)$ を求める例にならい，以下の □ の箇所を埋めよ。同値関係を保つために変数の動く範囲を制限する必要がある場合は，その制限についても記せ。

$$s = 1 + f^2 \quad \Longleftrightarrow \quad f = f(s) = \boxed{}$$

$$p = \frac{1}{x} + 2 \quad \Longleftrightarrow \quad x = x(p) = \boxed{}$$

$$y = e^{2r} - 1 \quad \Longleftrightarrow \quad r = r(y) = \boxed{}$$

$$z = \log\left(u + u^2\right) \quad \Longleftrightarrow \quad u = u(z) = \boxed{}$$

自然対数
⇒ 巻末補遺

㊟ この本では，log は常に自然対数関数を意味するものとする。

4. 以下の式を，それぞれ x について解け：

$$\log(x + 2) = t + C_1 \tag{1.1.25}$$

$$\frac{1}{3}\log x = \log(1 + s) + C_2 \tag{1.1.26}$$

$$2\log(1 + x) = \log y + C_3 \tag{1.1.27}$$

なお，C_1, C_2, C_3 は定数である（x や t などの変数を含んでいない）。必要ならば変数の動く範囲を適当に制限して構わないものとする。

5. 式 (1.1.14) が常微分方程式 (1.1.13) を満たすこと（解になっていること）を，なるべく本書を見ないで自力で確認せよ。

方程式 (1.1.13)
⇒ p. 12

> ㊟ まず問題と必要な式を解答用紙に書いたあと，解答用紙以外は何も見ないで自力で計算してみよう。途中で分からなくなったら，解答用紙のほうを伏せ，この本を見て話の流れを確認したあと，本をしまって再び解答用紙に取り組む。このとき肝心なのは，解答用紙と本を決して同時に見ないようにすることだ。見ながら書き写すのは単なる筆記作業に過ぎず，何の収穫も期待できない（この本はお経ではないので，写経したからといって御利益があるわけではない）。目で見て手で書くだけでは，内容が頭に入らずに素通りするばかりだ。それよりは，内容を頭に入れ，考えながらそれを書き出すことで，頭を鍛えよう。
>
> なお，解答用紙の代わりに，白板などによる"講義"を友人の前でやってみせるのも効果的だ。自分と同程度か少し上の実力の友人がいて白板の内容を即座にチェックしてくれるような場合に特に有効だろう。

本に書いてあることを自力で再現する練習問題

6. 方程式 (1.1.16) に対し，式 (1.1.18) が解になっていること（すなわち代入すると等号が成立すること）を自力で確認せよ。

7. 常微分方程式

$$\frac{\mathrm{d}u}{\mathrm{d}t} = \frac{2u}{1+t} \qquad (1.1.28)$$

に対し，$u = A(1+t)^2$ が解となることを確かめよ（ここで A は任意定数）。

8. 関数 $f = f(z) = Az^3 + B/z^2$ が

$$z^2 \frac{\mathrm{d}^2 f}{\mathrm{d}z^2} = 6f \qquad (1.1.29)$$

を満たすことを確かめよ。ここで A, B は任意定数である。

9. 常微分方程式

$$\frac{\mathrm{d}^2 r}{\mathrm{d}t^2} = \frac{1}{r^3} \qquad (1.1.30)$$

に対し，$r = \sqrt{A(t+B)^2 + 1/A}$ が解となっていることを確かめよ。ここで A, B は任意定数である。

> 計算がかなり面倒なので，いったん平方根の中身を何らかの文字で置くなどの工夫をするとよい。たとえば $q = A(t+B)^2 + 1/A$ とせよ。

_10._ 常微分方程式

$$\frac{d^2 q}{dt^2} + 2\frac{dq}{dt} + 5q = 0 \tag{1.1.31}$$

に対し，$q = e^{-t}(A\cos 2t + B\sin 2t)$ が解となっていることを確かめよ。
ここで A, B は任意定数である。

_11._ 従属変数が 2 変数の（連立）常微分方程式[†]

$$\frac{dp}{dt} = -q \tag{1.1.32a}$$

$$\frac{dq}{dt} = p \tag{1.1.32b}$$

に対し，

$$p = A\cos(t + B), \quad q = A\sin(t + B) \quad (A, B \text{ は任意定数})$$

が解となっていることを確かめよ。

> ㊟ 連立なので，両方の式の等号成立を確認する必要がある。

数列　**_12._** 数列[‡] $\{a_n\}_{n=0,1,2,\ldots}$ を未知数とする方程式

$$a_{n+1} - a_n = a_n a_{n+1} \tag{1.1.33}$$

に対し，$a_n = 1/(C - n)$ が解となることを確かめよ（C は任意定数）。

> 番号をずらすと $a_{n+1} = 1/(C - 1 - n)$ となることに注意し，
> $$[\text{式 (1.1.33) の左辺}] = 1/(C - 1 - n) - 1/(C - n) = \cdots$$
> $$[\text{式 (1.1.33) の右辺}] = \cdots$$
> をそれぞれ別々に求めて比較することで，n の恒等式としての等号成立を検証する。

1-2　ずらして引くのが導関数

1-2-A　式の意味を考えよう

導関数　　　微分方程式とは未知の関数の微分（導関数）を含む等式のことだ。そ
微分　　れゆえ，微分方程式について学ぶためには，まず，微分についてよく知っ
ておく必要がある。

　物理系工学の道を志す大学生であれば，おそらく高校で $(x^2)' = 2x$ と

---

† 式 (1.1.32) では独立変数が 1 変数（t のみ）なので，これも常微分方程式である。

‡ 独立変数が整数あるいは自然数に限られる関数を数列という。正式には，記号 $\mapsto$ を用いて，たとえば $n \in \mathbb{N} \mapsto a_n$ などと書くべきだが，通常 $\{a_n\}_{n=0,1,2,\ldots}$ のように略記する。

か $(\sin x)' = \cos x$ とかいった計算を習ってきたと思うが，その知識は実践的に使えるところまでしっかり理解できているだろうか。

㋿ 物体の位置が $y = \sin\theta$ で与えられ，θ は時刻 t の何らかの関数だとする。速度 $\dot{y}$ を θ およびその導関数で表せ。

こういう問題を出題すると，ほぼ必ず

$$\dot{y} = (\sin\theta)' = \cos\theta \qquad \text{(?!)} \qquad\qquad (1.2.1)$$

という間違い答案が出てくる。これは，微分の意味をよく考えず，何となく形だけ見て，見よう見まねで公式をあてはめた結果であるように思える。小学生のなかには

$$2 + 3 = 23 \qquad \frac{16}{36} = \frac{1\!\!\!/6}{3\!\!\!/6} = \frac{1}{3} \qquad \frac{1}{2} + \frac{1}{3} = \frac{2}{5} \qquad \text{(?!)}$$

などといったインチキな計算をする者がいるそうだが，式の意味を考えずに形だけ見て計算しているという点では，某学生の間違い答案 (1.2.1) も —— あえて言おう —— これと同列のものとして酷評せざるを得ない。

では，上記の例題では本当は何が正解なのだろう？ 速度は微分だと習ったような気もするが，この知識には何が抜けているのだろうか。以下では，そもそもの速度の考え方や導関数の定義に戻って，このあと必要になる微分の知識を整理する。

間違い答案

インチキな計算

微分の知識

1-2-B 速度

前の節で，関数にはいろいろな意味づけがあり得ることを説明した。そのなかで，特に時刻 t が独立変数であるような場合には，微分（導関数）は速度*を意味する。

関数
⇒ p. 9

まずは小学生に戻ったつもりで，簡単な例題を見てみよう。

㋿ A 選手は 200 メートルを 25 秒で走り，B 選手は 300 メートルを 50 秒で走ります。どちらが速いでしょうか？

計算で答えを出すのは簡単かもしれないが，ここで，ちょっと立ち止まって考えてみたい。この問題では，暗黙のうちに，A 選手も B 選手もそれぞれ一定の速度で走っているものと見なす，という前提条件が仮定されている。実際には，ある瞬間には B 選手のほうが速いかもしれないのだ

---

* 従属変数が位置などを表す場合は，t での微分を velocity といい，それ以外の一般的な従属変数の場合は，t での微分を rate という。いずれも "速度" と訳すことが多い。

が，そんなことを言っても，問題文中には瞬間の速度に関して何の情報もないので，今の場合，それぞれの平均速度で比較するしかないだろう。

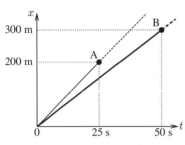

図 1.1　A 選手と B 選手の "速さ比べ"

平均速度で考えるとは，実際の A 選手や B 選手の走りがどうであれ，一定の速度で走る過程におきかえて扱うということだ。つまり，図 1.1 のグラフのような形で情報を補間していることになる。

速度を数値化するには，図 1.1 のような比例のグラフが

$$x = Vt \qquad (V \text{ は定数}) \qquad (1.2.2)$$

比例係数　と書けることに着目して，係数 V を求めればいい。選手 A の速度（厳密に言えば平均速度）を V_A とすると

$$200\,\mathrm{m} = V_A \times 25\,\mathrm{s} \quad \text{したがって} \quad V_A = \frac{200\,\mathrm{m}}{25\,\mathrm{s}} = 8.0\,\mathrm{m/s} \quad (1.2.3)$$

であり，同様に B 選手の速度 V_B は

$$300\,\mathrm{m} = V_B \times 50\,\mathrm{s} \quad \text{したがって} \quad V_B = \frac{300\,\mathrm{m}}{50\,\mathrm{s}} = 6.0\,\mathrm{m/s} \quad (1.2.4)$$

のように求められる。

> ㊟ 速度の問題を考えるとき，式 (1.2.2) や式 (1.2.3)(1.2.4) がすぐに出てこない人がいるならば，まずは図 1.1 のようなグラフで考えてみてほしい。そして，t という独立変数が "動く変数" であることを踏まえ，グラフが示しているものを読み取ってイメージする練習をしてほしい。ここで「はじき」だの「みはじ」だのといった意味不明な公式に頼る人は，要するに式の意味を考えない方向に向かっているわけで，その危険性をよく自覚する必要がある。

さて，もちろん，各時刻での走者の位置 x についてもっと細かい情報があれば，速度についても，より詳しいことが分かるだろう。先ほどの例題では，ゴールした時点での時間と距離しか分からないため，図 1.1 の**途中経過**　ように途中経過を勝手に補うしかなかった。しかし，もっと細かく，途中の各時刻 t での位置 x が与えられていれば，たとえばスタート直後の加速やラストスパートの様子などが分かるだろう。このような "細かい**関数**　情報" とは，つまり，関数 $x = x(t)$ を与えることにほかならない。

⇒ p. 9

関数は，必ずしも数式で表されるものに限るわけではない。たとえば表1.1のように，t と x の値の対応を示す数表やデータの形で関数 $x = x(t)$ が与えられることもある。こういう形での表し方を "数値的に表す" という。また別のときには，関数 $x = x(t)$ の中身が，αt^2 とか βt^4 とかいった数式の形で与えられることもある。このような表し方を "解析的に表す" という[†]。

どちらの表し方で与えられるにせよ，関数 $x = x(t)$ の様子を把握するには，(t, x) 平面あるいは (x, t) 平面でのグラフとして図示するのが便利だ。たとえば図1.2は，斜面を転がり落ちる物体の運動の様子を表す関数のグラフである。ここで t はスタート時を基準とした時刻（経過時間），x は斜面にそって測った位置であり，両者を結びつける関数 $x = x(t)$ によって物体の運動を表している。このような，運動をあらわす関数 $x = x(t)$ のグラフは，特に x が空間的な位置である場合には時空図（space–time diagram）とも呼ばれる[‡]。

表1.1　数値的に与えられた関数の例

t	x	
0.000	0.100	
0.100	0.198	
0.200	0.292	数値的
0.300	0.380	
0.400	0.462	
0.500	0.537	
0.600	0.604	解析的
0.700	0.664	
0.800	0.716	
0.900	0.761	グラフ
1.000	0.800	
1.100	0.833	
1.200	0.861	

図1.2の時空図からは，物体がしだいに加速していることが読み取れる。では，より定量的に，速度の値を読み取るには，どうしたらよいだろうか？

この場合，物体の速度は時々刻々変化するので，もし，ひとつに決まった値を得ようとするなら，どの時刻の速度なのかを指定しなければならない。と

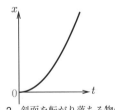

図 1.2　斜面を転がり落ちる物体の運動を示す時空図。横軸は時刻 t で，縦軸は位置 x である。

[†]　本書では（文献[49]のpp.41–48と同様に）"解析的" を "数値的" の対義語として用いる。ただし "解析的" という語には別の意味もあるので，他の本を読む際には注意を要する。

[‡]　時空図は，身近なところでは，列車の運行の様子を図示する鉄道ダイヤグラムとして用いられている。物理に興味のある学生は，相対性理論で用いる Minkowski ダイヤグラムや，素粒子などの研究に用いる Feynman ダイヤグラムについて聞いたことがあるかもしれない。

ひとつの時刻 t_*

りあえず，ひとつの時刻 t_* を勝手に決めたとして，そのときの速度を知る方法を考えよう。それには，図 1.2 で $t = t_*$ となるあたりを拡大してみればいい（図 1.3）。時刻 t_* での物体の位置を $x_* = x(t_*)$ と定義し，

拡大したグラフ

もとのグラフの (t_*, x_*) が原点になるように拡大したグラフを作る。つまり，拡大したグラフでは，横軸が $t - t_*$ で，縦軸が $x - x_*$ となる。喩（たと）えて言うなら顕微鏡のようなもので，拡大の倍率を大きくすると，拡大後のグラフで見ている範囲は，もとのグラフでは非常に狭い範囲に対応することになる。

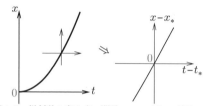

図 1.3　微係数の考え方。関数 $x = x(t)$ のグラフの一点 (t_*, x_*) に着目し，その点の付近を顕微鏡のように拡大して図示すると，比例のグラフになる。

拡大した結果は，図 1.3 にあるように，比例のグラフになる。もう少し正確に言うと，もとのグラフが曲がっている以上，図 1.3 の右の拡大図も直線から少しずれるが，拡大率を大きくするにつれてずれは小さくなっていき[§]，その極限として，原点を通る直線のグラフ，つまり比例のグラフが得られる。ここまで来れば図 1.1 と同じなので，こ

比例係数としての速度

の比例のグラフの比例係数として，着目した時刻 t_* における速度が定義できる。少しだけ勿体（もったい）ぶった言い方をするなら，図 1.3（右）のグラフが直線と見なせるということは

$$x - x_* = V_* \times (t - t_*) + [\text{微小な誤差}] \qquad \left(\lim_{t \to t_*} \frac{\text{微小な誤差}}{t - t_*} = 0 \right) \tag{1.2.5}$$

となるような定数 V_* が存在するということであり，この定数 V_* が，時刻 t_* における速度である。式 (1.2.5) の "$+ [\text{微小な誤差}]$" が無視できる極限では[¶]，V_* は

$$V_* = \frac{x - x_*}{t - t_*} \tag{1.2.6}$$

関数を示す括弧
⇒ p. 9

で与えられる。ここで，右辺の x について，もともと $x = x(t)$ と表記し

---

§　もとの関数が非常にギザギザしている場合は，拡大しても直線に近づかないことがある。大気の乱流や微粒子の拡散などの問題では，こういうギザギザした関数も必要になるが，この本では深入りしない。ただ，そういう場合の数学的理論も時空図のようなものが出発点になることだけコメントしておく。

¶　この "微小な誤差" は，このあと p. 28 で登場する「オーダー記号」というものを用いれば，より明確に表記できる。具体的な表記については巻末補遺および p. 59 を見よ。

ていたことを思い出しつつ，図 1.3（右）の直線上に，"次の瞬間"を表す 　"次の瞬間"

$$t = t_* + \Delta t, \quad x = x(t) = x(t_* + \Delta t)$$

という点を取る。これを用いて式 (1.2.6) を書き直すと

$$V_* = \frac{x(t_* + \Delta t) - x(t_*)}{\Delta t} \qquad (\Delta t \to 0) \qquad (1.2.6')$$

と書けることが分かる。

1-2-C 微係数

いったん，位置とか速度とかいった意味づけを離れ，一般的な関数 $x = x(t)$ に対して，図 1.3 のような考え方に関する用語を定義しよう。

何らかの関数 $x = x(t)$ が与えられたとする。そのグラフを図 1.3 のように $t = t_*$ の近傍で拡大すると極限として比例のグラフになる場合，その比例係数を，

　　関数 $x = x(t)$ の，$t = t_*$ における微係数（微分係数） 　微係数

という。数式としては，これを

$$\left.\frac{\mathrm{d}x}{\mathrm{d}t}\right|_{t=t_*} = \lim_{\Delta t \to 0} \frac{x(t_* + \Delta t) - x(t_*)}{\Delta t} \qquad (1.2.7)$$

のように表記する。左辺の表記で，右側に縦棒をつけてその右下に "$t = t_*$" と書いてあるのは，$t = t_*$ における値であることを示している。 　〜における値

式 (1.2.7) の右辺の分子は $x(t\!\!/_* + \Delta t) - x(t\!\!/_*) = x(\Delta t)$ のように t_* が消えると考えたらいいのでしょうか？

→ それはダメです。そういう計算は，単に足し算と掛け算を組み合わせた $3(x + a) - 3x = 3a$ のような場合ならいいけれど，式 (1.2.7) のカッコは，それとは違うのです。今の場合，$x(\ )$ のカッコは，そのなかの値を関数に入力せよ——つまり独立変数に代入せよ——という意味です。仮に $x(t) = t^2 + 1$ だとしたら，$x(t_*) = t_*^2 + 1$ であり，$x(t_* + \Delta t) = (t_* + \Delta t)^2 + 1$ ですから，展開してみたら，上記の "t_* が消える" という話はおかしいと分かるでしょう。このような関数のカッコを，演算の優先順位を表すカッコと混同しないように，式の意味をよく考えましょう。

　　　　もし独立変数 t が時刻で，関数 $x = x(t)$ が何らかの運動を表すならば，$t = t_*$ における $x(t)$ の微係数 $\mathrm{d}x/\mathrm{d}t|_{t=t_*}$ の意味は，"その瞬間の速度"すなわち式 (1.2.5) の V_* である。この前提条件を忘れて「微係数イコール瞬間の速度」と短絡的に思い込むのは間違いのもとだ（最初の"間違い答案"の例を確認しよう）。独立変数が何を示すのかという意味づけが変われば，当然，微係数の物理的な意味もそれに応じて変わる。

間違い答案
⇒ p. 21

⑨　関数 $\phi = \phi(z)$ が与えられ，物理的には z は位置，ϕ は何らかの場だとしよう。ある位置 z_* の近傍に着目し，横軸を $z - z_*$，縦軸を $\phi - \phi(z_*)$ としたグラフを作ると，拡大率が大きい極限では比例のグラフになるとする（なめらかな関数なら実際そうなる）。このグラフの傾き，つまり

場
⇒ p. 11

$$\frac{\mathrm{d}\phi}{\mathrm{d}z}\bigg|_{z=z_*} = \lim_{\Delta z \to 0} \frac{\phi(z_* + \Delta z) - \phi(z_*)}{\Delta z} \tag{1.2.8}$$

勾配

は，ϕ の勾配（gradient）を意味する。特に ϕ が電位なら，その勾配にマイナスをつけた $-\mathrm{d}\phi/\mathrm{d}z$ は，位置 z_* での電場を表す。

⑨　歯車やクランクなどを組み合わせた機構があって，ある歯車の角度 θ を動かすと，台の位置 y がそれに連動して決まるとする。両者の関係が関数 $y = y(\theta)$ で表される場合（静的システム），その微係数

静的システム
⇒ p. 10

$$\frac{\mathrm{d}y}{\mathrm{d}\theta}\bigg|_{\theta=\theta_*} = \lim_{\Delta\theta \to 0} \frac{y(\theta_* + \Delta\theta) - y(\theta_*)}{\Delta\theta} \tag{1.2.9}$$

は，微小な $\Delta\theta$ に対する y の変化を

$$y(\theta_* + \Delta\theta) - y(\theta_*) = R_*\Delta\theta + [微小な誤差] \tag{1.2.10}$$

の形で表したときの係数 R_* を与える。係数 $R_* = \mathrm{d}y/\mathrm{d}\theta|_{\theta=\theta_*}$ は，θ に対する y の応答（response）を表している‖。

応答

1-2-D　導関数

式 (1.2.7)
⇒ p. 25

　　　さて，本題である微分方程式のことを考えると，図 1.3 や式 (1.2.7) のような微係数の捉えかたには，少し不便な点がある。それは，図 1.3 を

‖　ただし，式 (1.2.10) は応答の例としては単純すぎる。これも応答の一例には違いないけれど，静的システム以外の応答も式 (1.2.9) のような単なる微係数として書けると思ったら間違いで，そこが一般的なシステムではどうなるのかというのが物理的にも工学的にも重要な話となる。詳しくは，制御工学の入門書やこの本の p. 245 あたりを見てほしいのだが，まさに，それを説明するために微分方程式の知識が必要なのだ。

作る際に時刻を t_* に固定しているために，式 (1.2.7) でも t_* が固定されてしまい，その瞬間の速度しか分からない式になっていることだ。微分方程式は未知の関数 $x = x(t)$ を求める問題である以上，独立変数 t は，あくまで"動く変数"として位置づけたいのだが，図 1.3 や式 (1.2.7) では，顕微鏡的な見方をしたいという目的のために，結果的に t の動きを止めてしまったわけで，もはやこれでは"動く変数"とは言えない。

　そこで，式 (1.2.7) で独立変数 t を t_* に固定するのをやめて，

$$\frac{\mathrm{d}x}{\mathrm{d}t} = x'(t) = \lim_{\Delta t \to 0} \frac{x(t + \Delta t) - x(t)}{\Delta t} \tag{1.2.11}$$

と定義する。これで，少なくとも数式の上では，すべての t に対して一括して速度を求められるようになる。式 (1.2.11) で定義される新たな関数 $x'(t)$ を，もとの関数 $x(t)$ の**導関数** (derivative) という[38]。

　さて，導関数の式 (1.2.11) を単なる数式ではなく図で把握する方法を考えてみよう。

　たとえば $x = x(t) = t^4$ という関数を微分して導関数を求めたいとする。もし，式 (1.2.11) の右辺を，あくまでも図 1.3 のような微係数の考え方で把握するなら，そのためには図 1.4 のように小さい座標軸を用いて拡大図を切り出す必要がある。すべての時刻で

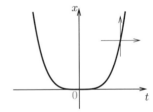

図 1.4　関数 $x = x(t) = t^4$ のグラフ。小さい座標軸は，図 1.3 の考え方で微係数を求めようとする際に必要になる。

の微係数を知るには，小さい座標軸を設定する時刻 t_* を少しずつ変えながら，(t_*, x_*) での拡大図を何百枚も切り出せばいい。しかし，これだと一枚の図にならないので把握が難しい。もっと把握しやすい形で式 (1.2.11) を図示できないだろうか？

　じつは，式 (1.2.11) をよく見れば，何百枚も拡大図を作らずとも，それと同等なことを一括して実行できることが分かる。ひとまず lim のことは棚上げし，式 (1.2.11) の中身に着目すると，この計算は以下の 3 段階で構成されている：

1．もとの関数 $x(t)$ と，それを Δt だけずらした関数を考える。
2．両者の差をとる。つまり $x(t + \Delta t) - x(t)$ を求める。
3．求めた差を Δt で割る。

この計算過程をそのまま図示したのが図 1.5 である。ここで関数から関数を一括して引いているのがポイントで，このような演算が，単なる数

（欄外注）
その瞬間の速度

独立変数 t

各瞬間の速度

導関数

多数の拡大図

Δt だけずらす

差をとる

Δt で割る

関数の引き算

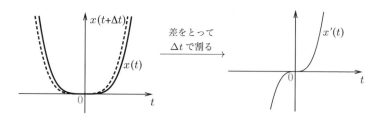

図 1.5　導関数の考え方

と数の引き算ではなくもっと大仕掛けなものだということは知っておく
列と列の引き算　ほうがよい。表計算ソフト（Excel など）で列と列の引き算をするよう
なものだ。

　もう少し具体的に計算しながら，図 1.5 すなわち式 (1.2.11) の手順の
中身を見ていこう。

　㋐　関数 $x(t) = t^4$ の場合，独立変数を Δt だけずらしたものは

$$\begin{aligned}
x(t + \Delta t) &= (t + \Delta t)^4 \\
&= t^4 + 4t^3 \Delta t + 6t^2 \Delta t^2 + \cdots \\
&= t^4 + 4t^3 \Delta t + O(\Delta t^2) \qquad (1.2.12)
\end{aligned}$$

オーダー記号
⇒ 巻末補遺
$O(\Delta t^2) \pm O(\Delta t^2)$
　$= O(\Delta t^2)$

のように計算できる。ここで $O(\ \ )$ はオーダー記号というもので，
たとえば $O(\Delta t^2)$ は "Δt^2 程度の微小量" をあらわす（"O 倍" とい
う意味ではない）。

　式 (1.2.12) と図 1.5 を見比べながら，$x(t) = t^4$ の導関数を計算し
よう。いま求めた $x(t + \Delta t)$ と，もとの関数 $x(t)$ の差を作り，Δt
で割ると

$$\begin{aligned}
\frac{x(t + \Delta t) - x(t)}{\Delta t} &= \frac{4t^3 \Delta t + O(\Delta t^2)}{\Delta t} \\
&= 4t^3 + O(\Delta t) \to 4t^3 \quad (\Delta t \to 0) \qquad (1.2.13)
\end{aligned}$$

となる。こうして $x'(t) = 4t^3$ を得る。

> ㊟　式 (1.2.12) のような，微小量 Δt を含む多項式や冪級数は，Δt の昇冪
> の順番で書く。これは，微小な項ほど右に来るようにするためである
> （普通の小数はそうなっている：$\sqrt{2} = 1.4142\cdots$ などの例について考
> えてみよ）。少なくとも "$+\cdots$" が一番右にある場合にはそうでないと
> つじつまが合わないし，それ以外の箇所でも，原則として "微小量を右
> に書く" というルールにしておくほうが間違いが少ない。

㊟ 関数 $y = y(\theta) = \sin\theta$ に対し（三角関数の中身は弧度法すなわちラジアン表示に統一しておく），その導関数を求めよう。独立変数 θ を $\Delta\theta$ だけずらし，加法定理を用いると

$$y(\theta + \Delta\theta) = \sin(\theta + \Delta\theta) = \sin\theta\,\cos\Delta\theta + \cos\theta\,\sin\Delta\theta$$

だから，もとの $y(\theta)$ と差をとって $\Delta\theta$ で割ると

$$\begin{aligned}\frac{y(\theta + \Delta\theta) - y(\theta)}{\Delta\theta} &= \frac{\sin\theta\,(\cos\Delta\theta - 1) + \cos\theta\,\sin\Delta\theta}{\Delta\theta} \\ &= \frac{\cos\Delta\theta - 1}{\Delta\theta}\sin\theta + \frac{\sin\Delta\theta}{\Delta\theta}\cos\theta \\ &\to \cos\theta \qquad (\Delta\theta \to 0)\end{aligned} \qquad (1.2.14)$$

となることが分かる。ただしここで，ラジアン表示の三角関数で

$$\frac{\sin\Delta\theta}{\Delta\theta} \to 1, \quad \frac{\cos\Delta\theta - 1}{\Delta\theta} = \frac{O(\Delta\theta^2)}{\Delta\theta} = O(\Delta\theta) \to 0$$

が成り立つことを用いた。こうして $y'(\theta) = \cos\theta$ を得る。

㊟ 関数 $x = x(t)$ が数表で与えられている場合，その導関数 $x'(t)$ を計算するには，図 1.5 のような "ずらして引く" という計算を数表で実行すればいい。表計算ソフトがあれば「列から列を引く」という直観的な計算ができる。C 言語などでは番号づけによるループ計算が必要なので少々把握しにくいかもしれないが，よく考えれば同じことだ。これについては p. 34 でもう少し詳しく説明する。

このように，関数 $x(t)$ を "ずらして引く" ことで，すべての t における微係数を一括して表す関数 $x'(t)$ が導かれる。これが導関数である。

　導関数と微係数に関連して，特に導関数の値がゼロになる場合について確認しておこう。以下に示すふたつの状況は全く異なっている。

- 独立変数 t が進むにつれて $x'(t)$ が連続的に正から負に単調減少する場合，一瞬だけ微係数がゼロになる瞬間がある。この瞬間に $x(t)$ は極大となる。逆に $x'(t)$ が負から正になる場合は，$x'(t)$ がゼロになる瞬間に $x(t)$ は極小となる。
- 導関数 $x'(t)$ が恒等的にゼロになる場合，それは "全体を Δt だけずらしても x の値に変化がない" という意味だから，x は定数関数である。

字面だけ追うと両者は紛らわしく見えるかもしれないが，意味を考えれば混同するはずもないだろう。

右欄注記：
弧度法 ⇒ 巻末補遺
加法定理
数表
数値微分
導関数の値がゼロになる場合
一瞬だけゼロ
極大・極小
恒等的にゼロ
定数関数

1-2-E　微分演算子

図 1.5
⇒ p. 28

微分演算子

　図 1.5 のような計算は，関数 $x(t)$ を入力とし，導関数 $x'(t)$ を出力とするような，ある種の装置のようなものだと考えることができる。この "装置" を数学的に記号化したものが微分演算子（differential operator）で，たとえば独立変数が t の場合は

$$\frac{\mathrm{d}}{\mathrm{d}t}$$

のように書く。分子の d は "ずらして引く" こと，分母の dt は Δt で割ることを意味する。この微分演算子を用いて，たとえば

$$\frac{\mathrm{d}}{\mathrm{d}t}\left(t^4\right) = 4t^3 \tag{1.2.15}$$

のように書くことができる。

> ㊟ 場合によっては d/dt を D_t のように略記し，たとえば $\mathrm{D}_t(t^4) = 4t^3$ のように書くことがある。ただし本書ではこの略記は用いない。

演算子

　微分演算子のほかにも，関数を加工して別の関数を作る "装置" はいろいろあって，そういうものを演算子とか作用素とか呼ぶ。微分演算子は演算子の一種である。微分演算子 d/dt に関数 $x(t)$ を入力して導関数 $x'(t)$ が出力されることを，「微分演算子 d/dt が関数 $x(t)$ に作用する」とか「関数 $x(t)$ に微分演算子 d/dt を作用させる」などともいう。

掛け算との違い

　演算子の作用は，一見すると掛け算のようにも見えるけれど，掛け算ではないことに注意しよう。ただの掛け算であるなら，たとえば

$$abx = bax \tag{1.2.16}$$

のように "a 倍" と "b 倍" の順番を入れ替えても結果は変わらないし，

$$3x = x \times 3 \tag{1.2.17}$$

のように，左にあった係数を右に持ってくることさえ可能である。ところが，演算子はそうではない。たとえば，明らかに

$$t^2 \frac{\mathrm{d}}{\mathrm{d}t}\left(t^2\right) \neq \frac{\mathrm{d}}{\mathrm{d}t}\left(t^4\right) \tag{1.2.18}$$

であって*，t^2 と d/dt を入れ替えると結果が変わる。また，もし

＊　計算すると [式 (1.2.18) の左辺] $= t^2 \times 2t = 2t^3$, [式 (1.2.18) の右辺] $= 4t^3$.

$$\hat{S} = t^4 \frac{\mathrm{d}}{\mathrm{d}t} \tag{1.2.19}$$

と書いてあったならば，これは式 (1.2.15) とは全く異なるものをあらわ
す。なぜかというと，微分演算子は自分よりも右のほうにあるものにだ
け作用し，左のほうにあるものは全く認識しないからである。仮に，演
算子が入力を受け付ける "視野" のようなものを ▨ で示すことにす 演算子の "視野"
ると，式 (1.2.15)(1.2.19) はそれぞれ

$$\frac{\mathrm{d}}{\mathrm{d}t}\boxed{(t^4)} = 4t^3, \qquad \hat{S}\ \boxed{} = t^4\frac{\mathrm{d}}{\mathrm{d}t}\boxed{}$$

という意味である。前者の場合，t^4 は d/dt の視野に入っているので，
その作用を受けて $4t^3$ に変わるのだが，後者の場合，t^4 は d/dt の視野
に全く入っていない。むしろ式 (1.2.19) は新たな演算子 $\hat{S}$ を定義する式
であって，これにより，たとえば

$$\hat{S}\left(t^{-4}\right) = t^4\frac{\mathrm{d}}{\mathrm{d}t}\left(t^{-4}\right) = t^4 \times (-4)t^{-5} = -\frac{4}{t} \tag{1.2.20}$$

となる。間違っても

$$\hat{S}\left(t^{-4}\right) = t^{\cancel{4}}\frac{\mathrm{d}}{\mathrm{d}t}\left(\frac{1}{t^{\cancel{4}}}\right) = \cdots \qquad (?!)$$

などというインチキな計算をしてはならない。 インチキな計算
⇒ p. 21

別の例を挙げよう。独立変数を x とし，$f = f(x)$, また $g = g(x)$ と
する。このとき，たとえば

$$\left(\frac{\mathrm{d}}{\mathrm{d}x} + 2\right)f = \frac{\mathrm{d}f}{\mathrm{d}x} + 2f = f'(x) + 2f(x) \tag{1.2.21}$$

$$\frac{\mathrm{d}}{\mathrm{d}x}(3f + 4g) = 3f'(x) + 4g'(x) \tag{1.2.22}$$

というのは正しい式で，このように分配法則が成り立つという点では，微 分配法則
分演算子の作用は掛け算に似ている。しかし，順番に関しては普通の掛
け算とは扱いが全く違う。たとえば $\hat{L} = x\,\mathrm{d}/\mathrm{d}x$ という演算子を定義し
たとすると，

$$\hat{L}f = x\frac{\mathrm{d}}{\mathrm{d}x}\boxed{f} = xf'(x) \tag{1.2.23}$$

であって $f(x)$ にはならないし[†]，$\hat{L}^2$ も $x^2(\mathrm{d}/\mathrm{d}x)^2$ にはならない。では
$\hat{L}^2 f$ はどうするかというと，順番を崩さないように $\hat{L}^2 f = \hat{L}(\hat{L}f)$ を一

[†] 式 (1.2.23) は $\hat{L}f = f$ になると思っている学生がいるが，それは勘違いだ。たぶん，
掛け算との混同で，$x\,\mathrm{d}/\mathrm{d}x$ を $(\mathrm{d}/\mathrm{d}x)\,x$ にうっかり読み替えてしまっているのだろう。

段階ずつ計算する。まず $\hat{L}f$ を式 (1.2.23) のように求め，次に

$$\hat{L}^2 f = \hat{L}(\hat{L}f) = \hat{L}\{xf'(x)\} = x\frac{\mathrm{d}}{\mathrm{d}x}\{xf'(x)\}$$
$$= x\left(\frac{\mathrm{d}}{\mathrm{d}x}x\right)f'(x) + x \times x\frac{\mathrm{d}}{\mathrm{d}x}f'(x)$$
$$= xf'(x) + x^2 f''(x) \tag{1.2.24}$$

積の微分公式
⇒ 巻末補遺

2 階微分
⇒ p. 106

と計算すればいい。途中で積の微分公式を用いていることに注意しよう。

上記の式 (1.2.24) にも少し出てきたが，2 階微分に関しては

$$\frac{\mathrm{d}^2 f}{\mathrm{d}x^2} = \left(\frac{\mathrm{d}}{\mathrm{d}x}\right)^2 f = \frac{\mathrm{d}}{\mathrm{d}x}\left(\frac{\mathrm{d}f}{\mathrm{d}x}\right) = \frac{\mathrm{d}}{\mathrm{d}x}f'(x) = f''(x) \tag{1.2.25}$$

のようになる。詳しくは第 3 章で再度説明する。

1-2-F 独立変数の変換と連鎖則

間違い答案
⇒ p. 21

ここまでの内容を踏まえて，この節の冒頭で紹介した "間違い答案"

$$\dot{y} = (\sin\theta)' = \cos\theta \qquad (?!) \tag{1.2.1}$$

について考察しよう。速度を求めたいのだから，位置 y を時刻 t で微分し

$$\dot{y} = \frac{\mathrm{d}y}{\mathrm{d}t} = \cdots \tag{1.2.26}$$

を計算しよう，というところまでは正しい。しかし，なぜかこれが途中で

$$(\sin\theta)' = \frac{\mathrm{d}}{\mathrm{d}\theta}(\sin\theta) = \cos\theta \tag{1.2.27}$$

にすり替わってしまっている。

独立変数

間違いの症状は明らかだ。独立変数が何なのかを意識できておらず，t での微分が，θ での微分に勝手に置き換わっている。式 (1.2.26) では y を t で微分しようとしていたはずが，なぜか，$y = \sin\theta$ を θ で微分する式 (1.2.27) と等しいことになってしまっているが，実際にはこれは等しくもないし速度にもならない。おそらく「速度 = 微分する」と短絡的に思い込んだのが間違いの原因で，本当は "t で微分する" という「〜で」の部分が大事なのだから，ここに十分な注意を払うべきだった。

〜で微分

その意味では，プライム‡を安易に用いるのは間違いのもとだ。独立変

---

‡ プライム (prime) とは，たとえば $f'(x)$ などと書くときに f の右上につく短い棒状の印 ($'$) のことをいう。プライムは導関数を意味するだけでなく，ほかの用途もあるので，断り書きが必要となることが多い。日本の高校などでは "ダッシュ" ともいう。ただし "ダッシュ" という別名は標準的な英語ではなく，ドイツ英語か何かの影響らしい。

数が何なのか分からなくなるおそれが少しでもあると思ったら，プライ
ムではなく微分演算子を用いるほうがよい。どうしてもプライムを使い
たかったら，x' ではなく $x'(t)$ のように独立変数を明記しよう。

　では，式 (1.2.26) の続きは，どう計算するのが正しいだろうか？ 何も
考えずに $y = y(\theta)$ の導関数を求めると $y'(\theta)$ すなわち式 (1.2.27) になっ
てしまうが，これが，本来の目的である dy/dt と食い違うことは既に述
べた。つまり，関数 $y(\theta)$ をただ微分するのではなく，独立変数を θ か
ら t に変換しなければならない

独立変数の変換

　そう思って問題設定をよく読むと，$y = y(\theta) = \sin\theta$ が θ の関数で，
さらに $\theta = \theta(t)$ が t の関数であることが分かる。つまり

$$t \mapsto \theta = \theta(t) \mapsto y = y(\theta) = \sin\theta \tag{1.2.28}$$

のように変数が連鎖している。言わば，t という根源的な入力変数が θ を

変数の連鎖

動かし，θ が y を動かすという，そういう関係である。したがって，計
算すべきものは

$$\frac{dy}{dt} = \lim_{\Delta t \to 0} \frac{y(\theta(t + \Delta t)) - y(\theta(t))}{\Delta t} \tag{1.2.29}$$

である。

　式 (1.2.29) を計算するために，式 (1.2.28) の連鎖の各段階を別々に考え，

- t を Δt だけずらすと θ がどれだけずれるか？
- θ を $\Delta\theta$ だけずらすと y がどれだけずれるか？

を計算する。これらのずれは表 1.2 のように連鎖し
ている。導関数の定義から

$$\frac{d\theta}{dt} = \lim_{\Delta t \to 0} \frac{\theta(t + \Delta t) - \theta(t)}{\Delta t} \tag{1.2.30}$$

表 1.2　連鎖している各変数のずれ

t	$t + \Delta t$
θ	$\theta + \Delta\theta = \theta(t + \Delta t)$
y	$y + \Delta y = y(\theta + \Delta\theta)$

であり，したがって，θ のずれは，$\Delta t \to 0$ で消えるような微小な誤差を
無視すれば

$$\Delta\theta = \theta(t + \Delta t) - \theta(t) = \frac{d\theta}{dt}\Delta t \tag{1.2.31}$$

のように Δt と関係づけられる。同様に，y のずれと $\Delta\theta$ の関係は，

$$\Delta y = y(\theta + \Delta\theta) - y(\theta) = \frac{dy}{d\theta}\Delta\theta = (\cos\theta)\Delta\theta \tag{1.2.32}$$

となる。ここで表 1.2 により式 (1.2.29) の lim の中身の分子は Δy であ
り，Δy は式 (1.2.32) で与えられ，式 (1.2.32) の右辺の $\Delta\theta$ は式 (1.2.31)

で与えられるから，式 (1.2.29) の lim の中身の分子が

$$y(\theta(t + \Delta t)) - y(\theta(t)) = \Delta y = (\cos\theta)\Delta\theta = (\cos\theta)\frac{\mathrm{d}\theta}{\mathrm{d}t}\Delta t$$

と求められる。これを式 (1.2.29) に代入し

$$\frac{\mathrm{d}y}{\mathrm{d}t} = (\cos\theta)\frac{\mathrm{d}\theta}{\mathrm{d}t} = \dot\theta\cos\theta \tag{1.2.33}$$

を得る（力学での慣習に従い，$\mathrm{d}\theta/\mathrm{d}t$ を $\dot\theta$ と書いた）。これが式 (1.2.1) の訂正版にあたる正しい式である。

> 注 慣れてくれば，式 (1.2.33) は，変数の連鎖 (1.2.28) をたどって微分演算子を変形することで
>
> $$\frac{\mathrm{d}y}{\mathrm{d}t} = \frac{\mathrm{d}\theta}{\mathrm{d}t}\frac{\mathrm{d}}{\mathrm{d}\theta}y(\theta) = \frac{\mathrm{d}\theta}{\mathrm{d}t}\frac{\mathrm{d}}{\mathrm{d}\theta}(\sin\theta) = \dot\theta\cos\theta \tag{1.2.33'}$$
>
> のように計算できる。ただし，多数の変数が入り乱れてくると，演算子の書き方に惑わされて勘違いが生じやすくなることがある。そういう場合に基本に戻って見直すことができるように，式 (1.2.31)(1.2.32) のような掛け算の形での基本的な考え方を押さえておきたい。

1-2-G　差分による数値微分

数値的に微分を計算

何らかの事情により，数値的に微分を計算する必要が生じる場合がある [53, 61]。たとえば，もとの関数 $x = x(t)$ が表 1.1 のように数値的に与えられている場合，導関数 $x'(t)$ も数値的に求めるしかない。表には無限に細かいデータを載せるわけにはいかないから，独立変数 t の値は，何らかの有限の刻みで区切る必要がある。

まずは，データを扱いやすくするため，有限の刻みで区切ったデータに番号をつけることを考えよう。

離散化

独立変数の区切り方 (離散化) は，一般には不等間隔でもよいが，簡単化のため，ここでは等間隔に区切ることにする。つまり，刻みを Δt と

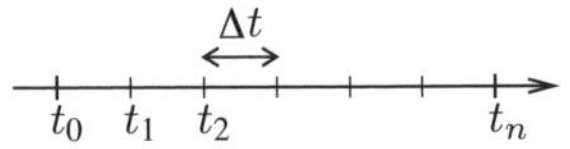

図 1.6　時間 t の離散化。時間刻みを Δt としている。

番号をつける

して図 1.6 のように t の数直線を区切り，番号 j を用いて

$$t_j = t_0 + j\Delta t \qquad (j = 0, 1, 2, \ldots) \tag{1.2.34}$$

となるようにする。出発点 t_0 は問題設定に応じて適当に決める。他方，

従属変数については，それぞれの j に対し

$$x_j = x(t_j) \qquad (j = 0, 1, 2, \ldots) \tag{1.2.35}$$

と定義する。

こうして番号づけされた数値データから導関数 $x'(t) = \mathrm{d}x/\mathrm{d}t$ の値を求めるために，もともと導関数の定義が式 (1.2.11) すなわち

$$\frac{x(t + \Delta t) - x(t)}{\Delta t} \to \frac{\mathrm{d}x}{\mathrm{d}t} \qquad (\Delta t \to 0) \tag{1.2.11$'$}$$

だったことを思い出そう。ここで特に $t = t_j$ での導関数の値を考えると

$$[t = t_j \text{ での式 } (1.2.11') \text{ の左辺の値}] = \frac{x(t_j + \Delta t) - x(t_j)}{\Delta t}$$
$$= \frac{x(t_{j+1}) - x(t_j)}{\Delta t} = \frac{x_{j+1} - x_j}{\Delta t}$$

と書ける（途中で $t_j + \Delta t = t_{j+1}$ を用いた）。つまり，$\Delta t \to 0$ のことを棚上げすれば，

$$\frac{x_{j+1} - x_j}{\Delta t} \leftrightarrow \frac{\mathrm{d}x}{\mathrm{d}t} \tag{1.2.36}$$

のような対応があることが分かる。考えてみれば当たり前で，微分の要点は"ずらして引く"ことであり，式 (1.2.36) はそれをそのまま書いたに過ぎない。もっとも，時刻 t を Δt だけずらすのが番号 j を 1 だけずらすのに対応することが最初は分かりにくいかもしれないが，図 1.6 を見ながら考えれば納得できるだろう。

式 (1.2.36) の左側に現れる $x_{j+1} - x_j$ は，数列 $\{x_j\}_{j=0,1,2,\ldots}$ でいえば階差である。このような，階差またはそれに準じる式を，微分に対応するものという意味合いを込めて差分と呼ぶ。式 (1.2.36) は差分と微分の対応関係を示しており，これを用いれば（精度は良くないかもしれないが）微分が数値的に計算できることになる。

番号づけ

導関数の定義
⇒ p. 27

ずらして引く

数列
⇒ p. 20

差分と微分

練習問題

_1._ 以下のものを，それぞれ速い順に並べ，そう考えられる理由を説明せよ。何か追加の仮定が必要であったり，問題にあいまいなところがあって明確化が必要であるなら，それについても記せ。

- タイピング競争：A 君は 500 字を 90 秒で打ち，B 君は 250 字を 40 秒，C 君は 1 分で 300 字を打つ。
- 排水装置の性能：装置 D は 720 リットルを 20 分，装置 E は 5 リッ

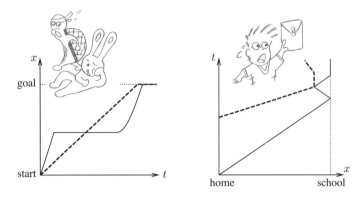

図 1.7 時空図の例。左の図では時刻 t が横軸，右の図では t が縦軸になっている。

トルを 20 秒，装置 F は 100 リットルを 5 分で排水できる。

- コンデンサの充電：回路 1 では 5 mC の電荷を 100 ミリ秒で，回路 2 では 8 mC の電荷を 100 ミリ秒で，回路 3 では 8 mC の電荷を 200 ミリ秒で充電するだけの電流を流せる。

2. 挿絵を参考にして，図 1.7 の時空図が表現している内容を読み解け。

3. 時空図に図示したら面白いと思われる例を何か考えて，実際に図を作ってみよ。たとえば列車の追い越し，ぶらんこの往復，人間と自動車の短距離競走§など。

式 (1.2.13)
⇒ p. 28

自力で再現
⇒ p. 19

図 1.5
⇒ p. 28

式 (1.2.14)
⇒ p. 29

4. 式 (1.2.13) のように，導関数の定義式 (1.2.11) に基づいて $x = t^4$ を t で微分する計算を，本もノートも見ないで自力で再現せよ。

5. 関数 $y = y(\theta) = \sin\theta$ のグラフと，それを $\Delta\theta$ だけずらしたグラフを，図 1.5 と同じような方法で図示し，導関数の符号について式 (1.2.14) とつじつまが合う図になることを確認せよ。

6. 式 (1.2.14) と同じ方法で，$x = x(\theta) = \cos\theta$ の導関数を求めよ。

7. 上記と同じ $x = x(\theta) = \cos\theta$ において，さらに $\theta = \theta(t)$ として，dx/dt を θ および $\dot\theta$ であらわせ。

8. 式 (1.2.14) と同様の方法で，$f = f(x)$ に対し $\dfrac{d}{dx}\log f = \dfrac{f'(x)}{f(x)}$ となることを示せ。

三角関数の場合に加法定理を用いたのと同様に，log の何らかの性質を用いる。最も基本的な性質として，log は積を和に変換し，商を差に変換することを知っている必要がある。

§ 両者とも静止した状態から同時にスタートする。人間のほうが加速度が大きいので，距離が短ければ勝ち目がある。

_9._ 式 (1.2.24) の計算過程を，本もノートも見ないで自力で再現せよ。
さらに，その結果を利用して，$(x\,\mathrm{d}/\mathrm{d}x)^3 f$ を計算せよ。

式 (1.2.24)
⇒ p. 32

_10._ 変数が $t \mapsto (r, \theta) \mapsto x = r\cos\theta$ のように連鎖している場合，

$$\frac{\mathrm{d}x}{\mathrm{d}t} = \dot{r}\cos\theta - r\,\dot{\theta}\,\sin\theta$$

となることを示せ。できれば，右辺を見ないで自力で計算し，結果が一致することを確認せよ。

_11._ 任意の関数 $F = F(r)$ に対し，独立変数を $r = e^t$ によって r から t に変換した場合の導関数 $\mathrm{d}F/\mathrm{d}t$ を r と $F'(r)$ で表す式を求めよ。

_12._ 何らかの数式で解析的に与えられる関数 $x = x(t)$ を考え，それを数値的に表現する t と x の数表をコンピュータ上に作成せよ。その数表に基づき，導関数 $x'(t)$ を，式 (1.2.36) によって数値的に求めよ。

式 (1.2.36)
⇒ p. 35

1-3 千里の道も一歩から

1-3-A 微分の逆は積分？

前の節では，関数 $x = x(t)$ の導関数は

$$\frac{\mathrm{d}x}{\mathrm{d}t} = x'(t) = \lim_{\Delta t \to 0} \frac{x(t + \Delta t) - x(t)}{\Delta t} \tag{1.2.11}$$

で与えられることと，その意味づけについて学んだ。特に "〜で微分する" ということ，つまり独立変数が何であるかを意識することが重要で，ここを間違えると結果が変わってしまうことも納得できたものと思う。

次の段階として，ここでは，関数 $u = u(t)$ が与えられたとして

$$\frac{\mathrm{d}x}{\mathrm{d}t} = u \tag{1.3.1}$$

を満たす未知の関数 $x = x(t)$ を求める問題を考えよう。これが微分方程式の最も簡単な例だ。微分の逆だから積分でいいんじゃないの？ と思うだろうし，実際，大まかにはそのとおりなのだが，短絡的な思い込みが間違いの原因になることは，すでに前の節で見たとおりである。

特に，積分には定積分と不定積分があること[38]は高校で習っていると思うが，大学でのレポートや試験答案を見ていると，定積分と不定積分を混同して間違いに至る事例に時々出会う。そういうわけで，以下では，微分（微係数・導関数）と積分（定積分・不定積分）の関係につい

〜で微分

独立変数

定積分
不定積分

て丁寧に確認していこう。

1-3-B　差分と和分

　前節で見たとおり，関数は必ずしも数式の形を取るとは限らず，数表の形で与えられることもある。これは式 (1.3.1) の右辺の関数 $u = u(t)$ についても言えることで，この関数は数表の形かもしれないし，数式の形かもしれない。以下の例を見てみよう。

表1.3　実験ノートに残されていた数表。このほか，水位の初期値が 20.0 cm という情報が残っていた。

ラップタイム/s	水面の速度/(cm/s)
10.0	1.014
12.0	0.838
15.0	0.646
15.0	0.454
15.0	0.278
15.0	0.114
15.0	−0.040
15.0	−0.183
15.0	−0.317
15.0	−0.443
15.0	−0.471
20.0	−0.427
20.0	−0.377
25.0	−0.321
25.0	−0.258

㋑ 複数の水槽を連結した系についての実験課題があって，その課題では，着目する水槽の水位 $h = h(t)$ を時刻 t の関数として測定し，横軸が t で縦軸が h のグラフを作ることになっていた。ところが実験結果を記録する際に手違いがあり，実験ノートに残っていたのは，実験装置の図解，水位の初期値などを含む実験条件のメモ，そして表1.3 のようなラップタイムと水面の上下する速度のデータだけだった（なお速度の符号は上向きを正としている）。

　再実験を覚悟してノートを担当教員に見せたところ「このデータがあれば，t と h のデータを復元してグラフを作れるはずだから，計算方法も含めてレポートにきちんと書けるなら再実験はしなくていい」と言われた。データを復元するには，どんな計算をしたらいいだろうか？

㋑ 式 (1.3.1) で，右辺の関数が $u = u(t) = 2t$ という式で与えられた場合，これから x を求めるにはどうしたらいいか？ 何か足りない情報はないだろうか？

数値的・解析的
⇒ p. 23 最初の例では，$h(t)$ の導関数のデータが表1.3 により数値的（すうちてき）に与えられ，あとのほうの例では，導関数 $dx/dt = x'(t) = u$ が，$u = 2t$ という数式の形で解析的（かいせきてき）に与えられている。

離散的・連続的

⊛ 時刻 t の扱いに関しては，最初の表 1.3 の例は離散的であり，あとの例は連続的である。一般には，離散的な扱いと連続的な扱いの間には決定的なギャップがあるのだが，ある程度なめらかな関数に限るという条件を置くならば，両者のギャップは越えがたいほどの溝とはならず，離散的なデータで刻みを細かくした極限として連続的な関数を得ることができる。本書では，そういう場合に限定して話を進めることにする。

最初の例から考えてみよう。復元すべきものは時刻 t と水位 h の数表だ。数表のデータを文字式で扱う都合上，変数に番号をつけて，j 番めの時刻を t_j とし，そのときの水位を h_j とする。先頭のデータは測定開始時点での値を表すはずで，その番号を 0 番め*としておく。時刻は測定開始からの経過時間で測ることにして，最初の時刻を $t_0 = 0$ とする。

0 番め

ノートに残されたラップタイムは，数列 $\{t_j\}_{j=0,1,2,\ldots}$ の階差である。階差の番号づけについては，最初のラップタイムを 0 番めとして

階差
⇒ p. 35

$$T_j = t_{j+1} - t_j \qquad (j = 0, 1, 2, \ldots) \tag{1.3.2}$$

としよう。つまり，表 1.3 のラップタイムを上から順に $T_0, T_1, T_2, \ldots$ とする†。ここから時刻 $t_1, t_2, t_3, \ldots$ を順に求めるために，式 (1.3.2) を

$$t_{j+1} = t_j + T_j \qquad (j = 0, 1, 2, \ldots) \tag{1.3.2'}$$

の形に書き直す。番号 j を変えながら式 (1.3.2') を繰り返し用いると，

$$t_1 = t_0 + T_0 = T_0$$
$$t_2 = t_1 + T_1 = T_0 + T_1$$
$$t_3 = t_2 + T_2 = T_0 + T_1 + T_2$$
$$\vdots$$

---

* 高校の数学で数列を習うときは，たいてい「初項 = 1 番め」と教わるので，0 番めと言われても戸惑うかもしれないが，時刻で 0 時 0 分というのは普通にあるし，京都駅には 0 番ホームがあり，この本も第 0 章から始まる。いわゆる植木算で 1 を引かないといけない煩わしさも，木の番号を $0, 1, 2, \ldots, n$ とすれば軽減される。このように，0 番めという考え方は，慣れると意外に便利である。

† 本当はラップタイムの表記には工夫の余地がある。たとえば $T_{j,k} = t_k - t_j$ と定義し，式 (1.3.2) の T_j の代わりに $T_{j,j+1}$ と表記するほうが汎用性が高いかもしれない。しかし，ここでは番号の差が $k - j = 1$ となる場合しか考えないので，汎用性よりも表記の簡潔さのほうを優先して式 (1.3.2) のようにする。

のように時刻 $\{t_j\}_{j=0,1,2,\ldots}$ が復元できる。特に，n 番目の時刻は

$$t_n = T_0 + T_1 + T_2 + \cdots + T_{n-1} \tag{1.3.3}$$

となる。

総和記号

上記の式 (1.3.3) を "$+ \cdots +$" で書くのは，いろいろと不都合なので，長い足し算を圧縮して書くための記号（総和記号）を導入して

$$t_n = \sum_{j=0}^{n-1} T_j \tag{1.3.4}$$

と書く。圧縮した式なので，頭のなかで解凍して読めるように練習しな

解凍すると消える文字

ければならない。特に，総和のなかで用いている j という文字は，解凍すると消える文字なので，じつは j に決める必要もなく，他の文字と重複しない限り，k でも m でも何でもいい。その代わり，連動すべき箇所では正しく連動させる必要がある。総和の公式のような，覚えるに値しな

圧縮した表記を解凍する練習

いもの‡を丸暗記するよりも，上記の j の扱いなどに注意しながら，圧縮した表記を解凍する練習のほうがずっと重要だ。解凍してしまえば，ただの足し算なので，値を数値的に求めるのに何の不都合もない。

次に，表 1.3 の速度のデータを上から順に $v_0, v_1, v_2, \ldots$ と番号つきで書き，これから，時刻 t_j における水位 $h_j = h(t_j)$ を逆算しよう。導関

導関数の定義式 (1.2.11)
⇒ p. 27

数の定義式 (1.2.11) の中身や速度の定義のことを思い出し，さらに T_j の式 (1.3.2) を考慮すると，今の場合，速度と水位の関係は

$$\frac{h_{j+1} - h_j}{T_j} = v_j \qquad (j = 0, 1, 2, \ldots) \tag{1.3.5}$$

式 (1.2.36)
⇒ p. 35

のように書ける。式 (1.3.5) の左辺は，式 (1.2.36) と同じ形であり，この形は，p.35 で説明したように，微分に対応するものという意味を込めて

差分

差分と呼ばれる。

～について解く
⇒ p. 10

水位のデータを復元するには，式 (1.3.5) を h_{j+1} について解き，

$$h_{j+1} = h_j + v_j T_j \qquad (j = 0, 1, 2, \ldots) \tag{1.3.6}$$

初期値

とすればいい。ここで実験ノートに水位の初期値 $h_0 = h(t_0)$ が残されていたことが重要で，これを糸口に，式 (1.3.6) を用いて，水位 h_j の値を

---

‡　重要でないという意味ではない。ひとつには，必要になったら簡単に導出できるから覚えるまでもないし，もうひとつには，意味や前提条件を無視した中途半端な覚え方をしたせいでかえって間違いのもとになるくらいなら，むしろ覚えないほうがいいという意味で言っている。

$$h_1 = h_0 + v_0 T_0$$
$$h_2 = h_0 + v_0 T_0 + v_1 T_1$$
$$h_3 = h_0 + v_0 T_0 + v_1 T_1 + v_2 T_2$$
$$\vdots$$

のように順に求めていくことができる。これにより (t_j, h_j) の
数値が全て分かるので，当初の予定どおり，横軸が経過時間 t で縦軸が
水位 h のグラフを作成できることになる（もし初期値 h_0 が記録されて
いなかったら再実験は免(まぬが)れなかったかもしれない）。

　ところで，上記のように文字式で書いた場合，一般の h_n は非常に長
い式になり得る。これも $\sum$ を使って圧縮して書いてみよう。式 (1.3.6)
を用いて h_j の値を順に求めていくと，$j = n$ に達したときの値は

$$h_n = h_0 + \sum_{j=0}^{n-1} v_j T_j \tag{1.3.7}$$

と書ける。式 (1.3.7) のような総和を，積分に対応するものという意味を
込めて和分と呼ぶことがある。　　　　　　　　　　　　　　　　　　　和分

　このように，最初の例（数値的かつ離散的なデータ）の場合には，差
分と和分で考えるのが自然である。数列の和は面倒という印象をもって
いる人が多いかもしれないが，それは解析的に（文字式で）計算しよう　　解析的
とするからで，数値的な計算は，小学生でもできる足し算の繰り返しに　　数値的
過ぎない（もちろんそれをノーミスで実行する必要があるのだが）。

> (注) そろばんを習ったことのある人は，最初の練習の大半を $\sum$ の数値計算
> が占めていたことに気づくかもしれない。江戸時代の日本の数学者は，
> そろばんを駆使して高度な図形問題を数値的に解いていたのだそうで，
> したがって，日本の伝統を大事にしたい人には，ぜひ数値計算をしっ
> かり学んでもらいたい。

　では，あとのほうの，解析的に u が与えられている例は，どう扱った　　解析的に u が与
らいいだろうか？　もちろん，$u(t) = 2t$ のような簡単な関数であれば，式　えられている例
(1.3.1) を満たす $x = x(t)$ はすぐに思いつくかもしれない。しかし，一　⇒ p. 38
般的な $u = u(t)$ を想定した場合，「思いつき」にばかり頼っていて大丈　式 (1.3.1)
夫だろうか？　　　　　　　　　　　　　　　　　　　　　　　　　　⇒ p. 37

1-3-C　不定積分の背後にある仕組み：差分化と連続極限

考えるべき問題は，$u = u(t)$ が与えられているとして，

$$\frac{\mathrm{d}x}{\mathrm{d}t} = u \tag{1.3.1}$$

を満たす $x = x(t)$ を計算する方法を明らかにせよ，というものだ。

積分　　もちろん，方程式 (1.3.1) の解は，両辺を t で積分することにより

$$x = \int u\,\mathrm{d}t \tag{1.3.8}$$

で与えられるのだが，積分とは何だろうか？積分の意味をひとことで言

面積　　えば面積の計算なのだが，不定積分の式 (1.3.8) が，面積の計算[§]とどう関

不定積分の意味　係しているのだろうか。積分の公式だけ丸暗記して大学入試を乗り切っ

た人は，ここの理解がおろそかになっている危険性がある。

　式 (1.3.8) の "意味" を知る手がかりとして，微分方程式 (1.3.1) を差分

差分化　　化し，差分方程式に置き換えてみよう。つまり，連続的な時間 t を，あ

図 1.6　　えて図 1.6 のように離散的に区切り，実数の t の代わりに整数の添字（番

⇒ p. 34　号）を用いた計算ができるようにする。導関数 $\mathrm{d}x/\mathrm{d}t$ の中身は差分なの

導関数　　だから，方程式 (1.3.1) 自体を差分化して扱うのは（lim のことさえ気に

⇒ p. 27　しなければ）自然な発想だ。

　微分方程式 (1.3.1) を差分方程式に直すには，まず，独立変数 t を

$$t_j = t_0 + j\Delta t \qquad (j = 0, 1, 2, \ldots) \tag{1.2.34}$$

のように区切る。次に，時刻 t_j での $x = x(t)$ の値を x_j とし，

$$\frac{x_{j+1} - x_j}{\Delta t} \leftrightarrow \frac{\mathrm{d}x}{\mathrm{d}t} \tag{1.2.36}$$

差分と微分の対　という差分と微分の対応関係を用いて，式 (1.3.1) の左辺にある $\mathrm{d}x/\mathrm{d}t$ を

応関係　　差分に置き換える。これにより，微分方程式 (1.3.1) は，

⇒ p. 35

$$\frac{x_{j+1} - x_j}{\Delta t} = u(t_j) \tag{1.3.9}$$

差分方程式　という差分方程式に置き換えられる。右辺の t も t_j に置き換えられて

いることに注意しよう。

　式 (1.3.9) から $\{x_j\}_{j=0,1,2,\ldots}$ の値を求める手続きは，先ほどの水槽の

　[§]　たとえば p. 47 の図 1.9 や，p. 70 の図 2.6 を見よ。不定積分のしくみについて，こう
いう図がイメージできていれば，p. 70 の式 (2.3.1) のような妙な勘違いは避けられるだろう。
このイメージを確認するのが本節の目的である。

例と同じようにすればいい。水槽の例では $h = h(t)$ の初期値 h_0 が必要だったから，今の場合も同様に考え，初期条件 (initial condition) すなわち x の初期値を

初期条件

$$x|_{t=t_0} = x_0 \qquad (1.3.10)$$

のように設定しておこう。今の場合，単なる x は $x = x(t)$ のことだが，そのすぐ右に縦棒を置き，棒の右下の隅に "$t = t_0$" と書くことで「$t = t_0$ での x の値」を示す。

$t = t_0$ での値

> (注) 初期時刻は，簡単化のため $t_0 = 0$ とすることが多いが（番号も時刻もゼロ），何かの都合で $t_0 \neq 0$ とすることもある（番号はゼロだが時刻そのものはゼロではない）。たとえば，もし初期条件が $x|_{t=2} = \cdots$ となっていたら，式 (1.3.10) と見比べて $t_0 = 2$ とすればいい。

　次に，初期条件 (1.3.10) で設定した x_0, t_0 を糸口として，$x_1, x_2, \ldots$ の値を順に求めていく。そのために，式 (1.3.9) を x_{j+1} について解く。つまり，分母を払って

〜について解く ⇒ p. 10

$$x_{j+1} = x_j + u(t_j)\Delta t \qquad (1.3.11)$$

という形にする¶。式 (1.3.11) で $j = 0, 1, 2, \ldots, n, \ldots$ とすることで

$$x_1 = x_0 + u(t_0)\Delta t$$
$$x_2 = x_1 + u(t_1)\Delta t = x_0 + u(t_0)\Delta t + u(t_1)\Delta t$$
$$x_3 = x_2 + u(t_2)\Delta t = x_0 + u(t_0)\Delta t + u(t_1)\Delta t + u(t_2)\Delta t$$
$$\vdots$$
$$x_n = x_{n-1} + u(t_{n-1})\Delta t = x_0 + u(t_0)\Delta t + u(t_1)\Delta t + \cdots + u(t_{n-1})\Delta t$$
$$\vdots$$

が得られ，この結果は，総和記号を用いると

$$x_n = x_0 + \sum_{j=0}^{n-1} u(t_j)\Delta t \qquad (1.3.12)$$

のように書ける。こうして，任意の自然数 n に対して x_n が求められる。千里の道も一歩から，という諺のとおり，$x_0 = x(t_0)$ から始まっ

¶ 式 (1.3.11) を Δt の昇冪で書く理由については，p. 28 を見よ。

て $x_n = x(t_n)$ に至る千里の道を，Δt という時間刻みで，一歩ずつ進んでいく過程をイメージしよう。

こうして $x_n = x(t_n)$ が得られたところで，微分を差分に直す際に棚上げした $\Delta t \to 0$ の極限について考える。図1.6 で見たとおり

$$t_n = t_0 + n\Delta t \tag{1.3.13}$$

図 1.6
⇒ p. 34

なのだが，ここで何も考えずに $\Delta t \to 0$ とすると，$t_n \to t_0$ となってしまい，時間 t が全く進まないことになって，意味のある結果が得られなくなる。

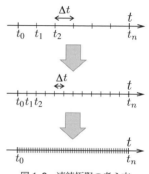

図1.8　連続極限の考え方

そこで，$\Delta t \to 0$ とするのと同時に $n \to \infty$ とするような極限を取ることにしよう。つまり，図1.8 のように，トータルの経過時間を一定にしたまま，分割を無限に細かくするような極限（連続極限）を考える。もう少し詳しくいうと，終了時刻 t_n の値を固定し，その値を t と書くことにして，

連続極限

$$\Delta t = \frac{t - t_0}{n} \to 0 \quad (n \to +\infty) \tag{1.3.14}$$

という極限を取ればいい。

先ほど求めた式 (1.3.12) の和は，連続極限によって

$$x(t) = x_0 + \int_{t_0}^{t} u(\tilde{t})\mathrm{d}\tilde{t} \tag{1.3.15}$$

積分

という積分に置き換わる。ただし，連続極限を取る際に

$$t_n \to t, \quad x_n \to x = x(t), \quad t_j \to \tilde{t}$$

のような置き換えを行い，また和の下端と上端が

$$j = 0 \qquad \Rightarrow \quad \tilde{t}(下端) = t_0$$
$$j = n - 1 \quad \Rightarrow \quad \tilde{t}(上端) = t_0 + (n-1)\Delta t = t - \Delta t \to t$$

となることを考慮した。

㊟ 総和記号のなかの変数 j が（他の文字と重複しない限り）何でもいいことに対応して，式 (1.3.15) の積分のなかの変数名も，他の変数名と重複しない限り何でもいい。ただし t と重複してはいけない一方，できれば "t と似ているが違う" という意味を匂わせる変数名（たとえば $\tilde{t}$, t', s, τ など）が望ましい。式 (1.3.15) に用いられている ~ は，ティルダ（tilde）という記号で，この記号は，数学においては "似ているが違う文字" を作る手段として用いられる。

　さて，式 (1.3.15) に現れる積分は，形の上では定積分だが，しかし上端が定数でなく変数 t になっている。このような積分に対する簡略表記が

$$x(t) = \int u(t)\,\mathrm{d}t \qquad (1.3.8)$$

すなわち不定積分である。つまり，不定積分というのは，「式 (1.3.15) のような，端が変数 t になっている定積分を簡略化して書いたもの」だと考えればいい。なお，初期条件 (1.3.10) の情報が式 (1.3.8) では見えなくなっているが，よく考えると x_0 の値は勝手に変えてよいのだから，それに対応する任意定数が式 (1.3.8) に加わっているものと見なすべきで，これが積分定数である。

上端が変数 t

不定積分は
式 (1.3.15) の
簡略表記

任意定数
⇒ p. 13

積分定数

1-3-D　原始関数の計算

　与えられた関数 $u = u(t)$ に対し，

$$\frac{\mathrm{d}x}{\mathrm{d}t} = u \qquad (1.3.1)$$

を満たす関数 $x = x(t)$ のことを，$u(t)$ の原始関数（げんしかんすう）‖という。原始関数は式 (1.3.8) のような不定積分で与えられ，不定積分の中身は「端が変数になっている定積分の簡略表記」であることを既に見た。

原始関数

　ここで，$u = u(t)$ が具体的に t の単項式や多項式で与えられている場合，その原始関数は，

$$\int t^m \mathrm{d}t = \frac{1}{m+1} t^{m+1} \qquad (m \neq -1)$$

のような不定積分の公式を知っていれば簡単に求め

‖ 英語では primitive または antiderivative（直訳すると "反導関数"）という。

られる。たとえば，p.38 で例に挙げた

$$\text{例} \quad \frac{\mathrm{d}x}{\mathrm{d}t} = u(t) = 2t \tag{1.3.16}$$

の場合には

$$x = \int 2t\,\mathrm{d}t = t^2 + C \qquad (C \text{ は積分定数}) \tag{1.3.17}$$

でいい。より複雑な関数でも，微分の公式を逆に使うと不定積分が解析的に計算できる場合がある。それは，関数 $x = x(t)$ を微分して導関数 $x'(t)$ を求める演算と，式 (1.3.1) から不定積分により原始関数 $x(t)$ を求める演算が，互いに逆算の関係になっているからだ。これらの演算は，数値をひとつだけ求める計算（表 1.4 の上半分）ではなく，関数に対する演算（表 1.4 の下半分）であることをしっかり認識しよう。

置換積分　　微分における連鎖則に対応する積分の技法は，置換積分と呼ばれている。積の微分に対応する技法は部分積分と呼ばれる。これらは非常によ部分積分　く使う技法であり，確実に使いこなせるように習得する必要がある。

　ところで，原始関数を求めるには，どうしても積分の公式を知らないといけないのだろうか？ これは必ずしも突飛な絵空事ではなくて，Galileo の時代には不定積分の公式はなかったわけだから，当時の人は，速度から距離をどうやって求めたのか？ という疑問が生じる。この疑問に対する答えとしては，定積分の式 (1.3.15) の考え方に戻って，図 1.9 のように問題を図形的に扱い，x を面積に置き換えて求めればいい。面積が簡式 (1.3.12)　単に求められないのであれば，さらに式 (1.3.12) までさかのぼって和を⇒ p. 43　数値的に計算するか，または（可能であれば）和を解析的に計算してから連続極限を取ることが考えられる。
数値積分
⇒ p. 49

表 1.4　微分（導関数）と積分（原始関数）

	微分	積分
数値をひとつだけ求める	微係数（グラフの傾き）	定積分（囲まれる面積）
結果を関数として求める	導関数 $\dfrac{\mathrm{d}x}{\mathrm{d}t} = x'(t)$ $= \lim\limits_{\Delta t \to 0} \dfrac{x(t+\Delta t) - x(t)}{\Delta t}$	不定積分 $\displaystyle\int u\,\mathrm{d}t = x_0 + \int_{t_0}^{t} u(\tilde{t})\mathrm{d}\tilde{t}$ $\Rightarrow \dfrac{\mathrm{d}x}{\mathrm{d}t} = u$ の解（原始関数）

実際，微分も積分もない時代に速度と位置を関係づけようとすれば

$$\frac{x_{j+1} - x_j}{\Delta t} = u(t_j) \qquad (1.3.9)$$

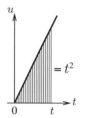

図1.9 関数 $u(t) = 2t$ の不定積分の図形的な求め方

のような差分で考えるしかなかっただろうし，今の時代でも（数学との連携を封じられた高校物理は別にしても），たとえばロボットの制御に使われる信号処理の中身はこれと似たようなものだ。このことを踏まえて，以下では，昔の人が式 (1.3.9) に基づいて $u = 2t$ から x の式 (1.3.17) を求めた計算方法を追体験してみよう。

既に見たように，方程式 (1.3.9) からは，x_n を和で表す式 (1.3.12) が導ける。ここで $u(t) = 2t$ とすると，この和は

式 (1.3.12) ⇒ p. 43

$$x_n = x_0 + \sum_{j=0}^{n-1} 2t_j \Delta t \qquad (1.3.12')$$

と具体化される。これに $t_j = t_0 + j\Delta t = j\Delta t$ を代入し（簡単化のため $t_0 = 0$ としている），和を計算すると，

$$\sum_{j=0}^{n-1} j \text{ を計算}$$

$$x_n = x_0 + \sum_{j=0}^{n-1} (2j\Delta t)\Delta t = x_0 + n(n-1)\Delta t^2 \qquad (1.3.18)$$

のように，x_n を $x_0, n, \Delta t$ で表す式が得られる。

> ㊟ ときどき "式 (1.3.18) の第 2 項は間違いでは？" という質問があるが，それは j が 1 から n までの場合の和の公式を丸暗記しているからで，その公式は今の場合（0 から $n-1$ まで）には当てはまらない。公式がどう修正されるか，具体的に $n = 1$ や $n = 2$ の場合で考えてみよう。

丸暗記の弊害

ここまで計算できたら，あとは式 (1.3.14) のような連続極限を考えればいい。まずは $\Delta t = t/n$ を式 (1.3.18) に代入すると

連続極限 ⇒ p. 44

$$x_n = x_0 + \frac{n(n-1)}{2} \times \left(\frac{t}{n}\right)^2 = x_0 + \frac{n-1}{n} t^2$$

となる。続いて $x_n \to x(t)$ と置き換えつつ $n \to +\infty$ の極限を取ると

$$x_n \to x(t) = \lim_{n \to +\infty} \left(x_0 + \frac{n-1}{n} t^2\right) = x_0 + t^2 \qquad (1.3.17')$$

となって，実質的に式 (1.3.17) と同じものが得られる。

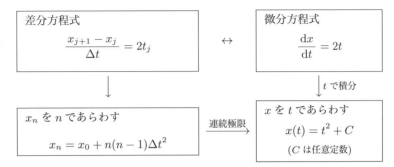

図 1.10　微分方程式 (1.3.16) の解 (1.3.17) と差分方程式の解 (1.3.18) の関係

　　微分方程式 (1.3.16) の解 (1.3.17) と，それに対応する差分方程式の解 (1.3.18) との関係は，今の場合，図 1.10 のようにまとめることができる。

図 1.10 の
考え方

左下すなわち差分方程式の解 (1.3.18) をもとに，その連続極限を求めれば，右下すなわち微分方程式の解 (1.3.17) が得られる。この考え方は，このあと何度も使うので，ここでしっかり理解しておこう。

初期条件
⇒ p. 43

任意定数
⇒ p. 13

　　さて，方程式 (1.3.16) の解 (1.3.17) に対する初期条件が分からない場合は，積分定数は任意定数である。しかし，初期条件が具体的に与えられていると，C はもはや任意ではなく，初期条件に応じて定まった値をもつようになる。たとえば，もし $x|_{t=0} = 0$ だったら $C = 0$ に決まる。

　　初期条件が与えられる時刻はゼロとは限らず，たとえば

$$\text{(例)} \quad x|_{t=2} = 1 \qquad\qquad (1.3.19)$$

のような場合もある（縦棒の右下に $t = 2$

〜での値
⇒ p. 43

と書くことで "$t = 2$ での値" を示す）。この場合，方程式 (1.3.16) の解 (1.3.17) で

$$(t, x) = (2, 1)$$

とすると $2^2 + C = 1$ だから $C = -3$ に決まり，方程式 (1.3.16) の解でなおかつ初期条件 (1.3.19) を満たすものが

$$x = t^2 - 3 \qquad\qquad (1.3.20)$$

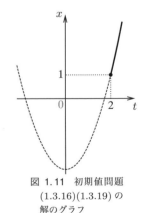

図 1.11　初期値問題
(1.3.16)(1.3.19) の
解のグラフ

と求められる。このように，微分方程式の解のうち初期条件を満たすものを求める問題を，微分方程式の初期値問題という。

初期値問題

> ㊟ 初期条件が $t = t_0$ で与えられた初期値問題の解は，$t \geq t_0$ の範囲での
> み定義されるものと見なすことが多い（もっともあまり杓子定規に考
> えるべきでもないが）。このことを踏まえて，図 1.11 では，$t \geq 2$ の範
> 囲のみを実線で示し，$t < 2$ の "過去" の領域は点線で示している。

初期値問題の解の検算，すなわち与えられた関数 $x = x(t)$ が初期値問 検算
⇒ p. 15
題の解であることを検証する際の注意点について述べておこう。たとえ
ば初期値問題 (1.3.16)(1.3.19) の場合，問題のなかに等号がふたつあるの
で，両方が満たされることを確認する必要がある。式 (1.3.20) の場合，

$$[式 (1.3.16) の左辺] = \frac{\mathrm{d}}{\mathrm{d}t}(t^2 - 3) = 2t, \quad [式 (1.3.16) の右辺] = 2t$$

なので方程式 (1.3.16) の等号が恒等的に成立し，さらに初期条件 (1.3.19)
の等号も成立するので，確かに初期値問題の解になっている。他方，た
とえば $x = t - 1$ は，初期条件 (1.3.19) は満たすが方程式 (1.3.16) を満
たさないので，解になっていない。片方だけ満たしてもダメなのだ。

1-3-E　数値積分

ところで，積分はいつでも解析的に計算できると
は限らない。たとえば，関数 $p = p(s) = e^{-s^2}$ につ
いて考えよう（表 1.5）。統計学や伝熱工学でよく出
てくる関数である。

この $p(s)$ の原始関数は，高校までに習う関数の
範囲では求められないことが分かっている。つまり

$$\frac{\mathrm{d}q}{\mathrm{d}s} = p(s) = e^{-s^2}, \quad q|_{s=0} = 0 \qquad (1.3.21)$$

を満たす関数 $q = q(s)$ は，概念的には

$$q = q(s) = \int_0^s p(\tilde{s})\mathrm{d}\tilde{s} \qquad (1.3.22)$$

という積分で定義できるけれども，この積分を s の
関数として解析的に求めようとしても，高校までに
習う関数の範囲では表せない*。

表 1.5　関数 $p(s) = e^{-s^2}$ の数表

s	p
0.000	1.000
0.200	0.961
0.400	0.852
0.600	0.698
0.800	0.527
1.000	0.368
1.200	0.237
1.400	0.141
1.600	0.077
1.800	0.039
2.000	0.018

---

* 無限和を使ってよければ，$p(s)$ を Taylor 展開してから不定積分するという方法がある
けれども [38, p.190]，高校までに習う関数の有限個の組み合わせでは $q(s)$ は表せない。

$p(s) = e^{-s^2}$ の原始関数は，高校までに習う関数の範囲では求められない，とのことでしたが，計算してみたら

$$\int e^{-s^2} \mathrm{d}s \overset{?}{=} -\frac{e^{-s^2}}{2s} \tag{1.3.23}$$

となりました。これは間違いでしょうか？

→　原始関数を検証するには，微分してもとの関数に戻るかどうかを見れば分かります。計算してみましょう：

$$\begin{aligned}
\frac{\mathrm{d}}{\mathrm{d}s}\left(-\frac{e^{-s^2}}{2s}\right) &= -\frac{1}{2}\frac{\mathrm{d}}{\mathrm{d}s}\left(s^{-1}e^{-s^2}\right) \\
&= -\frac{1}{2}\left\{\left(-s^{-2}\right)e^{-s^2} + s^{-1}(-2s)e^{-s^2}\right\} \\
&= \left(\frac{1}{2s^2} + 1\right)e^{-s^2} \neq e^{-s^2}
\end{aligned}$$

こういうわけで，もとの $p(s) = e^{-s^2}$ には戻りません。つまり，残念ながら，式 (1.3.23) は間違っています。

数値的
⇒ p. 23

　　このような場合でも，$q = q(s)$ を数値的に求めることはできる。変数を $s_j = j\Delta s$ のように離散化し，$q_j = q(s_j)$ として，式 (1.3.21) を

$$\frac{q_{j+1} - q_j}{\Delta s} = p(s_j) \quad つまり \quad q_{j+1} = q_j + p(s_j)\Delta s \tag{1.3.24}$$

のように差分化すればいい。式 (1.3.24) は，図 1.12 の $p(s)$ のグラフに

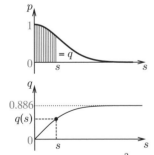

図 1.12　関数 $p = p(s) = e^{-s^2}$ のグラフと，その原始関数 $q = q(s)$ を数値的に求める際の考え方。

おいて，微小な短冊（たんざく）の面積 $p(s_j)\Delta s$ を足し上げていく計算を意味する。今の場合，初期値 q_0 は分かっているし，$p(s_j)$ の値も関数電卓で表 1.5 のように計算できるので，式 (1.3.24) によって $\{q_n\}_{n=0,1,2,\dots}$ の値を求めるのに何の不都合もない。数値計算の結果は，s と q に対する数表の形で得られ，これをグラフにすると図 1.12（下）のようになる。

　　上記のような場合だけでなく，もとの関数が数値的に与えられている場合にも，当然，積分は数値的に行う必要がある。こういう数値的な積分は，実際の

工学的な場面でも重要で，たとえば加速度をセンサーで測定して速度や位置を求める装置で用いられている。

1-3-F 独立変数が増えた場合の導関数とその逆

この章の締めくくりとして，独立変数が2変数に増えた場合への拡張を考えよう[†]。今まで考えてきた積分の問題は，ひとつの独立変数をもつ関数，たとえば $p = p(s)$ が与えられたとして，その原始関数，すなわち

$$\frac{\mathrm{d}q}{\mathrm{d}s} = p$$

の解 $q = q(s)$ を求める問題だった。これの2変数バージョンとして，独立変数 (x, y) をもつ "原始関数" $\phi = \phi(x, y)$ を求める問題を設定する。ふたつの関数 $F = F(x, y)$ と $G = G(x, y)$ が与えられたとして，

$$\frac{\partial \phi}{\partial x} = F \tag{1.3.25a}$$

$$\frac{\partial \phi}{\partial y} = G \tag{1.3.25b}$$

を満たす $\phi = \phi(x, y)$ を求めるには，どうしたらいいだろうか？

まずは式 (1.3.25) の左辺にある偏微分から説明する必要があるが，これも "ずらして引く" の応用で

$$\phi(x + \Delta x, y + \Delta y) - \phi(x, y) = \left(\frac{\partial \phi}{\partial x}, \frac{\partial \phi}{\partial y} \right) \cdot (\Delta x, \Delta y) + [微小な誤差] \tag{1.3.26}$$

のように定義される（右辺の点はベクトルの内積[47]を示す）。これをもとに，1変数の場合の積分の式 (1.3.15) に相当するものを作ると

$$\phi(x, y) = \phi_0 + \int_{(x_0, y_0)}^{(x, y)} (F(\tilde{x}, \tilde{y}), G(\tilde{x}, \tilde{y})) \cdot (\mathrm{d}\tilde{x}, \mathrm{d}\tilde{y}) \tag{1.3.27}$$

という線積分[38, §6-5]になる。ただし，1変数の場合と違って，線積分の途中の道筋（積分経路）はいろいろ考えられるから，もし道筋ごとに線積分の値が異なっていたら，$\phi(x, y)$ をうまく定めることができない。逆に言うと，$\phi(x, y)$ が定められるのは，線積分の値が積分経路に依存しない場合に限る。そのための必要十分条件として，着目する領域全体で[‡]

$$\frac{\partial G}{\partial x} - \frac{\partial F}{\partial y} = 0 \tag{1.3.28}$$

独立変数が2変数に増えた場合

偏微分

内積

式 (1.3.15)
⇒ p. 44

線積分

方程式 (1.3.25)
の解 ϕ が矛盾なく定まる条件

[†] この結果は第5章で必要になるが，とりあえず飛ばして，あとで戻って読んでもいい。

[‡] ただし領域に穴があってはいけない。詳しくはベクトル解析の本[47, §4.2]を見よ。

が成り立つこと，という条件が知られている[3, p.47]。

> ㊟ 条件 (1.3.28) が成り立たない限り方程式 (1.3.25) がうまく解けるはず
> がないことは，少し偏微分の知識があれば簡単に分かる。式 (1.3.25b)
> を x で偏微分したものと，式 (1.3.25a) を y で偏微分したものは，同じ
> $\partial^2\phi/\partial x\partial y$ になるので，両者が一致しない限り矛盾をきたすからだ。

そういうわけで，方程式 (1.3.25) を解くには，次のようにする。

- まずは条件式 (1.3.28) が満たされているかどうか確認する。これが
  満たされていなければ「解なし」である。
- 次に，線積分を計算して $\phi = \phi(x,y)$ を求める。その際，なるべく
  計算しやすいように積分経路の形を工夫してもよいし，素直に "x 方
  向の積分" と "y 方向の積分" の二段階で計算してもよい。

後半の段階については，さらに以下の例題に示すように，表向きは線積
分を使わない形で簡略化して書くこともできる。

㋹ 以下の方程式を満たす $\phi = \phi(x,y)$ を求めてみよう：

$$\frac{\partial\phi}{\partial x} = F = -1 + y^2 \tag{1.3.29a}$$

$$\frac{\partial\phi}{\partial y} = G = 1 + 2xy \tag{1.3.29b}$$

最初に条件式 (1.3.28) を確認する必要があるが，今の場合

$$\frac{\partial G}{\partial x} = 2y, \quad \frac{\partial F}{\partial y} = 2y \quad \text{したがって } \frac{\partial G}{\partial x} - \frac{\partial F}{\partial y} = 0$$

なので OK だ。

　　続いて，式 (1.3.29) のふたつの成分のうちの片方に着目する。た
とえば式 (1.3.29a) に着目し，両辺を x で積分すると

$$\phi = (-1 + y^2)x + A \tag{1.3.30}$$

積分定数 　となる。ここで $A = A(y)$ は "積分定数" であって x を含んでいな
いが，y は含んでいる可能性が高い。

　　さらに，先ほど使わずに残しておいた式 (1.3.29b) を用いて y 方
向の積分を行うことになるが，この積分の計算を簡略化するために，
いま求めた式 (1.3.30) を式 (1.3.29b) に代入する。そうすると

$$\frac{\partial}{\partial y}\left\{(-1 + y^2)x + A(y)\right\} = 1 + 2xy \quad \text{すなわち} \quad \frac{dA}{dy} = 1$$

となって，これから $A(y) = y + C$ に決まり（C は定数），

$$\phi = (-1 + y^2)x + y = -x + xy^2 + y + C \qquad (1.3.31)$$

を得る。あとはこれを方程式 (1.3.29) に代入して検算すればいい。

練習問題

_1._ 総和記号を用いて書かれた以下の式を，総和記号を使わずに普通の足し算で書いた形に書き直せ：

$$w = \sum_{m=0}^{3} \left(a_m + m^2 b_m\right) \qquad f = \sum_{k=0}^{5} \frac{x^{2k}}{k!} \qquad P = \sum_{i=1}^{3} a_i b_i$$

$$M = \sum_{i=0}^{99} \rho_i \Delta V_i \qquad g = \sum_{k=0}^{n} \left(-\frac{1}{2}\right)^k x^{2k+1}$$

_2._ 以下に与えられている関数の原始関数，つまり $x'(t) = u(t)$ あるいは $y'(t) = v(t)$ となるような $x = x(t)$ や $y = y(t)$ を求めよ：

- 関数 $u = u(t) = \cos^2 t$ の原始関数 $x(t)$
- 関数 $v = v(t) = e^{-3t} \cos 4t$ の原始関数 $y(t)$
- 関数 $w = w(t) = 1/(1 + 2t)$ の原始関数 $z(t)$

もちろん，不定積分に関するさまざまな公式を使って構わない。

さらに，得られた原始関数に間違いがないことを，微分してもとの関数に戻るかどうかを見る方法で確認せよ。

不定積分の検証 ⇒ p. 50

_3._ 以下の不定積分を計算し，結果を検証せよ：

$$\int \frac{\mathrm{d}u}{u^2} \qquad \int \frac{\mathrm{d}x}{1 - x^2} \qquad \int \frac{\mathrm{d}p}{\sqrt{1 - p^2}} \qquad \int \frac{\mathrm{d}q}{\sqrt{1 + q^2}}$$

_4._ なめらかな関数 $f = f(x)$ が与えられているとして

$$\frac{\mathrm{d}g}{\mathrm{d}x} = \frac{f'(x)}{f(x)} \qquad (1.3.32)$$

をみたす $g = g(x)$ を求めよ。ただし $f(x) > 0$ が成り立つとしてよい。

_5._ まず $(\mathrm{d}/\mathrm{d}x) \log f(x) = \cdots$ を計算し，その結果を参考にして，以下の不定積分を求めよ：

$$\int \frac{e^t - e^{-t}}{e^t + e^{-t}} \mathrm{d}t \qquad \int \frac{\sin \theta}{1 - \cos \theta} \mathrm{d}\theta \qquad \int \frac{\mathrm{d}y}{1 - 2y} \qquad \int \frac{\mathrm{d}z}{6 - 2z}$$

さらに，得られた不定積分に間違いがないかどうかを，微分してもとの関数に戻るかどうかを見る方法で検証せよ。

s と q の数表

図 1.12
⇒ p. 50

6.　初期値問題 (1.3.22) の解を数値的に求め（つまり s と q の数表を作り）, 結果をグラフにすると図 1.12（下）のようになることを確かめよ.

7.　ある物体が受ける重力のモーメント N が, 傾き角 q の関数として $N = N(q) = mg\ell_0 \sin q$ のように与えられているとする（ここで m, g, ℓ_0 はすべて定数である）. この N は, ある関数 $U = U(q)$ を用いて

$$N = N(q) = -\frac{\mathrm{d}U}{\mathrm{d}q} \tag{1.3.33}$$

のように表せるという. このような U を具体的に求めよ.

静電場

位置ベクトル

$r = |\mathbf{r}|$
⇒ 巻末補遺

8.　静止した電荷によって作られる, 時間的な変化のない電場を静電場という. 静電場 $\mathbf{E}$ は, 位置ベクトル $\mathbf{r} = (x, y, z)$ のみの関数となる.

- ある帯電した物体のまわりの静電場 $\mathbf{E} = \mathbf{E}(\mathbf{r})$ が, $r = |\mathbf{r}|$ を用いて

$$\mathbf{E} = E(r)\frac{\mathbf{r}}{r}, \quad E(r) = \frac{Q}{4\pi\varepsilon r^2} \tag{1.3.34}$$

電位

と書けることが分かっているとする. この場合の電位 $\phi = \phi(r)$ を

$$E(r) = -\frac{\mathrm{d}\phi}{\mathrm{d}r} \tag{1.3.35}$$

の解として求めよ. ただし $r \to \infty$ で $\phi \to 0$ になるものとする.

- 別のとある物体のまわりの静電場が, $s = \sqrt{x^2 + y^2}$ を用いて

$$\mathbf{E} = E(s)\frac{(x, y, 0)}{s}, \quad E(s) = \frac{k}{s} \quad (k = \text{const.}) \tag{1.3.36}$$

const.
⇒ 定数 (p. 13)

のように書けるとする. この場合について, 電位 $\phi = \phi(s)$ を

$$E(s) = -\frac{\mathrm{d}\phi}{\mathrm{d}s} \quad (a < s < +\infty) \tag{1.3.37}$$

の解として求めよ. ただし $s = a \, (> 0)$ での電位の値を ϕ_* とする.

9.　ある空間領域において, 2 次元の電場が

$$\mathbf{E} = (E_1, E_2) = (a_1 + b_1 x + c_1 y \,, a_2 + b_2 x + c_2 y) \tag{1.3.38}$$

のように与えられている（ここで $a_1, a_2, b_1, b_2, c_1, c_2$ はすべて定数）.

- この電場が, $\phi = \phi(x, y)$ を用いて

$$\mathbf{E} = \left(-\frac{\partial\phi}{\partial x}, \, -\frac{\partial\phi}{\partial y}\right) \tag{1.3.39}$$

と表せるためには（つまりこの方程式を満たす ϕ が存在するためには）, $a_1, a_2, b_1, b_2, c_1, c_2$ はどのような条件を満たす必要があるか？

- 上記の条件が成り立つ場合に, 方程式 (1.3.39) を解いて ϕ を求めよ.

第2章　1階の常微分方程式

この章では,

$$\frac{\mathrm{d}x}{\mathrm{d}t} = F(x) \quad \text{あるいは} \quad \frac{\mathrm{d}x}{\mathrm{d}t} = G(x, t)$$

のような形の常微分方程式の解法について学ぶ。具体的には

$$\frac{\mathrm{d}y}{\mathrm{d}t} + 4y = 8 \tag{1.1.16}$$

$$\frac{\mathrm{d}u}{\mathrm{d}t} = \frac{2u}{1 + t} \tag{1.1.28}$$

といった例が該当する。

前の章で扱った

$$\frac{\mathrm{d}x}{\mathrm{d}t} = u(t) \tag{1.3.1}$$

という例では,$u(t)$ は既知の関数だった。これに対し,式 (1.1.16) を

$$\frac{\mathrm{d}y}{\mathrm{d}t} = F(y) = 8 - 4y$$

という形に書き直して見比べると,$F(y)$ のなかに未知関数 y が含まれているので,式 (1.3.1) よりも少し難しくなることが予想される。このような ODE をどうやって解いたらいいか,順を追って考えていこう。

2-1 差分による数値解

2-1-A 微分方程式の差分化

差分化
⇒ p. 42

　前の章では，常微分方程式 (1.3.1) を差分化し，

$$\frac{x_{j+1} - x_j}{\Delta t} = u(t_j) \tag{1.3.9}$$

という差分方程式に置き換えて解くことを学んだ。もちろん，これは $u = u(t)$ の場合（つまり u の中身が t だけで x が含まれない場合）の式だが，じつは u のなかに x が含まれていても，ほとんど同じようにして差分方程式に置き換えることができる。

　仮に，もとの常微分方程式が

$$\frac{\mathrm{d}x}{\mathrm{d}t} = u(x) \tag{2.1.1}$$

のような式で，右辺は何らかの x の関数だったとしよう。式 (2.1.1) を差分方程式に直すには，$t_n = t_0 + n\Delta t$, $x_n = x(t_n)$ として

$$\frac{x_{j+1} - x_j}{\Delta t} = u(x_j) \tag{2.1.1'}$$

とすればいい。なお，$x = x(t)$ を x_j に置き換えるのだから，右辺の $u(x)$ のなかにある x も，忘れずに x_j に置き換えるように注意しよう*。

2-1-B 初期値問題を数値的に解く方法

　ある意味で最も汎用性が高い解法として，式 (2.1.1′) に基づいて数値的な解（数値解）を求める方法を考えよう。考え方は，前の章で扱った式 (1.3.9) の場合と同じで，式 (2.1.1′) を x_{j+1} について解き

数値的
⇒ p. 23

式 (1.3.9)
⇒ p. 42

$$x_{j+1} = x_j + u(x_j)\Delta t \tag{2.1.2}$$

の形にしたものを用いて，初期値 x_0 を糸口に，$x_0, x_1, x_2, \ldots$ を順に求めていこうという狙いである。

> ㊟ 式 (2.1.2) は Δt の降冪で書いても間違いとは言えないが，昇冪で書くほうがよい。理由については p. 28 を見よ。

---

　* さらに，もし式 (2.1.1) の右辺が $u(x, t)$ だったら，差分化した式では $u(x_j, t_j)$ に置き換わる。つまり x も t も，両方とも番号つきの変数になる。

たとえば，次のような初期値問題の解を数値的に求めたいとする：

$$\frac{\mathrm{d}x}{\mathrm{d}t} = 1 - x^2 \tag{2.1.3}$$

$$x|_{t=0} = 0.100 \tag{2.1.4}$$

ここで，表記を短くするため，$u(x) = 1 - x^2$ と置いて，式 (2.1.1) の形 初期条件
にしよう。初期条件 (2.1.4) が $t = 0$ で与えられていることを考慮して

$$t_0 = 0, \quad t_j = j\Delta t, \quad x_j = x(t_j)$$

とし，式 (2.1.3) を差分化すると式 (2.1.1′) のようになる。これを x_{j+1}
について解くと

〜について解く ⇒ p. 10

$$x_{j+1} = x_j + u(x_j)\Delta t \tag{2.1.2}$$

となって，ここでもちろん $u(x_j) = 1 - x_j^2$ である。なお Δt は適度に小
さな値を決めて用いる。以下では，とりあえず $\Delta t = 0.100$ としよう。

さて，関数 $x(t)$ は未知であるが，初期値だけは，式 (2.1.4) で与えら $x(t)$ は未知
れているので $x_0 = 0.100$ だと分かる。したがって 初期値は既知

$$u(x_0) = 1 - x_0^2 = 0.990$$

も分かるので，式 (2.1.2) から

$$x_1 = x_0 + u(x_0)\Delta t = 0.100 + 0.990 \times 0.100 = 0.199$$

となる。これから $u(x_1)$ が決まり，さらに x_2 を求め，……というよう

表2.1 初期値問題 (2.1.3)(2.1.4) の数値解の例。時間刻みは $\Delta t = 0.1$ とした。途中を点々
で省略しているが，本当はすべて数値が書いてあるものと思って見てほしい。

j	t_j	x_j	$u(x_j)$
0	0.000	0.100	0.990
1	0.100	0.199	0.960
2	0.200	0.295	0.913
⋮			
15	1.500	0.936	0.124
⋮			
20	2.000	0.978	0.043
⋮			

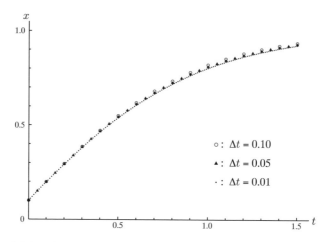

図 2.1　初期値問題 (2.1.3)(2.1.4) の数値解のグラフ。丸印 (○) は $\Delta t = 0.10$ として表 2.1 で求めた数値解を示し, 三角 (▲) は $\Delta t = 0.05$, 小さい黒丸は $\Delta t = 0.01$ の場合の数値解を示している。

に, $\{x_j\}_{j=0,1,2,\dots}$ の値を順に求めていくことが可能である。計算した結果は, 表 2.1 にあるように, t_j, x_j, $u(x_j)$ の数表としてまとめることができる。こうして式 (2.1.3)(2.1.4) の数値解が得られる。

数値解

> ㊟ 表 2.1 に $u(x_j)$ の値の欄があるのは, x_{j+1} の値を求める際に途中で必要となるから書いてあるのであって, ただのお飾りではないし, あとから書き足しているわけでもない。それに, 途中の点々の箇所も, もちろん本当は点々ではなく数値が書いてあるものと思ってほしい。

　こうして得られた数値解をグラフにすると, 図 2.1 の丸印 (○) のようになる。もともと, 式 (2.1.3) で求めるべき未知関数が $x = x(t)$ だったことを踏まえて, 横軸に t をとり, 縦軸に x をとる†。さらに, 図 2.1 には, Δt をもっと細かくした結果も重ねて示している。数値計算では $\Delta t \to +0$ の極限をとることは困難だが, このように, Δt を細かくするにつれて解のグラフが一定の曲線に収束していると判断できるならば, いちおう Δt は十分に小さいと考えてよい。

---

† ここで間違って横軸を番号 j にしたり, $u = u(x)$ のグラフを作ったりする人がいるが, 何を求めるべきなのか見失わないように注意しよう。

2-1-C　2次精度の差分化

ところで，こういう練習問題ならともかく，実際の問題に

$$x_{j+1} = x_j + u(x_j)\Delta t \qquad (2.1.2)$$

という差分の式を適用して数値解を求めると，往々にして，誤差が大き
くて困る場合が出てくる。これは，式 (1.2.36) に基づいて微分を差分に
置き換える際に，$\Delta t \to 0$ のことを棚上げしたまま，その影響を無視し
ているからである。式 (2.1.2) は 1 次までの Taylor 展開に相当する式で
あって，有限の Δt では，2 次以上の項による誤差が生じる。

式 (1.2.36)
⇒ p. 35

Taylor 展開
⇒ 巻末補遺

> ㊟ もう少し詳しく言うと，式 (1.2.36) は あくまで微分と差分の置き換え
> であって，両者が等しいわけではない（等号が成り立つのは $\Delta t \to 0$ の
> 極限に限られる）。等号を用いるなら，p. 24 の式 (1.2.5) にならって
>
> $$\frac{x_{j+1} - x_j}{\Delta t} = \frac{dx}{dt} + [\text{微小な誤差}] \quad \left(\lim_{\Delta t \to 0} [\text{微小な誤差}] = 0 \right)$$
>
> とでも書くべきである。ここで x が十分になめらかなら，上記の式は
>
> $$\frac{x_{j+1} - x_j}{\Delta t} = \frac{dx}{dt} + O(\Delta t) \quad \text{つまり} \quad x_{j+1} = x_j + \frac{dx}{dt}\Delta t + O(\Delta t^2)$$
>
> と表せるので，式 (2.1.2) は，$x_{j+1} = \cdots$ で $O(\Delta t^2)$ の項を無視したも
> のに相当することが分かる。

誤差を減らすには，Δt を非常に小さくすればよいが，そのほか Taylor
展開の 2 次以上の項を考慮して式 (2.1.2) を手直しする方法もある。ここ
で Taylor 展開の m 次までを考慮したものを "m 次精度の差分" と呼ぶ。
これには多くの方法があるが[‡]，特に u が $u(x) = \lambda x + \mu$ という 1 次関
数なら，式 (2.1.1') の右辺の代わりに x_j と x_{j+1} の中点での値を考えて

m 次精度の差分

$$\frac{x_{j+1} - x_j}{\Delta t} = u\left(\frac{x_j + x_{j+1}}{2}\right) = \lambda \frac{x_j + x_{j+1}}{2} + \mu \qquad (2.1.5)$$

とすれば簡単に 2 次精度の差分式が作れる。右辺が x の 1 次関数である
おかげで，x_{j+1} について解くのは容易である（右辺が x の 1 次関数以
外[§]だと面倒なことになるが）。

2 次精度

---

‡　数値計算の本[53, 54]には，「改良 Euler 法・修正 Euler 法」「Verlet 法」「4 次 Runge–
Kutta 法」「Adams–Bashforth 法」など，さまざまな方法が載っている。これらの方法に対
し，最も基本となる式 (2.1.2) による数値解法を **Euler** 法という。

§　第 4 章・第 5 章の用語を用いれば "非線形の場合" ということになる。

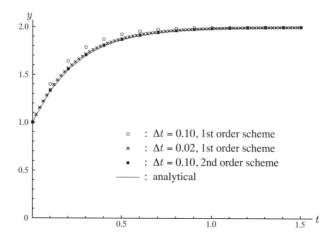

図2.2 方程式 (1.1.16) の数値解。初期条件を $y_0 = 1.0$ とし，$\Delta t = 0.10$ または $\Delta t = 0.02$ として，$0 \leq t \leq 1.5$ の範囲で数値解を求めた。図には，1次精度で差分化した式 (2.1.6) による結果と，2次精度の式 (2.1.7) の結果を，両方とも示している。さらに比較のため，式 (1.1.18) に示した解析解（analytical solution）のグラフも重ねて図示している。

たとえば

$$\frac{\mathrm{d}y}{\mathrm{d}t} + 4y = 8 \tag{1.1.16}$$

の場合に，1次精度と2次精度の差分による数値解を比較してみよう。方程式 (1.1.16) の1次精度の差分化は，$t_j = t_0 + j\Delta t$, $y_j = y(t_j)$ として

$$\frac{y_{j+1} - y_j}{\Delta t} + 4y_j = 8 \tag{2.1.6}$$

と書ける。他方，2次精度の差分化は，式 (2.1.5) の考え方を用いると

$$\frac{y_{j+1} - y_j}{\Delta t} + 2(y_j + y_{j+1}) = 8 \tag{2.1.7}$$

のように書くことができる。

初期条件を $y|_{t=0} = 1.0$ として，差分式 (2.1.6) および (2.1.7) を用いて方程式 (1.1.16) の数値解を求めた結果を図 2.2 に示す。比較のため，解析解すなわち式 (1.1.18) のグラフも含めてある（初期条件に合わせて $A = -1$ とした）。同じ Δt に対しては，明らかに，2次精度の差分式のほうが誤差が少ないことが図 2.2 から分かる。他方，Δt が十分に細かければ，1次精度の差分でも正しい解に近づけられることも分かる。

式 (1.1.18)
⇒ p. 15

練習問題

⊕ 以下，特に指定がない限り，差分式は1次精度で構わないものとする。

1. 初期値問題 (2.1.3)(2.1.4) の数値解を $0 \leq t \leq 1.5$ の範囲で求め，結果を図示せよ。

- まずは表 2.1 を自力で作れるように仕組みを理解する。　　　　表 2.1
- 電卓などを用いて $t = 1.5$ まで値を求める。　　　　　　　⇒ p. 57
- 方眼紙に (t_j, x_j) の値をプロットしていく。（点が勝手につながって曲線に見えれば理想的だが，Δt がじゅうぶん小さくないと線に見えないことが多いので，その場合は折れ線で結ぶ）。

さらに，Δt を半分にした数値解と比較することで，結果の妥当性を検証せよ（図 2.1 のようになるはず）。

差分化が1次精度で，Δt があまり小さくない場合，あまり完全に一致するのも逆におかしいし，かといって全く一致しないのもおかしい。用いた差分化および Δt の大きさに見合った程度の一致が見られるなら，ひとまず妥当だと考えることにしよう。

2. 次の初期値問題の解を，$x = 0$ または $x = 2$ に達するまで数値的に求めよ：

$$\frac{\mathrm{d}x}{\mathrm{d}t} = 0.450x^2 + 0.700 \tag{2.1.8a}$$

$$x|_{t=0} = 1.000 \tag{2.1.8b}$$

検証のため，$\Delta t = 0.100$ とした結果と，それよりも Δt を細かくした結果とを同じグラフに重ねて示し，結果がほぼ一致するのを確認せよ。

3. 同様に，次の初期値問題の解を $x = 0$ または $x = 2$ に達するまで数値的に求めて図示し，結果を検証せよ：

$$\frac{\mathrm{d}x}{\mathrm{d}t} = -\frac{1.400}{x + 0.400} \tag{2.1.9a}$$

$$x|_{t=0} = 1.000 \tag{2.1.9b}$$

4. 次の初期値問題の数値解を $0 \leq t \leq 2.0$ の範囲で求めよ：

$$\frac{\mathrm{d}x}{\mathrm{d}t} = 3x \tag{2.1.10a}$$

$$x|_{t=0} = 1.000 \tag{2.1.10b}$$

この場合，x の値が急激に増大し，普通の方法では適切に図示できない。そこで，片対数方眼紙を入手するか，それと同等の処理をパソコン上で行　片対数方眼紙

うかして，片対数グラフ¶として図示してみよ。どのような図になるか？

式 (2.1.6)
⇒ p. 60

5. 　方程式 (1.1.16) を差分化した式 (2.1.6) を y_{j+1} について解き，これによる数値解を求めよ。さらに，2 次精度の差分式 (2.1.7) を用いて同じことを行い，図 2.2 と同様のグラフを自力で作ってみよ。

2-2　差分による解析解

　数値解法は，さまざまな常微分方程式にほぼ機械的に対応できるという意味では汎用性が高い解法だが，初期条件を固定せざるを得ないとか，

解であることの
確認
⇒ p. 13

解析的
⇒ p. 23

"解であること" を代入で確認するのが難しいとかいう弱点がある。逆に言えば，もし解析的に表せる解（解析解）が見つかれば，代入による検算ができて安心だし，多くの初期条件に一度に対応することも可能になる。

　まずは差分を利用して解析解を求める方法を考えてみよう。この方法は，手間がかかるので，普段はあまり用いないのだが，計算の仕組みが

仕組みが分かる

よく分かるという利点がある*。

2-2-A　等比数列の連続極限

　微分方程式のなかには，解析的に解けるものもあれば解けないものもある。解析的に解ける微分方程式の中で非常に重要な例として

$$\text{(例)}　\frac{\mathrm{d}y}{\mathrm{d}t} = y \qquad (2.2.1)$$

自作するとなかの仕組みが分かる

という常微分方程式を考えよう。これは

$$\frac{\mathrm{d}y}{\mathrm{d}t} = \alpha y \qquad (\alpha \text{ は定数}) \qquad (2.2.2)$$

という形の常微分方程式の一例（$\alpha = 1$ の場合）である。式 (2.2.2) は，y の増加する速さが y 自体に比例するような現象を表しており，宇宙ロケットが必要とする燃料の計算，生物の増殖や伝染病の伝播の数理モデ

　¶　横軸が普通の数直線の目盛で，縦軸は $1, 10, 100, \ldots$ が等間隔になる目盛（対数目盛）を用いたグラフのこと。

　*　たとえるなら手作りの機械のようなものだ。普段の生活では既製の電化製品を買って使っている人も，中身を理解するためには自分で回路を組んでみることもあるだろう。仕組みが分かれば，既製品でトラブルが起きたときに原因を見抜いて対策を立てられる可能性も高くなる。

ル，ある種の化学物質や放射性物質の量の時間変化など，いろいろな問
題に関連して頻繁に登場する。さらに式 (2.2.2) は，力学や電気回路の方
程式を含め，多くの微分方程式の解法の基礎となる重要な位置を占めて
いる。

多くの微分方程
式の解法の基礎

　初期値を適当な正の値に決め，式 (2.2.1) を数値
的に解いてみると，解 $y = y(t)$ は，図 2.3 に示すよ
うな急激に増加する関数であることが分かる。この
関数を解析的に求められないか？というのが問題で
ある。その答えを今から示そう。重要なのは，この
関数が等比数列の連続極限として得られることだ。

　順を追って説明しよう。今までの例と同様に

$$t_j = t_0 + j\Delta t, \quad y_j = y(t_j) \quad (j = 0, 1, 2, \ldots)$$

として方程式 (2.2.1) を差分化し，

$$\frac{y_{j+1} - y_j}{\Delta t} = y_j \qquad (2.2.3)$$

を得る[†]。式 (2.2.3) を y_{j+1} について解くと

$$y_{j+1} = y_j + y_j \Delta t = (1 + \Delta t) y_j$$

となり，ここで $1 + \Delta t$ は定数である（値が j によっ
て変化しない）から，$\{y_n\}_{n=0,1,2,\ldots}$ は公比 $1 + \Delta t$ の等比数列である。
このことと，初項（0 番め）が y_0 であることから，式 (2.2.3) の解は

公比

等比数列

$$y_n = (1 + \Delta t)^n y_0 \qquad (2.2.4)$$

となることが分かる[‡]。

　続いて式 (2.2.4) の連続極限をとる。具体的には

連続極限
⇒ p. 44

$$t_n \to t, \quad y_n \to y = y(t)$$

と置き換え，また簡単化のために $t_0 = 0$ として

$$\Delta t = \frac{t}{n} \to 0 \qquad (n \to +\infty) \qquad (1.3.14')$$

図 2.3　方程式 (2.2.1) の解のグラ
フ。初期値は $y|_{t=0} = 1$ とした。

---

†　今回は最後に連続極限をとるので，2 次精度にしなくても 1 次精度で十分である。

‡　初項を 1 番とする公式だと，随所で 1 を引かないといけない "植木算" 的な煩わしさ
があるが，今の場合は初項が 0 番なので，すっきりした式になっている。

とする。これにより，式 (2.2.4) の連続極限として

$$y_n \to y = y(t) = \lim_{n\to\infty} \left(1 + \frac{t}{n}\right)^n y_0$$

すなわち

$$y = y(t) = y_0 \lim_{n\to\infty} \left(1 + \frac{t}{n}\right)^n = y_0 \exp(t) \qquad (2.2.5)$$

指数関数
⇒ 巻末補遺

が得られる。ここで exp は指数関数であり[§]，あらゆる x に対して

$$\exp: \ x \mapsto \exp(x) = \lim_{n\to\infty} \left(1 + \frac{x}{n}\right)^n \qquad (2.2.6)$$

によって定義される。解 (2.2.5) は $y = y_0 e^t$ と書いてもいい。なお，初期値 $y|_{t=0} = y_0$ が与えられていない場合は，y_0 は任意定数と見なされる。

指数法則
⇒ 巻末補遺

> ㊟ 式 (2.2.6) は，指数法則と Taylor 展開を知っているなら
>
> $$\exp(x) = e^x = \left(e^{x/n}\right)^n = \left(1 + \frac{x}{n} + \cdots\right)^n$$
>
> と考えると納得しやすいかもしれない。

式 (2.2.1) は重要な例なので，ここで分かったことをまとめておく。

- 微分方程式 (2.2.1) の解は，式 (2.2.5) のように指数関数で書ける。
- 初期条件に対応する任意定数は，係数の形で現れる。
- 差分化して解くと等比数列が現れ，その連続極限が指数関数となる。

> ㊟ ここで "係数の形で……" という意味は，式 (2.2.5) に y_0 が掛け算の形で含まれている，という意味である。不定積分の場合の任意定数 (積分定数) は $+C$ という足し算の形で含まれるが，あらゆる任意定数が足し算の形で登場するわけではないし，必ず係数の形になるわけでもない。式 (1.1.28)–(1.1.32) の例を見ると，任意定数は係数として現れることもあれば，非常に複雑な形で含まれる場合もあることが分かる。

等比数列

指数関数のグラフは図 2.3 あるいは図 2.4 のようになる。重要なのは，図 2.4 のように独立変数を一定間隔で区切ると，指数関数は等比数列になることだ。横軸 x を間隔 $\Delta x = h$ で区切り，$e^h = r$ とすると

[§] 指数関数という語は，巻末補遺にあるとおり，広い意味では $x \mapsto b^x$ の形の関数 (ここで b は正の定数) のことだが，物理系工学では，指数関数と言えば exp を指すのが普通である。

$$e^0 = 1, \quad e^h = r, \quad e^{2h} = (e^h)^2 = r^2, \quad \dots$$

となって，すべての整数 n に対して¶

$$e^{nh} = r^n \qquad (r = e^h)$$

が言える。ここで $nh = n\Delta x = x$ と置き，x の値を
固定して $h = x/n \to 0, n \to \infty$ の極限を考えると，
これは式 (2.2.6) にほかならないことが分かる。この
意味で，式 (2.2.6) は，

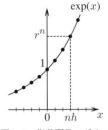

図2.4　指数関数のグラフ

等比数列の連続極限が指数関数である

ことを示している。

微分方程式 (2.2.1) と差分方程式 (2.2.3) の対応は，図 2.5 のようにま
とめられる。前の章の図 1.10 と見比べ，似ているところや違うところに
ついて考えてみるといい。 図 1.10 ⇒ p. 48

> ㊟ 図 2.5 の右上から右下への "変数分離の方法" はまだ説明していないが，
> これは次の節の内容を先取りして書いている。

2-2-B　応用：宇宙ロケットの燃料

質量 m_* の観測機器をロケットで月や火星に送り込むにはどれくらい
の燃料が必要なのだろうか。これについて，Hohmann（ホーマン）という人の論文[8]
の冒頭部分をもとに考えてみよう。宇宙ロケットがまだ非現実的な夢物

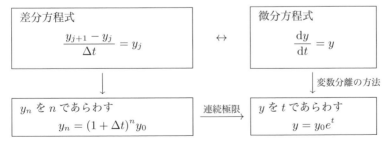

図2.5　微分方程式 (2.2.1) と差分方程式 (2.2.3) の対応関係。左下は差分方程式 (2.2.3) の
　　　解 (2.2.4)，右下は微分方程式 (2.2.1) の解である。左上の添字は，j でなくても，つじつま
　　　が合っていれば何でもいい。連続極限については本文中の式 (1.3.14′)(2.2.5) のあたりの説
　　　明を見ること。なお，右上から右下への "変数分離の方法" は次の節 (p. 70) で説明する。

¶　ここで n や h は負でもかまわない。指数法則というものは，そうなるようにできている。

語に近かった頃に書かれた論文である。

観測機器や燃料を含めたロケット全体の質量を m とする。燃料の消費により質量が減少するため m は時間の関数となり，これを $m = m(t)$ と書くことにしよう。微小時間 Δt ごとに，燃料を $\alpha m \Delta t$ だけ速度 c で噴射することで，ロケットは αc だけの加速度を得る。その代償として，ロケットの質量 m は，燃料消費により

$$\frac{\mathrm{d}m}{\mathrm{d}t} = -\alpha m \tag{2.2.7}$$

という常微分方程式に従って減少する。ここで α は定数だとすれば，式

式 (2.2.2)
⇒ p. 62

(2.2.7) は式 (2.2.2) と同じ形の方程式なので解析的に解けて，解は

$$m = m_0 \lim_{n \to \infty} \left(1 - \frac{\alpha t}{n} \right)^n = m_0 \exp\left(-\alpha t \right) \tag{2.2.8}$$

となる$\|$。ここで m_0 は m の初期値（出発時点での質量）である。

ロケットが地球の重力を振り切って宇宙に向かうためには，αc は，どうしても重力加速度よりも大きくなければならない[**]。地球の重力を脱出するのにかかる時間を T とし，その時点で燃料を使い切って観測機器だけが残るとすれば，観測機器の質量 m_* とロケットの質量の関係は

$$m_* = m|_{t=T} = m_0 e^{-\alpha T} \quad \text{したがって} \quad m_0 = m_* e^{\alpha T} \tag{2.2.9}$$

となる。脱出にかかる時間 T は，燃料噴射による加速度 αc と地球の重力から計算され，これによって，発射時点での燃料込みのロケットの質量 m_0 が求められる。

Hohmann は，さまざまな c や α の値に対して T と m_0/m_* を計算し，当時の技術で可能な範囲では m_* の 800 倍以上の燃料が必要となってしまうことを示した。この計算結果は，同時に，噴出速度 c をもっと大

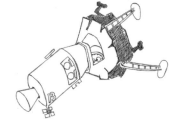

きくできるなら m_0/m_* を現実的な値に近づけられることも示しており，Hohmann は，大きな c を達成できる燃料の開発が必要である旨を述べている[8]。その後どうなったか[16]は，航空宇宙に興味のある学生なら

$\|$ 指数関数の定義式 (2.2.6) で $x = -\alpha t$ とすればいい。

[**] 重力を無視できる理想的な場合を考え，$\alpha c \Delta t$ をそのまま積算することで得られる速度の式は "Tsiolkovsky の公式" と呼ばれている[29, 36]。

ばよく知っているだろう。

2-2-C　いつでも等比数列とは限らない

解が exp になる微分方程式は非常に重要だが，もちろんそれが全てではない。たとえば，第 1 章の練習問題（p. 19）に出てきた

$$\frac{du}{dt} = \frac{2u}{1+t} \tag{1.1.28}$$

はどうだろうか？

例によって $t_j = j\Delta t$, $u_j = u(t_j)$ として差分化すると（簡単化のため $t_0 = 0$ とした），

$$\frac{u_{j+1} - u_j}{\Delta t} = \frac{2u_j}{1+t_j} \tag{2.2.10}$$

という差分方程式が得られ，これを u_{j+1} について解くと

～について解く
⇒ p. 10

$$u_{j+1} = u_j + \frac{2u_j}{1+t_j}\Delta t = \left(1 + \frac{2\Delta t}{1+t_j}\right)u_j \tag{2.2.11}$$

となる。もし式 (2.2.11) の右辺の係数が定数ならば先ほどと同じく等比数列だが，残念ながら，これは定数ではなく（j によって変化する），したがって $\{u_n\}_{n=0,1,2,\ldots}$ は等比数列ではない。

しかし，具体的に計算すればパターンが見つかるかもしれないので，試しに何項か計算してみよう。仮に初項 u_0 は分かっているものとし，まず，式 (2.2.11) で $j = 0$ とすると

$$u_1 = (1 + 2\Delta t)u_0$$

となる（ここで $t_0 = 0$ を用いた）。次に式 (2.2.11) で $j = 1$ とすると

$$u_2 = \left(1 + \frac{2\Delta t}{1+\Delta t}\right)u_1$$
$$= \frac{1+3\Delta t}{1+\Delta t} \times (1+2\Delta t)u_0 = \frac{(1+3\Delta t)(1+2\Delta t)}{1+\Delta t}u_0$$

となり，さらに式 (2.2.11) で $j = 2$ とすると

$$u_3 = \left(1 + \frac{2\Delta t}{1+2\Delta t}\right)u_2$$
$$= \frac{1+4\Delta t}{1+2\Delta t} \times \frac{(1+3\Delta t)(1+2\Delta t)}{1+\Delta t}u_0 = \frac{(1+4\Delta t)(1+3\Delta t)}{1+\Delta t}u_0$$

のように途中で約分できる因子が見つかって，これなら計算できそうだという希望が見えてくる。さらにその次は

$$u_4 = \frac{1 + 5\Delta t}{1 + 3\Delta t} \times \frac{(1 + 4\Delta t)(1 + 3\Delta t)}{1 + \Delta t} u_0 = \frac{(1 + 5\Delta t)(1 + 4\Delta t)}{1 + \Delta t} u_0$$

$$u_5 = \frac{1 + 6\Delta t}{1 + 4\Delta t} \times \frac{(1 + 5\Delta t)(1 + 4\Delta t)}{1 + \Delta t} u_0 = \frac{(1 + 6\Delta t)(1 + 5\Delta t)}{1 + \Delta t} u_0$$

$$\vdots$$

となり，一般の n に対して

$$u_n = \frac{\{1 + (n+1)\Delta t\}(1 + n\Delta t)}{1 + \Delta t} u_0 \tag{2.2.12}$$

となることが分かる。

こうして差分方程式 (2.2.10) の解析解 (2.2.12) が得られたので，次は
連続極限　その連続極限をとる。やり方は今まで何度か行ったとおりで，結果は

$$u_n \to u = u(t) = \lim_{n \to \infty} \frac{\left(1 + \frac{n+1}{n}t\right)(1 + t)}{1 + \frac{t}{n}} u_0 = (1 + t)^2 u_0 \tag{2.2.13}$$

となる。初期条件が指定されていない場合は u_0 を任意定数と見なすべきであることは，式 (2.2.5) の場合と同じである。こうして，第 1 章の練習問題（p. 19）で確かめた解と本質的に同じ結果[*]が得られた。

なお，ここまでの例で分かるように，常微分方程式の解は，初期条件に対応する定数を含むものとして考えるのが自然であり，この定数は，初期条件が与えられていない場合は任意定数となる。式 (1.3.17) の積分定数 C や，式 (2.2.13) の定数 u_0 などが，解に含まれる任意定数の例である。
一般解　このような任意定数を含む解のことを一般解（いっぱんかい）という。より正確には「何個の任意定数を含めば一般解と言えるのか」を考える必要があるが（たとえば 2 個の任意定数が必要な場合に任意定数が 1 個しか含まれていなかったら「一般解」とは言えない），これについては第 3 章で説明する。

練習問題

1. 　方程式 (2.2.1) の解を差分化と連続極限で求めたのと同じ方法で，

$$\frac{dp}{dt} = -3p \tag{2.2.14}$$

の解が $p = p_0 e^{-3t}$ となることを示せ。ただしここで p_0 は p の初期値に対応する任意定数である。

---

　[*]　式 (2.2.13) すなわち $u = u_0(1+t)^2$ の u_0 が任意定数だとすると，これと $u = A(1+t)^2$ は，文字の置き方が違うだけで，全く同じ式である。

2. 方程式 (2.2.1) とその差分化に関する図式（図 2.5）の上半分だけを
紙に書き，本もノートも見ずに，下半分を自力で再現せよ。さらに，途
中の計算過程（特に連続極限の箇所）について補足説明を加えよ。

図 2.5
⇒ p. 65

自力で再現
⇒ p. 19

3. 差分方程式 (2.2.10) を用いて微分方程式 (1.1.28) の解を求める過
程を，図 2.5 と同じような図式にまとめよ。

方程式 (2.2.10)
⇒ p. 67

4. 差分方程式 (2.2.10) の解 (2.2.12) に対する検算を示せ。すなわち，
式 (2.2.12) を差分方程式 (2.2.10) に代入し，すべての番号に対して等号
が成立するかどうかを検証せよ。

差分方程式の解
の検算
⇒ p. 20

> 式 (2.2.12) の番号を置き換えて得られる u_j および u_{j+1} から，
>
> $$[\text{式 (2.2.10) の左辺}] = \frac{2\{1 + (j+1)\Delta t\}}{1 + \Delta t} u_0$$
>
> となることをまず示す。次に，$t_j = j\Delta t$ であることを考慮して式 (2.2.10) の右辺を計
> 算し，左辺と見比べて，j の恒等式として等号が成立することを確かめればいい。

5. 以下の微分方程式を差分方程式に直して解き，さらに連続極限をと
る方法で，解を求めよ。途中の手順についても説明を書くこと。

$$\frac{du}{ds} = u \tag{2.2.15}$$

$$\frac{dq}{dt} = \frac{3q}{1+t} \tag{2.2.16}$$

6. 前問で求めた方程式 (2.2.16) の解を検算せよ。

微分方程式の解
の検算
⇒ p. 15

7. 次の差分方程式の初期値問題の解を求め，結果を検算せよ：

$$2x_{n+1} = x_n + 2 \tag{2.2.17a}$$

$$x_0 = 3 \tag{2.2.17b}$$

> 解法はいろいろあるが，たとえば x_* を定数として $x_n = x_* + y_n$ と変数変換し（した
> がって $x_{n+1} = x_* + y_{n+1}$），式 (2.2.17a) に代入してみよう。邪魔な定数項がうまく
> 消えるように x_* を定めると，$\{y_n\}_{n=0,1,\ldots}$ が等比数列になって解ける。

8. 微分方程式 (1.1.16) に対応する差分方程式

微分方程式
(1.1.16)
⇒ p. 14

$$\frac{y_{j+1} - y_j}{\Delta t} + 4y_j = 8 \tag{2.1.6}$$

の解析解を求めよ（前問の解法をヒントにしてもよいし，何項か具体的
に計算してパターンを見つけたあと，代入して検算する方法でもよい）。
さらに，この解析解の連続極限をとる方法で方程式 (1.1.16) の解析解を
求め，式 (1.1.18) と本質的に同じ結果が得られることを確かめよ。

式 (1.1.18)
⇒ p. 15

2-3　積分による解析解

2-3-A　変数分離の方法

引き続き，前の節で扱った

$$\frac{\mathrm{d}y}{\mathrm{d}t} = y \tag{2.2.1}$$

という方程式について考える。

前の節の内容は，模式的に書くと，

のような図式において，右上 → 左上 → 左下 → 右下 のように迂回して
解を求めるというものだった。微分方程式を差分方程式に直して解くの
は，堅実ではあるけれど手間のかかる解法であって，喩えるなら，掛け
算九九を知らない人が，7×3 という掛け算を $7 + 7 + 7 = 21$ のように
足し算に直して計算するのに似ている。

掛け算九九

この図式を，前の章の図 1.10 と見比べると，差分方程式を経由せずと
も右上から右下に直接行ける方法がありそうに思える。それはたぶん積
分を用いた解法ではないかとも想像できる。

図 1.10
⇒ p. 48

この想像は，基本的には間
違っていないけれども，そんな
に簡単な話でもない。単純に式
(2.2.1) の両辺を t で積分して

$$y(t) = \int y\,\mathrm{d}t \overset{?}{=} yt + C \tag{2.3.1}$$

としたらいいのではないか？と
思うかもしれないが，この積分

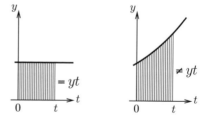

図2.6　式 (2.3.1) のような計算は y が定
数でない限り成り立たない

の計算は間違っている。なぜかというと，$y = y(t)$ は未知関数であって，
t によってどう変化するかも分からないのに，y が定数であるかのように
勝手に仮定して積分を計算しているからだ（図2.6）。百歩譲って，y が
定数だと仮定した場合，不定積分の結果も定数になれば辻褄が合うかも

間違った積分

しれないが，式 (2.3.1) は $y(t)$ が定数にならないという結果を示しており，仮定と結果が矛盾している。つまり，単純に両辺を t で積分してもうまくいかないのである。

> ㊟ 前の章で，よくある間違いの例として式 (1.1.17) を紹介した。おそらく，これも，式 (2.3.1) と同じようなインチキな方法で式 (1.1.16) を積分した結果ではないかと思われる。

式 (1.1.17)
⇒ p. 14

式 (2.2.1) の両辺をそのまま t で積分してもダメ，ということだが，よく考えると，工夫して変形してから積分すればいいのでは？という考えが思い浮かぶ。

先ほどのインチキな積分解法 (2.3.1) がうまくいかないのは，未知であるはずの y が積分のなかに入り込んでいるからだ。そこで，積分を行う前に，未知のもの（今の場合は y）を左辺に集めることにする。そのために，式 (2.2.1) の両辺を $1/y$ 倍し，

未知数を左辺に集める

$$\frac{1}{y}\frac{\mathrm{d}y}{\mathrm{d}t} = 1 \tag{2.3.2}$$

とする。このように変形してから，式 (2.3.2) の両辺を t で積分すれば，それぞれ

$$\text{右辺} \rightarrow \int 1\,\mathrm{d}t = t + C_1 \qquad (C_1\ \text{は積分定数})$$

$$\text{左辺} \rightarrow \int \frac{1}{y}\frac{\mathrm{d}y}{\mathrm{d}t}\mathrm{d}t = \int \frac{1}{y}\mathrm{d}y = \log y + C_2 \quad (C_2\ \text{は積分定数})$$

のように計算できて（途中で置換積分の公式を用いた），あとは両者を等しいと置くことで

置換積分
⇒ 巻末補遺
log
⇒ p. 18

$$\log y = t + C \quad (\text{ここで } C = C_1 - C_2) \tag{2.3.3}$$

という式が得られる。求めるべきものは $y = y(t)$ なので，式 (2.3.3) を y について解き

〜について解く
⇒ p. 10

$$y = e^{t+C} = Ae^t \tag{2.3.4}$$

を得る。ただし $A = e^C$ は C を置き直した任意定数である（もちろん，初期条件がある場合には「任意定数」は任意ではなく特定の値に定まる）。

任意定数

> ㊟ 式 (2.3.4) は，任意定数 A を含んでいるので，1 階の常微分方程式 (2.2.1) の一般解になっている。

一般解
⇒ p. 68

変数分離　　　　　ここで紹介した解法を変数分離の方法といって，常微分方程式を積分で解く際の基本技である．この方法による計算は，じつは，もう少し短く書くことができる：

> 式 (2.2.1) を変形し，y を左辺に，t を右辺に集めると
>
> $$\frac{\mathrm{d}y}{y} = \mathrm{d}t$$
>
> 両辺を積分：$\displaystyle\int \frac{\mathrm{d}y}{y} = \int \mathrm{d}t$　　左辺と右辺をそれぞれ計算すると
>
> $\log y = t + C$　　（C は積分定数）
>
> $y = Ae^t$　　　　　（$A = e^C$ は C を置き直した任意定数）

こうすれば，置換積分の公式を用いる部分などを，言わば "舞台裏に隠す" ことができて，書き方が短くなる．その代わり，この書き方は，少々勘違いしやすい危険なポイントを含んでいる．いくつか注意点を挙げておこう．

　　まず，lim なしの $\Delta y/\Delta t$ ならともかく，lim 込みで定義されているは
導関数　　　ずの導関数 $y'(t) = \mathrm{d}y/\mathrm{d}t$ を，あたかも普通の分数のようにバラバラに
⇒ p. 27　　していいのか？　という問題がある．これについての厳密な説明を始めると厄介だが，この本では

微分をバラバラ　　　ただちに積分に持ち込める形になっているときに限り $\mathrm{d}y$ や $\mathrm{d}t$ を単
にする際の約束　　　独で用いてよい

という約束にしておく*．したがって，$\mathrm{d}y/y$ のような形は OK だが，$y/\mathrm{d}y$ のような，分母に $\mathrm{d}y$ が来る形はまずい（直観的に言っても，微小量が単独で分母に来たら，ゼロで割っているようなものなのでエラーになるだろう）．

　　もうひとつ，微妙な言葉づかいかもしれないが，式 (2.3.2) のあとには「両辺を t で積分」と書いていたのに対し，短いほうの書き方では「両辺を積分」となっていて "〜で" の部分がない．これは，両辺に既に $\mathrm{d}y$ や $\mathrm{d}t$ が含まれており，$\int$ をつけるだけで積分になるからだ．上記の約束事で「ただちに積分に持ち込める形」と書いたのは，じつは，このことも含めて言っている．

---

*　この約束については第 5 章の式 (5.2.24) の箇所（p. 265）で再び触れる．

式 (2.3.3) の左辺が $\log y$ になっていますが，これは $\log |y|$ のように絶対値を付けるべきではないでしょうか？

→ この絶対値は省いていいのです。なぜなら $y = \pm |y|$ ゆえ

$$\log y = \log(\pm |y|) = \log |y| + \log(\pm 1)$$

であり，$\log(\pm 1)$ は定数なので積分定数に含めてしまえばいいからです。

もっとも，$\log 1 = 0$ はともかく，$\log(-1)$ とは何だ？ と思うかもしれませんが，その正体は，第 4 章の途中で明らかになります。ここでは，$\log(-1)$ は虚数の値になるとだけ言っておきましょう。そのため C は一般に複素数になるので，多くの場合，早々に $A = e^C$ に置き換えてしまうほうが扱いが楽です。

もちろん，高校で習ったように絶対値記号を付けて書いても間違いではありません。その場合は，$y = \cdots$ に直す計算の途中で複号が必要になることに注意しましょう。

変数分離の方法について，もう少し例を見てみよう。

㋕ 前節の p. 67 で扱った例を再び取り上げる：

$$\frac{du}{dt} = \frac{2u}{1+t} \tag{1.1.28}$$

式 (1.1.28) を変形し，u を左辺に，t を右辺に集めると

$$\frac{du}{u} = \frac{2dt}{1+t}$$

となり，両辺を積分すると

$$\int \frac{du}{u} = \int \frac{2dt}{1+t} \quad \text{すなわち} \quad \log u = 2\log(1+t) + C$$

となる（ここで C は積分定数）。これを u について解けば

$$u = A(1+t)^2 \tag{2.3.5}$$

という解が得られる（ここで $A = e^C$ は C を置き直した任意定数）。

なお，できればここで検算を行うほうが良いが，既に第 1 章の練習問題（p. 19）で行っているので，ここでは検算は省略する。 検算 ⇒ p. 15

㋕ 変数分離の方法で

$$\frac{\mathrm{d}y}{\mathrm{d}t} + 4y = 8 \tag{1.1.16}$$

を解いてみよう。未知数 y を左辺に，t を右辺に集めると

$$\frac{\mathrm{d}y}{2 - y} = 4\,\mathrm{d}t$$

結果に log が現
れる不定積分
⇒ p. 53

となり，両辺を積分して

$$\int \frac{\mathrm{d}y}{2 - y} = \int 4\,\mathrm{d}t$$

したがって

$$-\log(2 - y) = 4t + C \quad (C \text{ は積分定数})$$

を得る。これを y について解き，任意定数を適当に置き直せば

$$y = 2 + Ae^{-4t} \tag{1.1.18}$$

となって，既に p. 15 で見たのと同じ解が得られる。

㊟ 途中の計算方法によっては式 (1.1.18) の A の代わりに $-A$ になる
　　かもしれないが，A は任意定数なので，どちらでも同じことだ。

log
⇒ 巻末補遺

　　上記の例にあるように，変数分離の方法の計算では log がよく出てく
る。いったん log を経由することで迅速に解が得られる仕組みになって

水の泡

いるとも言えるが，log の扱いを間違えると "全てが水の泡" ということ
でもある。たとえば方程式 (1.1.28) の場合，

$$\log u = 2\log(1 + t) + C$$

式 (2.3.5)
⇒ p. 73

を u について解いて式 (2.3.5) を得るはずのところで，つい勘違いして

$$u = (1 + t)^2 + e^C \quad (?!)$$

掛け算の比喩
⇒ p. 70

などとしてしまう間違い答案をよく見かける。ふたたび掛け算の比喩を
持ちだすなら，九九を間違えて覚えているようなもので，これではいくら
迅速でも意味がない。この比喩からさらに読み取れる教訓として，掛け
算九九や log の公式はどうやってできたのか考えてみよう。九九の表は，
昔の人が足し算を繰り返して作ったものなので，そこに戻って考えれば
間違いは減らせるはずなのだ。同様に，log や exp の公式は，昔の人[9]

が方程式 (2.2.1) や (2.2.2) を解いて求めたものだ†。だから，log や exp
について分からなくなったら，方程式 (2.2.1) の差分による解法——つま
りは等比数列——に戻って考えるようにしよう。

等比数列

　ところで，式 (2.2.1) や式 (1.1.28) は dy/dt = ⋯ とか du/dt = ⋯
とかいう形であり（こういう形を "正規形" という），式 (1.1.16) も簡単
に正規形 dy/dt = ⋯ に直せる形だった。他方，正規形に直しにくい場
合もあり，たとえば次の例がそうだ：

正規形
⇒ p. 134

$$\left(\frac{dx}{dt}\right)^2 + x^2 = 1 \tag{2.3.6}$$

これを 2 階の ODE と思ったら間違いで，$(dx/dt)^2$ は 1 階微分の 2 乗で
あり，2 階微分ではない。この方程式 (2.3.6) をむりやり正規形に直すと

2 階微分では
ない
⇒ p. 108

$$\left(\frac{dx}{dt}\right)^2 = 1 - x^2 \quad すなわち \quad \frac{dx}{dt} = \pm\sqrt{1-x^2}$$

のようになり，ここから

$$\pm\frac{dx}{\sqrt{1-x^2}} = dt \tag{2.3.7}$$

のように変数分離の形にできる。式 (2.3.7) の両辺を積分し，$x = \sin\theta$
と変数変換して積分を計算すると

$$\sin^{-1} x = \theta = \pm t + C \quad すなわち \quad x = \sin(\pm t + C) = \sin(t + C') \tag{2.3.8}$$

という解が得られる。ただし C' は C を置き直した任意定数で，これに
より ± の符号を吸収している。

　解 (2.3.8) を検算しよう。導関数は $dx/dt = \cos(t + C')$ となるから

$$[式 (2.3.6) の左辺] = \cos^2(t + C') + \sin^2(t + C') = 1$$

であり，式 (2.3.6) の右辺は 1 なので等号が成立する。さらに，解 (2.3.8)
は任意定数 C' を含んでいるので，方程式 (2.3.6) の一般解になっている。

㊟ 式 (2.3.8) は，たしかに一般解ではあるけれども，じつは方程式 (2.3.6)
の解のすべてが式 (2.3.8) に含まれるわけではない。事情は "変数分離
の方法の盲点" とでもいうべきもので，方程式 (2.3.6) は，式 (2.3.8) と
は異なる解を隠し持っているのだが，その解は変数分離の方法では見
つからないのだ。これについては，第 5 章で扱うことにする。

変数分離の盲点
⇒ p. 260

† 方程式 (2.2.1) の数値解を $t = \log y$ の形の数表にしたものが対数表である。

ここまでは，初期条件が与えられておらず，一般解を求める問題だっ
た。次は初期値問題を考えよう。

初期値問題
⇒ p. 48

たとえば，方程式 (1.1.16) に初期条件を追加し，

$$\frac{\mathrm{d}y}{\mathrm{d}t} + 4y = 8 \tag{1.1.16}$$

$$y|_{t=0} = 1 \tag{2.3.9}$$

とした場合の解はどうなるだろうか。既に式 (1.1.16) の一般解

$$y = 2 + Ae^{-4t} \tag{1.1.18}$$

を p. 74 で求めたのだから，あとは初期条件 (2.3.9) を満たすように定数
A を決めればいい。そこで式 (1.1.18) に $(t, y) = (0, 1)$ を代入すると

$$1 = 2 + A \quad \text{したがって} \quad A = -1$$

となり，初期値問題 (1.1.16)(2.3.9) の解は

$$y = 2 - e^{-4t} \tag{2.3.10}$$

図 2.2
⇒ p. 60

となることが分かる。じつは，この章の前半で図 2.2 に示した解析解は，
式 (2.3.10) にほかならない。

ところで，変数分離の方法で初期値問題を解く際には，必ずしも先に
一般解を完全に計算し終える必要はなく，途中段階で解を絞り込むほう
が良い場合もある。

㋐ 次の初期値問題を考える：

$$\frac{\mathrm{d}p}{\mathrm{d}s} = 1 - p^2 \tag{2.3.11a}$$

$$p|_{s=0} = 0 \tag{2.3.11b}$$

未知数 p を左辺に，s を右辺に集めると

$$\frac{\mathrm{d}p}{1 - p^2} = \mathrm{d}s$$

となり，両辺を積分して

$$\int \frac{\mathrm{d}p}{1 - p^2} = \int \mathrm{d}s \tag{2.3.12}$$

部分分数分解
⇒ 巻末補遺

と書ける。式 (2.3.12) の左辺は，部分分数分解の方法で

$$[\text{式 (2.3.12) の左辺}] = \frac{1}{2} \int \left(\frac{1}{1+p} + \frac{1}{1-p} \right) \mathrm{d}p = \frac{1}{2} \log \frac{1+p}{1-p}$$

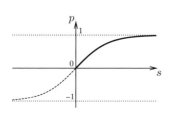
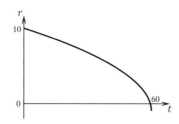

図 2.7　初期値問題の解の例。(左) 初期値問題 (2.3.11) の解 (2.3.14)。漸近線 $p = \pm 1$ も併せて示している。(右) 初期値問題 (2.3.15) の解 (2.3.17)。

のように計算できて，したがって式 (2.3.12) は，

$$\frac{1}{2} \log \frac{1+p}{1-p} = s + C \quad \text{すなわち} \quad \frac{1+p}{1-p} = A e^{2s} \quad (A = e^{C})$$
(2.3.13)

となる。ただし C は積分定数，A は C を置き直した定数である。

ここで，式 (2.3.13) を p について解く前に，定数 A の値を決めてしまおう。初期条件 (2.3.11b) を満たすために $(s, p) = (0, 0)$ を代入すると $A = 1$ に決まる。したがって，式 (2.3.13) は

$$\frac{1+p}{1-p} = e^{2s}$$

となり，これを p について解くと，

$$p = p(s) = \frac{e^{2s} - 1}{e^{2s} + 1} = \frac{e^{s} - e^{-s}}{e^{s} + e^{-s}} = \tanh s \tag{2.3.14}$$

となって，双曲正接関数が解であることが分かる。

双曲正接関数
⇒ 巻末補遺

解 (2.3.14) のグラフを図 2.7 (左) に示す。初期値問題の解としては，独立変数の範囲を $0 \leq s < +\infty$ に限るのが自然だが，参考までに，$s < 0$ の領域にまで拡張した解を点線で示している。

⑩ 初期値問題

$$\frac{\mathrm{d}r}{\mathrm{d}t} = -\frac{1}{1+r} \tag{2.3.15a}$$

$$r|_{t=0} = 10 \tag{2.3.15b}$$

の解を求めてみよう。左辺に r を，右辺に t を集めると

$$(1 + r)\mathrm{d}r = -\mathrm{d}t$$

となる。両辺を積分し，初期条件を満たすように積分定数を定めると

$$r + \frac{1}{2}r^2 = -t + C, \quad C = 60 \tag{2.3.16}$$

となる。これを r について解けばいい。2次方程式なので $\pm\sqrt{}$ が現れるが，初期条件を満たすほうだけを採用すればよく，こうして

$$r = r(t) = -1 + \sqrt{121 - 2t} \tag{2.3.17}$$

を得る。解 (2.3.17) のグラフは図 2.7（右）のようになる。

解が途中で終わる微分方程式　　解 (2.3.17) の興味深い特徴は，この解が $t = 0$ から出発して無限の未来にまで到達するわけではなく，$t = 121/2 = 60.5$ で "終わってしまう" ことだ。これは，方程式 (2.3.15a) が，$r = -1$ に特異点をもつためである。解がこの特異点に到達すると，そこで dr/dt が発散し "Game Over" となる。このような微分方程式もあることを知っておくといい。

2-3-B　応用：化学反応の速度

容器のなかに，ある物質 X を含む水溶液を用意し，条件を適切に整えると，X が Y に変化する化学反応が生じるとする。この化学反応の速度について化学反応の速度　の法則を探るため，物質 X の濃度 $c = c(t)$ を経過時間 t の関数として測定する実験を行い（水溶液はよく撹拌されていて濃度は空間的に均一だとする），そのデータから，c に関する常微分方程式の形で法則を推定することを考えよう。なお，物質 X の総量ではなく濃度を変数としているのは，卓上サイズの実験装置にも大きな化学プラントにも同じように当てはまる形の法則を見つけることで，実験結果を実際の工場の設計に役立てたいという狙いがある。

全くのノーヒントで法則を推定するのは難しいので，物理化学の専門家である某先生に相談したところ，

$$\frac{dc}{dt} = -kc^\alpha \tag{2.3.18}$$

の形で法則を推定するといいらしいことが分かった [20]。ここで k は何らかの次元をもつ正の定数，α は無次元の定数だが，その値は分からない。

そこで，何通りかの α の値について式 (2.3.18) の解を求め，その解と実験データを比較して，どの α の値が最もよく実験と一致するか検討する。一例として $\alpha = 2$ の場合を考えてみよう。未知数である c を左辺に，t を右辺に集めると

$$\frac{dc}{c^2} = -kdt \tag{2.3.19}$$

となり，両辺を積分してから少しだけ書き直して

$$\frac{1}{c} = kt + \frac{1}{c_0} \tag{2.3.20}$$

を得る（積分定数は c の初期値 c_0 を用いて決定した）。さらに，ほかの α の値（$\alpha = 0$ とか $\alpha = 1$ とか）についても同様な計算を行っておく。

ここで式 (2.3.20) を c について解いてもよいが，実験データとの比較のためには，むしろ式 (2.3.20) のままの形のほうが都合がいい。つまり，実験データのほうを変換して，横軸を t とし，縦軸を $1/c$ としたグラフを作る。これでグラフが直線になれば，実験データは式 (2.3.20) と整合することになるので $\alpha = 2$ と考えてよく[‡]，さらに k の値もグラフから読み取れる。こうして，実験データから式 (2.3.18) の定数を決定できる。

2-3-C 固定点

方程式

$$\frac{\mathrm{d}y}{\mathrm{d}t} + 4y = 8 \tag{1.1.16}$$

は，数値的に解くこともできるが（図 2.2），解析的にも解けて

図 2.2
⇒ p. 60

$$y = 2 + Ae^{-4t} \tag{1.1.18}$$

という解が得られることを見た。数値解では無限に計算を続けるわけにはいかないけれど，式 (1.1.18) のような解析解があれば，$t \to \infty$ での挙動[§]が簡単に考察できる。図 2.8 に示すとおり，解析解 (1.1.18) は直線 $y = 2$ に漸近する。

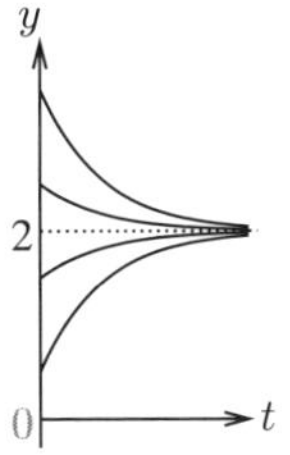

この漸近線の位置は，よく考えると，解を計算するまでもなく方程式 (1.1.16) 自体から推測できる。漸近線を

$$y = y_* \qquad (y_* \text{ は未知の定数}) \tag{2.3.21}$$

図2.8 解 (1.1.18) は $y = 2$ に漸近する

という定数関数だと仮定しよう。定数関数の導関数はゼロだから，方程式 (1.1.16) の $\mathrm{d}y/\mathrm{d}t$ をゼロとし $y = y_*$ を代入した式，つまり $4y_* = 8$ を解けば，漸近線の位置は $y_* = 2$ に決まる。

定数関数の導関数はゼロ

式 (1.1.16) に限らず，$\mathrm{d}x/\mathrm{d}t = u(x)$ の形の常微分方程式において，

---

‡ 実際には，グラフ 1 枚だけで判断するのは危険である。さまざまな α の値に対してグラフを作り，そのなかで最も直線に近いものを選ぶのが良い。

§ 長時間が経過したあと解がどうなるかは，制御工学など多くの応用で重要な意味をもつ。

固定点　　　$u(x_*) = 0$ を満たす x_* を，この方程式の<ruby>固定点<rt>こていてん</rt></ruby> (fixed point) という[¶]。

(例) 方程式 (1.1.16) では $y = 2$ が固定点である。初期値を固定点に一致させると解は定数関数になる。さらに，どんな初期値でも，解は $y = 2$ に漸近する。

(例) この章の冒頭で数値解の例題として取り上げた

$$\frac{\mathrm{d}x}{\mathrm{d}t} = 1 - x^2 \tag{2.1.3}$$

という方程式では，固定点は $x = \pm 1$ である。このうち $x = 1$ のほうが，図 2.1 の数値解を限りなく続けた場合の漸近線に対応する。

図 2.9　数直線上の "流れ"

このように，固定点は解のグラフの漸近線の候補ではあるが，必ず漸近するとは限らない。解が $t \to +\infty$ でどこに向かうのかは，一般には初期値によって異なる。

この様子は，式 (2.1.3) の場合，x の数直線上に $\mathrm{d}x/\mathrm{d}t$ の符号を図示する方法で知ることができる。図 2.9 のように，固定点によって数直線を領域に区切り，それぞれの領域での式 (2.1.3) の右辺の符号を矢印として書き込んでいけばいい。上向きの矢印は $\mathrm{d}x/\mathrm{d}t > 0$ を意味し，下向きの矢印は $\mathrm{d}x/\mathrm{d}t < 0$ を意味する。こういう "流れ" の図から，初期値が $-1 < x < +\infty$ の範囲にあれば方程式 (2.1.3) の解 $x = x(t)$ は $t \to +\infty$ で 1 に向かい，初期値が $x < -1$ なら解は $-\infty$ に向かうことが分かる。

固定点と流れに着目するこの考え方[‖]については，次章 p. 148 で再び取り上げることにしよう。

2-3-D　変数変換によって変数分離に持ち込める場合

1階の ODE のなかには，そのままでは変数分離に持ち込めなくとも，うまく変数変換すると変数分離の方法で解けるようになるものがある。

たとえば

$$\frac{\mathrm{d}z}{\mathrm{d}r} = \frac{z^2 - r^2}{2rz} \tag{2.3.22}$$

という微分方程式は，このままの形では変数分離できそうにない。しかし

[¶]　平衡点ともいう[3, p.182]。ここで「点」という語を用いているのは，今の場合 "x 軸という数直線上の一点" という意味合いが込められている。

[‖]　詳しくは，巻末の参考図書のうち "力学系" というキーワードを含む本を見てほしい。

$$\frac{z}{r} = q \quad (\text{つまり } z = rq) \tag{2.3.23}$$

と変数変換すると，左辺は

$$[\text{式 (2.3.22) の左辺}] = \frac{\mathrm{d}z}{\mathrm{d}r} = \frac{\mathrm{d}}{\mathrm{d}r}(rq) = q + r\frac{\mathrm{d}q}{\mathrm{d}r}$$

となり（積の微分を用いる），右辺は

$$[\text{式 (2.3.22) の右辺}] = \frac{z^2 - r^2}{2rz}$$
$$= \frac{r^2 q^2 - r^2}{2r^2 q} = \frac{q^2 - 1}{2q}$$

となって，式 (2.3.22) は

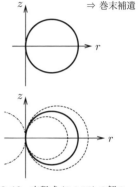

積の微分
⇒ 巻末補遺

$$r\frac{\mathrm{d}q}{\mathrm{d}r} = \frac{q^2 - 1}{2q} - q = -\frac{q^2 + 1}{2q} \tag{2.3.24}$$

という方程式に書き直せる。これは変数分離の方
法で解くことができて，途中の計算を省略して結
果のみを示すと

$$q = \pm\sqrt{\frac{A}{r} - 1} \quad (A \text{ は任意定数}) \tag{2.3.25}$$

となる。

図 2.10　方程式 (2.3.22) の解の
グラフ。定数 A の値をひとつ決
めると，グラフは直径 A の円に
なる。定数 A の値を変えると，
この円を原点に関して拡大また
は縮小したグラフが得られる。

　ここで安心して終わってはいけない。変数変換
して解いているので，もとの変数に戻す必要がある。変数変換 (2.3.23)
により $q = q(r)$ の形で得られた解 (2.3.25) を $z = z(r)$ に戻すと

もとの変数に
戻す

$$z = rq = \pm r\sqrt{\frac{A}{r} - 1} = \pm\sqrt{r(A - r)} \tag{2.3.26}$$

となり，この解のグラフは，図 2.10 に示すような，直径 A の円になる
(縦軸と横軸のスケールを同じにした場合)。

　なぜ，変数変換 (2.3.23) でうまくいくのだろうか？ 直接的には，式
(2.3.22) の右辺が分子も分母も (r, z) の 2 次式なので，式 (2.3.23) のよ
うにすれば，r^2 をくくりだして約分できるからだ。

　もう少し深い理由を挙げるなら，解のグラフ（図 2.10）に相似な図形
が現れることと関係がある。図 2.10 において，原点を中心にグラフを拡
大縮小するのは，方程式 (2.3.22) において，(r, z) を $(\alpha r, \alpha z)$ に置き換
えることに対応する（もちろん α は定数）。式 (2.3.22) でこの置き換えを
行ってみると，α が約分されて消えてしまい，もとの式 (2.3.22) と同じ

になる。このように，方程式や関数において，何らかの変数の置き換え
を行った結果がもとの式に一致するという性質があるとき，これを，そ
対称性の式の対称性という[14]。図形における線対称とか回転対称とかいっ
たものを数式に拡張した概念である。

> 例　$y = x^2$ という放物線の式は，x を $-x$ に置き換えても変わらないと
> いう意味で，対称性がある。図形的には，y 軸に関してグラフが線
> 対称であることを意味する。

> 例　$y = x(1-x)$ は，x を $1-x$ に置き換えても変わらない。図形的に
> は $x = 1/2$ の線に関する対称性を意味する。

> 例　微分方程式 $dY/dt = 2Y$ は，Y をその定数倍（$3Y$ とか $4Y$ とか）
> で置き換えても変わらない。この対称性から，この方程式の一般解
> には任意定数が係数の形で現れそうだと推測できる。

方程式 (2.3.22) は，(r, z) を $(\alpha r, \alpha z)$ に置き換えても変わらない*という
意味で，対称性をもつ。この対称性をうまく反映する変数は何だろうか
と考えれば，式 (2.3.23) のように q を定義するのも，なるほど自然なこ
とだと思えてくるだろう。あるいは，かなり雑な表現ではあるけれども
物理的直観に訴える言い方をするなら，方程式 (2.3.22) は，r も z も同
次元じ次元（たとえば長さの次元）をもつ量だと考えても次元的に矛盾しな
無次元の変数い形になっている。こういう形の方程式は，たいてい，無次元の変数を
用いると解きやすくなるもので，その無次元変数が，今の場合，$q = z/r$
なのである。

　もうひとつ，よく用いられる解法を紹介しよう。この解法の考え方に
まず馬を射よは，"将を射んと欲すれば先ず馬を射よ"（弓矢で武将を倒すには，ま
ずその馬から倒せ）という昔のことわざを思わせるところがある。

　たとえば

$$\frac{dy}{dt} = 2y + e^{2t} \qquad (2.3.27)$$

という方程式は，どうやって解いたらいいだ
ろうか？

　式 (2.3.27) の右辺の第2項が定数だったら，
変数分離の方法で解けるし固定点の考察もで

---

　*　この対称性をもつ ODE を "同次型" と呼ぶことがある（p.274）。

きるが，今の場合はそういうわけにはいかない[†]。こんな時は難しい問題を一度に解こうとするからいけないので，

　　難しい問題を解くために手がかりとなるような，もう少し簡単な問題はないか？

と考えてみる。邪魔なのは式 (2.3.27) の右辺第 2 項なので，試しに，これを取り除いた

$$\frac{\mathrm{d}Y}{\mathrm{d}t} = 2Y \tag{2.3.28}$$

という方程式を考えてみよう。ただし，本来の目標である y と，中間手段である式 (2.3.28) の解は同じではないので，区別するために，式 (2.3.28) の未知数を $Y = Y(t)$ としている。

$y =$ "騎馬武将"

$Y =$ "馬"

　方程式 (2.3.28) は，変数分離の方法で簡単に解ける。あるいは，経験を積んだ人なら，計算するまでもなく反射的に解が思い浮かぶかもしれない。いずれにしても，解は

まずは馬を攻略

$$Y = Ae^{2t} \quad (A \text{ は任意定数}) \tag{2.3.29}$$

となる。

　得られた Y をヒントに，本来の目標である方程式 (2.3.27) の解を

$$y = ae^{2t}, \quad a = a(t) \tag{2.3.30}$$

と置いてみよう。つまり，式 (2.3.29) の定数 A を何らかの未知の関数 $a = a(t)$ で置き換えた形の解を推測して，解くべき方程式 (2.3.27) に代入する。左辺は，積の微分により

定数を関数で置き換える

積の微分
⇒ 巻末補遺

$$[\text{式} (2.3.27) \text{ の左辺}] = \frac{\mathrm{d}}{\mathrm{d}t}\left(ae^{2t}\right)$$
$$= \frac{\mathrm{d}a}{\mathrm{d}t}e^{2t} + 2ae^{2t}$$

となり，これが

$$[\text{式} (2.3.27) \text{ の右辺}] = 2y + e^{2t} = 2ae^{2t} + e^{2t}$$

と等しくなるためには

[†]　一定値 $y = y_*$ に漸近する解が存在しないのは明らかだ。式 (2.3.27) の最後の項が定数ではなく t を含んでいるのだから。

$$\frac{\mathrm{d}a}{\mathrm{d}t} = 1 \tag{2.3.31}$$

であればいい。方程式 (2.3.31) は，両辺を t で積分すれば簡単に解くことができて，解は

$$a = t + A \tag{2.3.32}$$

となり（A は任意定数），もとの変数に戻して

$$y = ae^{2t} = (t+A)e^{2t} \quad （A は任意定数) \tag{2.3.33}$$

を得る。

　この解法は，要するに，本来の問題を "半分だけ解いた" 解 (2.3.29) を踏み台とすることで，難しい方程式 (2.3.27) を，より簡単な方程式 (2.3.31) に直す解法だと言える。その際の計算のポイントは，解 (2.3.29) に含まれる定数 A を，t によって変化する $a = a(t)$ に置き換えるところにあるので，この解法を定数変化法という。

定数変化法

"半分だけ解く"　本来の問題を "半分だけ解く" と言っても，式 (2.3.27) の右辺のふたつの項のうち，どちらを残してどちらを削るべきか，判断に迷うかもしれない。これは $2y$ のほうを残すべきで，逆の選択（$2y$ を削って e^{2t} を残す）だと，かえって難しい方程式になる。

　このあたりのコツのようなものをつかむため，λ と μ を定数として

$$\frac{\mathrm{d}x}{\mathrm{d}t} = \lambda x + \mu \tag{2.3.34}$$

という方程式を考えてみよう。方程式 (2.3.34) は変数分離の方法で素直に解くことができて，解は

$$x = Ae^{\lambda t} - \frac{\mu}{\lambda} \quad （A は任意定数) \tag{2.3.35}$$

となる。しかし，この答えを知らないふりをして，あえて方程式 (2.3.34) を定数変化法で解くことを考える。問題は，その際に，途中段階の方程式では λ の項を削るべきか，それとも μ の項を削るべきかである。もし λ の項を削って μ を残すと（未知数を x の代わりに X として）

定数変化法

$$\frac{\mathrm{d}X}{\mathrm{d}t} = \mu \quad したがって \quad X = \mu t + C \tag{2.3.36}$$

となり，他方，λ を残して μ を削ると

$$\frac{\mathrm{d}X}{\mathrm{d}t} = \lambda x \quad したがって \quad X = Ae^{\lambda t} \tag{2.3.37}$$

となる。式 (2.3.36) と式 (2.3.37) とではどちらが最終的な解 (2.3.35) に近いかと考えたら、それは (2.3.37) のほうではないだろうか。式 (2.3.37) は解 (2.3.35) の第 1 項と同じで、あとは μ に比例する項がつくだけの違いだからだ。問題を "半分だけ解く" という場合、その結果が最終目標に近いほど好都合だから、式 (2.3.37) のほうが良いことになる。

こういうわけで、$dx/dt = u(x)$ の形の方程式で右辺が $u(x) = \lambda x + \mu$ のような 1 次式になっていたら、最初に考慮すべきなのは λ のほう（直線の式で言えば "傾き"）であって、μ（"切片"）ではない。ここでは λ と μ が定数の場合を考えたが、これが定数ではなく t の関数であっても結論は同じだ。つまり、式 (2.3.27) を解くための踏み台としては、$2y$ を残して e^{2t} を削るほうが良い。

なお、場合によっては、定数変化法を地道に実行するよりも、積の微分を通じて不定積分に持ち込むほうが早いことがある。たとえば

$$r\frac{df}{dr} + f = r^2 \qquad (2.3.38)$$

積の微分
⇒ 巻末補遺

を解きたい場合、

$$[\text{式 (2.3.38) の左辺}] = \frac{d}{dr}(rf) \qquad (2.3.39)$$

であることに気づけば、式 (2.3.38) は

$$\frac{d}{dr}(rf) = r^2$$

と書き直せるので、両辺を r で積分して

$$rf = \int r^2 dr = \frac{1}{3}r^3 + C \quad \text{すなわち} \quad f = \frac{1}{3}r^2 + \frac{C}{r} \qquad (2.3.40)$$

のように解ける（C は積分定数）。もちろん、式 (2.3.39) に気づかないからといって悲観する必要はなく、少々手間はかかるが、まずは

$$r\frac{dF}{dr} + F = 0$$

を変数分離の方法で解いて、その解をもとに定数変化法を用いればいい。定数変化法の計算を式 (2.3.40) と見比べると、不定積分の段階で同じ計算になっていることが分かるだろう。つまり、式 (2.3.40) は、定数変化法と全く別個の解法というわけではなく、むしろその前半を省いた簡略版のようなものである。

変数分離の方法
定数変化法

練習問題

> ㊟ このあとの練習問題で，初期条件なしに「解を求めよ」と指示してある
> 場合，それは "一般解を解析的に求めよ" という意味であるものとする。
> なお，必要に応じて，変数の動く範囲を適当に制限してかまわない。

検算
⇒ p. 15

1. 以下の微分方程式の解を求め，結果を検算せよ：

$$\frac{\mathrm{d}p}{\mathrm{d}t} = -3p \tag{2.3.41}$$

$$\frac{\mathrm{d}v}{\mathrm{d}s} = s^2 \tag{2.3.42}$$

$$\frac{\mathrm{d}u}{\mathrm{d}s} = u^2 \tag{2.3.43}$$

$$\frac{\mathrm{d}F}{\mathrm{d}r} = 5F \tag{2.3.44}$$

$$\frac{\mathrm{d}G}{\mathrm{d}x} = \frac{G}{2x} \tag{2.3.45}$$

$$\frac{\mathrm{d}H}{\mathrm{d}r} = \frac{4H}{1+2r} \tag{2.3.46}$$

図 2.5
⇒ p. 65

自力で再現
⇒ p. 19

2. 方程式 (2.2.1) の解に関する図式（図 2.5）の右上だけを紙に書き，
本もノートも見ずに，残りを自力で再現せよ。さらに，途中の計算過程
について補足説明を加えよ。

3. 以下の方程式のうち，どれが1階の ODE でどれが2階の ODE か？

$$\frac{\mathrm{d}^2 x}{\mathrm{d}t^2} + 4x = 8 \tag{2.3.47}$$

$$\left(\frac{\mathrm{d}y}{\mathrm{d}t}\right)^2 + 4y = 6 \tag{2.3.48}$$

$$\frac{\mathrm{d}z}{\mathrm{d}t} + 4z^2 = 4 \tag{2.3.49}$$

このなかで1階のものをすべて選び，変数分離の方法で解を求めよ。

4. 未知関数 $f = f(t)$ に対する

$$\frac{\mathrm{d}f}{\mathrm{d}t} + \frac{f}{1+t} = 0 \tag{2.3.50}$$

という ODE を考える。この ODE を解析的に解くには，差分化して解
いてもいいし，差分化せずに積分に持ち込んでもいい。どちらの方法で
も同じ解が得られることを確認し，図 2.5 と同じような図式にまとめよ。

5. 変数分離の方法で，

$$\frac{\mathrm{d}p}{\mathrm{d}s} - 2p = 1 \tag{2.3.51}$$

という ODE を解け。得られた解を検算せよ。

6. 次の初期値問題の解を求め，得られた結果を検算せよ：

$$\frac{\mathrm{d}x}{\mathrm{d}t} + 3x = 5 \tag{2.3.52a}$$

$$x|_{t=0} = 2 \tag{2.3.52b}$$

問題に含まれるふたつの等号の成立を両方とも検証する必要がある。

7. 次の ODE の初期値問題の解 $v = v(s)$ を求め，結果を検算せよ：

$$\frac{\mathrm{d}v}{\mathrm{d}s} = \frac{3v}{1+s}, \qquad v|_{s=0} = 2$$

8. 初期値問題

$$\frac{\mathrm{d}w}{\mathrm{d}t} = 1 - 2w \tag{2.3.53a}$$

$$w|_{t=0} = 3 \tag{2.3.53b}$$

を解析的に解き，解 $w = w(t)$ のグラフの概形を描け。方眼紙などは使わなくてよいが，初期値や $t \to +\infty$ での漸近挙動などが分かるようなグラフにすること。

9. 方程式 (2.3.18) の解を，$\alpha = 0$ および $\alpha = 1$ の場合について求めよ。また $\alpha = 1/2$ の場合はどうなるか？ 方程式 (2.3.18) ⇒ p. 78

10. 固体壁の近くを流れる流体の速度 u について，ある条件のもとで

$$\rho \kappa^2 y^2 \left(\frac{\mathrm{d}u}{\mathrm{d}y} \right)^2 = \tau_0 \tag{2.3.54}$$

という微分方程式が成り立つ[28, 第15章]。ここで κ は無次元の正の定数，ρ と τ_0 は適当な次元をもつ正の定数で，$y\,(>0)$ は壁面からの距離で測った位置，$u = u(y)$ はその位置での流体の速度である。また $\mathrm{d}u/\mathrm{d}y > 0$ が成り立つことも分かっている（壁から離れるほど流れが速くなる）。

以上の前提のもとで，方程式 (2.3.54) の解を求めよ。

11. 本もノートも見ずに，式 (2.3.22) の解 (2.3.26) の計算過程を自力で再現せよ。 式 (2.3.22) ⇒ p. 80

自力で再現 ⇒ p. 19

12. 次の ODE の解 $y = y(x)$ を求めよ：

$$\frac{\mathrm{d}y}{\mathrm{d}x} = \frac{y+x}{y-x} \tag{2.3.55}$$

右辺の分子も分母も (x, y) の 1 次式であることに着目する。

_13._ 方程式 $\mathrm{d}Q/\mathrm{d}x + 3Q = 0$ の解を手がかりにして，

$$\frac{\mathrm{d}q}{\mathrm{d}x} + 3q = 2\cosh 3x \tag{2.3.56}$$

定数変化法 　の解 $q = q(x)$ を定数変化法で求めよ。

cosh
⇒ 巻末補遺

$\cosh 3x$ は $\cos h\, 3x$ ではなく，双曲余弦関数 $\cosh$ に $3x$ を入力したものを意味する。最終的に積分を計算する際に，双曲線関数を指数関数で表す式が必要になるだろう。

_14._ 以下の ODE は，いずれも定数変化法で解ける：

$$\frac{\mathrm{d}y}{\mathrm{d}t} + y = \cos t \tag{2.3.57}$$

$$\frac{\mathrm{d}r}{\mathrm{d}s} - \frac{3r}{s} = s^2 \tag{2.3.58}$$

$$\frac{\mathrm{d}u}{\mathrm{d}t} = \frac{3u}{1+t} - 2 \tag{2.3.59}$$

これらの方程式の解を求めよ。ただし，発散を避けるために，この練習問題の冒頭（p. 86）に書いたとおり，たとえば $0 < s < +\infty$ のように独立変数の範囲を適当に制限してもよい。

2-4　その他の解法と補足

2-4-A　冪級数の方法

第 1 章で，

$$\frac{\mathrm{d}y}{\mathrm{d}t} + 4y = 8 \tag{1.1.16}$$

間違い答案
⇒ p. 14
　のありがちな誤答例として

$$y \overset{?}{=} \frac{8t}{1 + 4t} \tag{1.1.17}$$

というのを紹介した。これはおそらく，式 (1.1.16) を $\mathrm{d}y/\mathrm{d}t = 8 - 4y$ と

間違った積分
⇒ p. 70
　したあと，両辺を t で積分して

$$y = \int (8 - 4y)\mathrm{d}t \overset{?}{=} (8 - 4y)t \tag{2.4.1}$$

とした結果だと思われる。もちろん $y = y(t)$ は未知の関数だから，これを t で積分しても式 (2.4.1) のようにはならず，この解答はインチキである。

だが，本当に，これはそんなにダメな方法だろうか？ 途中の

$$y = \int (8 - 4y)\mathrm{d}t \tag{2.4.2}$$

までは一応正しいのだから，何とか工夫する余地を探してみよう。

差分による数値解法の場合，初期条件がないと手も足も出ないけれど
も，初期条件さえ与えられていれば，それを出発点として計算を何度も
繰り返すことで数値解を求めることが可能だった。同様に，式 (2.4.2) の
場合にも，初期条件さえあれば，それを手がかりに計算が進められるか
もしれない。

差分による数値
解法
⇒ p. 56

そこで，初期条件が $y|_{t=0} = y_0$ と与えられたとしよう*。不定積分を
定積分の形で書く式 (1.3.15) のことを思い出して，式 (2.4.2) を

式 (1.3.15)
⇒ p. 44

$$y(t) = y_0 + \int_0^t \{8 - 4y(\tilde{t})\}\, \mathrm{d}\tilde{t} \tag{2.4.2'}$$

と書いてみる[1, p.61]。小さな t に対しては（つまり t が初期時刻に近
ければ）右辺の定積分の値は $O(t)$ 程度の微小さであり，$y = y(t)$ は初
期値 y_0 に近いものと考えられる。これを

オーダー記号
⇒ 巻末補遺

$$y = y(t) = y_0 + O(t) \tag{2.4.3}$$

と書き，式 (2.4.2') の右辺に代入する。そうすると，積分の中身はもは
や未知ではないから，定積分が計算できて

$$
\begin{aligned}
y(t) &= y_0 + \int_0^t (8 - 4y_0)\, \mathrm{d}\tilde{t} + O(t^2) \\
&= y_0 - 4(y_0 - 2)t + O(t^2) \tag{2.4.4}
\end{aligned}
$$

となることが分かる†。これを再び式 (2.4.2') の右辺に代入すると

$$
\begin{aligned}
y(t) &= y_0 + \int_0^t [8 - 4\{y_0 - 4(y_0 - 2)\tilde{t}\}]\, \mathrm{d}\tilde{t} + O(t^3) \\
&= y_0 - 4(y_0 - 2)t + 8(y_0 - 2)t^2 + O(t^3) \tag{2.4.5}
\end{aligned}
$$

となり，さらにそれをまた式 (2.4.2') の右辺に代入して……というよう
に，何度も繰り返して積分を計算する。こうして，方程式 (1.1.16) の解が

$$y = y(t) = a_0 + a_1 t + a_2 t^2 + a_3 t^3 + \cdots \tag{2.4.6}$$

---

* ここでは解析的な計算を考えるので，初期条件は数値ではなく y_0 という文字でいい。
† ここで，$O(t)$ の微小量を長さ t の積分区間で積分すると $O(t^2)$ になることを用いた。
同様に，$O(t^m)$ の微小量を長さ t の積分区間で積分すると $O(t^{m+1})$ になる。

幂級数

という**幂級数**（power series）の形で得られる。式 (2.4.5) からは

$$a_0 = y_0, \quad a_1 = -4(y_0 - 2), \quad a_2 = 8(y_0 - 2)$$

であることが読み取れる。

　しかし，このように積分を何度も繰り返すのは，正直なところ，かなり大変である。幂級数の形の解を求める計算法としては，むしろ，y を式 (2.4.6) のように置いたあと，微分方程式 (1.1.16) そのものに代入するほうが実際的だ。式 (2.4.6) の導関数は

$$\frac{dy}{dt} = y'(t) = a_1 + 2a_2 t + 3a_3 t^2 + \cdots \tag{2.4.7}$$

と求められるから，

$$
\begin{aligned}
[\text{式 (1.1.16) の左辺}] &= \left(a_1 + 2a_2 t + 3a_3 t^2 + \cdots \right) \\
&\quad + 4 \left(a_0 + a_1 t + a_2 t^2 + a_3 t^3 + \cdots \right) \\
&= (a_1 + 4a_0) + (2a_2 + 4a_1)t + (3a_3 + 4a_2)t^2 + \cdots
\end{aligned}
$$

係数を比較

である。これが式 (1.1.16) の右辺すなわち 8 と恒等的に等しくなるための条件として，t^m $(m = 0, 1, 2, \ldots)$ の係数を比較して

$$a_1 + 4a_0 = 8 \tag{2.4.8}$$

$$(m+1)a_{m+1} + 4a_m = 0 \quad (m = 1, 2, 3, \ldots) \tag{2.4.9}$$

を得る。初期条件 $y|_{t=0} = y_0$ から $a_0 = y_0$ となり，これと式 (2.4.8) から $a_1 = 8 - 4y_0 = -4(y_0 - 2)$ となって，あとは式 (2.4.9) により

$$
\begin{aligned}
a_2 &= -\frac{4}{2} a_1 = \frac{(-4)^2}{2}(y_0 - 2) \\
a_3 &= -\frac{4}{3} a_2 = \frac{(-4)^3}{3 \times 2}(y_0 - 2) \\
&\vdots \\
a_n &= -\frac{4}{n} a_{n-1} = \frac{(-4)^n}{n!}(y_0 - 2) \\
&\vdots
\end{aligned}
$$

のように a_n が定まる。この結果を式 (2.4.6) に代入すると

$$
\begin{aligned}
y &= y_0 - 4(y_0 - 2)t + \frac{(-4)^2}{2!}(y_0 - 2)t^2 + \cdots + \frac{(-4)^n}{n!}(y_0 - 2)t^n + \cdots \\
&= 2 + (y_0 - 2)\left\{ 1 + (-4t) + \frac{(-4t)^2}{2!} + \cdots + \frac{(-4t)^n}{n!} + \cdots \right\}
\end{aligned}
$$

となり，ここでカッコの中身が指数関数の Taylor 展開

Taylor 展開
⇒ 巻末補遺

$$e^z = 1 + z + \frac{z^2}{2!} + \cdots + \frac{z^n}{n!} + \cdots \qquad (2.4.10)$$

と同じであることに気づけば

$$y = 2 + (y_0 - 2)e^{-4t} \qquad (1.1.18')$$

であることが分かる。この結果は，文字の置き方のような些細な違いを
別にすれば，式 (1.1.18) と全く同じものを再現できている。

式 (1.1.18)
⇒ p. 15

　計算はこれでいいが，冪級数を書くのにスペースを無駄に消費するの
が気になるので，$\sum$ を使って圧縮して書いてみよう。式 (2.4.6) は

総和記号
⇒ p. 40

$$y = y(t) = \sum_{m=0}^{\infty} a_m t^m \qquad (2.4.6')$$

のように書けて，もちろん m のところは他の文字と重複しない限り j で
も k でも何でもいい。導関数は

$$\frac{dy}{dt} = y'(t) = \frac{d}{dt}\left(a_0 + \sum_{m=1}^{\infty} a_m t^m\right)$$
$$= \sum_{m=1}^{\infty} m a_m t^{m-1} = \sum_{m=0}^{\infty} (m+1) a_{m+1} t^m \qquad (2.4.7')$$

となる。なお，最後の等号のところで"中身を変えずに添字をずらす"と
いうテクニックを使っているが，分かりにくい場合は

添字をずらす

$$m_旧 = m_新 + 1$$

などのように「新・旧」の対応を書いて考えるか，または式 (2.4.7) のよ
うに $\sum$ なしで書いた場合にどうなるかを考えればいい。

式 (2.4.7)
⇒ p. 90

　では，式 (2.4.6) と同様に，解を冪級数で置く方法で，

$$(1 - r)\frac{du}{dr} = u \qquad (2.4.11)$$

を解いてみよう。ただし初期値を $u|_{r=0} = u_0$ とする。

　解を

$$u = u(r) = b_0 + b_1 r + b_2 r^2 + \cdots = \sum_{m=0}^{\infty} b_m r^m \qquad (2.4.12)$$

と仮定する。このとき

$$\frac{\mathrm{d}u}{\mathrm{d}r} = \sum_{m=1}^{\infty} mb_m r^{m-1} = \sum_{m=0}^{\infty} (m+1)b_{m+1} r^m$$

$$r\frac{\mathrm{d}u}{\mathrm{d}r} = r\sum_{m=1}^{\infty} mb_m r^{m-1} = \sum_{m=1}^{\infty} mb_m r^m = \sum_{m=0}^{\infty} mb_m r^m$$

だから

$$[\text{式 (2.4.11) の左辺}] = \sum_{m=0}^{\infty} \{(m+1)b_{m+1} - mb_m\} r^m$$

であり，これが式 (2.4.11) の右辺すなわち式 (2.4.12) と等しくなるためには，$m = 0, 1, 2, \ldots$ に対して

$$(m+1)b_{m+1} - mb_m = b_m \quad \text{すなわち} \quad b_{m+1} = b_m \qquad (2.4.13)$$

となる必要がある。初項 b_0 は初期条件によって $b_0 = u_0$ と分かっているので，結局，すべての項が

$$b_m = u_0 \qquad (m = 0, 1, 2, \ldots)$$

となることが分かり，解は

$$u = u_0 \sum_{m=0}^{\infty} r^m = u_0 \left(1 + r + r^2 + \cdots + r^n + \cdots\right) \qquad (2.4.14)$$

という形の無限級数になる。この無限級数は，等比数列の無限和であり，別名を幾何級数[2, p.93] ともいって，$|r| < 1$ という条件のもとで

幾何級数

$$\sum_{m=0}^{\infty} r^m = \frac{1}{1-r} \qquad (2.4.15)$$

が成り立つ。式 (2.4.15) を用いれば，解 (2.4.14) は

$$u = \frac{u_0}{1-r} \qquad (2.4.16)$$

検算
⇒ p. 15

と書ける。念のために検算しておくと

$$\frac{\mathrm{d}u}{\mathrm{d}r} = \frac{\mathrm{d}}{\mathrm{d}r}\left(\frac{u_0}{1-r}\right) = \frac{u_0}{(1-r)^2}$$

だから

$$[\text{式 (2.4.11) の左辺}] = \frac{u_0}{1-r} = [\text{式 (2.4.11) の右辺}]$$

となり，確かに式 (2.4.16) は方程式 (2.4.11) を満たす。

2-4-B 母関数と積分変換

冪級数の方法は，数式の形に着目するなら，式 (2.4.6) によって関数 $y = y(t)$ を数列 $\{a_m\}_{m=0,1,2,\dots}$ に置き換える解法だといえる。これと同じ形を逆に用いて数列を関数に置き換えようというのが母関数である。

式 (2.4.6)
⇒ p. 89

母関数

たとえば，初期値を $x_0 = 3$ として，

$$2x_{n+1} = x_n + 2 \tag{2.2.17a}$$

という差分方程式（数列の漸化式）の解 $\{x_n\}_{n=0,1,2,\dots}$ を求めたいとする。これを数列のまま扱う代わりに，たとえば

$$x_0 + x_1 \zeta + x_2 \zeta^2 + \cdots + x_n \zeta^n + \cdots$$

のような冪級数を導入して関数に置き換えてしまおう。ただし，上記の形は ζ が小さいところで収束する形になっているが，とある事情により，通常，$\zeta = 1/z$ として，z が大きいところで収束する級数の形で，母関数 $X(z)$ への変換を

$$\{x_m\}_{m=0,1,2,\dots} \mapsto X(z) = x_0 + \frac{x_1}{z} + \frac{x_2}{z^2} + \cdots = \sum_{m=0}^{\infty} x_m z^{-m} \tag{2.4.17}$$

と定義する。式 (2.4.17) による数列 $\{x_m\}_{m=0,1,2,\dots}$ の変換を，z 変換という。もちろん番号づけは m に限らず他の変数名でもかまわない。

z 変換

方程式 (2.2.17a) の解は等比数列に近い形になることが予想されるので，準備として，等比数列の z 変換を求めておこう。つまり，式 (2.4.17) の x_m を $c_0 r^m$ で置き換えたものを計算しておく。計算結果は

等比数列の z 変換

$$\{c_0 r^m\}_{m=0,1,2,\dots} \mapsto \sum_{m=0}^{\infty} c_0 r^m z^{-m} = c_0 \sum_{m=0}^{\infty} \left(\frac{r}{z}\right)^m$$

$$= \frac{c_0}{1 - r/z} = \frac{c_0 z}{z - r} \tag{2.4.18}$$

となって（途中で幾何級数の公式を用いた），ちょうど $z \to r$ で発散する分数関数になる。

幾何級数

以上の準備と $X(z)$ の定義式 (2.4.17) に基づいて，式 (2.2.17a) の両辺の z 変換を考えよう。まず左辺は，初期値 $x_0 = 3$ を考慮して

$$\{2x_{n+1}\}_{n=0,1,2,\dots} \mapsto \sum_{n=0}^{\infty} 2x_{n+1} z^{-n} = 2z \sum_{m=1}^{\infty} x_m z^{-m}$$

$$= 2z(X(z) - 3) \tag{2.4.19}$$

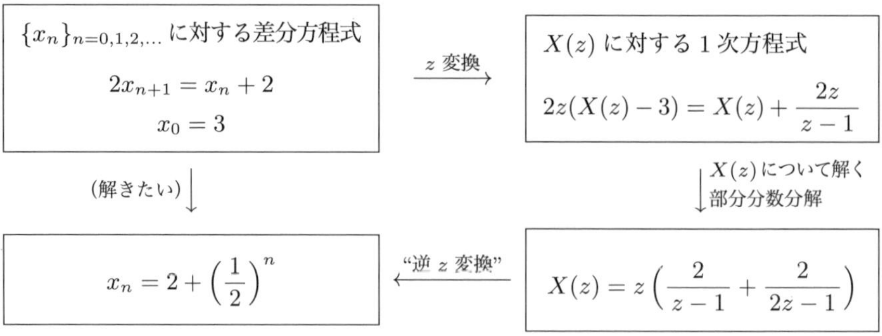

図 2.11　z 変換による解法の手順

と計算できる。他方，右辺については，

$$\{x_n + 2\}_{n=0,1,2,\dots} \mapsto \sum_{n=0}^{\infty} (x_n + 2)\, z^{-n} = X(z) + \frac{2z}{z-1} \quad (2.4.20)$$

となり，これが式 (2.4.19) と等しくなることから，$X(z)$ に対する方程式として

$$2z(X(z) - 3) = X(z) + \frac{2z}{z-1} \quad (2.4.21)$$

が得られ，これを解いて

$$X(z) = \frac{z(6z-4)}{(2z-1)(z-1)} \quad (2.4.22)$$

を得る。これを式 (2.4.18) の形に近づけることを狙って，右辺の式から

部分分数分解
⇒ 巻末補遺

z をくくりだしたまま，残りを部分分数分解する[‡]：

$$X(z) = z\left(\frac{2}{z-1} + \frac{2}{2z-1} \right) \quad (2.4.23)$$

式 (2.4.23) の各項を式 (2.4.18) と見比べると，解は

$$x_n = 2 + \left(\frac{1}{2} \right)^n \quad (2.4.24)$$

となることが分かる。最初の項は "公比 1 の等比数列"（つまり定数），次

差分方程式
(2.2.17a)
⇒ p. 69

の項は公比 1/2 の等比数列である。このように，差分方程式 (2.2.17a) の初期値問題は，z 変換を用いて図 2.11 のような手順で解くことができる。

ところで，等比数列の連続極限が指数関数であり，$\{z^{-m}\}_{m=0,1,\dots}$ は等比数列にほかならないことから，z 変換の連続極限として

[‡]　または，変数を $\zeta = 1/z$ に戻して部分分数分解する。

$$x(t) \mapsto X(s) = \int_0^\infty e^{-st} x(t)\, \mathrm{d}t \qquad (2.4.25)$$

というものが考えられる。式 (2.4.25) は**Laplace 変換**[33] と呼ばれ，制御工学などの応用で絶大な威力を発揮する。さらに，三角関数を用いた

Laplace 変換

$$u(x) \mapsto \hat{u}(k) = \int_{-\infty}^\infty \cos(kx)\, u(x)\, \mathrm{d}x \qquad (2.4.26)$$

のような形の変換§を**Fourier 変換**[60, 61] と呼び，こちらも，微分方程式を解いたりデータを解析したりするために幅広く用いられる。

Fourier 変換

㊟ Fourier 変換や Laplace 変換など，

$$f(x) \mapsto F(p) = \int K(p,x) f(x)\mathrm{d}x \qquad (2.4.27)$$

の形で関数 $f(x)$ を別の関数 $F(p)$ に置き換えるものを**積分変換**という。なお，式 (2.4.27) には明記していないけれども，ここでの積分は定積分であることに注意しよう。

2-4-C 差分方程式が主役になるとき

ここまでの例では，ほとんどの場合，差分方程式は連続極限をとって微分方程式と対応させる前提で考えてきた。だが，もともとの問題設定によっては，連続極限が意味をなさない場合がある。たとえば，ある種の昆虫の増殖などの問題で，世代交代のサイクルがちょうど 1 年と決まっているような場合には，$\Delta t \to 0$ とするのは無意味であり，n 年めの個体数を x_n として差分方程式で考えるほうがむしろ適切であり得る。また，多変数の常微分方程式が示す複雑な振動のような現象を解析する際，ある変数 $x(t)$ が極大をとるごとに別の変数 $y(t)$ の値をプロットするなどの解析手法を用いることがあり，この場合も，n 回めの極大の時刻を t_n とするのだから，その間隔を勝手に小さくすることはできない。

連続極限が意味をなさない場合

連続極限なしで差分方程式を扱う問題のなかで，非常に有名な例をひとつ挙げよう。漸化式の右辺が 2 次式になっている

$$x_{n+1} = \alpha x_n (1 - x_n) \qquad (2.4.28)$$

---

§ 式 (2.4.26) は，言わば "雰囲気" だけを示した式であり，実際には，適切な係数を含める必要があるし，sin にするか cos にするかといった点も場合に応じた選択が必要である。

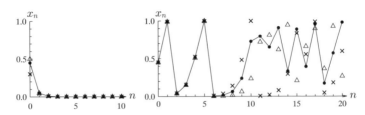

図 2.12　式 (2.4.28) の数値解。左の図は $\alpha = 0.2$, 右の図は $\alpha = 4$ の場合
で，両方とも，初期値 $x_0 = 0.45$ に対する解を，見やすいように線で結んで
図示している。さらに，異なる初期値による解（左では $x_0 = 0.30$ および
0.50, 右では $x_0 = 0.45 \pm 5 \times 10^{-4}$）も，× および △ で示している。

という例である[49, 50]。定数 α は $0 < \alpha \leq 4$ の範囲で設定し，初期値は
$0 \leq x_0 \leq 1$ の範囲に取る。こうすると $\{x_n\}_{n=0,1,\ldots}$ は常に $0 \leq x_n \leq 1$
の範囲に収まることが分かる（数学的帰納法で証明できる）。

　ここでは，式 (2.4.28) の解のうち，特に $0 < \alpha \ll 1$ の場合の解と，
$\alpha = 4$ の場合の解について考察しよう。

α が小さい場合　　　もし α が小さければ，

$$x_1 = \alpha x_0 (1 - x_0) = \alpha \left\{ \frac{1}{4} - \left(x_0 - \frac{1}{2} \right)^2 \right\} \leq \frac{\alpha}{4}$$

なので x_1 も小さくなり，同様に $x_2, x_3, \ldots$ の値も，すべて小さいこと
になる。すると，式 (2.4.28) の右辺では x_n^2 は無視できて，

$$x_{n+1} = \alpha x_n \tag{2.4.29}$$

等比数列　　　と近似できる。これは等比数列の漸化式であって，解は

$$x_n = k\alpha^n \quad (k \text{ は定数}) \tag{2.4.30}$$

と書ける。今の場合には $0 < \alpha \ll 1$ であるため，n が進むにつれて x_n
は次第に小さくなり，図 2.12（左）のようにゼロに収束する。

$\alpha = 4$ の場合　　　他方，$\alpha = 4$ の場合には，x_n はどこにも収束せず，図 2.12（右）に見
られるように，$0 < x_n < 1$ の範囲を不規則に "暴れ回る" かのような挙
動を示す。この挙動について解析的に考察するために，

$$1 - 2x_n = y_n \quad \text{すなわち} \quad x_n = \frac{1}{2}(1 - y_n) \tag{2.4.31}$$

と置いて，式 (2.4.28) を $\{y_n\}_{n=0,1,2,\ldots}$ の方程式として書き直す。書き
直した結果は，$\alpha = 4$ を用いると

$$y_{n+1} = 2y_n^2 - 1 \tag{2.4.32}$$

となり，この右辺をよく見ると，倍角公式 $\cos 2\theta = 2\cos^2\theta - 1$ と同じ 〔倍角公式〕
形であることが分かる。そこで $y_n = \cos\theta_n$ と置くと，式 (2.4.32) は

$$\cos\theta_{n+1} = 2\cos^2\theta_n - 1 = \cos 2\theta_n \tag{2.4.33}$$

となり，$\theta_n = 2^n\theta_0$ という等比数列の解をもつ。変数を y_n に戻し，

$$y_n = \cos\left(2^n\theta_0\right) \tag{2.4.34}$$

という解を得る。

解析解 (2.4.34) が何を意味するか考えてみよう。最初に y_0 の数値を測
定して，たとえば $\pm 1\%$ の精度で $y_0 = 0.100$ だと分かったとする（ちょ
うど図 2.12 の $x_0 = 0.450$ に対応する）。これを θ_0 に直すと

$$\theta_0 = 1.4706 \pm 0.0010$$

ということで，$\pm 10^{-3}$ というのはかなり微小な誤差に思えるかもしれな
い。ところが，この初期値からスタートして，たとえば $n = 10$ での値
を求めると，値は $2^{10} = 1024$ 倍になり，計算すると

$$\theta_{10} = 480\pi - 2.0 \pm 1.0$$

というように ± 1 ラジアンの差が生じてしまう。これは $y_{10} = \cos\theta_{10}$ の
値を完全に変えてしまうのに十分な差だ。さらに θ_{12} では ± 4 ラジアン，
θ_{13} では ± 8 ラジアンとなって，誤差は周回遅れにまで達してしまい，そ
の後の挙動はもはや誤差に埋もれて予測不能と言ってよい。このように，
$\{y_n\}$ の値自体は一定の範囲に収まっているにもかかわらず，初期値の微
小な差が急速に拡大して，$\{y_n\}$ の変動幅と同じ程度にまで達してしまう
というのが，式 (2.4.34) から読み取れる挙動である。このような挙動を
カオス（chaos）という[49, 50]。日常的な例を挙げるなら，台風の予報 〔カオス〕
円が次第に広がっていくのも，これに類似した現象だと思ってよい。 〔予報円〕

練習問題
_1._ 解を冪級数で置く方法で

$$\frac{dy}{dt} = y \tag{2.2.1}$$

を解いてみよ。

2.　解を冪級数で置く方法で

$$(1+t)\frac{\mathrm{d}u}{\mathrm{d}t} = 2u \qquad (1.1.28')$$

を解いてみよ。

> ㊟ この場合，無限に項が続くことはなく，結果は単なる多項式になる。

3.　解を冪級数で置く方法で

$$(1+x)\frac{\mathrm{d}u}{\mathrm{d}x} = \alpha u \qquad (2.4.35)$$

を解いてみよ（定数 α は自然数かもしれないし，そうでないかもしれない）。得られた冪級数と，変数分離の方法による式 (2.4.35) の解を比較し，そこから分かることについて考察せよ。

式 (2.4.18)
⇒ p. 93

4.　等比数列の z 変換の式 (2.4.18) を自力で導出せよ。

5.　差分方程式

$$\frac{y_{j+1} - y_j}{\Delta t} + 4y_j = 8 \qquad (2.1.6)$$

の解を，z 変換によって求めよ。すなわち

$$Y(z) = \sum_{j=0}^{\infty} y_j z^{-j}$$

と定義し，式 (2.1.6) を $Y(z)$ に対する方程式に書き直して，その解から $\{y_j\}_{j=0,1,\dots}$ を求めよ。

漸化式 (2.4.28)
⇒ p. 95

6.　漸化式 (2.4.28) で $\alpha = 4$ とした場合の解は，y_n に変換する代わりに $x_n = \sin^2 \phi_n$ と置く方法でも求められることを示せ。

7.　さまざまな α に対して式 (2.4.28) の数値解を求め，α の値による違いについて考察せよ。ゼロでない一定値に収束する場合や，ふたつの値を交互にとる場合（周期 2 の振動），$x_{n+4} = x_n$ を満たしつつ順番に 4 つの値をとる場合（周期 4 の振動），カオス的な挙動を示す場合などについて，そのようなことが生じる α の値を見つけよ。

第3章　2階の常微分方程式への序論

　2階以上の常微分方程式は，前の章で学んだ1階の常微分方程式に比べると，かなり手強い。

　この章では，まず，2階の常微分方程式についての基本事項を確認し，不定積分で解けるような簡単な場合の解法を学ぶ。しかし

$$z^2 \frac{\mathrm{d}^2 f}{\mathrm{d}z^2} = 6f \tag{1.1.29}$$

不定積分

のような方程式は，そのまま積分に持ち込んで解くわけには行かず，何らかの形で線形代数の知識が必要になる。この章の後半では，上記のようなタイプの方程式の一例として

線形代数

$$\frac{\mathrm{d}^2 x}{\mathrm{d}t^2} = 4x$$

という方程式に着目し，「固有値問題」という線形代数の技を習得する。

固有値問題

さらに，2階の常微分方程式を2変数1階の常微分方程式に直し，流れとして図示する技法についても簡単に触れる。

相空間における
流れ

3-1　2 階微分の意味：加速度そして隣接 3 項漸化式

2 階 ODE

　　物理系工学では，Newton の運動方程式 (1.1.15) に代表される 2 階の微分方程式が非常に重要である。さらに 3 階や 4 階の微分方程式が出てくることもあるが，これは難しさでいえば 2 階と同じくらいなので，あまり深刻に考える必要はない。ギャップは 1 階と 2 階の間にあるだけで，2 階以上は，だいたい同じ考え方の応用で対応できるからだ。そういうわけで，まずは 1 階と 2 階の違いを明確にするところから始めよう。

3-1-A　簡単な 2 階常微分方程式

式 (1.1.13)
⇒ p. 12
式 (1.1.32)
⇒ p. 20

　　既に第 1 章で 2 階の常微分方程式の例をいくつか見た。式 (1.1.13) や (1.1.29)–(1.1.31) などがそうだ。さらに，式 (1.1.32) は 2 変数 (p, q) に対する連立の 1 階常微分方程式だが，片方の変数を消去すると 2 階の常微分方程式になるので*，これも同じ仲間に入れておくことにする。

　　手始めに，簡単に解ける 2 階常微分方程式の例を見てみよう。

$$\text{㋐}\quad y''(t) = 1 \tag{3.1.1}$$

$\dfrac{\mathrm{d}}{\mathrm{d}t} y'(t)$
⇒ p. 32

方程式 (3.1.1) を解くには，まず，$y''(t) = \frac{\mathrm{d}}{\mathrm{d}t} y'(t)$ であること，つまり $y''(t)$ の原始関数が $y'(t)$ であることと，右辺が未知数 y を含まないことに着目し，両辺を t で積分する：

$$\int y''(t)\mathrm{d}t = \int \mathrm{d}t \quad \text{すなわち} \quad y'(t) = t + C_1 \tag{3.1.2}$$

ここで C_1 は積分定数である。続いて，式 (3.1.2) の両辺をもういちど t で積分し，

$$y = \int (t + C_1)\mathrm{d}t = \frac{1}{2}t^2 + C_1 t + C_2 \tag{3.1.3}$$

を得る。ただし C_2 は別の積分定数である。こうして，解 (3.1.3) は ふたつの任意定数 C_1, C_2 を含むことになる。

　　方程式 (3.1.1) は，一定の重力を受ける質点の運動方程式

$$m\ddot{y} = -mg \tag{1.1.19}$$

と全く同じ形の ODE であり（質量 m も重力加速度 g も定数とする），そ

　＊　式 (1.1.32b) を t で微分し，式 (1.1.32a) を用いて p を消去すると，2 階の常微分方程式 (4.2.1) になる。第 4 章の pp. 185–187 を見よ。

れゆえ方程式 (1.1.19) は方程式 (3.1.1) と全く同じ方法で解ける。解は

$$y = -\frac{1}{2}gt^2 + C_1 t + C_2 \qquad (3.1.4)$$

と求められ,ここで C_1, C_2 は任意定数である。

ここで任意定数がふたつ現れる理由は,途中の計算で不定積分を二度 **任意定数がふた** おこなっているからで,それは $y''(t)$ を $y(t)$ にするのに必要な不定積 **つ現れる** 分の回数が2回だからだ。この理屈を他の2階常微分方程式にまで押し 広げてあてはめると,2階の常微分方程式は1変数あたり2個の任意定 数を含む解をもつと考えるのが自然である。実際,式 (1.1.13) および式 (1.1.29)–(1.1.31) に対して第1章で示した解は,それぞれ2個の任意定 数を含んでいる。このような解を一般解と呼ぶことにしよう:2階1変 **一般解** 数の常微分方程式の場合,一般解とは,2個の任意定数を含む解†のこと である。さらに m 変数 k 階の常微分方程式の場合は,全部で mk 個の任 意定数をもつ解のことを一般解と呼ぶことにする。

> ㊟ この定義による一般解が "すべての解" を尽くしているのかというと,
> じつは,そうならない場合がある。微分方程式のタイプによっては例
> 外的な事態が発生し得るのだが,例外は例外として,実際にそういう例
> が現れたときに考えることにしておく(気になる人は第5章を見よ)。

3-1-B 初期条件と境界条件

ある方程式の一般解が分かっている場合,そこに含まれる任意定数を 何らかの特定の値に決めると,任意定数を含まない解が得られる。こう して得られる解を特解あるいは特殊解と呼ぶ。 **特解**

1階の ODE の場合,1個の任意定数を決めることは1個の初期値を決 めることに対応する。これに対し,2階の ODE の一般解は2個の任意 定数を含むので,その定数を定めるためには2個の条件が必要である。

たとえば式 (1.1.19) の場合,時刻 $t = 0$ において,初期位置と初速度が **初期条件**

$$y|_{t=0} = Y_0, \qquad \dot{y}|_{t=0} = V_0 \qquad (3.1.5)$$

のように与えられていれば,これを満たす解が

---

† ただし,$x = At^2 + Bt^2$ とか $y = Ce^{t+D}$ のようなものは,任意定数2個とは見なさ ない。前者の場合は $A + B$ を,後者の場合は Ce^D を新たな文字で置けば,それぞれ任意定 数1個の式になるからだ。

$$y = -\frac{1}{2}gt^2 + V_0 t + Y_0 \tag{3.1.6}$$

のように定まる[‡]。初期位置や初速度を与える時刻は $t = 0$ に限らず別の時刻を選ぶことも可能で，たとえば

$$y|_{t=t_*} = Y_*, \quad \dot{y}|_{t=t_*} = V_* \tag{3.1.7}$$

としてもよい。この場合の解は次のようになる（自分で求めてみよう）：

$$y = -\frac{1}{2}g(t - t_*)^2 + V_*(t - t_*) + Y_* \tag{3.1.8}$$

境界条件　　さらに，ふたつの条件を別々の t で与えてもよい。運動方程式 (1.1.19) に従う物体があり，時刻 $t = 0$ での物体の位置が $y = 0$ で，そのあとの狙って投射　時刻 $t = T$ での物体の位置が $y = H$ になるように狙って投射したいとする。式で書くと

$$y|_{t=0} = 0, \quad y|_{t=T} = H \tag{3.1.9}$$

という条件になる。この条件に合う解を得るには，一般解 (3.1.4) から

$$y|_{t=0} = C_2, \quad y|_{t=T} = -\frac{1}{2}gT^2 + C_1 T + C_2$$

となることを用いて，式 (3.1.9) を満たすように C_1, C_2 を決定し，これを改めて式 (3.1.4) に代入すればいい。結果を整理すると

$$y = \frac{Ht}{T} + \frac{1}{2}gt(T - t) \tag{3.1.10}$$

となる。式 (3.1.10) からは，必要な初速度は $\dot{y}|_{t=0} = H/T + gT/2$ であることも分かる。

　　ここまで見てきたような，常微分方程式の解の任意定数を定めるための初期条件　条件のうち，式 (3.1.5) や式 (3.1.7) のようなものを初期条件，式 (3.1.9)境界条件　のようなものを境界条件という。違いは，独立変数（今の場合 t）の数直線上のどこで条件を設定するかであって，図 3.1 に示すように，初期条件は $t = 0$ とか $t = t_*$ とかいった数直線上の 1 点で設定するのに対し，境界条件の場合は 2 点に分けて設定する。暗黙の意味合いとしては，初期条件 (3.1.7) の場合は $t \geq t_*$ の範囲で解を考え，境界条件 (3.1.9)の場合は $0 \leq t \leq T$ の範囲で解を考えるというニュアンスがある[§]。物

　　[‡]　初期条件を満たす解 (3.1.6) を求めるには，いったん一般解 (3.1.4) を求めてから定数を決めてもよいが，積分定数が現れた時点で初期条件を使って決めるほうが手間が少ないだろう。
　　[§]　したがって，解のグラフは，初期条件や境界条件によって示唆される定義域の範囲内に

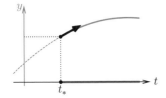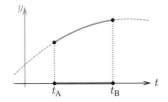

図 3.1　初期条件と境界条件。左の例では，$t = t_*$ という1点で初期条件（初期位置と初速
　　　度）を指定し，右の例では，$t = t_A$ および $t = t_B$ という2点で境界条件を指定している。

理的には，独立変数が時刻 t である場合に初期条件を設定することが多
く，空間的な位置 x に対しては境界条件を設定する場合が多いが，これ
は個々の物理的な問題設定によることなので，あまり杓子定規に受け取
らないほうがいい。

　常微分方程式に対し，初期条件を満たす解を求める問題を初期値問題，
境界条件を満たす解を求める問題を 境 界 値問題という。たとえば境界
値問題 (1.1.19)(3.1.9) の場合，問題設定のなかには全部で3つの等号が
含まれる。関数 $y = y(t)$ がこの境界値問題の解であることを確かめるに　　境界値問題の解
は，3つの等号がすべて成立することを確認しなければならない。初期
値問題の場合も同様である。　　　　　　　　　　　　　　　　　　　　初期値問題の解

　(例)　式 (3.1.10) の $y = y(t)$ が境界値問題 (1.1.19)(3.1.9) の解となってい
　　ることを確認せよ。
　　⇒式 (3.1.10) により $\ddot{y} = -g$ だから，式 (1.1.19) に代入すると

$$[\text{式 } (1.1.19) \text{ の左辺}] = -mg, \quad [\text{式 } (1.1.19) \text{ の右辺}] = -mg$$

　　となって式 (1.1.19) の等号が成立する。さらに

$$y|_{t=0} = 0 + 0 = 0, \qquad y|_{t=T} = \frac{HT}{T} + 0 = H$$

　　なので，境界条件 (3.1.9) も満たしている。こうして問題のなかの等
　　号がすべて成立するので，確かに解となっている。

3-1-C　変数分離の方法は使えない

　例題 (3.1.1) では，あえて微分演算子 d/dt を避け，プライム表記 $y''(t)$　　微分演算子
を用いた。式 (1.1.19) では，力学でよく見る $\ddot{y}$ という表記を用いた（物　　⇒ p. 30
理的には，t が時刻で y が位置ならば，$\ddot{y}$ は加速度である）。もちろん

───────────────

限定して図示するのが普通である。もちろん何か特に理由がある場合はこの限りではない。

$$\ddot{y} = y''(t) = \frac{\mathrm{d}^2 y}{\mathrm{d}t^2} \tag{3.1.11}$$

2 階微分の表記　だから，どの表記を用いても意味は同じで，たとえば式 (3.1.1) は

$$\frac{\mathrm{d}^2 y}{\mathrm{d}t^2} = 1 \tag{3.1.1'}$$

のように書いても意味は変わらない。

　　問題なのは，式の意味を忘れて形だけを見てしまう者にとって，微分演算子で表記した式 (3.1.1′) は非常に勘違いを誘いやすい形に思えることだ。式 (3.1.1′) を見て，これは変数分離？と思い込み

変数分離？

$$\mathrm{d}^2 y = \mathrm{d}t^2 \qquad \text{両辺を積分して} \qquad \iint \mathrm{d}^2 y = \iint \mathrm{d}t^2 \quad (?!) \tag{3.1.12}$$

間違い答案　などと書いてくる間違い答案が跡を絶たないのである。式 (3.1.12) に出てくる積分（？）は，意味をなす式になっていないから，ここからどう

式 (3.1.3)
⇒ p. 100　頑張っても，式 (3.1.3) のような解には到達できない。つまり，変数分離の方法は 2 階以上の ODE には使えないのだ。

　　うわべの形に惑わされたやりかたが失敗するのは当然として，もう少し深く，変数分離の方法が使えない理由を考えてみよう。例題として，

例　$\dfrac{\mathrm{d}x}{\mathrm{d}t} = 4x$ $\tag{3.1.13}$

という 1 階の常微分方程式と

例　$\dfrac{\mathrm{d}^2 x}{\mathrm{d}t^2} = 4x$ $\tag{3.1.14}$

という 2 階の常微分方程式を比べてみる。変数分離の方法を，形式的にではなく一段階ずつ丁寧に確認しながら式 (3.1.14) に適用した場合，どこで行き詰まるのだろうか？

変数分離の方法
⇒ p. 72　　変数分離の方法の考え方を復習しよう。式 (3.1.13) の両辺をそのまま t で積分しようとすると，右辺に未知数 x があって邪魔だから，両辺を x で割り，それから t で積分する：

$$\int \frac{1}{x} \frac{\mathrm{d}x}{\mathrm{d}t} \mathrm{d}t = \int 4 \, \mathrm{d}t \tag{3.1.15}$$

置換積分
⇒ 巻末補遺　こうすると，置換積分の公式

$$\frac{\mathrm{d}x}{\mathrm{d}t} \mathrm{d}t = \mathrm{d}x$$

により，左辺は x だけの式に書き直せて，これでうまくいくのだった。

　同じ手続きを方程式 (3.1.14) に適用してみよう。まず，両辺を x で割り，そのあとで両辺を t で積分する：

$$\int \frac{1}{x}\, \frac{\mathrm{d}^2 x}{\mathrm{d}t^2}\,\mathrm{d}t = \int 4\,\mathrm{d}t \tag{3.1.16}$$

ここで，置換積分の公式に匹敵する何かがあれば良いのだが，残念ながら，そういうものはないので，ここで行き詰まる。

> ㊟ 置換積分の公式の代わりに，$x = x(s)$, $t = t(s)$ とパラメータ表示し
>
> $$\frac{\mathrm{d}x}{\mathrm{d}t} = \frac{x'(s)}{t'(s)} \tag{3.1.17}$$
>
> を用いて変数分離の方法の式を導出することもできる。しかし残念ながら，これを2階微分に拡張しても簡単な式にはならない。

　こうして重大なことが分かった。2階の常微分方程式は，1階の場合のような変数分離の方法で解くことはできない。たとえば方程式 (3.1.14) を

変数分離の方法
が通用しない

$$\iint \frac{\mathrm{d}^2 x}{x} = \iint 4\,\mathrm{d}t^2 \quad (?!) \tag{3.1.12'}$$

としても無意味である。つまり，変数分離の方法とは全く異なる新たな解法が必要なのだが，どうしたらいいだろうか？

　式 (3.1.12) や (3.1.12') のような積分は意味をなさないとのことですが，2重積分というものがあると習ったので，何らかの意味づけが可能なのではないでしょうか？

　→　2重積分というのは，たとえば

$$\Gamma = \iint_S \omega(x,y)\mathrm{d}x\mathrm{d}y = \int_{-a}^{a} \mathrm{d}x \int_{-\sqrt{a^2-x^2}}^{\sqrt{a^2-x^2}} \mathrm{d}y\,\omega(x,y)$$

のようなもののことですね。これは (x,y) 平面上の $\omega(x,y)$ という場の値に $\mathrm{d}x\mathrm{d}y$ という微小面積を掛けて足したものです。このように，2重積分は，$\mathrm{d}x\mathrm{d}y$ のような別々の2変数による積分になっている必要がありますが，式 (3.1.12) は，それとはだいぶ違うようです。

　さらに，2重積分は不定積分ではなく定積分であることも要注意です。変数分離の方法で必要なのは不定積分なので，この点で既にミスマッチがあります。

3-1-D 差分との対応：2階微分と2階差分

先ほど説明したとおり，2階の常微分方程式を解くには，変数分離の方法とは全く別の新たな解法を考える必要がある。その手がかりをつかむために，2階微分とはそもそも何であり，なかの仕組みはどうなっているのか，差分に戻って考えてみよう。

既に学んだように，微分とは "ずらして引く" ことである。これにより，たとえば関数 $f(t)$ の導関数が

$$\frac{f(t + \Delta t) - f(t)}{\Delta t} \to f'(t) = \frac{\mathrm{d}f}{\mathrm{d}t} \qquad (\Delta t \to 0) \tag{1.2.11$'$}$$

のように求められる。

ここで，$\Delta t \to 0$ のことを棚上げし，今まで何度も見てきたように，連続的な時間 t を，番号のついた $t_j = t_0 + j\Delta t$ に置き換える。これにより，関数 $f(t)$ は $f_j = f(t_j)$ に置き換わり，$t = t_j$ における微分は

$$\frac{f(t + \Delta t) - f(t)}{\Delta t}\bigg|_{t=t_j} = \frac{f(t_j + \Delta t) - f(t_j)}{\Delta t} = \frac{f_{j+1} - f_j}{\Delta t}$$

のように差分に置き換わる。つまり，差分と微分の間には

$$\frac{f_{j+1} - f_j}{\Delta t} \leftrightarrow \frac{\mathrm{d}f}{\mathrm{d}t} \tag{3.1.18}$$

という対応関係があるのだった。左側の分子 $f_{j+1} - f_j$ は，ずらして引くことを素直に表したもので，数列の用語としては階差という。

では，2階微分の場合，式 (1.2.11$'$) あるいは (3.1.18) に相当する式はどうなるだろうか。答えは "ずらして引く" を2回くりかえす，というものだ。どちらの方向にずらしても良いが，バランスが良くなるように

$$\frac{\dfrac{f_{j+1} - f_j}{\Delta t} - \dfrac{f_j - f_{j-1}}{\Delta t}}{\Delta t} = \frac{f_{j+1} + f_{j-1} - 2f_j}{\Delta t^2} \tag{3.1.19}$$

という差分式を考えよう。すると，式 (3.1.18) の2階微分バージョンは

$$\frac{f_{j+1} + f_{j-1} - 2f_j}{\Delta t^2} \leftrightarrow \frac{\mathrm{d}^2 f}{\mathrm{d}t^2} \tag{3.1.20}$$

とすれば良さそうだ。数列 $\{f_j\}_{j=0,1,\ldots}$ から見れば，式 (3.1.20) の左辺の分子は "階差の階差" つまり $(f_{j+1} - f_j) - (f_j - f_{j-1})$ にほかならない。関数 $f(t)$ を $\pm\Delta t$ だけずらして引くのは，数列 $\{f_j\}_{j=0,1,\ldots}$ を ±1 だ

（左欄外の語句）

ずらして引く

導関数
⇒ p. 27

番号

差分と微分
⇒ p. 35

階差

ずらして引く

階差の階差

けずらして引くことに相当するから，導関数が階差に対応し，導関数の
導関数が階差の階差に対応するのは当然である．2階微分に対応するも
のという意味を込めて，階差の階差を**2階差分**と呼ぶ[53, p.87]。

2階差分

> ㊟ 詳しく言うと，差分には**前進差分**と**後退差分**がある。喩えて言うな
> ら，毎日少しずつ変化するものを「明日と今日の差」と見るのが前進差
> 分，「昨日と今日の差」と見るのが後退差分である。式で書くと，数列
> $\{x_j\}_{j=0,1,2,\ldots}$ に対し，前進差分は $\{\Delta x_j = x_{j+1} - x_j\}_{j=0,1,\ldots}$，後退差分
> は $\{\Delta' x_j = x_j - x_{j-1}\}_{j=1,\ldots}$ と表せる。これらの記号¶を用いると
>
> $$[式 (3.1.20) の左辺の分子] = \Delta f_j - \Delta f_{j-1} = \Delta' \Delta f_j \qquad (3.1.21)$$
>
> と書けて，前進差分と後退差分の組み合わせになっている。

前進差分

後退差分

　さて，式 (3.1.20) は厳密に導出したわけではなく類推に基づく式なの
で，その妥当性を検証する必要がある。それには，$\Delta t \to 0$ の極限で

$$\frac{f(t + \Delta t) + f(t - \Delta t) - 2f(t)}{\Delta t^2} \to f''(t) = \frac{\mathrm{d}^2 f}{\mathrm{d}t^2} \qquad (3.1.20')$$

が本当に成り立つかどうかを確かめればいいだろう。

　一般的な式よりも具体例のほうが考えやすいので，まずは，たとえば

　⑲　$f(t) = t^4$ $\qquad\qquad\qquad\qquad\qquad\qquad\qquad\qquad$ (3.1.22)

の場合について計算してみる。独立変数を $\pm\Delta t$ だけずらすと

$$f(t + \Delta t) = (t + \Delta t)^4 = t^4 + 4t^3\Delta t + 6t^2\Delta t^2 + 4t\Delta t^3 + \cdots$$
$$f(t - \Delta t) = (t - \Delta t)^4 = t^4 - 4t^3\Delta t + 6t^2\Delta t^2 - 4t\Delta t^3 + \cdots$$

となるので

$$\frac{f(t + \Delta t) + f(t - \Delta t) - 2f(t)}{\Delta t^2} = \frac{12t^2\Delta t^2 + O(\Delta t^4)}{\Delta t^2}$$
$$= 12t^2 + O(\Delta t^2) \to 12t^2 \qquad (3.1.23)$$

オーダー記号
⇒ 巻末補遺

となる。式 (3.1.23) の結果は，

$$f(t) = t^4 \xrightarrow{\frac{\mathrm{d}}{\mathrm{d}t}} f'(t) = 4t^3 \xrightarrow{\frac{\mathrm{d}}{\mathrm{d}t}} f''(t) = 12t^2$$

のように二段階に分けて導関数を計算した結果と一致する。

¶　ここでは前進差分と後退差分を Δ, Δ' としたが，本によって表記が違うので注意せよ。

　次に，式 (3.1.22) のような特定の例に限らず，一般の $f(t)$ に対して差分式 (3.1.20) の妥当性を示すことを考えよう．さすがにギザギザな関数は対象外として，$f(t)$ はなめらかな関数だと考え，Taylor 展開

Taylor 展開
⇒ 巻末補遺

$$f(t + \Delta t) = f(t) + f'(t)\Delta t + \frac{f''(t)}{2}\Delta t^2 + \frac{f'''(t)}{6}\Delta t^3 + \cdots \quad (3.1.24)$$

$$f(t - \Delta t) = f(t) - f'(t)\Delta t + \frac{f''(t)}{2}\Delta t^2 - \frac{f'''(t)}{6}\Delta t^3 + \cdots \quad (3.1.25)$$

を利用する．式 (3.1.20′) の形にするために，式 (3.1.24)(3.1.25) の両辺をそれぞれ加え，$2f(t)$ を移項すると

$$f(t + \Delta t) + f(t - \Delta t) - 2f(t) = f''(t)\Delta t^2 + O(\Delta t^4)$$

となる．したがって，式 (3.1.20′) の左側の式は

$$\frac{f(t + \Delta t) + f(t - \Delta t) - 2f(t)}{\Delta t^2} = f''(t) + O(\Delta t^2) \quad (3.1.26)$$

のように表すことができて，確かにその極限値は $f''(t)$ になる．

3-1-E　線形な演算子としての2階微分演算子

　2階差分と2階微分の対応 (3.1.20) をよく見れば，なぜ d^2f/dt^2 という表記で "2" がこういう位置にあるのか納得できるかもしれない．分母の dt^2 は Δt^2 のことで，これは素直に理解できる．他方，分子の d^2f は，階差の階差，つまり2階差分 (3.1.21) を意味しているのであって，何かを2乗するわけではない．仮にこれを df^2 と書いたとしたら，

2階微分の表記
d^2f

$$f_{j+1} - f_j \leftrightarrow df \quad \text{したがって} \quad (f_{j+1} - f_j)^2 \leftrightarrow df^2$$

ということで，$\{f_k\}_{k=0,1,2,\ldots}$ の2次式になってしまう．他方，$f''(t)$ を表す式 (3.1.20) の分子は $\{f_k\}_{k=0,1,2,\ldots}$ の1次式だから，全く違うものを意味することが分かるだろう．

2次式
1次式

式 (3.1.6)
⇒ p. 102

　㊟ 2階微分の "2" について，鉛直投射の式 (3.1.6) などの物理的な例で考えてみるのも有益だ．この例では加速度は $d^2y/dt^2 = \ddot{y} = -g$ だが，誤って dy^2/dt^2 と書くと，速度 dy/dt の2乗に見えてしまう．これは

$$\frac{dy}{dt} = -gt + V_0 \quad \text{したがって} \quad \left(\frac{dy}{dt}\right)^2 = (-gt + V_0)^2$$

となって，加速度 $\ddot{y} = -g$ とは明らかに異なる．そういうわけで，加速度 d^2y/dt^2 を dy^2/dt^2 と書いてはいけない．

　2階微分に対応する差分式 (3.1.20) の左辺の分子が $\{f_k\}_{k=0,1,2,\dots}$ の1次式であって2次式ではないことは，第4章以降の土台となる重要な事実だから，ここできちんと考察しておこう。簡潔だが雑な言い方としては "$\mathrm{d}^2 f/\mathrm{d}t^2$ は f の1次式である" ということなのだが，これをもう少し数学的にしっかりした形で表現しておきたい。ポイントは，上記の雑な表現で "1次式" とか "2次式" とか言っているものを，演算子の性質としてとらえなおし，$\mathrm{d}^2 f/\mathrm{d}t^2$ は
f の1次式

　　　掛け算でいう分配法則のようなものが成り立つかどうか

という基準で見ることだ。この基準により，2階微分と2乗の違いが明確になる。

　既に述べたように，関数を加工して別の関数を作る "数学的装置" のようなものを演算子という。その一例が微分演算子であって，たとえば演算子
⇒ p. 30
$f = f(t)$ という関数を微分演算子 $\mathrm{d}/\mathrm{d}t$ に入力すると，その導関数 $f'(t)$ が出力される。微分演算子を多段重ねにすると，p. 107 で見たように

$$f = f(t) \xrightarrow{\frac{\mathrm{d}}{\mathrm{d}t}} \frac{\mathrm{d}f}{\mathrm{d}t} = f'(t) \xrightarrow{\frac{\mathrm{d}}{\mathrm{d}t}} \frac{\mathrm{d}^2 f}{\mathrm{d}t^2} = f''(t) \xrightarrow{\frac{\mathrm{d}}{\mathrm{d}t}} \cdots \qquad (3.1.27)$$

のように2階以上の微分を計算することもできる。他方，関数に対しては微分以外の演算も可能であり，たとえば2倍とか2乗とかいった演算も

$$f = f(t) \xrightarrow{2\times} 2f \qquad (3.1.28)$$ 2倍の演算子

$$f = f(t) \xrightarrow{(\ \ )^2} f^2 \qquad (3.1.29)$$ 2乗の演算子

のように演算子の形で書こうと思えば書ける。

　さて，2階微分と2乗の違いを明らかにするための準備として，2倍の演算子 (3.1.28) と2乗の演算子 (3.1.29) について，"分配法則のようなものが成り立つか" という観点から考察しよう。分配法則

　2倍の演算子の場合，たとえば

$$t^3 + \sqrt{t} \xrightarrow{2\times} 2\left(t^3 + \sqrt{t}\right) = 2t^3 + 2\sqrt{t} \qquad (3.1.30a)$$

のような "分配法則" が成り立つ（ただの掛け算なのだから当然だ）。式 (3.1.30a) の例に限らず，任意の‖関数 $f = f(t)$ および $g = g(t)$ に対して

　‖ "任意の〜に対して" とは，どのような〜を持ってこられても大丈夫，という意味の数学用語である。"任意" という語については，本書 p. 13 にある任意定数の説明および『数学ビギナーズマニュアル』（第2版）[40] の pp. 39–40 も参照されたい。

$$f + g \xrightarrow{2\times} 2(f + g) = 2f + 2g \tag{3.1.30b}$$

が成り立つ。さらに，関数 f と g を単純に足すだけでなく，定数 A, B を係数として掛けて足した形を入力とした場合には，

$$Af + Bg \xrightarrow{2\times} 2(Af + Bg) = A \times 2f + B \times 2g \tag{3.1.30c}$$

のように係数をくくりだすこともできる。

線形結合

> ㊟ いくつかの関数に定数を掛けて足した形の関数を，それらの関数の **線形結合**（linear combination）という。上記の例では，$Af + Bg$ は f と g の線形結合である。
> なお "線形結合" のことを "一次結合" ともいう。

2 乗の演算子 　このように，単なる掛け算の演算子では分配法則のようなものが成り立つが，2 乗の演算子の場合には様子が全く異なる。たとえば

$$f + g \xrightarrow{(\ )^2} (f + g)^2 \overset{?}{=} f^2 + g^2 \tag{3.1.31a}$$

のような分配法則もどきの式は成立しない。さらに係数を含めて

$$Af + Bg \xrightarrow{(\ )^2} (Af + Bg)^2 \overset{?}{=} Af^2 + Bg^2 \tag{3.1.31b}$$

としたら，なおさらうまくいかなくなる**。線形結合という言葉を使うなら，"関数 f と g の線形結合を 2 乗しても，f^2 と g^2 の線形結合にはならない" という言い方もできる。

2 階微分演算子 　それでは，微分演算子 $\mathrm{d}/\mathrm{d}t$ や，それを 2 段重ねにした 2 階微分演算子 $\mathrm{d}^2/\mathrm{d}t^2$ はどうだろうか。もともとの導関数の定義式 (1.2.11′) に戻って考えることにより，関数 $f = f(t)$ と $g = g(t)$ の和の微分について

$$f + g \xrightarrow{\frac{\mathrm{d}}{\mathrm{d}t}} \frac{\mathrm{d}}{\mathrm{d}t}(f + g) = f'(t) + g'(t) \tag{3.1.32}$$

分配法則 　という "分配法則" が証明できる。さらに，和を線形結合に拡張して

$$Af + Bg \xrightarrow{\frac{\mathrm{d}}{\mathrm{d}t}} \frac{\mathrm{d}}{\mathrm{d}t}(Af + Bg) = A\frac{\mathrm{d}f}{\mathrm{d}t} + B\frac{\mathrm{d}g}{\mathrm{d}t} \tag{3.1.33}$$

が成り立つことも示せる（もちろん A も B も定数）。以上のことを踏ま

** もちろん $A = B = 0$ のような特別な場合には等号が成立するが，論点はそういうまぐれ当たりではなく，任意の A, B, f, g に対して $(Af + Bg)^2$ が $Af^2 + Bg^2$ に等しいと言えるか否かだ（"任意の" という語は "誰かが勝手に選んだ" と読み替えてもいい）。

えたうえで，微分演算子を2段重ねにして

$$Af + Bg \xrightarrow{\frac{\mathrm{d}}{\mathrm{d}t}} Af'(t) + Bg'(t) \xrightarrow{\frac{\mathrm{d}}{\mathrm{d}t}} Af''(t) + Bg''(t)$$

と考えれば，2階微分演算子について

$$Af + Bg \xrightarrow{\frac{\mathrm{d}^2}{\mathrm{d}t^2}} \frac{\mathrm{d}^2}{\mathrm{d}t^2}(Af + Bg) = A\frac{\mathrm{d}^2 f}{\mathrm{d}t^2} + B\frac{\mathrm{d}^2 f}{\mathrm{d}t^2} \qquad (3.1.34)$$

が成り立つことが分かる。

　このように，2階微分演算子の性質を示す式 (3.1.34) は，2乗の場合の式 (3.1.31) とは全く異なる。見た目だけで判断すると $(\quad)^2$ も $\mathrm{d}^2/\mathrm{d}t^2$ も同じように見えるかもしれないが，意味が全く違うのだ。そのために

　　$(f + g)^2$ は f^2 と g^2 の和の形に分けられないが，$\dfrac{\mathrm{d}^2}{\mathrm{d}t^2}(f + g)$ は $f''(t)$ と $g''(t)$ に分けられる

という違いが生じることになる。

　あとで第4章以降で役立つように，上記のような演算子の性質を言い表す用語を定義しよう。一般に，演算子 $\hat{L}$ が，任意の関数 f と g の線形結合に対して（係数 A, B も任意だとして）

$$Af + Bg \xrightarrow{\hat{L}} \hat{L}(Af + Bg) = A\hat{L}f + B\hat{L}g \qquad (3.1.35)$$

という関係式を満たすかどうかを考える。もし，関係式 (3.1.35) が常に[††]成り立つなら，その演算子は線形であるとか線形性をもつとか言う。逆に，関係式 (3.1.35) が常に成り立つとは言えない場合には，そのことを，$\hat{L}$ は線形性をもたないとか非線形だとかいう言葉で言い表す。

　微分演算子 $\mathrm{d}/\mathrm{d}t$ は線形な演算子であり，それを2段重ねにした $\mathrm{d}^2/\mathrm{d}t^2$ も線形な演算子である。つまり，2階微分演算子 $\mathrm{d}^2/\mathrm{d}t^2$ は，線形性をもつという意味では式 (3.1.28) のような掛け算の演算子（$2\times$ など）の仲間であり，$(\quad)^2$ の仲間ではない。2乗演算子 $(\quad)^2$ は，非線形な演算子の代表的な例である。

（欄外） 線形

（欄外） 非線形

（欄外） $\dfrac{\mathrm{d}}{\mathrm{d}t}$ は線形

（欄外） $\dfrac{\mathrm{d}^2}{\mathrm{d}t^2}$ も線形

[††]　たまたままぐれで成立する場合があってもダメで，あらゆる関数 f, g と あらゆる定数 A, B に対して成立するかどうかが論点である。（正確に言えば "あらゆる関数" は言い過ぎで，微分可能性などの大枠の条件を課すことも多いが，それでも，その条件を満たす範囲で，すべての関数について考える必要がある。）

3-1-F　隣接 3 項漸化式の野蛮な解法とその応用

　こうして, 2 階微分は "微分の 2 乗" ではなく, "微分の微分" つまり階差の階差に相当するものであることを見てきたわけだが, その考察は何を目的としていたのかを思い出そう。変数分離の方法では

$$\frac{\mathrm{d}^2 x}{\mathrm{d}t^2} = 4x \tag{3.1.14}$$

のような 2 階の ODE は解けない。それに代わる新たな解法の手がかりをつかむために, 2 階微分の "なかの仕組み" を調べた結果, 2 階差分と 2 階微分の対応関係の式 (3.1.20) が出てきたのだった。

式 (3.1.20)
⇒ p. 106

　このことを踏まえ, 2 階差分と 2 階微分の対応関係を利用して, 常微分方程式 (3.1.14) を差分方程式に置き換えてみよう。

　いつものように $t_j = t_0 + j\Delta t,\ x_j = x(t_j)$ とし, 式 (3.1.20) に従って 2 階微分を差分化すると (f を x に読み替える), 方程式 (3.1.14) は

$$\frac{x_{j+1} + x_{j-1} - 2x_j}{\Delta t^2} = 4x_j \tag{3.1.36}$$

2 階差分方程式　という**2 階差分方程式**に置き換えられる。さらに, 分母を払って同類項をまとめると,

$$x_{j+1} + x_{j-1} - (2 + 4\Delta t^2)x_j = 0 \tag{3.1.37}$$

のように整理できる。

　こうして, 2 階の常微分方程式 (3.1.14) を差分化すると 2 階の差分方程式 (3.1.37) になることが分かった。したがって, 2 階の差分方程式の解法を深く考察すれば, 2 階の常微分方程式の解法が分かるに違いない。

　差分方程式 (3.1.37) は, $\{x_n\}_{n=0,1,2,\ldots}$ のなかの x_{j+1}, x_j, x_{j-1} という隣接する 3 つの項を含む式であるため, 数列の用語では**隣接 3 項漸化式**とも呼ばれる。"隣接 3 項" になる理由は, もとをただせば, 2 階差分の式 (3.1.20) が隣接する 3 項の組み合わせになっていることによる。一般に, k 階の差分方程式とは隣接 $k+1$ 項漸化式のことだと思ってよい。

　式 (3.1.37) のような形の差分方程式（漸化式）を解く方法はいろいろある。おそらく, 最も洗練された解法は, 前の章の最後で紹介した z 変換だろう。だが, この方法はあまりに洗練されているため, 初心者にとっては魔法のようなもので, 何が起きているのか分からない。逆に最も野蛮な方法は, ひたすら数値解を求めることだと思うが, よほどの洞察力

z 変換
⇒ p. 93

がない限り，解析解につながる知見を得るのは難しい。なるべく汎用性（はんようせい）の高い方法が望ましいのだが，ここではまず，最初の手がかりをつかむために，数値計算の次に野蛮だと思われる方法を試みる。

　以下，しばらく鬼のような力づくの計算が続くので，計算の細部を追うよりも流れを追うほうに集中してほしい。

　方針は，隣接3項漸化式 (3.1.37) を変形して等比数列の漸化式に直すことである。具体的には，定数* a, b をうまく見つけて式 (3.1.37) を

$$x_{j+1} - b\,x_j = a\,(x_j - b\,x_{j-1}) \qquad (3.1.38)$$

等比数列

と変形できるものと仮定する。これがうまくいくなら，式 (3.1.38) を展開して整理すると式 (3.1.37) に戻るはずで，そのための条件は

$$a + b = 2 + 4\Delta t^2$$
$$ab = 1$$

である。これを満たす (a, b) をさがすと，

$$\mu_{\pm} = 1 + 2\Delta t^2 \pm 2\Delta t\sqrt{1 + \Delta t^2} \qquad (3.1.39)$$

として，$(a, b) = (\mu_+, \mu_-)$ または $(a, b) = (\mu_-, \mu_+)$ とすればいいことが分かる。

　そこで，式 (3.1.38) の左辺を抜き出して $b = \mu_{\mp}$ を代入したものを

$$\psi_j^{(\pm)} = x_{j+1} - \mu_{\mp}x_j \qquad (3.1.40)$$

と置く（以下しばらく複号同順とする）。これにより式 (3.1.38) は

$$\psi_j^{(\pm)} = \mu_{\pm}\psi_{j-1}^{(\pm)} \qquad (3.1.41)$$

のようになり，$\{\psi_j^{(\pm)}\}_{j=0,1,2,\ldots}$ は 公比 $\mu_{\pm}$ の等比数列であることが分かるので，その第 n 項は，任意定数 A, B を用いて

公比

等比数列

$$\psi_n^{(+)} = A\mu_+{}^n, \quad \psi_n^{(-)} = B\mu_-{}^n \qquad (3.1.42)$$

と表せる。この $\psi_n^{(\pm)}$ を x_n に直すために，式 (3.1.40) により

---

　* 今の場合「定数」というのは "j によらない" という意味。

$$x_{n+1} - \mu_- x_n = \psi_n^{(+)} = A\mu_+{}^n \tag{3.1.43a}$$

$$x_{n+1} - \mu_+ x_n = \psi_n^{(-)} = B\mu_-{}^n \tag{3.1.43b}$$

となることを利用し，これを (x_n, x_{n+1}) に対する連立1次方程式として解いて

$$x_n = C_1\mu_+{}^n + C_2\mu_-{}^n \tag{3.1.44}$$

を得る。ただし $\mu_\pm$ は式 (3.1.39) で与えられ，また

$$C_1 = \frac{A}{\mu_+ - \mu_-}, \quad C_2 = -\frac{B}{\mu_+ - \mu_-}$$

は，それぞれ A および B を置き直した任意定数である。

連続極限
⇒ p. 44, 63 こうして差分方程式の解 (3.1.44) が得られたので，ついでに連続極限を考える。式 (3.1.39) で Δt を微小とすると

$$\mu_\pm = 1 \pm 2\Delta t + O(\Delta t^2) \tag{3.1.45}$$

なので，$O(\Delta t^2)$ の微小な項を無視すると，式 (3.1.44) は

$$x_n = C_1(1 + 2\Delta t)^n + C_2(1 - 2\Delta t)^n$$

と表せる。ここで p. 63 の場合と同様に $\Delta t = t/n$ を代入すると

$$x_n = C_1\left(1 + \frac{2t}{n}\right)^n + C_2\left(1 - \frac{2t}{n}\right)^n \tag{3.1.46}$$

となるので，$n \to \infty$ として

$$\begin{aligned} x_n \to x(t) &= \lim_{n\to\infty}\left\{ C_1\left(1 + \frac{2t}{n}\right)^n + C_2\left(1 - \frac{2t}{n}\right)^n \right\} \\ &= C_1 e^{2t} + C_2 e^{-2t} \end{aligned} \tag{3.1.47}$$

を得る。

いかにも力づくの野蛮な解法だが，少しは参考になるところもある。隣接3項漸化式 (3.1.37) を変形して等比数列の漸化式に直すという作戦に対応するものを常微分方程式の世界で考えるとすれば，おそらく

$$\frac{\mathrm{d}^2 x}{\mathrm{d}t^2} = 4x \tag{3.1.14}$$

という2階の常微分方程式を

$$\frac{\mathrm{d}y}{\mathrm{d}t} = \alpha y \tag{2.2.2}$$

という形の1階の常微分方程式に変形することに対応するだろう。なぜ

なら，方程式 (2.2.2) の解は指数関数であり，指数関数は等比数列の連続極限だからだ。

実際，式 (3.1.14) の両辺に $2\,\mathrm{d}x/\mathrm{d}t$ を加えると

$$\frac{\mathrm{d}}{\mathrm{d}t}\left(\frac{\mathrm{d}x}{\mathrm{d}t}+2x\right)=4x+2\frac{\mathrm{d}x}{\mathrm{d}t}$$

となるので[†]，左辺のカッコの中身を

$$y=\frac{\mathrm{d}x}{\mathrm{d}t}+2x \tag{3.1.48}$$

と置くと，方程式 (3.1.14) は

$$\frac{\mathrm{d}y}{\mathrm{d}t}=2y \tag{3.1.49}$$

と書き直せることが分かる。式 (3.1.49) は式 (2.2.2) の形であり，変数分離の方法で解けることが分かっているので，これから y を求め，さらに式 (3.1.48) を定数変化法で解いて x を求めることができる。あるいは，式 (3.1.14) の両辺に $-2\,\mathrm{d}x/\mathrm{d}t$ を加えて，式 (2.2.2) の形の方程式をもうひとつ作り，これから x と $\mathrm{d}x/\mathrm{d}t$ の連立1次方程式に持ち込むことも可能である。

こういう受験数学じみた解法を覚え込もうとする前に，しかし，少し立ち止まって考えてみよう。このような，手持ちの武器だけで何とかしようという解法の良くない点は，あたかも目の前の問題が解ければそれで十分と言わんばかりの姿勢になりがちで，一般化とか汎用性とか拡張可能性とかいった考え方になかなか結びつかないところだ。この節の冒頭で「2階以上はだいたい同じ考え方の応用で対応できる」と書いたが，式 (3.1.14) を式 (2.2.2) に無理矢理変形する解法のみで満足していたのでは，3階以上の場合にどう対応してよいか分からないことになる[‡]。

そういうわけで，いま我々が必要としているものは，隣接3項漸化式 (3.1.37) を解くのに使えて，なおかつ隣接 $k+1$ 項とか他の問題にも拡張できる――できれば常微分方程式自体を解くのにも使える――，汎用性の高い解法である。次の節で，そのための "新しい技" を伝授しよう。

---

　† ここで微分演算子 $\mathrm{d}/\mathrm{d}t$ の扱いを間違えると全てが水の泡である。微分演算子は自分より右にあるものに作用するので，作用する相手の左側に書くべきであることに注意せよ。

　‡ もっとも，全く不可能というわけではない。練習問題の式 (3.1.54) の直後にあるヒントを見よ。

練習問題

方程式 (1.1.19)
⇒ p. 100

_1._　方程式 (1.1.19) の一般解 (3.1.4) を積分で求める過程を示せ。

_2._　次の ODE の解を求めよ:

$$\frac{\mathrm{d}^2 x}{\mathrm{d}t^2} = F_0 \cos \omega t \tag{3.1.50}$$

$$\frac{1}{r}\frac{\mathrm{d}}{\mathrm{d}r}\left(r\frac{\mathrm{d}u}{\mathrm{d}r}\right) = \alpha \qquad (0 < r < +\infty) \tag{3.1.51}$$

ただし F_0, ω, α は すべて定数である。

> 方程式 (3.1.51) で r を約分するようなインチキな計算をしてはならない（微分演算子は
> 掛け算ではない）。まずは両辺を r 倍せよ。

初期条件
(3.1.7)
⇒ p. 102

_3._　方程式 (1.1.19) に初期条件 (3.1.7) を追加した初期値問題の解を自力で求めよ。さらに，得られた解を検算せよ（代入すると問題のなかのすべての等号が成立することを確認）。

境界条件
(3.1.9)
⇒ p. 102

_4._　方程式 (1.1.19) に境界条件 (3.1.9) を課した境界値問題の解を自力で求め，結果を検算せよ。

検算
⇒ p. 103

_5._　ある流体力学の問題で，狭い隙間をとおる流れの様子を知るために

$$\frac{\mathrm{d}^2 u}{\mathrm{d}y^2} = \alpha \tag{3.1.52}$$

$$u|_{y=0} = 0, \quad u|_{y=H} = U \tag{3.1.53}$$

という境界値問題を解く必要がある（ただし α, U, H はすべて非ゼロの定数だとする）。この境界値問題の解を求めよ。

式 (3.1.20)
⇒ p. 106

_6._　式 (3.1.20) のように前進差分と後退差分を組み合わせる代わりに，前進差分だけを 2 段重ねにすると，

$$\frac{f(t+2\Delta t) - 2f(t+\Delta t) + f(t)}{\Delta t^2}$$

という差分式が出てくる。この差分式について，次のことを示せ:

- この差分式で $\Delta t \to 0$ とした極限は，式 (3.1.20$'$) と同じ $f''(t)$ になる。
- 有限の Δt の場合の誤差は，式 (3.1.20$'$) よりも大きくなる。

> 式 (3.1.26) に相当する式がどのようになるかを考えてみよ。

式 (3.1.26)
⇒ p. 108

_7._　式 (3.1.26) の左辺だけをノートに書き，Taylor 展開を用いて右辺を導く計算過程を自力で再現せよ。

_8._　以下の方程式のうち，差分方程式は対応する微分方程式に直し，微

分方程式は対応する差分方程式に直せ[§]。なお，式 (3.1.20) は知っている
ものとしてよい。

式 (3.1.20)
⇒ p. 106

$$\frac{\mathrm{d}^2 r}{\mathrm{d}t^2} = \frac{1}{r^3} \qquad \frac{(x_{n+1} - x_n)^2}{\Delta t^2} + x_n^2 = 1$$

$$\frac{y_{n+1} - 2y_n + y_{n-1}}{\Delta t^2} = 1 - \left(\frac{y_{n+1} - y_n}{\Delta t}\right)^2$$

9.　式 (3.1.38) と同様の "野蛮な解法" で

式 (3.1.38)
⇒ p. 113

$$a_{n+1} = 5a_n + 4a_{n-1} - 20a_{n-2} \qquad (3.1.54)$$

を解いてみよ。

> 方針としては，式 (3.1.54) を
>
> $$a_{n+1} + pa_n + qa_{n-1} = \mu(a_n + pa_{n-1} + qa_{n-2})$$
>
> の形に変形することを考える。変形がうまくいくための条件式を書き下し，p と q を消去
> して，μ についての 3 次方程式に帰着させれば，何とか解けそうな形になる。
> ただし，やってみると分かるとおり，計算がかなり大変であるうえに見通しが悪いので，
> この方法はあまり薦められない。解法を自分で選んでいいという前提で式 (3.1.54) を解
> くなら，次節で説明する固有値問題の方法か，または，さらにその後で説明する，解の基
> 底を推測する解法のほうが良い。

3-2　固有値問題

前の節では，式 (3.1.1′) や (3.1.14) などの 2 階の微分方程式では変数
分離の方法が使えないこと，そして式 (3.1.14) を差分化すると

式 (3.1.14)
⇒ p. 104

$$x_{j+1} + x_{j-1} - (2 + 4\Delta t^2)x_j = 0 \qquad (3.1.37)$$

という 2 階差分方程式（隣接 3 項漸化式）になることを見た。

式 (3.1.37) のような 2 階差分方程式を解くために，今から，新しい技
を伝授しよう。考え方のヒントは，すべての項が未知数の 1 次式である
という，方程式 (3.1.37) の特徴にある。この特徴は，**線形代数**の技によ
る攻略法が有効となる可能性を示唆している。線形代数とは，1 次式を
うまく扱うための数学的道具にほかならないからだ。

未知数の 1 次式

方程式の特徴

線形代数

方法の説明のためには，係数は単純であるほうがいいので，しばらく

[§]　本書の読者の演習問題としては，ここでは高精度の差分化や "性質の良い差分化" を行う
必要はなく，最も素朴な形の差分化を示せば十分であるものとする。ただし研究の最前線では
"性質の良い差分化" の探求が進められていることを付言しておく。

のあいだ，本来の目標である式 (3.1.37) は棚上げし，代わりに

$$\text{⑨}\quad a_{n+1} = a_n + 2a_{n-1} \tag{3.2.1}$$

という例題で考える（すべての項が未知数の 1 次式という特徴は残してある）。方法をマスターしたあと，改めて式 (3.1.37) に戻ることにしよう。

3-2-A　隣接 3 項漸化式を行列形式で書き直す

線形代数　　　線形代数の知識を用いて方程式 (3.2.1) を攻略するための第一歩として，未知数 $\{a_n\}_{n=0,1,2,\dots}$ を

$$\mathbf{u}_0 = \begin{bmatrix} a_1 \\ a_0 \end{bmatrix}, \quad \mathbf{u}_1 = \begin{bmatrix} a_2 \\ a_1 \end{bmatrix}, \quad \mathbf{u}_2 = \begin{bmatrix} a_3 \\ a_2 \end{bmatrix}, \quad \dots$$

つまり

$$\mathbf{u}_n = \begin{bmatrix} a_{n+1} \\ a_n \end{bmatrix} \qquad (n = 0, 1, 2, \dots) \tag{3.2.2}$$

縦ベクトル　　　のように縦ベクトルで置き直す。式 (3.2.2) のなかの a_{n+1} に式 (3.2.1)

行列の計算規則　　を適用し，さらに行列（matrix）の計算規則を利用すると
⇒ 巻末補遺

$$\mathbf{u}_n = \begin{bmatrix} a_{n+1} \\ a_n \end{bmatrix} = \begin{bmatrix} a_n + 2a_{n-1} \\ a_n \end{bmatrix} = \begin{bmatrix} 1 & 2 \\ 1 & 0 \end{bmatrix} \begin{bmatrix} a_n \\ a_{n-1} \end{bmatrix}$$

と書けることが分かる。ここでさらに，式 (3.2.2) により

$$\mathbf{u}_{n-1} = \begin{bmatrix} a_n \\ a_{n-1} \end{bmatrix}$$

であることに気がつけば，

$$\mathbf{u}_n = \begin{bmatrix} 1 & 2 \\ 1 & 0 \end{bmatrix} \mathbf{u}_{n-1} \tag{3.2.3}$$

という漸化式が導ける。つまり，少なくとも形のうえで，隣接 3 項漸化式 (3.2.1) を，隣接 2 項の漸化式 (3.2.3) に書き直せることが分かる（これが縦ベクトル $\mathbf{u}_n$ を導入した御利益である）。漸化式 (3.2.3) の右辺に

正方行列　　　係数として現れる正方行列を

$$\mathsf{M} = \begin{bmatrix} 1 & 2 \\ 1 & 0 \end{bmatrix} \tag{3.2.4}$$

と置くと，漸化式 (3.2.3) は

$$\mathbf{u}_n = \mathsf{M}\mathbf{u}_{n-1} \qquad (3.2.3')$$

という等比数列の形で書ける。初項 $\mathbf{u}_0$ が分かっているなら，解は 等比数列

$$\mathbf{u}_n = \mathsf{M}^n\mathbf{u}_0 \qquad (3.2.5)$$

となる。あとは式 (3.2.5) の右辺が計算できれば，その結果を左辺すなわち式 (3.2.2) と対応させることで，a_n が求められるはずである。

　いとも簡単に問題が解けたように思えるかもしれないが，だまされてはいけない。式 (3.2.5) の右辺には，行列 M の n 乗が含まれており，これの計算ができない限り，式 (3.2.5) は "絵に描いた餅" に過ぎないのだ。素直に計算してみると

絵に描いた餅

行列の計算
⇒ 巻末補遺

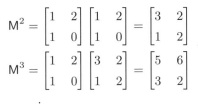

$$\mathsf{M}^2 = \begin{bmatrix} 1 & 2 \\ 1 & 0 \end{bmatrix}\begin{bmatrix} 1 & 2 \\ 1 & 0 \end{bmatrix} = \begin{bmatrix} 3 & 2 \\ 1 & 2 \end{bmatrix}$$

$$\mathsf{M}^3 = \begin{bmatrix} 1 & 2 \\ 1 & 0 \end{bmatrix}\begin{bmatrix} 3 & 2 \\ 1 & 2 \end{bmatrix} = \begin{bmatrix} 5 & 6 \\ 3 & 2 \end{bmatrix}$$

$$\vdots$$

のようになり，これを，たとえば $n = 10$ まで続けて M^{10} を求めるのは，かなり大変だ。これに比べれば，たとえば $2^{10} = 1024$ や $3^{10} = 59049$ の計算など，あっというまに終わると言っても過言ではない。

　そういうわけで，漸化式 (3.2.3')，すなわち "行列を公比とする等比数列" を扱うためには，もう少し工夫しないといけない。じつは，うまい方法があるのだ。

行列を公比とする等比数列

3-2-B　固有ベクトル

　先ほど式 (3.2.5) を求めた際に "初項 $\mathbf{u}_0$ が分かっているなら……" と書いた。この $\mathbf{u}_0$ の中身は (a_0, a_1) という 2 個の初期値であり，これは任意定数が 2 個あれば表せるはずで，その表し方には工夫の余地がある。

　そこで，天下りではあるが，初期条件を

天下り
⇒ p. 13

$$\mathbf{u}_0 = c_1\begin{bmatrix} 2 \\ 1 \end{bmatrix} + c_2\begin{bmatrix} -1 \\ 1 \end{bmatrix} \qquad (3.2.6)$$

と置く（ここで c_1, c_2 は任意定数）。この "魔法の初期条件" により，なぜか，計算がとても簡単になることを示そう。

魔法の初期条件

　　まずは，漸化式 (3.2.3$'$) で $n=1$ として $\mathbf{u}_1$ を求める：

$$\mathbf{u}_1 = \mathsf{M}\mathbf{u}_0 = \mathsf{M}\left(c_1 \begin{bmatrix} 2 \\ 1 \end{bmatrix} + c_2 \begin{bmatrix} -1 \\ 1 \end{bmatrix} \right) = c_1 \mathsf{M}\begin{bmatrix} 2 \\ 1 \end{bmatrix} + c_2 \mathsf{M}\begin{bmatrix} -1 \\ 1 \end{bmatrix} \quad (3.2.7)$$

右辺の各項を計算すると

$$\mathsf{M}\begin{bmatrix} 2 \\ 1 \end{bmatrix} = \begin{bmatrix} 1 & 2 \\ 1 & 0 \end{bmatrix}\begin{bmatrix} 2 \\ 1 \end{bmatrix} = \begin{bmatrix} 4 \\ 2 \end{bmatrix}, \qquad \mathsf{M}\begin{bmatrix} -1 \\ 1 \end{bmatrix} = \begin{bmatrix} 1 & 2 \\ 1 & 0 \end{bmatrix}\begin{bmatrix} -1 \\ 1 \end{bmatrix} = \begin{bmatrix} 1 \\ -1 \end{bmatrix}$$

であるが，ここで

$$\begin{bmatrix} 4 \\ 2 \end{bmatrix} = 2\begin{bmatrix} 2 \\ 1 \end{bmatrix}, \qquad \begin{bmatrix} 1 \\ -1 \end{bmatrix} = -\begin{bmatrix} -1 \\ 1 \end{bmatrix} \tag{3.2.8}$$

であることに気づけば，式 (3.2.7) は

$$\mathbf{u}_1 = 2c_1 \begin{bmatrix} 2 \\ 1 \end{bmatrix} + (-1)c_2 \begin{bmatrix} -1 \\ 1 \end{bmatrix} \tag{3.2.9}$$

と書き直せることが分かる。つまり，初期条件 (3.2.6) とほとんど同じ形で，ただし c_1 と c_2 が それぞれ $2c_1$ と $(-1)c_2$ に置き換わった式が出てくる。同様にして，$\mathbf{u}_2, \mathbf{u}_3, \ldots$ は

$$\mathbf{u}_2 = \mathsf{M}\mathbf{u}_1 = \mathsf{M}\left\{ 2c_1 \begin{bmatrix} 2 \\ 1 \end{bmatrix} + (-1)c_2 \begin{bmatrix} -1 \\ 1 \end{bmatrix} \right\} = 2^2 c_1 \begin{bmatrix} 2 \\ 1 \end{bmatrix} + (-1)^2 c_2 \begin{bmatrix} -1 \\ 1 \end{bmatrix}$$

$$\mathbf{u}_3 = \mathsf{M}\mathbf{u}_2 = \mathsf{M}\left\{ 2^2 c_1 \begin{bmatrix} 2 \\ 1 \end{bmatrix} + (-1)^2 c_2 \begin{bmatrix} -1 \\ 1 \end{bmatrix} \right\} = 2^3 c_1 \begin{bmatrix} 2 \\ 1 \end{bmatrix} + (-1)^3 c_2 \begin{bmatrix} -1 \\ 1 \end{bmatrix}$$

$$\vdots$$

したがって

$$\mathbf{u}_n = \mathsf{M}\mathbf{u}_{n-1} = \cdots = 2^n c_1 \begin{bmatrix} 2 \\ 1 \end{bmatrix} + (-1)^n c_2 \begin{bmatrix} -1 \\ 1 \end{bmatrix} \tag{3.2.10}$$

と求められる。ここから a_n の値を抜き出すには，最初に p. 118 で

$$\mathbf{u}_n = \begin{bmatrix} a_{n+1} \\ a_n \end{bmatrix} \qquad (n = 0, 1, 2, \ldots) \tag{3.2.2}$$

と置いたことを思い出し，式 (3.2.2) と (3.2.10) を成分表示で見比べればいい。こうして，漸化式 (3.2.1) の解

$$a_n = c_1 2^n + c_2 (-1)^n \tag{3.2.11}$$

を得る。

> ㊟ ベクトルに不慣れな人は，式 (3.2.2) と (3.2.10) を見比べても式 (3.2.11)
> がすぐには取り出せないかもしれない。そういう場合は，たとえば
>
> $$\begin{bmatrix} f \\ g \end{bmatrix} = \alpha \begin{bmatrix} 3 \\ 5 \end{bmatrix} + \beta \begin{bmatrix} 2 \\ 6 \end{bmatrix} \quad \Longleftrightarrow \quad \begin{cases} f = 3\alpha + 2\beta \\ g = 5\alpha + 6\beta \end{cases}$$
>
> のような書き換えを練習してみるといいだろう。

　　ここで，"魔法の初期条件"(3.2.6) の種明かしをしよう。ポイントは，　　種明かし
式 (3.2.8) のような関係式が成り立つように仕組むことで，これによっ
て，行列 M の n 乗を普通の数の n 乗にすりかえることができる。その
ために必要なのは，

> 与えられた正方行列 M に対し，
>
> $$M\mathbf{p} = \mu\mathbf{p} \qquad\qquad (3.2.12)$$
>
> を満たすようなスカラー μ と ベクトル $\mathbf{p}$ $(\neq \mathbf{0})$ を見つけること

である*。式 (3.2.8) は，それぞれ

$$M \begin{bmatrix} 2 \\ 1 \end{bmatrix} = \mu \begin{bmatrix} 2 \\ 1 \end{bmatrix} \qquad (\mu = 2)$$

$$M \begin{bmatrix} -1 \\ 1 \end{bmatrix} = \mu \begin{bmatrix} -1 \\ 1 \end{bmatrix} \qquad (\mu = -1)$$

ということで，これこそが，行列 M をスカラー μ にすりかえるべく，式
(3.2.12) によって仕組まれた関係式なのだ。

　　式 (3.2.12) をみたす μ を，行列 M の固有値 (eigenvalue) と呼び，こ　　固有値
のときの $\mathbf{p}$ を固有ベクトル (eigenvector) と呼ぶ。正方行列 M に対し，　　固有ベクトル
式 (3.2.12) をみたす μ と $\mathbf{p}$ を見つける問題を，M の固有値問題という。　　固有値問題

　　では，式 (3.2.4) の M に対し，固有値問題を解いてみよう。その計算
を行うためには，線形代数による重要な結果をひとつ知っておく必要が　　一意的
ある。それは "連立 1 次方程式の解が一意的に決まるかどうかはデタミ　　⇒ p. 10
ナント（determinant）で判定できる" というものだ。　　　　　　　　　デタミナント

---

　*　スカラーとは，行列やベクトルでない，ただの数のことだと思えばいい。

連立 1 次方程式
とデタミナント

> ㊟ たとえば，X と Y を未知数とする
>
> $$\begin{cases} aX + bY = u \\ cX + dY = v \end{cases} \quad \text{すなわち} \quad \begin{bmatrix} a & b \\ c & d \end{bmatrix} \begin{bmatrix} X \\ Y \end{bmatrix} = \begin{bmatrix} u \\ v \end{bmatrix} \quad (3.2.13)$$
>
> という連立 1 次方程式の場合，デタミナント
>
> $$\det \begin{bmatrix} a & b \\ c & d \end{bmatrix} = ad - bc \quad (3.2.14)$$
>
> を用いて，解 (X, Y) が一意的か否かを判定できる。デタミナントの表記は，たとえば $\det A$ の代わりに $|A|$ と書くこともある。なお，デタミナントのことを行列式とも言うが，p. 125 の脚注にあるように，紛らわしい名称なので注意する必要がある。
>
> 少し雑な言い方をすると，デタミナントとは，連立 1 次方程式を 2 本の直線の式と見た場合に傾きが一致するかどうか，つまり $a : b = c : d$ が成り立つかどうか判定する式だ。デタミナントが非ゼロなら，方程式 (3.2.13) の解は一意的に決まる。詳しくは線形代数の本を見よ。

　式 (3.2.4) の M に対し，固有ベクトルを，仮に $\mathbf{p} = \begin{bmatrix} p \\ q \end{bmatrix}$ とする[†]。これにより，固有値問題の式 (3.2.12) は

$$\begin{bmatrix} 1 & 2 \\ 1 & 0 \end{bmatrix} \begin{bmatrix} p \\ q \end{bmatrix} = \mu \begin{bmatrix} p \\ q \end{bmatrix} \quad \text{すなわち} \quad \begin{bmatrix} 1-\mu & 2 \\ 1 & -\mu \end{bmatrix} \begin{bmatrix} p \\ q \end{bmatrix} = \begin{bmatrix} 0 \\ 0 \end{bmatrix} \quad (3.2.15)$$

と書ける。

　式 (3.2.12) あるいは (3.2.15) は，計算するまでもなく $\mathbf{p} = \mathbf{0}$ という解をもつが（代入すれば等号が成立する），この解は，当たり前すぎて意味

自明解

がない，いわゆる自明解（trivial solution）である。求めるべきものは

非自明解

非自明解（nontrivial solution）つまり $\mathbf{p} \neq \mathbf{0}$ となる解であり，この場合の非自明解の存在条件は，デタミナントを用いて

$$\det \begin{bmatrix} 1-\mu & 2 \\ 1 & -\mu \end{bmatrix} = 0 \quad (3.2.16)$$

のように書ける。ここで

[†]　いつでも (p, q) と置くわけではなく，既に用いられている文字とは重複しないものを選ぶ必要がある。また，太字の $\mathbf{p}$ はベクトル全体を表し，細字の p や q は成分を表す（したがって $\mathbf{p}$ と p は別のものである）。手書きの場合は $\mathbf{p}$ の代わりに $\mathbb{p}$ のように書く。

$$[\text{式 (3.2.16) の左辺}] = -\mu(1-\mu) - 2 = \mu^2 - \mu - 2$$

だから，式 (3.2.16) は

$$\mu^2 - \mu - 2 = 0 \qquad\qquad (3.2.16')$$

という 2 次方程式を意味する。これは固有値 μ を決定する方程式であり，
固有方程式と呼ばれる[‡]。固有値は，固有方程式 (3.2.16) の根として

固有方程式

固有値

$$\mu = \begin{cases} 2 \\ -1 \end{cases} \qquad\qquad (3.2.17)$$

に決まり，それぞれの場合の固有ベクトルが，以下のように求められる。　固有ベクトル

- まず，$\mu = 2$ の場合，この μ の値を式 (3.2.15) に代入すると

$$\begin{bmatrix} -1 & 2 \\ 1 & -2 \end{bmatrix} \begin{bmatrix} p \\ q \end{bmatrix} = \begin{bmatrix} 0 \\ 0 \end{bmatrix} \qquad\qquad (3.2.18)$$

となる。方程式 (3.2.18) は解を無数にもつが，ゼロでない解をひと
つだけ代表として選べば十分で，たとえば

代表

$$\begin{bmatrix} p \\ q \end{bmatrix} = \begin{bmatrix} 2 \\ 1 \end{bmatrix}$$

とすればいい。この代表に任意定数を掛ければ，すべての解を表せる。

- 他方，$\mu = -1$ の場合にも，同様に式 (3.2.15) に代入して

$$\begin{bmatrix} 2 & 2 \\ 1 & 1 \end{bmatrix} \begin{bmatrix} p \\ q \end{bmatrix} = \begin{bmatrix} 0 \\ 0 \end{bmatrix} \qquad\qquad (3.2.19)$$

という方程式を得る。方程式 (3.2.19) の解の代表として，たとえば

$$\begin{bmatrix} p \\ q \end{bmatrix} = \begin{bmatrix} -1 \\ 1 \end{bmatrix}$$

を選べばいい。

こうして得られた M の固有ベクトルを

$$\mathbf{p}_1 = \begin{bmatrix} 2 \\ 1 \end{bmatrix}, \quad \mathbf{p}_2 = \begin{bmatrix} -1 \\ 1 \end{bmatrix}$$

として，初期条件を $\mathbf{u}_0 = c_1 \mathbf{p}_1 + c_2 \mathbf{p}_2$ のように置けば，漸化式 (3.2.3′)

[‡] 固有値のことを特性値ともいうので，固有方程式を "特性方程式" とも呼ぶ。

の解が式 (3.2.10) の形で得られることになる。これが "魔法の初期条件"(3.2.6) の種明かしである。

線形結合

> ㊟ 与えられたベクトルの組 $\{\mathbf{p}_1, \mathbf{p}_2\}$ をもとに各ベクトルのスカラー倍を足し合わせた $c_1\mathbf{p}_1 + c_2\mathbf{p}_2$ の形の式を "$\mathbf{p}_1$ と $\mathbf{p}_2$ の線形結合" という。線形結合に用いるベクトルは2本に限るわけではなく，任意の本数に拡張してよい。なお，線形結合のことを "一次結合" ともいう。

3-2-C　行列の固有値問題による差分方程式の解法

行列の固有値問題を用いて

$$a_{n+1} = a_n + 2a_{n-1} \tag{3.2.1}$$

のような形の k 階の差分方程式（隣接 $k+1$ 項漸化式）を解く方法の手順は，以下のようにまとめられる。

- まずは，解くべき漸化式 (3.2.1) を，

$$\mathbf{u}_n = \mathsf{M}\mathbf{u}_{n-1} \tag{3.2.3'}$$

の形式に書き直す。ここで $\mathbf{u}_n$ は k 個の成分をもつ縦ベクトルであり，M は $k \times k$ の正方行列である。行列 M が全く変数を含まない定数行列であることを確認し，次に進む。（変数が含まれている場合は，失敗なので，別の方法を考える。）

固有値問題

- 行列 M の固有値問題を解き，固有値と固有ベクトルを求める。

- 得られた固有ベクトルを $\mathbf{p}_1, \mathbf{p}_2, \ldots, \mathbf{p}_k$ として[§]，初期条件を，これ

線形結合

らのベクトルの線形結合で置く：

$$\mathbf{u}_0 = c_1\mathbf{p}_1 + c_2\mathbf{p}_2 + \cdots + c_k\mathbf{p}_k = \sum_{i=1}^{k} c_i\mathbf{p}_i \tag{3.2.20}$$

ここで $\{c_i\}_{i=1,2,\ldots,k}$ は任意定数である。

- 固有ベクトルの性質を利用して，漸化式 (3.2.3') の解を求める。

- 得られた解 $\{\mathbf{u}_n\}_{n=0,1,2,\ldots}$ から，もとの数列 $\{a_n\}_{n=0,1,2,\ldots}$ の情報を抜き出す。

---

　§　ここで，もとの方程式の階数 k と同じだけの本数の固有ベクトルが得られていることと，それらが線形独立である（方向に重複がない）ことが前提となる。固有方程式の k 個の根が全て異なるなら問題ないが，重根の場合は面倒なことが起き得る。具体的な対策については，詳しい記述のある線形代数の本[44, 45, 46]で「ジョルダン標準形」について調べてみるといい。

㊟ もとの数列の初期値が与えられている場合は，初項 $\mathbf{u}_0$ を式 (3.2.20) の
ように置いた段階で，初期値に合うように $\{c_i\}$ を決定すればいい。例
題の式 (3.2.1) の場合，式 (3.2.20) の中身は

$$\mathbf{u}_0 = c_1 \begin{bmatrix} 2 \\ 1 \end{bmatrix} + c_2 \begin{bmatrix} -1 \\ 1 \end{bmatrix} \quad \text{すなわち} \quad \begin{bmatrix} a_1 \\ a_0 \end{bmatrix} = \begin{bmatrix} 2 & -1 \\ 1 & 1 \end{bmatrix} \begin{bmatrix} c_1 \\ c_2 \end{bmatrix} \quad (3.2.6')$$

のように書ける。これを用いて，与えられた初期値 (a_0, a_1) に合うよ
うに (c_1, c_2) の値を求めるのは，逆行列を知っていれば簡単にできる。

初期値

それでは，この方法で，本来の目標である

本来の目標
⇒ p. 117

$$x_{j+1} + x_{j-1} - (2 + 4\Delta t^2)x_j = 0 \qquad (3.1.37)$$

という 2 階差分方程式の解を求めてみよう。

まずは式 (3.1.37) を行列形式¶で書き直す：

$$\begin{bmatrix} x_{j+1} \\ x_j \end{bmatrix} = \mathsf{M} \begin{bmatrix} x_j \\ x_{j-1} \end{bmatrix}, \quad \mathsf{M} = \begin{bmatrix} 2 + 4\Delta t^2 & -1 \\ 1 & 0 \end{bmatrix} \qquad (3.2.21)$$

続いて M の固有値問題を解く。固有値を μ とし固有ベクトルを $\begin{bmatrix} p \\ q \end{bmatrix}$ と
すると，固有値問題の式は

固有値問題

$$\begin{bmatrix} 2 + 4\Delta t^2 & -1 \\ 1 & 0 \end{bmatrix} \begin{bmatrix} p \\ q \end{bmatrix} = \mu \begin{bmatrix} p \\ q \end{bmatrix}$$

すなわち

$$\begin{bmatrix} 2 + 4\Delta t^2 - \mu & -1 \\ 1 & -\mu \end{bmatrix} \begin{bmatrix} p \\ q \end{bmatrix} = \begin{bmatrix} 0 \\ 0 \end{bmatrix} \qquad (3.2.22)$$

と書ける。この方程式 (3.2.22) が非自明解をもつ条件は

非自明解

$$\det \begin{bmatrix} 2 + 4\Delta t^2 - \mu & -1 \\ 1 & -\mu \end{bmatrix} = 0 \quad \text{つまり} \quad \mu^2 - (2 + 4\Delta t^2)\mu + 1 = 0$$
$$(3.2.23)$$

であり，これを解いて，固有値

固有値

$$\mu = \mu_{\pm} = 1 + 2\Delta t^2 \pm 2\Delta t\sqrt{1 + \Delta t^2} \qquad (3.1.39')$$

を得る。対応する固有ベクトルを求めると

固有ベクトル

¶ 行列形式であって "行列式" ではないことに注意。行列式とはデタミナント (determinant)
のことであり，行列形式 (matrix form) とは別のものである。

$$\mu = \mu_+ \text{ に対して } \begin{bmatrix} p \\ q \end{bmatrix} = \begin{bmatrix} \mu_+ \\ 1 \end{bmatrix}, \quad \mu = \mu_- \text{ に対して } \begin{bmatrix} p \\ q \end{bmatrix} = \begin{bmatrix} \mu_- \\ 1 \end{bmatrix}$$

となるので，これを用いて，初期条件を

$$\begin{bmatrix} x_1 \\ x_0 \end{bmatrix} = c_1 \begin{bmatrix} \mu_+ \\ 1 \end{bmatrix} + c_2 \begin{bmatrix} \mu_- \\ 1 \end{bmatrix} \tag{3.2.24}$$

と置く（ここで c_1, c_2 は任意定数）。あとは，固有値問題の式により

$$\mathsf{M} \begin{bmatrix} \mu_\pm \\ 1 \end{bmatrix} = \mu_\pm \begin{bmatrix} \mu_\pm \\ 1 \end{bmatrix}$$

が成り立つことを利用すれば，式 (3.2.10) と同様にして，解

$$\begin{bmatrix} x_{n+1} \\ x_n \end{bmatrix} = c_1 {\mu_+}^n \begin{bmatrix} \mu_+ \\ 1 \end{bmatrix} + c_2 {\mu_-}^n \begin{bmatrix} \mu_- \\ 1 \end{bmatrix} \tag{3.1.44$'$}$$

が得られる。これを p. 114 の式 (3.1.44) と見比べると，任意定数の置き方のような些細な違いを除けば，全く同じ結果であることが分かる。

　ここで紹介しているような，行列の固有値問題を用いた差分方程式の解法は，隣接 $k+1$ 項漸化式に限られるわけではない。場合によっては，問題を最初から行列形式で扱うほうがよいこともある。

Fibonacci の
ウサギ

　⑩　Fibonacci のウサギの問題[37] では，以下の法則に従って増えるウサギの数を計算する：

- 母ウサギは決して死なず，毎月，娘ウサギを 1 匹産む。
- 娘ウサギは，翌月には必ず親になり，親になった翌月から出産を開始する。

このルールを数式で表すため，n ヶ月めにおける母ウサギの数を x_n 匹，娘ウサギの数を y_n 匹とすると，翌月の母ウサギの数は

$$x_{n+1} = x_n + y_n \tag{3.2.25}$$

と表され（旧世代＋新世代），娘ウサギの数は

$$y_{n+1} = x_n \tag{3.2.26}$$

と表される（新しく生まれるウサギの数は旧世代の母ウサギの数に等しい）。式 (3.2.25)(3.2.26) は，ベクトルと行列を用いた形式で，まとめて

$$\begin{bmatrix} x_{n+1} \\ y_{n+1} \end{bmatrix} = \begin{bmatrix} 1 & 1 \\ 1 & 0 \end{bmatrix} \begin{bmatrix} x_n \\ y_n \end{bmatrix} = \mathsf{L} \begin{bmatrix} x_n \\ y_n \end{bmatrix} \quad \left(\mathsf{L} = \begin{bmatrix} 1 & 1 \\ 1 & 0 \end{bmatrix} \right) \quad (3.2.27)$$

という形に書ける。この漸化式 (3.2.27) を解けばいい。

式 (3.2.27) の解を求めるため，行列 L の固有値問題を解く。固有値を λ とすると[||]，固有方程式は

$$\lambda^2 - \lambda - 1 = 0 \qquad (3.2.28)$$

となり（自分で導出してみよう），これを解くことで，固有値

$$\lambda = \begin{cases} \frac{1}{2}(1 + \sqrt{5}) \approx 1.618 \\ \frac{1}{2}(1 - \sqrt{5}) \approx -0.618 \end{cases} \qquad (3.2.29)$$

が得られる。さらに固有ベクトルを計算し，式 (3.2.10) と同様の方法で漸化式 (3.2.27) の解を求めると

$$\begin{bmatrix} x_n \\ y_n \end{bmatrix} = c_1 \left(\frac{1 + \sqrt{5}}{2} \right)^n \begin{bmatrix} \frac{1}{2}(1 + \sqrt{5}) \\ 1 \end{bmatrix} + c_2 \left(\frac{1 - \sqrt{5}}{2} \right)^n \begin{bmatrix} \frac{1}{2}(1 - \sqrt{5}) \\ 1 \end{bmatrix}$$
$$(3.2.30)$$

となる。初期値が与えられていなければ (c_1, c_2) は任意定数であり，初期値が与えられているなら，それに合うように (c_1, c_2) を定めればいい。

特に，初期条件が $(x_0, y_0) = (0, 1)$ だった場合，つまり最初に親はゼロ匹で娘ウサギが 1 匹だけだった場合を考えよう。この場合

$$c_1 = -\frac{1 - \sqrt{5}}{2\sqrt{5}}, \quad c_2 = \frac{1 + \sqrt{5}}{2\sqrt{5}}$$

となるので，n ヶ月めの親ウサギと娘ウサギの数は，それぞれ

$$x_n = \frac{1}{\sqrt{5}} \left\{ \left(\frac{1 + \sqrt{5}}{2} \right)^n - \left(\frac{1 - \sqrt{5}}{2} \right)^n \right\} \qquad (3.2.31a)$$

$$y_n = \frac{1}{\sqrt{5}} \left\{ \left(\frac{1 + \sqrt{5}}{2} \right)^{n-1} - \left(\frac{1 - \sqrt{5}}{2} \right)^{n-1} \right\} \qquad (3.2.31b)$$

のように求められる。この解の興味深いところは，x_n や y_n は整数であるはずなのに，式 (3.2.29) に示したような非整数の λ によって解が表されることだ。実際，この場合の $\{x_n\}_{n=0,1,2,\ldots}$ の値（**Fibonacci** 数列）を，式 (3.2.27) を直接用いて数値的に求めると

非整数の λ

Fibonacci 数列

[||] 行列 L の固有値だから，対応するギリシャ文字 λ を採用した。本書では，M の固有値は μ とし，A の固有値は α というように，なるべく対応する文字を用いることにする。

$$x_0 = 0, \quad x_1 = x_2 = 1, \quad x_3 = 2, \quad x_4 = 3, \quad x_5 = 5, \quad \ldots,$$

さらに

$$x_{10} = 55, \quad x_{20} = 6765, \quad x_{40} = 102334155 \approx 1.02 \times 10^8$$

となり，もちろん値はすべて整数である．他方，式 (3.2.31a) を利用し，式 (3.2.29) の数値および $\sqrt{5} \approx 2.236$ を用いると，たとえば $n = 10$ では

$$x_{10} \approx \frac{1.618^{10} - (-0.618)^{10}}{2.236} \approx 54.99 \tag{3.2.32}$$

という値が得られ，整数にきわめて近い（ずれは四捨五入のせいである）．

もっと大きな n に対する値を式 (3.2.31a) から精密に求めるには，λ の値を高精度で計算しておく必要があるが，概算でよければ，たとえば

$$x_{40} \approx \frac{1.618^{40} - (-0.618)^{40}}{2.236} \approx 1.02 \times 10^8 \tag{3.2.33}$$

のように比較的容易に計算できる．この場合，$(-0.618)^{40} \approx 4 \times 10^{-9}$ は，x_{40} に対して無視できるくらいの大きさしか持たないため，計算を省いてよいことにも注目しよう．

3-2-D　固有値問題についての補足

この節で固有値問題を学ぶことにした経緯は，直接的には，2 階の差分方程式 (3.1.37) を解くためだった．しかし固有値問題の応用は差分方程式に限らない．

固有値問題の応用

以下，学部 1 年や 2 年の学生は知らないような用語がたくさん出てくるかもしれないが，これこそが，第 0 章で書いたような，物理系工学の内容の一端である．詳しくは，大学図書館に行くか先輩に頼むかして，専門科目の教科書を見せてもらうといい．

まずは，次節で紹介するような n 変数の常微分方程式を本格的に扱うには，行列形式での表示が欠かせない．教科書などの例題は $n = 2$ のことが多いため，行列がなくても何とかなるかもしれないが，実際の機械の運動方程式では従属変数が何十個もあるのは普通のことである．ただの剛体ですら，3 次元空間では 3 方向の並進自由度と 3 軸の回転自由度があるため，6 自由度の系となる．位置と速度を別々に扱うとすれば変数の数は自由度の数の倍で，12 変数が必要だ．さらに，機械には必ず可動部分があるから，それに応じた個数の変数が必要となる．モーターを

動かす電気回路まで含めると，変数の個数はさらに多くなるだろう。そ
して，そのような n 変数の運動方程式を扱うための定石は，何らかの形
で固有値問題に持ち込むことなのである。

　乗り物の運動の解析などでは，可動部分を無視して全体をひとつの剛
体として扱うこともあるが，そのような場合でも，物体の対称性が良くな
い場合には，ローリングとかピッチングとかいった回転軸の方向を定義
するのがそもそも難しい場合がある。たとえ外見的には前後左右が分か
るので軸が定義できたとしても，実際には荷重や材質が非対称で，ロー
リングとピッチングとヒービングの連成が起きるかもしれない。こうい
う場合に頼りになるのが固有値問題である。たとえば質量分布の非対称
性が問題なら，慣性モーメントの主軸方向をとるのがひとつの解決策だ
が，ここでいう主軸とは，慣性モーメントをあらわす 3×3 行列の固有
ベクトルにほかならない。

　機械を作るための金属板や建物を建てるための地盤は，荷重に耐える
ように設計する必要があり，そのためには，材料の内部にはたらく張力や
剪断力を知る必要がある。これらの面積力（応力）は，単なる力（3 次
元だと 3 成分のベクトル）とは違って，力の方向と面の方向の両方に関
係するため，いわば“ベクトルを成分とするベクトル”のようなもの（テ
ンソル）となり，通常は 3×3 の正方行列の形で表現される。金属棒を
まっすぐ引っ張ると横に縮むとか斜めに破断することがあるとかいう実
験を見れば，複数の方向が同時に関与することは見当がつくだろう。材
料内部の応力について知り，変形と応力の関係を理解するには，やはり
応力テンソルの固有値問題を通じて主軸について知る必要がある。

　さらに，荷重は静的にかかるとは限らない。風や地震が揺れを引き起
こす場合など，動的荷重に対する建造物の応答は，静的荷重の場合とは
違った特性をもち，特に共振を生じると危険な事態になり得る。それに，
そもそも高い建物は曲がりやすい（各階が少しだけ撓むことで全体とし
て大きく曲がる可能性がある）ので，揺れに対する対策が必要である。そ
こで，建物のどこにどんな防振装置を設置したらいいか検討することに
なるが，そのための解析は，建物がどんな振動数でどのように揺れやす
いのかを調べる計算から始める[22]。要するに，固有値問題である。

　伝熱に関する偏微分方程式を解くために，解を三角関数の線形結合で
置くという，常識破りの解法を Fourier という人が考えた。この解法を

n 変数の運動方
程式

慣性モーメント
の主軸

応力

動的荷重

防振

伝熱

Fourier 解析

発展させた Fourier 解析の方法 [60, 61] は，今や，物理系工学では不可欠の手法となっている。その土台となっているのは，またしても，固有値問題である。ただし，ここでは問題は少しだけ姿を変えて，より微分方

演算子の固有値問題

程式に直結した形式である演算子の固有値問題という形で現れる（じつはこちらのほうが行列よりも歴史が古い）。楽器が一定の高さの音を出せるのも，要するに固有値である。この文脈では，固有振動数という言葉のほうが，なじみがあるかもしれない。

量子力学

　テレビやケータイなど，日常のあらゆるところに半導体素子を利用した機器が用いられているが，その開発の基礎の基礎となるのは，電子などの微小な物体の運動を扱う量子力学である。電子の運動方程式は，日常的な大きさの物体の運動方程式とは見かけが相当に異なっている。歴史的には，Heisenberg の "行列力学" と，Schrödinger の "波動力学" があり，前者は行列の固有値問題，後者は演算子の固有値問題の形で系のエネルギー準位と固有状態を求める。両者のどちらが優れているかをめぐる論争があったらしいが，やがて，行列力学と波動力学は相互に翻訳可能であることが分かり，短い年月の間に急速に研究が進んだ。急速な進展の理由は，ひとつには既に物理学的に "課題が煮詰められていたから" だが [15, p.15]，もうひとつには，数理流体力学などの分野で，演算子の固

流れの安定性

有値問題の扱いが既に進んでいたからでもある。たとえば Heisenberg の博士論文は流れの安定性に関するもので，流体の方程式を線形化して固有値問題の形に持ち込むことで乱流の発生機構に迫ろうとするものだったという。

　このように，固有値問題は，単に行列漸化式を解いて Fibonacci のウサギの数を求めるだけのものではなく，さまざまなことに用いられる。次

方程式 (3.1.14)
⇒ p. 104

節では，常微分方程式 (3.1.14) に戻り，この方程式と固有値問題を直接結びつける方法を考える。

練習問題

式 (3.2.4)
⇒ p. 118

1. 式 (3.2.4) の行列 M に対し，その固有値と固有ベクトルを求めよ。

2. 式 (3.2.27) の行列 L の固有値と固有ベクトルを求めよ。

式 (3.2.27)
⇒ p. 127

3. 例題の漸化式 (3.2.1) の解 (3.2.11) を行列の固有値問題によって求

漸化式 (3.2.1)
⇒ p. 118

める方法の計算過程を，本もノートも見ずに自力で再現せよ。

<u>4.</u>　連立差分方程式

$$\frac{v_{n+1} - v_n}{\Delta t} = 4x_n, \quad \frac{x_{n+1} - x_n}{\Delta t} = v_n \tag{3.2.34}$$

の解を，以下の方針に従って求めよ。ただし $0 < \Delta t < 1/2$ とする。

- まず，式 (3.2.34) を

$$\begin{bmatrix} v_{n+1} \\ x_{n+1} \end{bmatrix} = \mathsf{M} \begin{bmatrix} v_n \\ x_n \end{bmatrix} \tag{3.2.35}$$

  の形にする。　㊟ もちろんこの M は，式 (3.2.4) の M とは異なる。

- 行列 M の固有値問題を利用し，式 (3.2.6) のような "魔法の初期条件" に相当するものを見つける。 魔法の初期条件
⇒ p. 119

- 解 (v_n, x_n) を求める。

<u>5.</u>　前問の結果に基づき，方程式 (3.2.34) の解 (v_n, x_n) の連続極限を考察せよ。

<u>6.</u>　某研究所では，とある生物 X の増殖について研究している。理想的な環境のもとで，n 週経過した時点での娘の数を x_n，親の数を y_n とすると，この生物の増え方は次の法則に従う： 生物の増殖

（ⅰ）　親は，毎週，娘を 5 匹産む：$x_{n+1} = 5y_n$.

（ⅱ）　次の週になると娘は必ず親になり，親は 50% の確率で生き残る：$y_{n+1} = x_n + (1/2)\, y_n$.　（簡単化のため，値は整数でなくてもいいものとする。）

この法則が成り立つような理想的な環境が半年にわたって維持された場合に，生物 X がどれだけの数にまで増えるかを調べよう。

- 生物 X の増殖の法則を，式 (3.2.27) と同じような行列形式で書け。 式 (3.2.27)
⇒ p. 127
- この行列の固有値と固有ベクトルを求めよ。
- 初期条件を $(x_0, y_0) = (0,\ 4)$ とし，半年後に予測される生物 X の数を概算せよ。その際，解はふたつの項の和で書けるが，概算においては片方の項は無視してかまわない。その理由も説明せよ。

<u>7.</u>　ある感染症は，野放し状態では次のような法則に従うという： 感染症

（ⅰ）　感染してもすぐには発症しないが，次の週には必ず発症する。

（ⅱ）　発症した患者は，1 週間あたり 50% の確率で治る（治らない場合はそのまま）。

（ⅲ）　この感染症では，未発症の者からの伝染は無視できるが，発症

中の者からは，毎週，患者ひとりあたり 3 人に新しく伝染する。

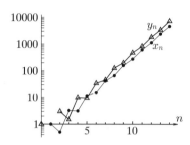

図 3.2 漸化式 (3.2.36) に基づく感染者数の推移。初期値は $(x_0, y_0) = (0, 1)$ とした。

つまり，第 n 週の時点で発症中の患者が x_n 人，未発症の感染者が y_n 人だとして

$$\begin{cases} x_{n+1} = \frac{1}{2} x_n + y_n \\ y_{n+1} = 3 x_n \end{cases} \quad (3.2.36)$$

という漸化式が成り立つ（ただし簡単化のため，人数が整数でなく小数になっても構わないことにする）。

この漸化式の解 $\{(x_n, y_n)\}_{n=0,1,2,\dots}$ を求めよ。さらに，適当に初期条件を決め，結果を図 3.2 のような片対数グラフに図示せよ。

8. 上記の感染症の問題の続きを考える。

研究の結果，この感染症に効く薬がふたつ見つかったとする。

- A という薬を用いると，感染後の発症確率が 1 週間あたり 20%に下がり，発症後に治る確率が 1 週間あたり 90%に上がる。ただし発症後の伝染力は変わらない。
- B という薬を用いると，発症確率や治る確率は変わらないが，伝染力が下がり，毎週の新たな感染者が患者 100 人あたり 36 人になる。

つまり，それぞれ

$$\text{A}: \begin{cases} x_{n+1} = (1 - 0.9)x_n + 0.2\, y_n \\ y_{n+1} = 3\, x_n + (1 - 0.2)y_n \end{cases} \qquad \text{B}: \begin{cases} x_{n+1} = \frac{1}{2} x_n + y_n \\ y_{n+1} = 0.36\, x_n \end{cases}$$

という漸化式になる。ただし残念ながら薬 A と薬 B を併用すると副作用の問題が発生し，そのため A と B を同時に使うことはできない。

さて，この感染症の蔓延を防ぐには，どちらの薬が効果的か？ 行列の固有値問題を用いて考察せよ。

9. 行列の固有値問題を用いる方法で，

$$a_{n+1} = 5a_n + 4a_{n-1} - 20a_{n-2} \quad (3.1.54)$$

という 3 階差分方程式（隣接 4 項漸化式）の解を求めよ。できれば p. 117 の解法と比較し，それぞれの解法の長所や短所について検討せよ。

3-3　1階化による解法

3-3-A　1変数2階ODEから2変数1階ODEへの書き換え

漸化式から微分方程式に話を戻そう。問題は，p. 104 で見たように，

$$\frac{\mathrm{d}^2 x}{\mathrm{d}t^2} = 4x \tag{3.1.14}$$

のような2階の常微分方程式には変数分離の方法が通用しないことだっ
た。これを何とかして解ける形に持ち込むために，あえて変数の数を増
やし，それによって微分の階数を下げることを考える。この方法と，前 ［欄外：階数を下げる］
節で習得した "固有値問題" という線形代数の技を組み合わせる作戦に
よって，方程式 (3.1.14) を解くことができる。

まずは階数を下げる考え方について，別の例題で説明しよう：

$$㋑\quad \frac{\mathrm{d}^2 x}{\mathrm{d}t^2} = 1 - \left(\frac{\mathrm{d}x}{\mathrm{d}t}\right)^2 \tag{3.3.1}$$

これは2階の ODE である。この方程式 (3.3.1) を1階にするには，

$$\frac{\mathrm{d}x}{\mathrm{d}t} = v \tag{3.3.2a}$$

と置いて，新たな変数 $v = v(t)$ を導入すればいい。そうすれば，

$$[式 (3.3.1) の左辺] = \frac{\mathrm{d}v}{\mathrm{d}t}, \qquad [式 (3.3.1) の右辺] = 1 - v^2$$

なので，方程式 (3.3.1) は

$$\frac{\mathrm{d}v}{\mathrm{d}t} = 1 - v^2 \tag{3.3.2b}$$

と書き直せる。つまり，2階の微分方程式 (3.3.1) は，未知数を増やして
(x, v) の2変数にすることで，ふたつの1階の方程式 (3.3.2a)(3.3.2b) に ［欄外：方程式 (3.3.2)
分けられる。これを解くのは，そんなに難しくない。　　　　　　　　　　を解く
　　　　　　　　　　　　　　　　　　　　　　　　　　　　　　　　　⇒ p. 134］

それでは

$$\frac{\mathrm{d}^2 x}{\mathrm{d}t^2} = 4x \tag{3.1.14}$$

の場合はどうだろうか？ 式 (3.3.2a) と同様に $\mathrm{d}x/\mathrm{d}t = v$ とすると，確
かに左辺は

$$[式 (3.1.14) の左辺] = \frac{\mathrm{d}v}{\mathrm{d}t}$$

となるが，右辺は $4x$ のままなので，v と x の両方を含む方程式が出てく

る。このような 2 変数の方程式は，単独で考えるわけにはいかず，

$$\frac{\mathrm{d}v}{\mathrm{d}t} = 4x \tag{3.3.3a}$$

$$\frac{\mathrm{d}x}{\mathrm{d}t} = v \tag{3.3.3b}$$

連立方程式　という連立方程式として扱う必要があるが，ともかく 1 階の ODE の形に書き直せた。

　このように，1 変数 2 階の方程式 (3.3.1) は，式 (3.3.2) のように 1 階の方程式ふたつに書き直せる。同じく 1 変数 2 階の方程式 (3.1.14) は，変数が簡単に分断できず連立になってしまうけれども，ともかく式 (3.3.3)
2変数1階　のように 2 変数 1 階の形に書き直すことができる。

正規形

> ㊟ 式 (3.3.2) や (3.3.3) は，単に 1 階というだけでなく，導関数について解いた形になっている。つまり，左辺には $(\mathrm{d}v/\mathrm{d}t, \mathrm{d}x/\mathrm{d}t)$ がそれぞれ単独で現れ，右辺には導関数が全く含まれないような形に整理してある。こういう形を，1 階の常微分方程式の正規形（せいきけい）という。

　以下では，このように k 階の ODE を k 変数 1 階 ODE（の正規形）に書き直すメリットについて，具体的な計算を通じて見ていこう。

3-3-B　変数分離に持ち込んで解ける 2 階の微分方程式

　まずは，式 (3.3.1) を書き直して 1 階化した方程式を解いてみよう：

$$\frac{\mathrm{d}x}{\mathrm{d}t} = v \tag{3.3.2a}$$

$$\frac{\mathrm{d}v}{\mathrm{d}t} = 1 - v^2 \tag{3.3.2b}$$

未知数 v だけを
含む 1 階 ODE　式 (3.3.2b) は，x を含まず，独立変数 t のほかには未知数 v だけを含む 1 階 ODE だから，単独で解けるはずだ。今の場合，計算過程は省略する
変数分離の方法　が，変数分離の方法により
⇒ p. 76

$$\frac{1}{2}\left\{\log(1+v) - \log(1-v)\right\} = t + C \tag{3.3.4}$$

となり（ここで C は積分定数），これを v について解いて

$$v = \frac{Ae^{2t} - 1}{Ae^{2t} + 1} = \frac{Ae^{t} - e^{-t}}{Ae^{t} + e^{-t}} \tag{3.3.5}$$

を得る。ただしここで $A = e^{2C}$ は C を置き直した任意定数である。
　こうして $v = v(t)$ が得られたので，これを式 (3.3.2a) の右辺に代入し

$$\frac{\mathrm{d}x}{\mathrm{d}t} = \frac{Ae^t - e^{-t}}{Ae^t + e^{-t}} \tag{3.3.6}$$

とする。そうすれば，右辺は既知関数だから，両辺を t で積分して

結果に log が現れる不定積分
⇒ p. 53

$$x = \log\left(Ae^t + e^{-t}\right) + B \tag{3.3.7}$$

を得る。ここで B は新たな積分定数であり，解 (3.3.7) は A, B という
ふたつの任意定数を含むので，一般解になっている。

一般解
⇒ p. 101

　なお，もし $|v| < 1$ と分かっているなら，式 (3.3.4) の左辺の対数関数
それぞれにおいて "真数 > 0" の条件*が満たされるので，C を A に置き
換えずにそのまま用いてよい。この場合，式 (3.3.6) は，より簡潔に

$$\frac{\mathrm{d}x}{\mathrm{d}t} = \tanh(t + C) \tag{3.3.6'}$$

と表すことができて，これから

$$x = \int \tanh(t + C)\mathrm{d}t = \log\cosh(t + C) + C' \tag{3.3.7'}$$

を得る。この書き方でも，任意定数の個数は式 (3.3.7) と同じく 2 個と
なる。

3-3-C　応用：落下運動に対する空気抵抗の影響

　落下する物体の運動方程式 (1.1.19) では，質量 m が両辺で消し合うた
め，重い物体も軽い物体も同じように落ちる。ただし，この式では空気
抵抗を無視する近似が用いられているが，本当に空気抵抗の影響が微小
かどうか，どうやって判断したらよいだろうか？

運動方程式
(1.1.19)
⇒ p. 15

　そこで，重い物体が高いところから落下する運動を，空気抵抗を考慮
した運動方程式

$$m\ddot{y} = -mg + D \tag{3.3.8}$$

に基づいて考察しよう。ここで $y = y(t)$ は物体の位置をあらわす変数
（鉛直上向きを $+y$ 方向とする），m は物体の質量，g は重力加速度であ
る。右辺の最後の項 $+D$ は，物体が空気から受ける抗力であり，抗力の
向きは物体の対気速度と反対方向で，抗力の大きさ D は，一般には，物

　＊　実数の範囲で対数関数を考える場合，log の中身（真数）は正でなければならないとい
う制約条件がつく。この条件を "真数条件" ということがある。真数条件を破る場合——特に
p. 73 でほのめかした $\log(-1)$ の正体——が気になる人は，第 4 章の p. 206 を見よ。

体の対気速度や加速度に対する複雑な依存性をもつ。工学的な慣習に従

抵抗係数

い，とりあえず，抵抗係数（抗力係数）C_D を用いて

$$D = C_D \times \frac{1}{2}\rho v^2 S \tag{3.3.9}$$

と表しておく [28, 34]。ここで ρ は空気の密度，v は対気速度すなわち空気と物体の相対速度の大きさ（風が吹いていないとすれば $v = |\dot{y}|$ であり，落下運動なので $\dot{y} = -v < 0$），S は物体を正面から見た面積（半

次元

径 a の球なら $S = \pi a^2$）である。なお，物理的な次元の観点からは，式 (3.3.9) は C_D が無次元になるように作られていることに注意しておく。

　抵抗係数 C_D は，一般には定数とは限らないのだが[†]，ここでは，簡単化のため，C_D が定数と見なせる場合に限って考察しよう。人間の目に見えるくらいの大きな物体が常識的な速度で落下する場合には，C_D を一定とする近似は悪くないことが知られている。

　解くべき微分方程式は，変数 (v, y) を用いて次のように書ける：

$$\frac{dv}{dt} = g - \frac{C_D \rho S}{2m}v^2 \qquad (v > 0) \tag{3.3.10}$$

$$\frac{dy}{dt} = -v \tag{3.3.11}$$

さらに，初期条件を

$$v|_{t=0} = v_0 \to +0, \quad y|_{t=0} = H \tag{3.3.12}$$

のように与えておこう。

　方程式 (3.3.10) は，式 (3.3.2b) とほとんど同じ方法で解ける[‡]。計算が無駄に複雑化するのを避けるには，係数を上手にまとめ，式 (3.3.10) を

$$\frac{dv}{dt} = g - \frac{v^2}{\lambda} \quad \left(\text{ここで } \lambda = \frac{2m}{C_D \rho S}\right) \tag{3.3.10'}$$

次元

とするのがよい（定数 λ の次元を自分で確認しておこう）。解は

$$v = v(t) = \sqrt{g\lambda}\,\tanh\left(\sqrt{\frac{g}{\lambda}}\,t\right) \tag{3.3.13}$$

　[†]　たとえば霧粒や血球のような微小な物体が空気中や水中で沈降する場合は，D は v にほぼ比例するので，式 (3.3.9) により，この場合の C_D は v に反比例しなければならない。詳しくは，流体力学の教科書 [24, 28] で，Reynolds 数に対する C_D の値のグラフを見よ。

　[‡]　実際，適切に無次元化すれば，式 (3.3.10) は (3.3.2b) と全く同じになる。しかし，適切な無次元化の感覚がまだ身に付かないうちは，最初から無次元化して解くのはあまり薦められない。むしろ，次元のある方程式を解く計算過程や結果から，解の特徴的な時間スケールなどを把握する練習を重ねるほうが良い。

となる。計算が正しければ tanh の中身は無次元になっているはずだ。

tanh の中身は無次元

式 (3.3.13) から読み取れる重要なことは，この落下運動が

$$\tau = \sqrt{\frac{\lambda}{g}} = \sqrt{\frac{2m}{C_D \rho S g}} \qquad (3.3.14)$$

という特徴時間あるいは時定数(じていすう)をもち，t が τ より大きいか小さいかに応じて解の様子が変わることである。

特徴時間

時定数

- まずは $0 < t \ll \tau$ を満たす短時間での様子に着目しよう。この場合，tanh の Taylor 展開により $\tanh(t/\tau) = t/\tau + O((t/\tau)^3)$ だから

Taylor 展開
⇒ 巻末補遺

$$v = \sqrt{g\lambda}\, \tanh \frac{t}{\tau} \simeq \sqrt{g\lambda} \times \frac{t}{\tau} = \frac{\sqrt{g\lambda}}{\sqrt{\lambda/g}} t = gt \qquad (3.3.15)$$

と近似できる。つまり，$t \ll \tau$ が成り立つあいだは，空気抵抗の影響が無視できる自由落下となることが分かる。

自由落下

- 長時間挙動すなわち $t \gg \tau$ での解の様子については

$$\tanh \frac{t}{\tau} \to 1 \quad \text{したがって} \quad v \to \sqrt{g\lambda} \qquad (3.3.16)$$

となり，v は一定値 $\sqrt{g\lambda}$ に漸近する（これが終端速度である）。

終端速度

近似なしの式 (3.3.13) に戻り，これを式 (3.3.11) に代入して t で積分すると，物体の位置をあらわす解

$$y = y(t) = H - \lambda \log \cosh \frac{t}{\tau} \qquad (3.3.17)$$

が得られる。もし地表が $y = 0$ だとすれば，物体の滞空時間 $t_{\max}$ は，式 (3.3.17) の y がゼロになる時刻として求められる。

ここで式 (3.3.17) と $\log \cosh(t/\tau)$ のグラフ（図 3.3）を見比べて，少し考えると

$$t_{\max} \ll \tau \quad \Longleftrightarrow \quad H \ll \lambda$$
$$t_{\max} \gg \tau \quad \Longleftrightarrow \quad H \gg \lambda$$

であることが分かる。つまり，最初の高さ H が λ に比べて非常に小さければ，空気抵抗の影響が現れる前に物体は地表に到達するが，逆に H が λ に比べて大きければ，物体が地上に到達する前に空気抵抗の影響が現れる。

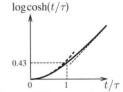

図 3.3 関数 $\log \cosh(t/\tau)$ のグラフ。点線は $t \ll \tau$ での近似式 $(1/2)(t/\tau)^2$ と $t \gg \tau$ での漸近線 $t/\tau - \log 2$ を示す。

具体例で試算してみよう。直径 $2a = 6\,\mathrm{cm}$, 質量 $m = 1\,\mathrm{kg}$ の金属球を落下させる場合を考える。この場合の λ の値を概算すると，抵抗係数 $C_D \approx 1$, 空気の密度 $\rho \approx 1\,\mathrm{kg/m^3}$, また $S = \pi a^2 \approx 28\,\mathrm{cm^2}$ として

$$\lambda \approx \frac{2 \times (1\,\mathrm{kg})}{(1\,\mathrm{kg/m^3}) \times (28\,\mathrm{cm^2})} \approx 700\,\mathrm{m}$$

となる。たとえば Pisa の斜塔では $H = 55\,\mathrm{m}$ だから，$H \ll \lambda$ が成り立ち，したがって，上記の金属球を Pisa の斜塔から落下させる場合には空気抵抗は無視できることが分かる。

3-3-D　行列の固有値問題に持ち込んで解ける2階の微分方程式

いよいよ，この章の本題である

$$\frac{\mathrm{d}^2 x}{\mathrm{d}t^2} = 4x \tag{3.1.14}$$

を解く時が来た。行列の固有値問題を用いて式 (3.1.14) を解くための手始めとして，まず従属変数を増やして階数を下げ，

階数を下げる
⇒ p. 133

$$\frac{\mathrm{d}v}{\mathrm{d}t} = 4x \tag{3.3.3a}$$

$$\frac{\mathrm{d}x}{\mathrm{d}t} = v \tag{3.3.3b}$$

の形で2変数1階の ODE に書き直す。次に，未知数を縦ベクトルにまとめ，微分演算子と係数行列をそれぞれ左側にくくりだす形で[§]，

微分演算子
⇒ p. 30

係数行列

$$\frac{\mathrm{d}}{\mathrm{d}t}\begin{bmatrix} v \\ x \end{bmatrix} = \begin{bmatrix} 0 & 4 \\ 1 & 0 \end{bmatrix}\begin{bmatrix} v \\ x \end{bmatrix} = \mathsf{A}\begin{bmatrix} v \\ x \end{bmatrix} \quad \left(\mathsf{A} = \begin{bmatrix} 0 & 4 \\ 1 & 0 \end{bmatrix}\right) \tag{3.3.18}$$

というひとつの方程式に書き直す。すると，少なくとも見かけとしては

$$\frac{\mathrm{d}\varphi}{\mathrm{d}t} = \alpha\varphi \tag{2.2.2'}$$

という1階1変数の方程式とよく似た形になる。違いは，式 (2.2.2′) は両辺を $1/\varphi$ 倍して変数分離の方法に持ち込み

$\log \varphi = \alpha t + c$　したがって　$\varphi = C e^{\alpha t}$　（ここで $C = e^c$ は任意定数）

---

§　ここで微分演算子を右側にくくりだしてはいけない。その理由を忘れてしまった人は，p. 30 の内容を確認しよう。他方，係数をあらわす行列を左側にくくりだす理由は，縦ベクトルを用いているからで，もしこれが横ベクトルだったら係数は右側にくくりだすことになる。

のように解けるのに対し，式 (3.3.18) では変数がベクトルであるせいで
割り算がうまく定義できず，このままでは変数分離などの解法が使えな
いことだ。

そこで，p. 121 で，行列 M をただの数 μ に変えてしまう魔法技（固有
値問題）を用いたことを思い出し，この魔法技を応用して，方程式 (3.3.18)   固有値問題
に含まれる行列やベクトルを，スカラーに変えてしまおう。そうすれば
式 (2.2.2′) の形に持ち込めるはずだ。

この狙いのために，まずは行列 A の固有値問題を解く。つまり，

$$\mathbf{A}\mathbf{p} = \alpha\mathbf{p} \quad \text{すなわち} \quad \begin{bmatrix} -\alpha & 4 \\ 1 & -\alpha \end{bmatrix} \begin{bmatrix} p \\ q \end{bmatrix} = \begin{bmatrix} 0 \\ 0 \end{bmatrix} \quad \left(\mathbf{p} = \begin{bmatrix} p \\ q \end{bmatrix} \neq \mathbf{0} \right)$$
(3.3.19)

が成り立つような α と $\mathbf{p}$ を求める[¶]。式 (3.3.19) が非自明解をもつ条件は

$$\det \begin{bmatrix} -\alpha & 4 \\ 1 & -\alpha \end{bmatrix} = 0 \quad \text{すなわち} \quad \alpha^2 - 4 = 0 \tag{3.3.20}$$

となるので，これから固有値 $\alpha = \pm 2$ が求められる。続いて，それぞれ   固有値
の固有値に対する固有ベクトル $\mathbf{p}$ を式 (3.3.19) から計算する。   固有ベクトル

- $\alpha = 2$ に対応する固有ベクトル：

$$\begin{bmatrix} -2 & 4 \\ 1 & -2 \end{bmatrix} \begin{bmatrix} p \\ q \end{bmatrix} = \begin{bmatrix} 0 \\ 0 \end{bmatrix} \quad \text{したがって} \quad \begin{bmatrix} p \\ q \end{bmatrix} = \begin{bmatrix} 2 \\ 1 \end{bmatrix}$$

- $\alpha = -2$ に対応する固有ベクトル：

$$\begin{bmatrix} 2 & 4 \\ 1 & 2 \end{bmatrix} \begin{bmatrix} p \\ q \end{bmatrix} = \begin{bmatrix} 0 \\ 0 \end{bmatrix} \quad \text{したがって} \quad \begin{bmatrix} p \\ q \end{bmatrix} = \begin{bmatrix} -2 \\ 1 \end{bmatrix}$$

こうして得られた固有ベクトルを利用し，その線形結合の形で，方程   線形結合
式 (3.3.18) の未知数のベクトルを   ⇒ p. 124

$$\begin{bmatrix} v \\ x \end{bmatrix} = \varphi_1(t) \begin{bmatrix} 2 \\ 1 \end{bmatrix} + \varphi_2(t) \begin{bmatrix} -2 \\ 1 \end{bmatrix} \tag{3.3.21}$$

と置く。ここで $\varphi_1 = \varphi_1(t)$ も $\varphi_2 = \varphi_2(t)$ も未知だから，未知数の個数
は変わっていない（つまり未知数を勝手に減らしているわけではない）の
で，このように置き直すことには何の問題もない。置き直した式 (3.3.21)

[¶] 固有ベクトルはいつでも必ず (p, q) で表すとは限らない。どんな文字でもよいけれども，
独立変数や従属変数（今の場合 t, v, x）とは重ならないように注意する必要がある。

を，解きたい方程式 (3.3.18) の両辺に代入すると，

$$[\text{式 (3.3.18) の左辺}] = \frac{\mathrm{d}}{\mathrm{d}t}\begin{bmatrix} v \\ x \end{bmatrix} = \frac{\mathrm{d}\varphi_1}{\mathrm{d}t}\begin{bmatrix} 2 \\ 1 \end{bmatrix} + \frac{\mathrm{d}\varphi_2}{\mathrm{d}t}\begin{bmatrix} -2 \\ 1 \end{bmatrix}$$

$$[\text{式 (3.3.18) の右辺}] = A\left(\varphi_1\begin{bmatrix} 2 \\ 1 \end{bmatrix} + \varphi_2\begin{bmatrix} -2 \\ 1 \end{bmatrix}\right) = 2\varphi_1\begin{bmatrix} 2 \\ 1 \end{bmatrix} + (-2)\varphi_2\begin{bmatrix} -2 \\ 1 \end{bmatrix}$$

線形独立　となる。ここで $\begin{bmatrix} 2 \\ 1 \end{bmatrix}$ と $\begin{bmatrix} -2 \\ 1 \end{bmatrix}$ は線形独立‖だから，式 (3.3.18) の等号が成立するには，

$$\frac{\mathrm{d}\varphi_1}{\mathrm{d}t} = 2\varphi_1 \tag{3.3.22}$$

$$\frac{\mathrm{d}\varphi_2}{\mathrm{d}t} = -2\varphi_2 \tag{3.3.23}$$

係数を比較　のように，対応する係数どうしが等しいことが必要十分条件となる。

式 (3.3.3)
⇒ p. 134
　　こうして，2階の常微分方程式 (3.1.14) を 1 階 2 変数の式 (3.3.3) にしてから固有値問題に持ち込むことで，最終的には式 (3.3.22)(3.3.23) というふたつの 1 階 ODE に書き直すことができた。これは重要な成果である。なぜかというと，ふたつの変数 φ_1, φ_2 のうち，式 (3.3.22) は φ_1 だけを含んでいて φ_2 を含まず，逆に式 (3.3.23) は φ_2 だけを含んでいて

別々に解ける　φ_1 を含まないので，それぞれ別々に解ける形に分断できているからだ。このように，連立方程式 (3.3.3) の未知数を式 (3.3.21) の形で置き換える狙いは，

　　2変数の絡みあった連立方程式において各変数を分断する

というところにある。

　　こうして得られた方程式 (3.3.22)(3.3.23) は，どちらも式 (2.2.2′) の形の 1 変数 1 階 ODE であり，簡単に解ける（はずだ）。それらの解は

$$\varphi_1 = C_1 e^{2t}, \quad \varphi_2 = C_2 e^{-2t} \quad (\text{ただしここで } C_1, C_2 \text{ は任意定数})$$

と求められ，これを式 (3.3.21) によってもとの変数に戻すことで，

$$\begin{bmatrix} v \\ x \end{bmatrix} = C_1 e^{2t}\begin{bmatrix} 2 \\ 1 \end{bmatrix} + C_2 e^{-2t}\begin{bmatrix} -2 \\ 1 \end{bmatrix} \quad \text{すなわち} \quad x = C_1 e^{2t} + C_2 e^{-2t} \tag{3.3.24}$$

という解が得られる。この解が式 (3.1.14) を満たすことは，代入すれば

‖ ベクトル **a** と **b** が線形独立であるとは，直観的には，**a** と **b** が別々の方向を向いている（同じ方向でもなく正反対の方向でもない）ことをいう。もし **a** と **b** が線形独立であるなら，$x\mathbf{a} + y\mathbf{b} = f\mathbf{a} + g\mathbf{b} \iff x = f, y = g$ という "係数比較" の式が使える。

検算できるし，任意定数を2個含むので，一般解としての資格も備えて
いる。この解はまた，式 (3.1.47)，すなわち方程式 (3.1.14) を差分化し
て解いて連続極限を取った結果とも一致している。

一般解
⇒ p. 101
式 (3.1.47)
⇒ p. 114

> (注) 難しい問題を簡単な問題に切り分けて解決するという考え方は，物理
> 系工学のあらゆる場面において（そしておそらく他の多くの分野でも），
> 問題解決のための基本的な手法である。もちろん，そのためには問題
> を上手に切り分ける方法を見つけなければならない。うまく切り分け
> られない問題こそが本当の難問である。

分ければ分かる

行列の固有値問題による解法は，式 (3.1.14) のような場合だけでなく，
$z^k(\mathrm{d}/\mathrm{d}z)^k$ の形の演算子を含む

演算子
⇒ p. 30

$$z^2 \frac{\mathrm{d}^2 f}{\mathrm{d}z^2} = 6f \tag{1.1.29}$$

のような場合にも応用できる。この場合，単に $\mathrm{d}f/\mathrm{d}z$ を何かで置くだけ
では，係数行列が定数にならず，うまくいかないが，少しだけ工夫して，
演算子 $z\,\mathrm{d}/\mathrm{d}z$ ができるような形で

演算子 $z\dfrac{\mathrm{d}}{\mathrm{d}z}$

$$g = z\frac{\mathrm{d}f}{\mathrm{d}z} \tag{3.3.25}$$

と置くとうまくいく。ここから式 (1.1.29) の左辺と同じ形を作るには，式
(3.3.25) に $z\,\mathrm{d}/\mathrm{d}z$ を作用させればいい。積の微分を用いて計算すると

積の微分
⇒ 巻末補遺

$$z\frac{\mathrm{d}g}{\mathrm{d}z} = z\frac{\mathrm{d}}{\mathrm{d}z}\left(z\frac{\mathrm{d}f}{\mathrm{d}z}\right) = z\frac{\mathrm{d}f}{\mathrm{d}z} + z^2\frac{\mathrm{d}^2 f}{\mathrm{d}z^2} \tag{3.3.26}$$

となって[**]，その右辺には，確かに式 (1.1.29) の左辺と同じものが現れる。

関係式 (3.3.26) を用いて方程式 (1.1.29) を1階の形に書き換えると

$$z\frac{\mathrm{d}g}{\mathrm{d}z} = g + 6f \tag{3.3.27}$$

となり，これと式 (3.3.25) を連立させると，演算子 $z\,\mathrm{d}/\mathrm{d}z$ および係数
行列を左側にくくりだす形で

$$z\frac{\mathrm{d}}{\mathrm{d}z}\begin{bmatrix} f \\ g \end{bmatrix} = \begin{bmatrix} 0 & 1 \\ 6 & 1 \end{bmatrix}\begin{bmatrix} f \\ g \end{bmatrix} = \mathsf{B}\begin{bmatrix} f \\ g \end{bmatrix} \qquad \left(\mathsf{B} = \begin{bmatrix} 0 & 1 \\ 6 & 1 \end{bmatrix}\right) \tag{3.3.28}$$

と書ける。行列 B は定数行列なので，これの固有値問題を利用すれば，

[**] 式 (3.3.26) がよく分からない場合は，微分演算子についての間違った思い込みが原因
かもしれないので，p. 31 の式 (1.2.23) およびそのあとの説明を確認しよう。

$$z\frac{\mathrm{d}\varphi}{\mathrm{d}z} = \beta\varphi \tag{3.3.29}$$

1 変数 1 階の式
に持ち込む狙い

という 1 変数 1 階の方程式に持ち込んで解けるものと予想できる。

そこで, 行列 B の固有値を β, 固有ベクトルを $\mathbf{p}$ として, 固有値問題

$$\mathbf{Bp} = \beta\mathbf{p} \quad \text{すなわち} \quad \begin{bmatrix} -\beta & 1 \\ 6 & 1-\beta \end{bmatrix}\begin{bmatrix} p \\ q \end{bmatrix} = \begin{bmatrix} 0 \\ 0 \end{bmatrix} \quad \left(\mathbf{p} = \begin{bmatrix} p \\ q \end{bmatrix} \neq \mathbf{0}\right) \tag{3.3.30}$$

を解く。式 (3.3.30) が非自明解をもつ条件は

$$\det\begin{bmatrix} -\beta & 1 \\ 6 & 1-\beta \end{bmatrix} = 0 \quad \text{すなわち} \quad \beta^2 - \beta - 6 = 0$$

となるので, これを解いて固有値 β を求め, さらに式 (3.3.30) に戻って固有ベクトルを求めればいい。固有値問題の解は次のようになる:

- 固有値 $\beta = 3$, 対応する固有ベクトル $\begin{bmatrix} p \\ q \end{bmatrix} = \begin{bmatrix} 1 \\ 3 \end{bmatrix}$

- 固有値 $\beta = -2$, 対応する固有ベクトル $\begin{bmatrix} p \\ q \end{bmatrix} = \begin{bmatrix} 1 \\ -2 \end{bmatrix}$

これらの固有ベクトルを用いて, 未知数のベクトル（解ベクトル）を

$$\begin{bmatrix} f \\ g \end{bmatrix} = \varphi_1(z)\begin{bmatrix} 1 \\ 3 \end{bmatrix} + \varphi_2(z)\begin{bmatrix} 1 \\ -2 \end{bmatrix} \tag{3.3.31}$$

のように置き直し, 方程式 (3.3.28) に代入しよう。すると

$$z\frac{\mathrm{d}\varphi_1}{\mathrm{d}z}\begin{bmatrix} 1 \\ 3 \end{bmatrix} + z\frac{\mathrm{d}\varphi_2}{\mathrm{d}z}\begin{bmatrix} 1 \\ -2 \end{bmatrix} = 3\varphi_1\begin{bmatrix} 1 \\ 3 \end{bmatrix} - 2\varphi_2\begin{bmatrix} 1 \\ -2 \end{bmatrix}$$

線形独立
⇒ p. 140

となる。ふたつの固有ベクトルは線形独立だから, 係数比較により

$$z\frac{\mathrm{d}\varphi_1}{\mathrm{d}z} = 3\varphi_1 \tag{3.3.32a}$$

$$z\frac{\mathrm{d}\varphi_2}{\mathrm{d}z} = -2\varphi_2 \tag{3.3.32b}$$

となって, 計画どおり φ_1 と φ_2 が分断できる。解は, 変数分離の方法で

$$\varphi_1 = C_1 z^3, \quad \varphi_2 = C_2 z^{-2} \quad \text{(ただしここで } C_1, C_2 \text{ は任意定数)}$$

と求められ, これを式 (3.3.31) に代入して,

$$\begin{bmatrix} f \\ g \end{bmatrix} = C_1 z^3 \begin{bmatrix} 1 \\ 3 \end{bmatrix} + C_2 z^{-2} \begin{bmatrix} 1 \\ -2 \end{bmatrix} \quad \text{すなわち} \quad f = f(z) = C_1 z^3 + C_2 z^{-2}$$

$$(3.3.33)$$

を得る。

方程式 (1.1.29) は，左辺の演算子を

$$\left(z \frac{\mathrm{d}}{\mathrm{d}z} \right)^2 f = 6f \qquad (3.3.34)$$

とまとめてから $g = z\,\mathrm{d}f/\mathrm{d}z$ と置き直せば

$$z \frac{\mathrm{d}g}{\mathrm{d}z} = 6f \qquad (3.3.35)$$

となって解けると考え，計算した結果，$f = Az^{\sqrt{6}} + Bz^{-\sqrt{6}}$ となりました。式 (3.3.33) とは見た目が異なりますが，それだけでは可否は判断できないと考え，もとの方程式 (1.1.29) に代入して検算するつもりで導関数を計算したら

$$f''(z) = \sqrt{6}\left(\sqrt{6} - 1 \right) az^{\sqrt{6}-2} - \sqrt{6}\left(-\sqrt{6} - 1 \right) bz^{-\sqrt{6}-2}$$

となって，左辺と右辺が等しくなりそうにありません。どこが間違っているのでしょうか？

→ 式の見かけだけで判断せず，もとの式に代入して検算しているのは立派ですね。それは正しい姿勢だと思います。
間違いの原因は，式 (1.1.29) の左辺を

$$z^2 \frac{\mathrm{d}^2 f}{\mathrm{d}z^2} \overset{?}{=} \left(z \frac{\mathrm{d}}{\mathrm{d}z} \right)^2 f \qquad (3.3.36)$$

と思ってしまったところにあります。演算子の 2 乗は

$$\left(z \frac{\mathrm{d}}{\mathrm{d}z} \right)^2 f = z \frac{\mathrm{d}}{\mathrm{d}z} \left(z \frac{\mathrm{d}}{\mathrm{d}z} \right) f = z \frac{\mathrm{d}}{\mathrm{d}z} \left(z \frac{\mathrm{d}f}{\mathrm{d}z} \right)$$

のように解釈すべきもので，ここで $\mathrm{d}/\mathrm{d}z$ と z の順番を勝手に入れ替えてはダメです。これは式 (3.3.26) と同じく

$$\left(z \frac{\mathrm{d}}{\mathrm{d}z} \right)^2 f = \cdots = z \frac{\mathrm{d}f}{\mathrm{d}z} + z^2 \frac{\mathrm{d}^2 f}{\mathrm{d}z^2} \qquad (3.3.37)$$

のように計算する必要があります。これをよく見れば，式 (3.3.36) は正しくないことが分かるでしょう。

3-3-E　相空間と固定点

式 (3.3.2)
⇒ p. 133

　　ここまで，2 階の ODE を式 (3.3.2) や式 (3.3.3) のような 2 変数 1 階の形に書き換え，変数分離や固有値問題に持ち込んで解ける例を見てきた。これらの例で見るとおり，1 変数 k 階の ODE を解くための正攻法は，k 変数 1 階の ODE に書き換えることだ。喩えて言うなら，k 階微分

式 (3.3.3)
⇒ p. 134

k 変数 1 階に
書き換える

という扱いにくいものを，1 階微分が k 個合体したものと考え，その合体を解除することで攻略の糸口を見つける作戦だと言える。

　　じつは，あらゆる微分方程式がこのように解析的に解けるわけではないのだが，たとえ解けなくても，k 階の ODE を k 変数 1 階の ODE に書き換えることは，それ自体に意味がある。なぜかというと，この書き換

相空間

えにより，常微分方程式を相空間（phase space）での流れ[49, 51]として図示し把握できるようになるからだ。

　　試しに，何か適当な 2 変数 1 階の方程式を流れとして図示してみよう。第 1 章の練習問題にあった

$$\frac{\mathrm{d}p}{\mathrm{d}t} = -q \tag{1.1.32a}$$

$$\frac{\mathrm{d}q}{\mathrm{d}t} = p \tag{1.1.32b}$$

という方程式は最初から 2 変数 1 階の形であり，ベクトルを用いると

$$\frac{\mathrm{d}}{\mathrm{d}t} \begin{bmatrix} p \\ q \end{bmatrix} = \begin{bmatrix} -q \\ p \end{bmatrix} \tag{1.1.32'}$$

とも書ける。この方程式 (1.1.32) を相空間の流れとして図示したものを図 3.4 に示す。この図を作るには，まず，相空間上の "位置" を表す軸として，従属変数である p と q をとり，(p, q) 平面で考える。そして，(p, q) 平面上の各点に，従属変数の導関数を与えるような矢印を書く。今の場合だと $(\mathrm{d}p/\mathrm{d}t, \mathrm{d}q/\mathrm{d}t)$ が分かればいいので，そのためには，式 (1.1.32') の右辺の値に応じた矢印を，(p, q) 平面の各点に示せばいい。

正規形
⇒ p. 134

　　一般に，k 個の従属変数（未知数）に対する 1 階の正規形 ODE

$$\frac{\mathrm{d}}{\mathrm{d}t} \begin{bmatrix} x_1 \\ x_2 \\ \vdots \\ x_k \end{bmatrix} = \mathbf{u}(x_1, \ldots) = \begin{bmatrix} u_1(x_1, \ldots) \\ u_2(x_1, \ldots) \\ \vdots \\ u_k(x_1, \ldots) \end{bmatrix} \tag{3.3.38}$$

の場合には，相空間の "位置" としては $\mathbf{x} = (x_1, x_2, \ldots, x_k)$ をとり，相

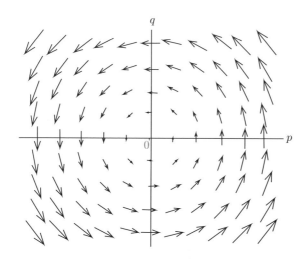

図 3.4　微分方程式 (1.1.32) を相平面での流れとして示した図。矢印は，大きさを規格化せず，ベクトルをそのまま示している。

空間の各点には，その点でのベクトル $\mathbf{u} = \mathbf{u}(\mathbf{x})$ を示す矢印を書けばいい（もちろん変数名は場合に応じて読み替える）。式 (1.1.32) に対する図 3.4 はその一例である。同様に，

$$\frac{\mathrm{d}x}{\mathrm{d}t} = v \tag{3.3.2a}$$

$$\frac{\mathrm{d}v}{\mathrm{d}t} = 1 - v^2 \tag{3.3.2b}$$

は，図 3.5 のような (v, x) 平面上の流れとして図示され，

$$\frac{\mathrm{d}v}{\mathrm{d}t} = 4x \tag{3.3.3a}$$

$$\frac{\mathrm{d}x}{\mathrm{d}t} = v \tag{3.3.3b}$$

の場合は図 3.6 のようになる。これらの例では，従属変数の個数が 2 変数（$k = 2$）なので，相空間は 2 次元となり相平面とも呼ばれる [49, 51]。　相平面
なお，相空間のことを位相空間*ともいい，相平面すなわち 2 次元の位相空間のことを位相平面ともいう。

　流れを示す矢印の示し方は，図 3.4 のように，方向と大きさの両方を示す場合と，図 3.5 のように方向だけを示して長さは規格化する場合が

　＊　この場合の "位相" は phase の訳だが，位相空間という語は全く別の意味（"topological space" の訳）でも用いられるので注意を要する [51, p.86]。

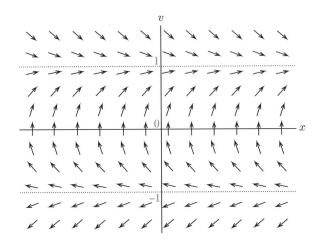

図 3.5　常微分方程式 (3.3.2) に基づく相平面での流れ。なお，図の矢印は流れの方向だけを
示し，矢印の長さは規格化してある。

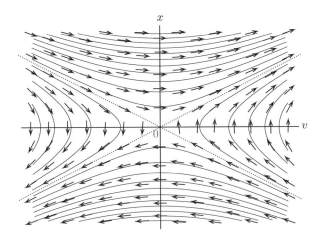

図 3.6　常微分方程式 (3.3.3) による相平面上の流れと解軌道。図の矢印は流れの方向だけを
示し，矢印の長さは規格化してある。

ベクトル場　　ある（それぞれベクトル場・方向場と呼ばれる）。どちらの図を用いるか
方向場　　は，本書では主に見やすさを基準に決めることにする。なお，ベクトル
　　　　場として図示する場合は，位置を示す目盛の縮尺と，ベクトルの値を示
　　　　す矢印の縮尺を，それぞれ個別に調整すべきであることに注意しておく。
　　　　相空間を用いると，微分方程式の解は，矢印に沿うような——もう少

し正確に言えば各点で **u** と接するような──曲線として図示できる[†]。図
3.6 には，方程式 (3.3.3) の解をあらわす曲線を何本か示している。この
ような曲線を解軌道（trajectory）という[‡]。

解軌道

　図 3.4 や図 3.5 には，解軌道は示していないが，初期条件にあたる点
から出発して矢印をたどっていけば，解軌道がどのようになり最終的に
どこに向かうのか，だいたいの見当がつく。言い換えれば，計算しなく
ても解の様子が分かる可能性がある。これが（おおまかな言い方だが），
k 階の ODE を 1 階化して相空間に図示する方法の主な利点である[§]。

計算しなくても
解の様子が分か
る

> ㊟ 方程式 (3.3.2) や (3.3.3), (1.1.32) などは，1 階であり正規形であると
> いうだけでなく，t を右辺に含んでいないという特徴がある。このよう
> に，$d\mathbf{x}/dt = \mathbf{u}$ の形（正規形）の 1 階常微分方程式系のうち，右辺の
> $\mathbf{u}$ のなかに独立変数 t を含まないもの[¶]を自律系という。
> 自律系でない例としては，たとえば
>
> $$\frac{d}{dt}\begin{bmatrix} p \\ q \end{bmatrix} = \begin{bmatrix} -cp - q + F_0 \cos\Omega t \\ p \end{bmatrix} \qquad (3.3.39)$$
>
> のようなものが挙げられる。ただし，このような方程式も，従属変数
> を増やせば自律系の形に直すことができて，たとえば今の場合，
>
> $$\frac{d}{dt}\begin{bmatrix} p \\ q \\ s \end{bmatrix} = \begin{bmatrix} -cp - q + F_0 \cos s \\ p \\ \Omega \end{bmatrix} \qquad (3.3.40)$$
>
> とすれば 3 変数の自律系になる（相空間は 3 次元になる）。

自律系

　以下，簡単化のため，2 変数の自律系の場合に話を限る。図 3.4 や図
3.5, 図 3.6 に示した例を，統一的に

　[†]　流体力学で言えば流線に相当する。

　[‡]　普通の空間での軌道（投射された物体が描く飛翔経路など）と混同するおそれがない場
合には，解軌道のことを単に "軌道" ともいう。

　[§]　常微分方程式を 1 階化する利点としては，このほか，p. 56 で説明したような数値解法
が適用できることも挙げられる。さらに，2 階以上の ODE を定数変化法で解く場合も，その
ままでは計算が非常に煩雑になるので，1 階に書き直してから計算するほうが便利である。

　[¶]　流体力学で言えば，定常流の場合に相当する。流体中の粒子がたどる経路（流跡線）が
流線と一致するのは定常流に限られるのと同じような理由で，ここで考えているような解軌道
が意味をなすのは自律系の場合に限ると思ったほうがよい。

$$\frac{d\mathbf{x}}{dt} = \mathbf{u}(\mathbf{x}) \quad \text{すなわち} \quad \frac{d}{dt}\begin{bmatrix} x_1 \\ x_2 \end{bmatrix} = \begin{bmatrix} u_1(\mathbf{x}) \\ u_2(\mathbf{x}) \end{bmatrix} \tag{3.3.41}$$

と書くことにしよう（もちろん変数名は適宜読み替える）。

　　ここで，もし相平面のどこかに $\mathbf{u} = \mathbf{0}$ となる点があったら，その点の

固定点

ことを固定点と呼ぶ[||]。図 3.5 の場合は，どこにも固定点はない。図 3.6

式 (3.3.3)
⇒ p. 134

すなわち式 (3.3.3) の場合は，点 $(0,0)$ が固定点であり，初期値をちょうど $(v,x)|_{t=0} = (0,0)$ にすると式 (3.3.3) の右辺がゼロになって，解はどこにも行けない（出発点に固定される）。図 3.4 すなわち式 (1.1.32) でも，点 $(p,q) = (0,0)$ が固定点になっている。

　　さて，特に式 (3.3.3) のように，$\mathbf{u}$ の中身が従属変数の 1 次式であって

$$\frac{d}{dt}\begin{bmatrix} v \\ x \end{bmatrix} = \begin{bmatrix} 4x \\ v \end{bmatrix} = \begin{bmatrix} 0 & 4 \\ 1 & 0 \end{bmatrix}\begin{bmatrix} v \\ x \end{bmatrix} = \mathsf{A}\begin{bmatrix} v \\ x \end{bmatrix} \tag{3.3.18$'$}$$

のように行列形式で書ける場合に着目する。式 (3.3.3) すなわち式 (3.3.18$'$) をあらわす図 3.6 の流れは，全体としては 2 次元的であるけれども，固定点の近くをよく見ると，流れが 1 次元的になっている箇所があることに気づく。つまり，点線で示した直線上では，流れを示す矢印が，その矢印の位置と固定点とを結ぶ直線に平行になっている。この直線の方向

固有ベクトル

こそ，固有ベクトルにほかならない。

図 3.7 には，固有値問題の式

$$\mathsf{A}\mathbf{p} = \alpha\mathbf{p} \tag{3.3.19$'$}$$

を解いて求めた固有ベクトルを，式 (3.3.18$'$) による流れと重ねて示している。この場合，固有ベクトルは，相平面での流れが 1 次元的になる特別な方向を示すものとなっている。そう思って固有値問題の式 (3.3.19$'$) をよく見れば，なるほど，これは

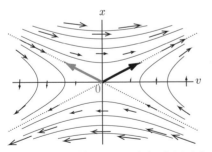

図 3.7　行列 A の固有ベクトルの意味。大きな矢印は式 (3.3.19) を解いて求めた固有ベクトルを示し，小さな矢印は式 (3.3.18$'$) による流れを示す。固有ベクトルで示される方向の直線に沿って流れが 1 次元的になっている様子が分かる。

$$\begin{bmatrix} v \\ x \end{bmatrix} = \varphi(t)\begin{bmatrix} p \\ q \end{bmatrix}$$

[||]　ふつうの流体力学[24] で言えば "よどみ点" に相当する。

を式 (3.3.18′) の右辺に代入したものが図の直線と平行になるようにせよ
という意味なのだ，と納得できるかもしれない。

なお，当然のことだが，いつでも原点が固定点になるとは限らないし，
あらゆる微分方程式が式 (3.3.18′) と同じ解法で解けるわけでもない。た
とえば，式 (3.3.2) は，右辺が未知数の 1 次式ではないので，線形代数を
利用した解法とは相性が悪い。そもそも図 3.5 に固定点がないのに，原
点が固定点になっていることを前提にした解法を適用しようというのは，
何も考えていない証拠だと言われても仕方がない。

式 (3.3.2)
⇒ p. 133

さらに，行列による扱いの注意点を

$$ \text{例} \quad \frac{\mathrm{d}^2 y}{\mathrm{d}t^2} = 4y - 1 \qquad (3.3.42) $$

で見てみよう。変数 $v = \mathrm{d}y/\mathrm{d}t$ を導
入し，2 変数 1 階 ODE に書き直すと

$$ \frac{\mathrm{d}}{\mathrm{d}t} \begin{bmatrix} v \\ y \end{bmatrix} = \begin{bmatrix} 4y - 1 \\ v \end{bmatrix} \qquad (3.3.43) $$

となる。確かに方程式 (3.3.43) の右辺
は未知数 (v, y) の 1 次式なので，行列
形式で扱えるのだが，ここでよく考え
ずに，たとえば

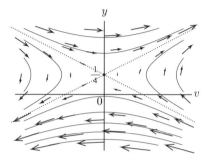

図 3.8　方程式 (3.3.43) を (v, y) 平面上の流
れとして図示したもの。固定点は原点ではな
く $(v, y) = (0,\ 1/4)$ にある。

$$ \frac{\mathrm{d}}{\mathrm{d}t} \begin{bmatrix} v \\ y \end{bmatrix} = \begin{bmatrix} 0 & 4 - \frac{1}{y} \\ 1 & 0 \end{bmatrix} \begin{bmatrix} v \\ y \end{bmatrix} \qquad (3.3.44) $$

などとすると行き詰まってしまう。固有値問題による解法がうまくいく
のは，係数行列の中身が定数だからであって，ここに未知数 y を含めて
しまったら収拾がつかなくなるばかりだろう。

今の場合，うまく固有値問題に持ち込む手筋はいくつかある。たとえば

$$ \frac{\mathrm{d}}{\mathrm{d}t} \begin{bmatrix} v \\ y \end{bmatrix} = \begin{bmatrix} 0 & 4 \\ 1 & 0 \end{bmatrix} \begin{bmatrix} v \\ y \end{bmatrix} + \begin{bmatrix} -1 \\ 0 \end{bmatrix} = \mathsf{A} \begin{bmatrix} v \\ y \end{bmatrix} + \begin{bmatrix} -1 \\ 0 \end{bmatrix} \qquad (3.3.45) $$

のように，未知数の 1 次の項と 0 次の項（定数項）を切り離し，1 次の
項だけを行列形式で表すようにすれば，A は定数行列にできる。ここで，
方程式 (3.3.45) の固定点を $\begin{bmatrix} v_* \\ y_* \end{bmatrix}$ と置くと（もちろん v_* も y_* も定数)，
固定点の定義により，式 (3.3.45) の右辺に $(v, y) = (v_*, y_*)$ を代入した
ものはゼロとなる必要がある。つまり

固定点の定義
⇒ p. 148

$$\mathsf{A}\begin{bmatrix} v_* \\ y_* \end{bmatrix} + \begin{bmatrix} -1 \\ 0 \end{bmatrix} = \begin{bmatrix} 0 \\ 0 \end{bmatrix} \tag{3.3.46}$$

なので，これを解いて，固定点の位置が

$$\begin{bmatrix} v_* \\ y_* \end{bmatrix} = \mathsf{A}^{-1}\begin{bmatrix} 1 \\ 0 \end{bmatrix} = \begin{bmatrix} 0 \\ 1/4 \end{bmatrix}$$

と求められる（図 3.8 を見よ）．次に，固定点が原点になるように

$$\begin{bmatrix} v \\ y \end{bmatrix} = \begin{bmatrix} 0 \\ 1/4 \end{bmatrix} + \begin{bmatrix} v \\ x \end{bmatrix} \tag{3.3.47}$$

と置いて，変数を (v,y) から (v,x) に変換する．これにより，解くべき式 (3.3.45) は，式 (3.3.18′) と全く同じ式に変換される（右辺だけでなく左辺も変数を置き換えるのを忘れないこと）．これを解いて x を求めたあと変数を y に戻せば，方程式 (3.3.42) の解が

$$y = \frac{1}{4} + C_1 e^{2t} + C_2 e^{-2t} \quad （ただしここで C_1, C_2 は任意定数） \tag{3.3.48}$$

と求められる．

㊟ 固定点を求めずに突破する方法もある．方程式 (3.3.45) が正しく書けたら，まずは行列 A の固有ベクトルを求め，それを用いて，未知数のベクトル（解ベクトル）を

$$\begin{bmatrix} v \\ y \end{bmatrix} = \varphi_1(t)\begin{bmatrix} 2 \\ 1 \end{bmatrix} + \varphi_2(t)\begin{bmatrix} -2 \\ 1 \end{bmatrix} \tag{3.3.49}$$

と置く．さらに，式 (3.3.45) の右辺にある定数ベクトルの項（未知数の 0 次の項）も，固有ベクトルの線形結合で

$$\begin{bmatrix} -1 \\ 0 \end{bmatrix} = -\frac{1}{4}\begin{bmatrix} 2 \\ 1 \end{bmatrix} + \frac{1}{4}\begin{bmatrix} -2 \\ 1 \end{bmatrix} \tag{3.3.50}$$

のように表し，式 (3.3.49)(3.3.50) を両方とも式 (3.3.45) に代入する．固有ベクトルが線形独立であることから，係数比較により

$$\frac{\mathrm{d}\varphi_1}{\mathrm{d}t} = 2\varphi_1 - \frac{1}{4}, \qquad \frac{\mathrm{d}\varphi_2}{\mathrm{d}t} = -2\varphi_2 + \frac{1}{4} \tag{3.3.51}$$

を得るので，あとは変数分離の方法で解けばいい．

よく考えると，ここまで大げさなことをしなくても，式 (3.3.42) を見

た段階で $y_* = 1/4$ が思い浮かぶ可能性もある。これに気づけば，あとは

$$y = y_* + x = \frac{1}{4} + x \tag{3.3.52}$$

と変換し，式 (3.1.14) の形にして解いてから変数を y に戻せばいい。

3-3-F　応用：倒立振子あるいは棒の倒れる初期過程

　質量 m をもつ剛体の棒の一端が原点にピン止めされ，自由に回転できるようになっている系を考える。もし重心が原点よりも下にあれば普通の振子だが，ここでは，図 3.9 のように，剛体棒の重心が原点よりも上にある逆立ち状態（倒立振子）について考察しよう。直観的に言えば，棒が倒れる過程を，下端のすべりを無視する条件のもとで求める問題である。　倒立振子

　棒の位置を示す変数として，図 3.9 のように，鉛直軸からの角度 $q = q(t)$ をとる。原点から重心までの距離を ℓ_0 とすれば，重心の位置ベクトルは $\mathbf{r}_G = (\ell_0 \sin q, \, 0, \, \ell_0 \cos q)$ と表され，これから，棒が受ける重力 $m\mathbf{g} = (0, 0, -mg)$ のモーメントが

図 3.9　倒立振子の模式図。棒の一端は原点になめらかにピン止めされ，棒は (x, z) 面内で自由に回転できる。　力のモーメント

$$\mathbf{N} = \mathbf{r}_G \times m\mathbf{g} = (0, \, mg\ell_0 \sin q, \, 0) \tag{3.3.53}$$

と計算できる。ここで $\times$ はベクトルの外積を表す。

> ㊟ 式 (3.3.53) は，重力のポテンシャル $U = U(q) = mg\ell_0 \cos q$ から，$\mathbf{N} = (0, N_y, 0)$, $N_y = -dU/dq$ として求めることもできる。

　棒の運動方程式は，式 (3.3.53) の y 成分を N_y とし，y 軸まわりの慣性モーメントを I とすると

$$I\ddot{q} = N_y = mg\ell_0 \sin q \tag{3.3.54}$$

と書ける。式 (3.3.54) は 1 変数 2 階の形であり，これを 2 変数 1 階の形に書き直すには，角運動量 $p = I\dot{q}$ を用いて　角運動量

$$\frac{\mathrm{d}}{\mathrm{d}t} \begin{bmatrix} q \\ p \end{bmatrix} = \begin{bmatrix} p/I \\ mg\ell_0 \sin q \end{bmatrix} \tag{3.3.55}$$

とすればいい。運動方程式 (3.3.55) を位相平面での流れとして図示すると，図 3.10 のようになり，$(q, p) = (0, 0)$ や $(q, p) = (\pm\pi, 0)$ が固定点

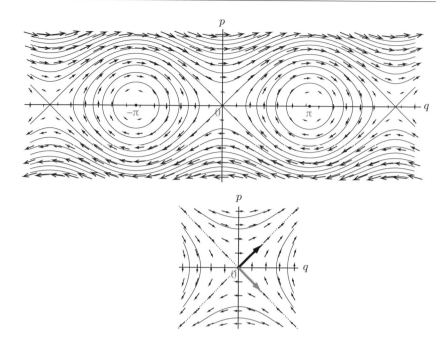

図 3.10 方程式 (3.3.55) を相平面に図示したもの。なお p の目盛は適当に無次元化してある。また $q = \pm\pi/2$ で棒が床に当たるようなことはなく，すり抜けるものと見なしている。(上) 変数 (q, p) の全範囲での様子。(下) (q, p) 面での原点の近くの様子。

になっていることが分かる。

特に $(q, p) = (0, 0)$ の近くの拡大図が図 3.10 (下) で，ここに着目するのは，物理的には倒れ始めの段階のみを考えることに相当する。こここの流れの様子は，図 3.6 すなわち式 (3.3.18) の場合に似ている。実際，ここでは $|q| \ll 1$ なので，方程式 (3.3.55) は

図 3.6
⇒ p. 146

$$\frac{\mathrm{d}}{\mathrm{d}t} \begin{bmatrix} q \\ p \end{bmatrix} = \begin{bmatrix} p/I \\ mg\ell_0 q \end{bmatrix} = \begin{bmatrix} 0 & 1/I \\ mg\ell_0 & 0 \end{bmatrix} \begin{bmatrix} q \\ p \end{bmatrix} \tag{3.3.56}$$

のように近似できて，式 (3.3.18) と本質的に同じ形になる。

倒立振子は，支点よりも重心が上にある動的な力学モデルだから，二足歩行の理論の基礎となり得る。そのため，倒立振子にさまざまな工夫を加味した系が研究されている。

二足歩行

たとえば，図 3.9 のような倒立振子のままでは重心が下がるばかりだが，倒れると同時に重心を持ち上げる何らかの仕組みを導入し，重心の高さを一定に保つようにしたモデルがある [18, pp.153–154]。このモデル

（線形倒立振子モデル）では，重心位置を (X, Z) とすると，運動方程式は

$$m\ddot{X} = \frac{mgX}{Z}, \quad Z = \text{const.} \tag{3.3.57}$$

const.
⇒ 定数 (p. 13)

となる。式 (3.3.57) は，このモデルの場合，特に $|X|$ が微小とかいう近似なしに成り立ち，その解は，この節で学んだ方法（または次章で学ぶ方法）を用いて簡単に求められる。もちろん実際の人間やロボットの二足歩行はこんなに単純ではないのだけれど，理論的なアプローチの基礎となる考え方はこういう話の延長上にあるのだと思ってほしい。

練習問題

_1._　方程式 (3.3.1) を式 (3.3.2) のように書き換え，これを解いて解 (3.3.7) を求める計算過程を示せ。

式 (3.3.2)
⇒ p. 133

_2._　次の常微分方程式の解を求めよ：

$$\frac{\mathrm{d}^2 x}{\mathrm{d}t^2} = 2\left(\frac{\mathrm{d}x}{\mathrm{d}t}\right)^3 \tag{3.3.58}$$

$$\frac{\mathrm{d}^2 r}{\mathrm{d}t^2} = \frac{\mathrm{d}r}{\mathrm{d}t} + 6 \tag{3.3.59}$$

$$\frac{\mathrm{d}^2 \theta}{\mathrm{d}t^2} = \exp\left(-\frac{\mathrm{d}\theta}{\mathrm{d}t}\right) \tag{3.3.60}$$

_3._　ある流体力学の問題で，細い管のなかの流れの様子を知るために

$$\frac{\mathrm{d}^2 u}{\mathrm{d}r^2} + r^{-1}\frac{\mathrm{d}u}{\mathrm{d}r} + F = 0 \tag{3.3.61a}$$

$$\left.\frac{\mathrm{d}u}{\mathrm{d}r}\right|_{r=0} = 0 \tag{3.3.61b}$$

$$u|_{r=a} = 0 \tag{3.3.61c}$$

という常微分方程式の境界値問題を解く必要がある（ここで F も a も正の定数）。この境界値問題の解を求めよ。

> まずは $\mathrm{d}u/\mathrm{d}r = s$ と置いて 1 階化する。そのあと定数変化法で解くか，またはうまく変形して積の微分に持ち込む。

_4._　落下する物体の運動方程式 (3.3.8) を解いて解 (3.3.17) を求める計算過程を示せ。その際，λ の次元を確認し，ほかの式についても次元的な整合性を確認せよ。ただし C_D は無次元の定数とする。

運動方程式
(3.3.8)
⇒ p. 135

_5._　運動方程式 (3.3.8) における D の項に関して，C_D を定数と見なす仮定が常に妥当だとは限らない。特に，霧雨の粒よりも小さな物体の場

Reynolds 数

合には，C_D が Reynolds 数 $R = 2\rho a v/\mu$ に依存することを考慮する必要があるだろう（ここで μ は空気の粘性係数で，a は物体の大きさ）。

そこで，C_D を定数で近似する代わりに，

$$C_D = A + \frac{B}{R} \quad \text{すなわち} \quad D = \frac{A}{2}\rho v^2 S + \frac{\pi}{4}Ba\mu v \qquad (3.3.62)$$

という近似式を用いることを考える（A と B はいずれも無次元の定数である）。物体は半径 a の球だとする。

- 式 (3.3.62) を (3.3.8) に代入し，定数をうまくまとめて置き直すと

$$\frac{\mathrm{d}v}{\mathrm{d}t} = g - 2\gamma v - \frac{v^2}{\lambda} \qquad (3.3.63)$$

と整理できることを示せ。

- 式 (3.3.63) に含まれる 3 つの定数 g, γ, λ の次元を確認せよ。

- 初速度を $v|_{t=0} = 0$ として，式 (3.3.63) を解いて v を求めよ。さらにその結果を式 (3.3.11) に代入して y を求めよ。

式 (3.3.18)
⇒ p. 138

_**6.**_　式 (3.3.18) の行列 A について，その固有値問題（p. 139）を解け。

方程式 (3.1.14)
⇒ p. 104

_**7.**_　方程式 (3.1.14) を式 (3.3.18) の形に書き換え，行列の固有値問題を利用して解を求める過程を，本もノートも見ないで自力で再現せよ。

_**8.**_　前問における方程式 (3.1.14) の例にならって，$q = q(s)$ に対する

$$\frac{\mathrm{d}^2 q}{\mathrm{d}s^2} = \frac{\mathrm{d}q}{\mathrm{d}s} + 6q \qquad (3.3.64)$$

という 2 階 ODE を，以下の方針で解け。

- まず，方程式 (3.3.64) を行列形式で書き直す：

$$\frac{\mathrm{d}}{\mathrm{d}s}\begin{bmatrix} p \\ q \end{bmatrix} = \mathsf{L}\begin{bmatrix} p \\ q \end{bmatrix} \qquad (3.3.64')$$

- 行列 L の固有ベクトルを求め（文字が重複しないように注意），式 (3.3.64′) の解を固有ベクトルの線形結合の形で置く。

式 (3.3.28)
⇒ p. 141

_**9.**_　方程式 (1.1.29) を式 (3.3.28) の形に直して解くのと同じような方法を用いて，以下の方程式を解け：

$$(1 + 2x)^2 \frac{\mathrm{d}^2 y}{\mathrm{d}x^2} = 3y \qquad (3.3.65)$$

$$\frac{\mathrm{d}^2 F}{\mathrm{d}r^2} + r^{-1}\frac{\mathrm{d}F}{\mathrm{d}r} - \frac{F}{r^2} = 0 \qquad (3.3.66)$$

_**10.**_　相平面とはどのようなものか，本もノートも見ないで，例を挙げて説明せよ。

11. 方程式 (3.3.57) を解け。

方程式 (3.3.57)
⇒ p. 153

12. 次の 2 変数 1 階 ODE の一般解を求めよ：

$$\frac{\mathrm{d}}{\mathrm{d}t}\begin{bmatrix} x \\ y \end{bmatrix} = \begin{bmatrix} 1.3 & -0.1 \\ 0.5 & 0.7 \end{bmatrix}\begin{bmatrix} x \\ y \end{bmatrix} \qquad (3.3.67)$$

13. 次の 2 変数 1 階 ODE を解きたい：

$$\frac{\mathrm{d}}{\mathrm{d}t}\begin{bmatrix} x \\ y \end{bmatrix} = \begin{bmatrix} 5x + y + 17 \\ 3x + 7y + 23 \end{bmatrix} \qquad (3.3.68)$$

- この ODE の固定点はどこにあるか？
- 行列の固有値問題を用いる方法で，この ODE の一般解を求めよ。

14. 方程式 (3.3.59) を，$\mathrm{d}r/\mathrm{d}t = v$ と置くことで

方程式 (3.3.59)
⇒ p. 153

$$\frac{\mathrm{d}}{\mathrm{d}t}\begin{bmatrix} v \\ r \end{bmatrix} = \mathsf{M}\begin{bmatrix} v \\ r \end{bmatrix} + \begin{bmatrix} 6 \\ 0 \end{bmatrix} \qquad (3.3.59')$$

という形の 2 変数 1 階の ODE に直す。方程式 (3.3.59') の解を，未知数を M の固有ベクトルの線形結合で置く方法で求めよ。

15. 次のような 3 階 ODE を解きたい：

$$6\frac{\mathrm{d}^3 u}{\mathrm{d}r^3} - 13\frac{\mathrm{d}^2 u}{\mathrm{d}r^2} - 40\frac{\mathrm{d}u}{\mathrm{d}r} + 75\,u = 0 \qquad (3.3.69)$$

- 方程式 (3.3.69) を 3 変数 1 階の ODE に書き直し，行列形式にせよ。
- 行列の固有値問題を用いる方法で一般解を求めよ。

16. 方程式 (3.3.69) に定数項を追加した形の

$$6\frac{\mathrm{d}^3 U}{\mathrm{d}r^3} - 13\frac{\mathrm{d}^2 U}{\mathrm{d}r^2} - 40\frac{\mathrm{d}U}{\mathrm{d}r} + 75\,U = 30 \qquad (3.3.70)$$

という方程式の解を求めよ。

邪魔な定数項の扱いについて，p. 149 の方程式 (3.3.42) の例を参考にせよ。

第4章　線形同次な方程式

この章では，前の章で解けるようになった

$$z^2 \frac{\mathrm{d}^2 f}{\mathrm{d}z^2} = 6f \qquad (1.1.29)$$

$$\frac{\mathrm{d}^2 x}{\mathrm{d}t^2} = 4x \qquad (3.1.14)$$

のような2階の常微分方程式をより手早く解く方法について学ぶ。この解法は，あらゆる常微分方程式に使えるわけではないけれど，式 (1.1.29) や式 (3.1.14) のようなタイプの方程式には非常に有効なので，方程式のタイプを見分けることが重要になってくる。

さらに，解法の途中で現れる2次方程式が実根をもたないことがあるが，このような場合の対処法についても学ぶ。

4-1　解の重ね合わせ

4-1-A　高階の常微分方程式に対する正攻法

前の章では，式 (1.1.29) や (3.1.14) のような2階の常微分方程式を，まず2変数1階の形に書き直し，続いて固有値問題に持ち込んで解く方法を学んだ。このような解法の前半部分と後半部分について，もう少し深く掘り下げてみよう。ただし，簡単化のため，式 (1.1.29) のように係数に独立変数が含まれている場合はしばらく棚上げし，とりあえず，方程式 (3.1.14) のような定数係数の場合に絞って考える。

まず，前半で用いている "1階に直す" という考え方に着目しよう。この考え方が，2階以上の ODE を攻略するための正攻法だ。何か正体のよく分からない k 階1変数の ODE を解きたいならば，何の見通しもな

しに攻略方法を探すよりも，まずは変数の個数を k 倍に増やして，方程
式を k 変数 1 階の形に書き直し，そのあとで解き方を考えるほうがよい。
うまくいけば積分に持ち込んで解ける手筋が見つかるし，そうでない場
合でも，1 階の形のほうが何かと好都合だからだ。

1 階化の利点
⇒ p. 147

㋺ 前の章で扱った

$$\frac{\mathrm{d}^2 x}{\mathrm{d}t^2} = 1 - \left(\frac{\mathrm{d}x}{\mathrm{d}t}\right)^2 \tag{3.3.1}$$

という 2 階の ODE は，$v = \mathrm{d}x/\mathrm{d}t$ と置けば 1 階の方程式 (3.3.2) に
書き直せる。既に見たとおり，これは変数分離の方法で解ける。

方程式 (3.3.2)
⇒ p. 133

㋺ 1 変数 3 階の ODE であれば 3 変数 1 階に書き直す。たとえば

$$6\frac{\mathrm{d}^3 u}{\mathrm{d}r^3} - 13\frac{\mathrm{d}^2 u}{\mathrm{d}r^2} - 40\frac{\mathrm{d}u}{\mathrm{d}r} + 75\,u = 0 \tag{3.3.69}$$

の場合は，もとの未知数 $u = u(r)$ のほかに，新たな従属変数を

$$v = \frac{\mathrm{d}u}{\mathrm{d}r}, \quad w = \frac{\mathrm{d}^2 u}{\mathrm{d}r^2}$$

などと置いて導入すれば 1 階の形にできる。正規形すなわち

正規形
⇒ p. 134

$$\frac{\mathrm{d}}{\mathrm{d}r}\begin{bmatrix} u \\ v \\ w \end{bmatrix} = \begin{bmatrix} v \\ w \\ f(u,v,w) \end{bmatrix} \tag{4.1.1}$$

の形に整理してから*，$f(u,v,w)$ の具体的な中身をよく見ると（自
分で書いてみよう），これは未知数の 1 次式となることが分かる。

　次に後半部分の作戦について考えよう。1 階に直したあとは，攻略する
相手の特徴をよく見て，それに合う方法を用いることが重要である。た
とえば式 (4.1.1) は，右辺に独立変数 r を含まず，かつ右辺が未知関数の
1 次式だという特徴があるため，行列形式で書いて固有値問題に持ち込
む方法が使えそうだと気づく。他方，式 (3.3.1) を 1 階に書き直した

攻略相手の特徴

$$\frac{\mathrm{d}v}{\mathrm{d}t} = 1 - v^2 \tag{3.3.2b}$$

という ODE は，右辺が未知数の 1 次式ではないので，行列を用いる方

---

　* 手順としては，まず方程式 (3.3.69) を，最高階の導関数である $u'''(r)$ について解く。す
ると $u'''(r) = -(25/2)u(r) + (20/3)u'(r) + (13/6)u''(r)$ となり，その左辺は $\mathrm{d}w/\mathrm{d}r$
なのだから，式 (4.1.1) の第 3 行の形が得られる。

法とは相性が悪い[†]。式 (3.3.2b) を解くには，別の特徴（右辺が v だけの式であり x も t も含まないこと）を見抜いて，それに合う解法（v と t による変数分離の方法）を用いるべきだということになる。

　ところで，k 階の ODE を 1 階に直して解くのは，確かに正攻法ではあるが，必ずしも最も効率的な方法ではない。じつは，式 (3.1.14) や式 **近道** (3.3.69) の場合，1 階に直さず k 階のまま解く "近道" があるのだ。以下では，この "近道" を用いるために必要となるいくつかの用語と，その背後にある考え方について，順を追って説明しよう。

4-1-B　一般解と特解

　式 (3.1.14) や式 (3.3.69) に対する "近道" の解法を学ぶための準備として，まずは方程式の解に関する用語を確認する必要がある。

一般解
⇒ p. 101

任意定数
⇒ p. 13

　常微分方程式の一般解については既（すで）に第 3 章で学んだ。1 変数 k 階の ODE の一般解（general solution）とは，全部で k 個の任意定数をもつ解のことである。任意定数の個数が k 個というのは，ODE を 1 階に直して解く場合の k 個の変数に対して初期値を設定するのにちょうど見合うだけの個数，と考えればいい。

　㉑ 方程式 (3.1.14) は 1 変数 2 階の ODE だから，2 個の任意定数を含む解が得られれば，それが一般解となる。任意定数 2 個というのは，(x, v) という 2 変数に対する初期値（"初期位置" と "初速度"）を設定するのに必要十分な個数である。第 3 章で求めた

$$x = C_1 e^{2t} + C_2 e^{-2t} \quad （ここで \ C_1, \ C_2 \ は任意定数） \qquad (3.3.24')$$

という解は，2 個の任意定数を含むので，これで一般解となる。

　㉑ 同じく 1 変数 2 階の

$$\frac{\mathrm{d}^2 x}{\mathrm{d}t^2} = 1 - \left(\frac{\mathrm{d}x}{\mathrm{d}t}\right)^2 \qquad (3.3.1)$$

という ODE は，第 3 章で説明した方法で解くことができて

$$x = \log\left(Ae^t + e^{-t}\right) + B \qquad (3.3.7)$$

という解が得られる（ここで A, B は任意定数）。これも 2 個の任意

　[†]　もっとも，式 (3.3.2b) のような 2 次式の形を行列と関係づける方法が全くないわけではない。気になる人は，この章を読み終わってから，次の章の p. 278 以降を見よ。

定数を含むので一般解になっている。

注 一般解の表し方は，1とおりに決まるわけではない。 一般解の形はひとつに決まるとは限らない

たとえば方程式 (3.3.1) は，式 (3.3.7) とは見かけが異なる

$$x = \log \cosh(t + C) + C' \qquad (4.1.2)$$

という解をもち（ここで C, C' は任意定数），これも一般解である。解であることは，$dx/dt = \tanh(t + C)$ により

$$[式 (3.3.1) の左辺] = \frac{d}{dt}\tanh(t + C) = \frac{1}{\cosh^2(t + C)} \qquad (4.1.3)$$

$$[式 (3.3.1) の右辺] = 1 - \tanh^2(t + C) = \frac{1}{\cosh^2(t + C)} \qquad (4.1.4)$$

となって左辺と右辺が等しくなることから確かめられるし，任意定数を2個含むので，一般解の条件も満たしているからだ。

一般解の形がひとつに決まらない事実は重要である。まず，この事実から，微分方程式の解の "答え合わせ" をする際に模範解答と見比べるのは良くないことが分かる。自分が求めた解の形が模範解答と違うからといって，間違いだとは限らないのだ。他方，見かけの異なるふたつの解があった場合，定数をうまく置き直すことで両者が一致する可能性を考えると，新たな公式を発見したり忘れていた公式を思い出したりする手がかりになることがある。たとえば式 (3.3.7) の形の解は，$A = e^{2C}$ と置けば式 (4.1.2) の形に変形できる。この変形を自分の手で追う練習は，log, exp, cosh についての良い復習になるだろう。 模範解答の弊害 見かけの異なる解が一致する可能性

例 方程式 (3.3.69) のような3階1変数の ODE は，3変数1階の方程式 (4.1.1) と同等であり，その一般解とは3個の任意定数を含む解のことである。実際，この方程式は，固有値問題の方法により 方程式 (4.1.1) ⇒ p. 157

$$\frac{d\varphi}{dr} = \alpha\varphi \qquad (4.1.5)$$

の形の簡単な方程式3本に分けて解くことができて（自分でやってみよう），全部で3個の任意定数を含む一般解が得られる。 分けて解く

さて，第3章でも簡単に触れたが，一般解に含まれる任意定数に何らかの特定の値を設定すると，任意定数を含まない解が得られる。このような解を特解（particular solution）あるいは特殊解という。 一般解の任意定数の値を決める ⇒ p. 101 特解

たとえば方程式 (3.3.1) の場合，A と B を任意定数とする

$$x = \log\left(Ae^t + e^{-t}\right) + B \qquad (3.3.7)$$

一般解から特解
を得る

という一般解から，以下のように，さまざまな特解を得ることができる。

⑩ $A = 1$, $B = -\log 2$ とすれば $x = \log \cosh t$ という特解が得られる。この特解を得るには，A と B の値を直接指定してもいいし，初期条件を $x|_{t=0} = 0$, $\dot{x}|_{t=0} = 0$ として間接的に定数を決めてもいい。

⑩ $A = 0$, $B = 5$ とすると，別の特解 $x = -t + 5$ が得られる。

⑩ $A = 15/7$, $B = -2\sqrt{3}$ など，さらに別の値を設定することで，それに応じた特解が得られる。

このように，ひとつの一般解は無限に多くの特解を含んでいる。任意定数 A や B に設定する値は無限個の候補から自由に選べるからだ。

4-1-C　一般解を得るための "近道" を探す

特解と一般解について，上記の例とは逆の問題を考えてみよう。ある

任意定数を含ま
ない解

方程式 (3.3.1)
⇒ p. 157

特解から一般解
を復元できるか

常微分方程式について，任意定数を含まない解が何個か見つかったとする。これらの解から一般解を推測できないだろうか？ たとえば，x を未知数とする方程式 (3.3.1) に対し，$\log \cosh t$ とか $-t + 5$ とかいった関数を x に代入すると等号が成立することが何らかの方法で発見できたとする。これらの "特解" から，その背後にあるはずの一般解 (3.3.7) を復元せよ，というのが問題である。

この問題は，ほとんどの場合，無理難題だ。パズルやゲームで単語や絵を部分的に見せて全体像を当てさせるというのがあるが，そういうパズルは，隠されている割合が多いほど難しくなる。今の場合，全体像にあたる一般解は無限に多くの特解を含むのだから，わずか数個の特解が分かったところで全体像が復元できるわけがないのが普通だろう。

ところが，例外的に，任意定数を含まない解が何個かあれば一般解を復元できるような場合がある。それは，対象としている方程式に特徴が

任意定数の現れ
方

あって，その特徴のために，一般解における任意定数の現れ方が予想できる場合である。この情報があれば，任意定数を含まない解をもとに，任意定数を補って一般解を復元できる可能性があるし，さらには p. 158 でいう "近道" を見つけられる可能性も出てくる。

任意定数を補う

原始関数
⇒ p. 45

じつは，任意定数を含まない解を求めてあとから任意定数を補うやりかたに，我々は既に出会っている。たとえば，$u(t) = 2t$ の原始関数は

$$x = \int 2t \, dt = t^2 + C \qquad (C \text{ は積分定数}) \tag{1.3.17}$$

という不定積分で表されることを我々は高校で習った。ここで，積分の中身は，本当は式 (1.3.12) のような和分の連続極限なのだけれども，通常，我々は，和分の連続極限を正直に計算する代わりに，

式 (1.3.12)
⇒ p. 43

$$\frac{\mathrm{d}x}{\mathrm{d}t} = u(t) = 2t \tag{1.3.16}$$

を満たす x をひとつ探すという "近道" を用いる。多項式の微分の公式により，$x = t^2$ が式 (1.3.16) を満たすことは簡単に分かる。この "特解" に，$+C$ の形の任意定数（積分定数）を補うことで，方程式 (1.3.16) の一般解である式 (1.3.17) が得られる。積分定数 C の値が何であっても式 (1.3.17) すなわち $x = t^2 + C$ が方程式 (1.3.16) の解となることは，

積分定数

$$[\text{式 (1.3.16) の左辺}] = \frac{\mathrm{d}}{\mathrm{d}t}\left(t^2 + C\right) = \frac{\mathrm{d}}{\mathrm{d}t}\left(t^2\right) + \frac{\mathrm{d}C}{\mathrm{d}t} = \frac{\mathrm{d}}{\mathrm{d}t}\left(t^2\right) + 0$$
$$= 2t = [\text{式 (1.3.16) の右辺}] \tag{4.1.6}$$

のようにして確認できる。不定積分に任意定数を $+C$ の形で追加できるのは，こういう形で検算にパスできるからであり，方程式 (1.3.16) が

検算
⇒ p. 15

　　　x を $x + C$ に置き換えても変わらない

方程式 (1.3.16)
の特徴

という特徴[‡]をもつことによる。この特徴は "原始関数に定数を加えてもやはり原始関数である" と言い表すこともできる。

　もちろん，いつでも任意定数を $+C$ の形で補えばいいわけではない。別の例を見てみよう。

$$\text{(例)} \quad \begin{bmatrix} -1 & 2 \\ 1 & -2 \end{bmatrix} \begin{bmatrix} p \\ q \end{bmatrix} = \begin{bmatrix} 0 \\ 0 \end{bmatrix} \tag{3.2.18}$$

これは微分方程式ではなく連立 1 次方程式だが，この場合にも解は無数に存在する。しかし無数の解をすべて具体的に求める必要はなく，解の代表をひとつ選べば十分であって，あとはそれに任意定数 c を掛けて

解の代表

$$\begin{bmatrix} p \\ q \end{bmatrix} = c \begin{bmatrix} 2 \\ 1 \end{bmatrix} \tag{4.1.7}$$

のような形にすれば，すべての解を表すことができる。ここで c の値が何であっても式 (4.1.7) が方程式 (3.2.18) を満たすことは，代入によって確認できる。任意定数が c 倍の形で現れるのは，(p, q) を両方とも c 倍しても変わらないという方程式 (3.2.18) の特徴の現れである。この特徴は，

方程式 (3.2.18)
の特徴

---

‡　これも，p. 82 で説明したような，方程式の対称性の一種である。

簡潔に "解の c 倍も解である" と言い表すこともできる。これは

　　もし，方程式 (3.2.18) を満たす (p, q) の値がひとつ見つかったら，それを c 倍したものも方程式 (3.2.18) を満たす

という意味である。

4-1-D　解の線形結合も解になる？

　　ここまでに確認したような一般解と特解の関係を踏まえ，2 階以上の
"近道" の可能性　ODE を解く "近道" の可能性を探りたい。そこで，前の章に引き続き

$$\frac{\mathrm{d}^2 x}{\mathrm{d}t^2} = 4x \tag{3.1.14}$$

という 2 階の ODE に着目しよう。方程式 (3.1.14) は

$$x = C_1 e^{2t} + C_2 e^{-2t} \quad (\text{ここで } C_1,\ C_2 \text{ は任意定数}) \tag{3.3.24'}$$

という一般解をもつ。定数 $C_1,\ C_2$ を何らかの特定の値に決めると，それにより，さまざまな特解が得られる。特解をあらわす際には，必要に応じて，未知数 x に代入すべき関数を新たな文字で置き，$x = \phi(t)$ とか $x = X(t)$ のように書くことにしよう。

　　一般解 (3.3.24') は，関数 $\phi_1(t) = e^{2t}$ および $\phi_2(t) = e^{-2t}$ を定義す
線形結合　ると，その線形結合すなわち

$$x = C_1 \phi_1(t) + C_2 \phi_2(t) \tag{4.1.8}$$

の形になっている。任意定数 $C_1,\ C_2$ は係数として現れる。関数 $\phi_1(t)$ は，一般解 (3.3.24') で定数を $(C_1, C_2) = (1, 0)$ として得られる特解で
特解も解のうち　ある。特解も解のうちだから，$\phi_1(t)$ を方程式 (3.1.14) の未知数 x に代入すれば等号が成立する。すなわち，$\phi_1(t)$ という関数は

$$\phi_1''(t) = 4\phi_1(t) \tag{4.1.9a}$$

を満たしている。同様に，関数 $\phi_2(t)$ は，$(C_1, C_2) = (0, 1)$ とした場合の特解であり，これも方程式 (3.1.14) の解のうちなので

$$\phi_2''(t) = 4\phi_2(t) \tag{4.1.9b}$$

を満たす。

　　式 (4.1.8) が方程式 (3.1.14) の解となることは，左辺と右辺に代入して比較すれば確認できるわけだが，その検証の過程をていねいに追ってみ

よう。まず，微分演算子の線形性を用いると

$\dfrac{\mathrm{d}^2}{\mathrm{d}t^2}$ の線形性
⇒ p. 111

$$[式 (3.1.14) の左辺] = \frac{\mathrm{d}^2}{\mathrm{d}t^2}\{C_1\phi_1(t)+C_2\phi_2(t)\} = C_1\phi_1''(t)+C_2\phi_2''(t)$$

であり，これと式 (4.1.9) から

$$[式 (3.1.14) の左辺] = C_1 \cdot 4\phi_1(t)+C_2 \cdot 4\phi_2(t) \qquad (4.1.10)$$

となることが分かる。他方，

$$[式 (3.1.14) の右辺] = 4x = 4\{C_1\phi_1(t)+C_2\phi_2(t)\}$$
$$= 4C_1\phi_1(t)+4C_2\phi_2(t) \qquad (4.1.11)$$

となるのも明らかだ。式 (4.1.10)(4.1.11) を見比べれば，定数 (C_1, C_2) と独立変数 t のすべての値に対して方程式 (3.1.14) の両辺が一致すること，つまり $x = C_1\phi_1(t)+C_2\phi_2(t)$ が解となっていることが確認できる。

　ここで，上記の計算過程をよく見ると，たとえ $\phi_1(t)$ や $\phi_2(t)$ の具体的な形が伏せられていても差し支えないことに気づく。これらの関数が式 (4.1.9) を満たすことさえ知っていれば十分だ。式 (4.1.9) は，$\phi_1(t)$ や $\phi_2(t)$ が解だと分かった時点で言えることだから，式 (4.1.10)(4.1.11) に示した計算は，方程式 (3.1.14) が "解の線形結合も解である" という特徴をもつことを意味している。

方程式 (3.1.14)
の特徴

　このような，解の線形結合も解になるという特徴を，もう少し正確に表現しよう。方程式 (3.1.14) には，$\cosh 2t$ とか $5e^{2t}-3e^{-2t}$ とかいった特解が無数に存在する。そのなかから何らかの方法でふたつの特解が発見できたとして，それを $x = X_1(t)$，$x = X_2(t)$ と書こう。関数 $X_1(t)$ や $X_2(t)$ の具体的な形が何であれ，方程式 (3.1.14) の解である以上は

$$X_1''(t) = 4X_1(t), \quad X_2''(t) = 4X_2(t) \qquad (4.1.12)$$

が成り立つ。問題は，ふたつの解の線形結合によって作った

$$x = C_1X_1(t)+C_2X_2(t) \quad （ここで C_1, C_2 は任意定数） \qquad (4.1.8')$$

が方程式 (3.1.14) を満たすのか否かである。そこで，式 (4.1.8′) を方程式 (3.1.14) の両辺に別々に代入し，式 (4.1.12) を考慮すると，左辺に代入した結果と右辺に代入した結果は一致する。こうして，ふたつの解の線形結合 (4.1.8′) は方程式 (3.1.14) を満たすことが分かる。

解の線形結合も
解になるのか

　解 $x = X_1(t)$ と $x = X_2(t)$ から式 (4.1.8′) のような線形結合によっ

解の重ね合わせ
て新たな解を作ることを，解の重ね合わせ（superposition）という。解
の重ね合わせによって新しい解が作れるという，方程式 (3.1.14) と同じ
ような性質をもつ方程式がいくつも知られており，その性質を "この方

重ね合わせの原
理
⇒ p.168, 171
程式では重ね合わせの原理が成り立つ" などと言い表すことが多い。

　しかしもちろん，あらゆる方程式で重ね合わせの原理が成り立つわけ
ではない。解の線形結合が解になる方程式はたくさんあるが，それ以上

解の線形結合が
解にならない方
程式
に，解の線形結合が解にならない方程式も多いのだ。たとえば

$$\frac{\mathrm{d}^2 x}{\mathrm{d}t^2} = 1 - \left(\frac{\mathrm{d}x}{\mathrm{d}t}\right)^2 \tag{3.3.1}$$

さまざまな特解
⇒ p. 160
という ODE は，さまざまな特解をもつ。そのなかから，たとえば

$$x = \phi_1(t) = \log\cosh t \tag{4.1.13a}$$

$$x = \phi_2(t) = -t \tag{4.1.13b}$$

という解を見つけたとしよう。関数 $\phi_1(t)$ と $\phi_2(t)$ の導関数は

$$\phi_1'(t) = \tanh t, \quad \phi_1''(t) = \frac{1}{\cosh^2 t}; \quad \phi_2'(t) = -1, \quad \phi_2''(t) = 0$$

のように計算できて，$x = \phi_1(t)$ も $x = \phi_2(t)$ も方程式 (3.3.1) を満たし
ていることは容易に確認できる。けれども，両者を重ね合わせて

$$x \overset{?}{=} C_1\phi_1(t) + C_2\phi_2(t) \tag{4.1.14}$$

代入してみる
としても方程式 (3.3.1) の解とはならない。実際，代入してみると

$$[\text{式 (3.3.1) の左辺}] = C_1\phi_1''(t) + C_2\phi_2''(t) = \frac{C_1}{\cosh^2 t}$$

$$[\text{式 (3.3.1) の右辺}] = 1 - \{C_1\phi_1'(t) + C_2\phi_2'(t)\}^2 = 1 - (C_1\tanh t - C_2)^2$$

となって，右辺をどう整理しても左辺とは一致しそうにない。特に，右
辺を展開すると C_1^2 や $C_1 C_2$ を含む項が出てくるのが致命的で，左辺に
はこれに相当する項がないのだから，t の恒等式としての等号成立を任意
の (C_1, C_2) で達成するのは不可能となる。つまり，方程式 (3.3.1) では，
式 (4.1.14) のような重ね合わせで解を得ることはできない。

解の重ね合わせ
　このように，解の重ね合わせが通用する方程式もあれば，そうではな
い方程式もある。方程式 (3.1.14) では解の重ね合わせが有効であり，そ

"近道" の存在
のことを利用した "近道" の存在が期待できる。

　なお，方程式 (3.1.14) のような定数係数の ODE だけでなく，係数に
独立変数が含まれている ODE のなかにも重ね合わせの原理が成り立つ

ものがある。たとえば

係数が独立変数を含む ODE

$$z^2 \frac{\mathrm{d}^2 f}{\mathrm{d}z^2} = 6f \tag{1.1.29}$$

の場合，ふたつの解 $f = F_1(z)$ と $f = F_2(z)$ が見つかったら，それを重ね合わせた

$$f = c_1 F_1(z) + c_2 F_2(z) \quad (\text{ここで } c_1 \text{ も } c_2 \text{ も定数}) \tag{4.1.15}$$

も方程式 (1.1.29) を満たす。これを示すには，解の定義により

$$z^2 F_1''(z) = 6F_1(z), \qquad z^2 F_2''(z) = 6F_2(z)$$

が成り立つことを前提として，式 (4.1.15) を方程式 (1.1.29) の両辺に代入してみればいい。左辺にある 2 階微分演算子の線形性を用いると

2 階微分演算子の線形性 ⇒ p. 111

$$\begin{aligned}
[\text{式 (1.1.29) の左辺}] &= z^2 \frac{\mathrm{d}^2}{\mathrm{d}z^2} (c_1 F_1 + c_2 F_2) \\
&= c_1 z^2 F_1''(z) + c_2 z^2 F_2''(z) = 6c_1 F_1 + 6c_2 F_2
\end{aligned}$$

となり，他方では

$$[\text{式 (1.1.29) の右辺}] = 6 (c_1 F_1 + c_2 F_2) = 6c_1 F_1 + 6c_2 F_2$$

となるから，左辺と右辺が恒等的に一致し，したがって，解を重ね合わせた式 (4.1.15) が方程式 (1.1.29) の解となることが確かめられる。

4-1-E　方程式の 3 つのタイプ

　方程式を解く "近道" をさがすために，今までに登場したさまざまな微分方程式を，解の重ね合わせが使えるかどうかという観点から見直してみよう。これにより，方程式を 3 つのタイプに分類する。

解の重ね合わせ

　この本でいう 3 つのタイプとは，線形同次・線形非同次・非線形である。おおまかに言えば，線形同次な方程式とは

3 つのタイプ

$$z^2 \frac{\mathrm{d}^2 f}{\mathrm{d}z^2} = 6f \tag{1.1.29}$$

$$\frac{\mathrm{d}^2 x}{\mathrm{d}t^2} = 4x \tag{3.1.14}$$

などの仲間であり，線形非同次な方程式とは，それに少しだけ修正が加わった，たとえば式 (3.3.42) のような方程式をいう。これらのタイプの方程式は，解の重ね合わせに基づく解法が可能であり，"線形" というキーワードのつく名称で呼ばれる。これに対し，方程式 (1.1.29) や (3.1.14)

式 (3.3.42) ⇒ p. 149

表 4.1　線形同次な方程式の例。解のなかの A, B, C_1, C_2 は任意定数を表す。

式番号	方程式	一般解
(1.1.28)	$\dfrac{\mathrm{d}u}{\mathrm{d}t} = \dfrac{2u}{1+t}$	$u = A\,(1+t)^2$
(1.1.29)	$z^2\dfrac{\mathrm{d}^2 f}{\mathrm{d}z^2} = 6f$	$f = Az^3 + B/z^2$
(1.1.31)	$\dfrac{\mathrm{d}^2 q}{\mathrm{d}t^2} + 2\dfrac{\mathrm{d}q}{\mathrm{d}t} + 5\,q = 0$	$q = e^{-t}(A\cos 2t + B\sin 2t)$
(3.1.14)	$\dfrac{\mathrm{d}^2 x}{\mathrm{d}t^2} = 4x$	$x = C_1 e^{2t} + C_2 e^{-2t}$

非線形　　とは根本的に違うタイプの方程式が "非線形" ということになる。

線形同次 ODE　　線形同次な常微分方程式の例を表 4.1 に示す。このなかで 2 階のもの
は，既に p. 163 で式 (3.1.14) を例として見たとおり，

$$x = C_1\phi_1 + C_2\phi_2 \tag{4.1.8$'$}$$

という形の一般解をもつ（もちろん変数名は適当に読み替える）。他の階
数の場合も含めて考えると，k 階 1 変数の線形同次 ODE の一般解は

$$x = \sum_{i=1}^{k} C_i\phi_i \tag{4.1.16}$$

という形になり，ここで $C_1, C_2, \ldots, C_k$ は任意定数である。この形の一
解の基底　　般解において $\{\phi_i\}_{i=1,2,\ldots,k}$ を解の基底という[§]。線形同次 ODE の一般
解は，解の基底の線形結合（重ね合わせ）の形で書ける。

　㋑　式 (1.1.28) などの 1 階の線形同次 ODE の場合，任意定数は 1 個だ
　　けで，一般解は $x = C_1\phi_1$ の形になる。表 4.1 には挙げていないが，

$$\frac{\mathrm{d}y}{\mathrm{d}t} = y \tag{2.2.1}$$

　　の一般解 $y = y_0 e^t$ もこの仲間である。

　㋑　式 (1.1.31) は 2 階の線形同次 ODE なので，解の基底は 2 個の関数
　　からなる。表 4.1 では，q が解の基底の線形結合であることが分か
　　りにくいかもしれないが，

$$q = e^{-t}(A\cos 2t + B\sin 2t) = Ae^{-t}\cos 2t + Be^{-t}\sin 2t$$

　　と変形すれば，$e^{-t}\cos 2t$ と $e^{-t}\sin 2t$ が解の基底だと分かる。

---

§　単に "基底" と呼ぶこともあり[1]，また "基本解" と呼ぶ人もいる[3, 4]。

解の基底の取りかたは一意的ではなく，適当に定数倍したり組み替えたりしてもよい。たとえば，方程式 (3.1.14) の場合，解の基底として $\{e^{2t}, e^{-2t}\}$ を用いることもできるし，それを組み替えた $\{3e^{2t}, \cosh 2t\}$ や $\{\cosh 2t, \frac{1}{2}\sinh 2t\}$ などを用いることもできる。

ただし，基底 $\{\phi_1, \phi_2\}$ の選択には，初期条件のあらゆる値をカバーできることが要求される。初期条件が ◁初期条件

$$x|_{t=t_*} = X_*, \quad \dot{x}|_{t=t_*} = V_* \tag{4.1.17}$$

のように与えられたとして，(C_1, C_2) を決める連立一次方程式が "解なし" に陥るようでは基底として失格だ。連立一次方程式を具体的に書くと

$$C_1 \begin{bmatrix} \phi_1(t) \\ \phi_1'(t) \end{bmatrix}\Bigg|_{t=t_*} + C_2 \begin{bmatrix} \phi_2(t) \\ \phi_2'(t) \end{bmatrix}\Bigg|_{t=t_*} = \begin{bmatrix} X_* \\ V_* \end{bmatrix} \tag{4.1.17'}$$

となり，この連立一次方程式が正則かどうかは，

$$W(\phi_1, \phi_2) = \det \begin{bmatrix} \phi_1(t) & \phi_2(t) \\ \phi_1'(t) & \phi_2'(t) \end{bmatrix} \tag{4.1.18}$$

で判定できる（この値が $t = t_*$ において非ゼロなら OK）。式 (4.1.18) の $W(\phi_1, \phi_2)$ を，$\{\phi_1, \phi_2\}$ のロンスキアン（Wronskian）という[¶]。 ◁ロンスキアン

例 方程式 (3.1.14) の解の基底として $\{e^{2t}, e^{-2t}\}$ を選んだ場合，

$$W(e^{2t}, e^{-2t}) = \det \begin{bmatrix} e^{2t} & e^{-2t} \\ 2e^{2t} & -2e^{-2t} \end{bmatrix} = -4$$

と計算され，このロンスキアンは絶対にゼロにならないので，解の基底はこれで大丈夫である。また $\{\cosh 2t, \frac{1}{2}\sinh 2t\}$ を選んでも

$$W(\cosh 2t, \tfrac{1}{2}\sinh 2t) = \det \begin{bmatrix} \cosh 2t & (1/2)\sinh 2t \\ 2\sinh 2t & \cosh 2t \end{bmatrix} = 1$$

なので問題ない。しかし，$\{e^{2t}, -e^{2t}\}$ だと $W(e^{2t}, -e^{2t}) = 0$ となってしまい，この選び方では解の基底にならないことが分かる。

ここまで線形同次 ODE の一般解の形について説明してきた。解を求める "近道" としてこの知識を役立てるには，方程式自体を見て，3つの

[¶] Wronski という人が 19 世紀の始め頃に書いた本に式 (4.1.18) と同様のものが現れることにちなんで，後世の人が名付けた。

線形同次　　　タイプのどれなのか判断する必要がある。線形同次(せんけいどうじ)な方程式の定義は

> 未知数の1次の項（線形な項）だけからなる

分配法則　　　こと，つまり，解の重ね合わせを可能とするような，分配法則のような
⇒ p. 109　　　形で分けられる項だけから構成されていることだ。たとえば，$f = f(z)$
を未知数とする方程式 (1.1.29) の場合，$6f$ はもちろんのこと，$z^2 \mathrm{d}^2 f / \mathrm{d}z^2$
も f の1次の項であって，p. 165 で見たとおり，$f = c_1 F_1(z) + c_2 F_2(z)$
を代入した際に分配法則のような形で F_1 と F_2 を分けることができる。
同様の考え方により，未知数が $x = x(t)$ の場合，たとえば

$$3x, \quad \left(1 + t^2\right) x, \quad t^3 \frac{\mathrm{d}x}{\mathrm{d}t}, \quad \frac{\mathrm{d}^2 x}{\mathrm{d}t^2}$$

線形な項　　　などは，すべて未知数 x の1次の項（線形な項）と判定される。このよ
うな項だけからなる方程式が線形同次な方程式である。

　　　線形同次な方程式では，

> 解 $x = X_1$ と 解 $x = X_2$ を重ね合わせて $x = c_1 X_1 + c_2 X_2$ を作る
> と，それも解になっている

線形同次 ODE　という意味で，重ね合わせ(かさあ)の原理(げんり)が成り立つ。このことから，線形同次
における重ね合　な ODE は解の基底の線形結合の形の一般解をもつことが期待できる。
わせの原理

㊟ 表4.1 には挙げていないけれども，

$$\frac{\mathrm{d}p}{\mathrm{d}t} = -q \tag{1.1.32a}$$

$$\frac{\mathrm{d}q}{\mathrm{d}t} = p \tag{1.1.32b}$$

という連立 ODE も，未知数の1次の項だけからなるので線形同次で
ある。方程式 (1.1.32) の解は，p. 20 で見たとおり

$$p = A\cos(t + B), \quad q = A\sin(t + B) \qquad (A, B \text{ は任意定数})$$

と書けて，一見すると線形結合の形には見えない。しかし，じつは

$$\begin{bmatrix} p \\ q \end{bmatrix} = \begin{bmatrix} A\cos(t+B) \\ A\sin(t+B) \end{bmatrix} = \begin{bmatrix} A\cos t \cos B - A\sin t \sin B \\ A\sin t \cos B + A\cos t \sin B \end{bmatrix}$$

$$= (A\cos B) \begin{bmatrix} \cos t \\ \sin t \end{bmatrix} + (A\sin B) \begin{bmatrix} -\sin t \\ \cos t \end{bmatrix} \tag{4.1.19}$$

と書き直せるので，式 (1.1.32) も他の線形同次 ODE と同じく，解の
基底の線形結合の形の一般解をもつことが分かる。

表 4.2　線形非同次な方程式の例。解のなかの A, B, C_1, C_2 は任意定数を表す。

式番号	方程式	一般解
(1.1.13)	$\dfrac{\mathrm{d}^2 x}{\mathrm{d}t^2} = 8 - 4x$	$x = 2 + A\cos 2t + B\sin 2t$
(1.1.16)	$\dfrac{\mathrm{d}y}{\mathrm{d}t} + 4y = 8$	$y = 2 + Ae^{-4t}$
(2.3.27)	$\dfrac{\mathrm{d}y}{\mathrm{d}t} = 2y + e^{2t}$	$y = (t + A)e^{2t}$
(3.1.1)	$\dfrac{\mathrm{d}^2 y}{\mathrm{d}t^2} = 1$	$y = \dfrac{1}{2}t^2 + C_1 t + C_2$
(3.3.42)	$\dfrac{\mathrm{d}^2 y}{\mathrm{d}t^2} = 4y - 1$	$y = \dfrac{1}{4} + C_1 e^{2t} + C_2 e^{-2t}$

続いて，線形非同次な常微分方程式の例を表 4.2 に示す。これらは
未知数の 1 次の項のほか，未知数を含まない（0 次の）項もある
という形になっている。たとえば式 (1.1.16)(3.1.1) の右辺の定数項や，
方程式 (2.3.27) の e^{2t} が，上記にいう未知数を含まない項の具体例であ
り（独立変数 t は含んでもいいことに注意），このような項を非同次項と
いう。もし非同次項がなければ，表 4.2 に挙げた方程式は，すべて線形
同次な方程式に変わることになる。

線形非同次ORD
ODE

非同次項

　線形非同次な k 階 1 変数 ODE の一般解は，表 4.2 にあるように

$$x = x_{\mathrm{p}} + \sum_{i=1}^{k} C_i \phi_i \tag{4.1.20}$$

という形になる（もちろん変数名は場合に応じて読み替える）。右辺の冒
頭の x_{p} という項は，非同次方程式の解の代表としての特解を意味する。
実際，式 (4.1.20) において，任意定数にすべてゼロを代入すれば $x = x_{\mathrm{p}}$
という特解が得られる。式 (4.1.20) の形を表 4.2 にある例と対応づける
なら，この特解は，一般解の式から任意定数のつかない項だけを取り出し
たものだと考えればいい。たとえば方程式 (2.3.27) の場合には $z_{\mathrm{p}} = te^{2t}$
という特解を解の代表と考え，方程式 (3.1.1) の場合には $y_{\mathrm{p}} = \frac{1}{2}t^2$ と
いう特解を解の代表と考えれば，表 4.2 に示されている一般解の形と式
(4.1.20) が対応する。なお "非同次方程式の解の代表としての特解" とい
う用語はいささか長ったらしいので，本書では，非同次特解と略して呼
ぶことにする。

特解
⇒ p. 159

（非同次）特解

　式 (4.1.20) の右辺のうち，非同次特解 x_{p} 以外の部分は，線形同次方

線形同次方程式
の解
⇒ p. 166

程式の解 (4.1.16) と同じ形をしている。こうなる理由は，

$$x = x_\mathrm{p} + x_\mathrm{h} \quad \text{すなわち} \quad x_\mathrm{h} = x - x_\mathrm{p} \tag{4.1.21}$$

として x_h を定義し$^\|$，x の方程式を x_h の方程式に書き直すと，非同次項が消えて線形同次方程式になるからだ。この線形同次方程式の一般解は $x_\mathrm{h} = \sum C_i \phi_i$ の形になり，これから式 (4.1.20) が得られる。

⊛ 線形非同次方程式の一般解 (4.1.20) の形は，いったん微分方程式を離れて，たとえば

$$2x + 3y = 6 \tag{4.1.22}$$

のような陰関数の形で与えられた直線（図 4.1）をパラメータ表示する問題の解になぞらえると把握しやすいかもしれない。式 (4.1.22) の直線上の点の代表として，たとえば $(x, y) = (0, 2)$ を取り，あとは直線上の任意の 2 点を結ぶベクトルが法線ベクトル $(2, 3)$ に直交するように考えると，c をパラメータとして

$$\begin{bmatrix} x \\ y \end{bmatrix} = \begin{bmatrix} 0 \\ 2 \end{bmatrix} + c \begin{bmatrix} 3 \\ -2 \end{bmatrix} \tag{4.1.23}$$

という解が得られる。この解の形を式 (4.1.20) と対応させると，最初の $(0, 2)$ が非同次特解，そのあとの接線ベクトル $(3, -2)$ が同次方程式の解の基底に相当する。

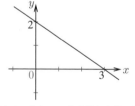

図 4.1　式 (4.1.22) を満たす点の集合

非同次特解は "解の代表" であり，代表には交代の余地があることに注意しよう。たとえば方程式 (2.3.27) の非同次特解は，表 4.2 に示されている一般解の形から素直に考えれば $z_\mathrm{p} = te^{2t}$ だが，これは，解の集合

$$\{(t + A)e^{2t} \,|\, A \text{ は任意の定数}\}$$

解の代表
交代の余地

から代表として $A = 0$ の場合を選ぶことに相当する。別の値の場合を代表に選んでもよく，たとえば $(t+1)e^{2t}$ や $(t-3)e^{2t}$ も非同次特解である。代表をどのように選ぼうとも，一般解を表すうえでは，たとえば

$$z = (t + A)e^{2t} = te^{2t} + Ae^{2t} = (t + 1)e^{2t} + Be^{2t} \qquad (B = A - 1)$$

‖　右下に付いている h は "homogeneous"（同次）の頭文字である。

のように任意定数を置き直せば済む話なので，何の不都合もない。同じ
一般解を代表の選び方次第で何通りにも表せるのは，一般解の表し方は
ひとつに決まるわけではないという，既<ruby>既<rt>すで</rt></ruby>に述べた事実の一例でもある。

一般解は何通り
にも表せる
⇒ p. 159

　ところで，重ね合わせの原理についてはどうだろうか。たとえば，線
形非同次方程式 (3.1.1) は

重ね合わせの原
理

$$y = Y_1(t) = \frac{1}{2}t^2 + 1$$
$$y = Y_2(t) = \frac{1}{2}t^2 + t$$

といった特解をもつが，これを重ね合わせて

$$y \overset{?}{=} A\left(\frac{1}{2}t^2 + 1\right) + B\left(\frac{1}{2}t^2 + t\right) = \frac{A+B}{2}t^2 + A + Bt \quad (4.1.24)$$

としてみても解は得られない。非同次特解の部分にまで余計な係数が掛
かってしまうからだ。この意味で，線形同次方程式と同じ形の重ね合わ
せの原理 (p. 168) は，線形非同次方程式では成り立たない。

　その代わり，線形非同次方程式では，別の形の重ね合わせの原理が成
り立つ。たとえば，式 (1.1.16) の非同次項だけを $f(t)$ で置き換えた

線形非同次方程
式における重ね
合わせの原理

$$\frac{\mathrm{d}y}{\mathrm{d}t} + 4y = f(t) \quad\quad\quad\quad (4.1.25)$$

という方程式を解き，その解 $y = Y_f(t)$ が求められたとしよう。さらに，
ほかの項は変えずに，非同次項だけを何か別の関数 $g(t)$ に置き換えた

$$\frac{\mathrm{d}y}{\mathrm{d}t} + 4y = g(t) \quad\quad\quad\quad (4.1.26)$$

という方程式の解 $y = Y_g(t)$ も得られたとしよう。このふたつがあれば，

$$\frac{\mathrm{d}y}{\mathrm{d}t} + 4y = af(t) + bg(t) \quad (ここで a も b も定数) \quad (4.1.27)$$

という方程式の解は新たに求める必要はなく，解の重ね合わせによって

$$y = aY_f(t) + bY_g(t) \quad\quad\quad\quad (4.1.28)$$

とすればいい。なぜかというと，$Y_f(t)$ と $Y_g(t)$ は，それぞれ

$$Y_f'(t) + 4Y_f(t) = f(t) \quad\quad\quad\quad (4.1.25')$$
$$Y_g'(t) + 4Y_g(t) = g(t) \quad\quad\quad\quad (4.1.26')$$

を満たしているので，重ね合わせた y を方程式 (4.1.27) に代入すると，

表 4.3　非線形な方程式の例。解のなかの A や B は任意定数を表す。

式番号	方程式	一般解
(1.1.30)	$\dfrac{\mathrm{d}^2 r}{\mathrm{d}t^2} = \dfrac{1}{r^3}$	$r = \pm\sqrt{A\,(t+B)^2 + 1/A}$
(2.3.22)	$\dfrac{\mathrm{d}z}{\mathrm{d}r} = \dfrac{z^2 - r^2}{2zr}$	$z = \pm\sqrt{r(A-r)}$
(3.3.1)	$\dfrac{\mathrm{d}^2 x}{\mathrm{d}t^2} = 1 - \left(\dfrac{\mathrm{d}x}{\mathrm{d}t}\right)^2$	$x = \log\left(Ae^t + c^{-t}\right) + B$

$$[\text{式 (4.1.27) の左辺}] = a\left\{Y_f'(t) + 4Y_f(t)\right\} + b\left\{Y_g'(t) + 4Y_g(t)\right\}$$
$$= af(t) + bg(t) = [\text{式 (4.1.27) の右辺}] \quad (4.1.29)$$

となって，左辺と右辺が t の関数として一致するからだ。このように，方

線形非同次方程式における重ね合わせの原理

程式 (4.1.27) の解が式 (4.1.28) で与えられるというのが，線形非同次方程式における重ね合わせの原理の一例である。

　　残る第三のタイプとして，線形同次でも線形非同次でもない "その他

非線形 ODE

のタイプ" のものがある。これを非線形な方程式と呼ぶ。いくつかの非線形 ODE の例を表 4.3 に示す。

　　非線形な方程式では，基本的に，重ね合わせの原理が成立しない[**]。

⑩　方程式 (3.3.1) の場合に解の重ね合わせが失敗することを p. 164 で見た。解の重ね合わせがうまくいかないのは，式 (3.3.1) が $(\mathrm{d}x/\mathrm{d}t)^2$

$\left(\dfrac{\mathrm{d}x}{\mathrm{d}t}\right)^2$

非線形
⇒ p. 111

という非線形な項（線形でない項）を含むためだ。この項は

$$x \xrightarrow{\frac{\mathrm{d}}{\mathrm{d}t}} \frac{\mathrm{d}x}{\mathrm{d}t} \xrightarrow{(\ )^2} \left(\frac{\mathrm{d}x}{\mathrm{d}t}\right)^2$$

という演算の結果なのだが，このなかに含まれる，関数を 2 乗する演算 $(\ )^2$ は，以前に p. 110 で見たとおり非線形である。その証拠に，x に $C_1\phi_1(t) + C_2\phi_2(t)$ を代入して $(\mathrm{d}x/\mathrm{d}t)^2$ を求めると

$$x = C_1\phi_1(t) + C_2\phi_2(t)$$
$$\xrightarrow{\frac{\mathrm{d}}{\mathrm{d}t}} \frac{\mathrm{d}x}{\mathrm{d}t} = C_1\phi_1'(t) + C_2\phi_2'(t) \xrightarrow{(\ )^2} \left\{C_1\phi_1'(t) + C_2\phi_2'(t)\right\}^2$$

となり，$C_1\left\{\phi_1'(t)\right\}^2 + C_2\left\{\phi_2'(t)\right\}^2$ には一致しない。そのために，式 (4.1.14) のような解の重ね合わせは失敗することになる。

[**]　ただし，非線形な方程式のなかでも非常に特別な場合には，何らかの変数変換により，重ね合わせの原理のようなものが成り立つ形に書き直せる可能性は残る。気になる人は，この章を読み終わったあと，p. 158 の脚注も参考にして考えてみるといいだろう。

㋑ 方程式 (1.1.30) も，$1/r^3$ という非線形な項を含む。この項のために，　$1/r^3$
重ね合わせの原理は不成立となり，方程式 (1.1.30) の一般解を

$$r \stackrel{?}{=} C_1 \varphi_1(t) + C_2 \varphi_2(t) \tag{4.1.30}$$

の形に書き直すのも不可能となることが示せる。仮に，この書き換
えが可能だったと仮定しよう。定数を $(C_1, C_2) = (1, 0)$ とした場合　背理法
の特解が方程式 (1.1.30) を満たすことから $\varphi_1''(t) = 1/\{\varphi_1(t)\}^3$ で
あり，同様に $\varphi_2''(t) = 1/\{\varphi_2(t)\}^3$ だから，

$$[式 (1.1.30) \, の左辺] = C_1 \varphi_1''(t) + C_2 \varphi_2''(t) = \frac{C_1}{\{\varphi_1(t)\}^3} + \frac{C_2}{\{\varphi_2(t)\}^3}$$

でなければならない。これが

$$[式 (1.1.30) \, の右辺] = \frac{1}{\{C_1 \varphi_1(t) + C_2 \varphi_2(t)\}^3}$$

と一致する必要があるのだが，それは無理だ[††]。つまり，一般解を
式 (4.1.30) の形に書けるという仮定は誤りだったことが分かる。
このように，非線形項すなわち "うまく分けられない項" があると，重ね　非線形項
合わせの原理の成立が妨げられる。そのため，非線形 ODE では，一般
解を式 (4.1.30) の形で求めるのも不可能となる。

　もちろん，細かく分類すれば，非線形方程式にもさまざまなものがあ
り，解析的に解けるものもあれば，どう考えても解けそうにないものも
ある。表 4.3 に示してあるのは，非線形な ODE のなかでも解析的に解
けるもの，ということになる。

　この表 4.3 に示してある非線形 ODE の解の
形を，線形の場合の表 4.1 や表 4.2 と見比べて
注意深く観察すると，任意定数の入るところ　　　　　　　　　任意定数
が全く違うことが分かるだろう。逆に言えば，
線形同次 ODE や線形非同次 ODE では，解の
形 (特に任意定数の現れ方) があらかじめ分か
るので，それに合わせた解法を考える余地が
生まれることになる。

注意深く観察する

[††] 任意の C_1, C_2 に対して，なおかつ t の恒等式として式 (1.1.30) の等号を成立させる
必要がある。そこで，何通りかの (C_1, C_2) の値に対する式を連立させれば，矛盾を導ける。

4-1-F　解の基底を推測する解法

前の節で分類した 3 つのタイプのなかで最も簡単なのは，言うまでも

線形同次 ODE　　なく，線形同次 ODE である。このタイプの ODE は

$$x = \sum_{i=1}^{k} C_i \phi_i \tag{4.1.16}$$

という形の一般解をもつことが既に分かっているので，あとは解の基底
$\{\phi_i\}_{i=1,2,\dots,k}$ さえ分かれば，ただちに一般解が得られる。

もちろん，線形同次 ODE のなかにも細かく分類すると様々なものが
あるが，そのなかでも，前の章で扱った

$$\frac{\mathrm{d}^2 x}{\mathrm{d}t^2} = 4x \tag{3.1.14}$$

定数係数の線形　　のような，すべての係数が定数となっている線形同次 ODE は，最も簡
同次 ODE　　単な部類に属する。このような場合には，一瞬で解ける "近道" がある。

近道について説明する前に，準備として，行列の固有値問題による解

行列の固有値問　　法の筋書きを復習しておこう：
題による解法

1．解こうとする k 階 ODE を k 変数 1 階 ODE に書き直し，

$$\frac{\mathrm{d}\mathbf{u}}{\mathrm{d}t} = \mathbf{A}\mathbf{u}$$

の形にする。ここで $\mathbf{u}$ は未知数を並べた縦ベクトルである。

2．行列 $\mathbf{A}$ の固有値問題

$$\mathbf{A}\mathbf{p} = \alpha\mathbf{p} \tag{3.3.19'}$$

を解き，固有値 α と固有ベクトル $\mathbf{p}$ を求める。

3．固有ベクトルを用いて未知数を置き直し，

$$\frac{\mathrm{d}\varphi}{\mathrm{d}t} = \alpha\varphi \tag{2.2.2'}$$

の形の 1 階 ODE に分解する。

4．方程式 (2.2.2') を解き，その解を組み合わせて，もとの問題の解を
得る。

この解法は，確かに正攻法ではあるのだが，方程式 (3.1.14) の解法と
しては少々不満がある。もともと k 個の変数を含む問題なら，それに応
じた手間がかかるのは仕方がないが，1 変数 k 階の問題をいつも k 変数
に直して解くのは，遠回りをしていることにならないだろうか？

近道を考えるため，ゴールからさかのぼってみよう。方程式 (3.1.14) の解の基底 $\{e^{2t}, e^{-2t}\}$ に着目し，これがどこから出てきたのか追ってみると，式 (2.2.2′) において $\alpha = \pm 2$ とした場合の解*に由来している。言い換えれば，解の基底が $\{e^{2t}, e^{-2t}\}$ だと分かるのは，α の値が判明し，かつ式 (2.2.2′) が見えた時点ということになる。

近道

そこで，近道としては，先回りして

先回り

$$\frac{\mathrm{d}\varphi}{\mathrm{d}t} = \alpha\varphi \qquad (2.2.2')$$

の解から始める方法が考えられる。たとえ α の値が決まっていない段階でも，α が定数であることは分かっているので，変数分離の方法で

$$\int \frac{\mathrm{d}\varphi}{\varphi} = \int \alpha\mathrm{d}t$$

とするのに何の差し支えもない。積分を計算し，φ について解くと

$$\varphi = (任意定数) \times e^{\alpha t} \qquad (4.1.31)$$

という解が得られる[†]。つまり，先回りして式 (2.2.2′) を解いておくことで，解のなかに exp が現れることは予想できる。

exp が現れる

続いて，α の値を決定することを考える。もし式 (4.1.31) が解の基底を与えるという推測が正しければ，解の基底も解のうちだから，$x = \varphi$ を式 (3.1.14) に代入すれば等号が成り立つはずだ。そこで，実際に代入し，等号が成立するように α の値を調整しよう。ただし，係数となっている任意定数は左辺と右辺で同じものが括り出されるので，任意定数は省く（1 と見なす）ことにして

α を決定

$$x = e^{\alpha t}$$

を式 (3.1.14) に代入する：

$$[式 (3.1.14) の左辺] = \alpha^2 e^{\alpha t}$$
$$[式 (3.1.14) の右辺] = 4 e^{\alpha t}$$

両者が恒等的に等しくなるための条件は，係数が一致すること，つまり

---

[*] 第 3 章 p. 140 の式 (3.3.22)(3.3.23) と，その解 φ_1, φ_2 を見よ。これらの解は，実質的に ϕ_1, ϕ_2 と同じもので，ただ係数の任意定数を省いているかどうかという違いがあるに過ぎないが，この違いは，式 (4.1.16) で任意定数 C_i を補っているので問題にならない。

[†] ある程度の経験があれば，わざわざ変数分離の方法で解くまでもなく，式 (2.2.2′) を見た瞬間に $e^{\alpha t}$ という解が思い浮かぶようになる。

$$\alpha^2 = 4 \tag{4.1.32}$$

が満たされることである。この 2 次方程式 (4.1.32) の根は $\alpha = \pm 2$ だから，解の基底として $\{e^{2t}, e^{-2t}\}$ が得られたことになる。このことと，線形同次方程式における解の重ね合わせの原理により，方程式 (3.1.14) の一般解が，解の基底の線形結合の形で

線形同次方程式における解の重ね合わせの原理
⇒ p. 168

$$x = C_1 e^{2t} + C_2 e^{-2t} \tag{3.3.24'}$$

のように得られる（ここで C_1, C_2 は任意定数）。

固有値問題
(3.3.19)
⇒ p. 139

㊟ 上記の解法と，行列の固有値問題による解法を見比べると，式 (4.1.32) は，行列の固有値問題 (3.3.19) に現れる固有方程式 (3.3.20) と全く同じであることが分かる。つまり，上記の解法は，行列を書く手間を省きつつ，固有方程式 (4.1.32) に直接持ち込む "近道" になっている。
　上記の解法では，行列を書かない代わりに別の形の固有値問題を利用していることを言っておこう。式 (2.2.2') は，演算子の固有値問題というものの一例で，ここでは d/dt という演算子の固有関数 φ を探す問題となる。まず固有関数を式 (4.1.31) で押さえ，それをもとに方程式 (3.1.14) の解の基底を探そうというのが上記の解法の筋書きである。

線形同次
⇒ p. 168

解の基底を推測する解法

　このように，線形同次な ODE のなかには，解の基底を先回りして推測する解法で解けるものがある。ここでの説明の例として挙げた

$$\frac{\mathrm{d}^2 x}{\mathrm{d}t^2} = 4x \tag{3.1.14}$$

という ODE の場合，解を求める手順は次のようになる：

式 (3.1.14) は線形同次なので解の基底が分かればいい
解の基底を $x = e^{\alpha t}$（α は定数）と推測し式 (3.1.14) に代入

$$\alpha^2 e^{\alpha t} = 4 e^{\alpha t}$$

t の恒等式とみて係数比較

$$\alpha^2 = 4 \quad したがって \quad \alpha = \pm 2$$

よって解の基底は $\{e^{2t}, e^{-2t}\}$
一般解は解の基底の線形結合なので

$$x = x(t) = C_1 e^{2t} + C_2 e^{-2t} \quad （ここで C_1, C_2 は任意定数）$$

このように，うまくいけば非常に短い計算で解が得られる。

　ただし，上記の方法は非常に効果的である反面，よく考えずに適用すると失敗することも多い。ありがちな失敗例としては，次のようなものが挙げられる：

失敗例

- 解くべき方程式が線形同次かどうかの判断を誤り，線形非同次な方程式や非線形な方程式に対して "解の基底" を求めようとする。

線形同次
⇒ p. 168

- 求めるべき解と固有値 α の関係を $x = e^{\alpha t}$ のように書いてあればいいが，これを書かずに，いきなり "特性方程式[‡]" を書いてしまったせいで，もとの $x = \cdots$ に戻す方法が分からない。または，いつのまにか変数がすり替わり，本来の問題の未知数は $x = x(t) = \cdots$ なのに，求めた解は $y = C_1 e^{2x} + C_2 e^{-2x}$ になっていたりする。

特性方程式

- 解の基底の推測が間違っている。定数係数でない線形同次 ODE の場合，解の基底として，指数関数とは別のものを推測する必要があるのだが，そこをむりやり指数関数で押し通そうとして失敗する。

- 線形同次 ODE だという判断も，解の基底の推測も間違っていないが，最後に一般解を組み立てるところで任意定数を忘れ，$x = e^{2t} + e^{-2t}$ などとしてしまう。

少しでも怪しいと思ったら，最後に検算を行い，解になっていないと分かった時点で解法を再検討する習慣をつけるとよい。また，一般解を求めたあと，任意定数の個数が階数に合っているかどうかチェックするのも大事な習慣である。

検算
⇒ p. 15

任意定数の個数

　こういう失敗に注意しつつ，解の基底を推測する方法で解ける ODE の例を見てみよう。

⑨ 定数係数の 3 階 ODE

$$6\frac{\mathrm{d}^3 u}{\mathrm{d}r^3} - 13\frac{\mathrm{d}^2 u}{\mathrm{d}r^2} - 40\frac{\mathrm{d}u}{\mathrm{d}r} + 75\,u = 0 \qquad (3.3.69)$$

を解くには，解の基底を

$$u = e^{\alpha r} \quad (\alpha \text{ は定数})$$

と推測して代入すればいい。この形が推測できるのは，行列の固有

---

　‡ たとえば方程式 (3.1.14) の特性方程式といえば式 (4.1.32) のことである。しかし本書では，式 (4.1.32) が固有方程式 (3.3.20) と同じであることは読者にとって当然の了解だろうと考えるので，"特性方程式" という用語を別個に導入するのは差し控えることにする。

値問題による解法を考えると，ほぼ確実に

$$\frac{\mathrm{d}\varphi}{\mathrm{d}r} = \alpha\varphi$$

という形の 1 階 1 変数 ODE に持ち込めることが予想できるからだ。
このように，定数係数の線形同次 ODE は，3 階だろうが 4 階だろう
が，基本的には同じ方法で解ける[§]。

容易に線形同次
に変換できる線
形非同次 ODE

（例）線形非同次 ODE のなかには，簡単な変数変換で線形同次に直せる
ものもある。たとえば

$$\frac{\mathrm{d}^2 y}{\mathrm{d}t^2} = 4y - 1 \tag{3.3.42}$$

という線形非同次 ODE では，非同次項（未知数 y の 0 次の項）が
-1 という定数で，それ以外の項がすべて定数係数になっている。こ

固定点
⇒ p. 79, 148

の場合，方程式が固定点をもつことが期待されるので，その固定点
が原点になるように変数変換すれば，線形同次 ODE に書き直せる。
固定点を y_* とすると

$$0 = 4y_* - 1 \quad \text{したがって} \quad y_* = \frac{1}{4}$$

だから，新たな未知数 x を導入し，固定点が x の原点になるように

$$y = y_* + x = \frac{1}{4} + x \tag{3.3.52}$$

と置けばいい。すると x の方程式は式 (3.1.14) と全く同じ線形同次
ODE になり，解の基底を $x = e^{\alpha t}$ と推測する解法で解ける。最後
に変数を x から y に戻して

$$y = \frac{1}{4} + C_1 e^{2t} + C_2 e^{-2t} \tag{3.3.48'}$$

を得る（ここで C_1, C_2 は任意定数）。

（注）線形非同次方程式 (3.3.42) のままでは，$y = e^{\alpha t}$ を代入しても t の恒
等式にならず行き詰まる。まずは線形同次に直し，そのあとで解の基
底を推測して代入するという手順が必要であることに注意せよ。

定数係数でない
線形同次 ODE

（例）定数係数でない線形同次 ODE の例として，前の章の p. 141 で扱った

[§]　ただし，k 階 ODE の場合，固有方程式が k 個の異なる根をもつなら何の問題もないが，
重根があると面倒なことになる。これについては第 4 章の最後のあたり（p. 226）で説明する。

$$z^2 \frac{\mathrm{d}^2 f}{\mathrm{d}z^2} = 6f \tag{1.1.29}$$

という方程式について考えてみよう。方程式 (1.1.29) は，確かに線形同次 ODE ではあるが，解の基底を $f = e^{\alpha z}$ と推測すると

解の基底を
$f = e^{\alpha z}$ と
推測

$$z^2 \alpha^2 e^{\alpha z} = 6 e^{\alpha z}$$

となってしまい，定数 α をどのような値にしても z の恒等式として成立しようがないので，行き詰まる¶。

行き詰まる

こういう場合，解の基底の推測を変更してやりなおす必要がある。方程式 (1.1.29) の係数の形から考えると，解の基底を

解の基底の推測
をやりなおす

$$f = z^{\alpha} \quad (\alpha \text{ は定数}) \tag{4.1.33}$$

とすればよさそうなので，試してみよう。この f を z で微分すると

解の基底を
$f = z^{\alpha}$ と推測

$$\frac{\mathrm{d}f}{\mathrm{d}z} = \alpha z^{\alpha-1} \quad \text{したがって} \quad \frac{\mathrm{d}^2 f}{\mathrm{d}z^2} = \alpha(\alpha-1) z^{\alpha-2}$$

となるので，

$$[\text{式 } (1.1.29) \text{ の左辺}] = \alpha(\alpha-1) z^{\alpha}, \quad [\text{式 } (1.1.29) \text{ の右辺}] = 6 z^{\alpha}$$

である。両者が等しくなる条件は $\alpha(\alpha-1) = 6$ で，したがって

$$\alpha = \begin{cases} 3 \\ -2 \end{cases}$$

に決まり，解の基底として z^3, z^{-2} を得る。その重ね合わせにより

$$f = A z^3 + B z^{-2} \quad (\text{ここで } A, B \text{ は任意定数}) \tag{3.3.33'}$$

が一般解となる。

> ㊟ 式 (4.1.33) の形を思いつくためには，式 (1.1.29) の形から，
>
> $$z \frac{\mathrm{d}\varphi}{\mathrm{d}z} = \alpha \varphi \tag{3.3.29'}$$
>
> という "演算子の固有値問題" を見抜けばいい。言い換えれば，ここで推測した z^{α} とは，$z\,\mathrm{d}/\mathrm{d}z$ の固有関数にほかならない。

演算子 $z \dfrac{\mathrm{d}}{\mathrm{d}z}$ の
固有値問題

¶ ここで "α は定数" という仮定を無かったことにして $\alpha = \sqrt{6}/z$ などと強行突破をはかる人がいるが，それだと最終的な f が定数になってしまい，検算をパスできない。そもそも α が定数でないのなら $(\mathrm{d}/\mathrm{d}z)e^{\alpha z} = \alpha e^{\alpha z}$ は成立せず，泥沼に陥るのは明らかだろう。

例　次の初期値問題を考える：

$$\frac{\mathrm{d}^2 y}{\mathrm{d}t^2} = \frac{2y}{(1+t)^2} \tag{4.1.34}$$

$$y|_{t=0} = 3, \quad \frac{\mathrm{d}y}{\mathrm{d}t}\Big|_{t=0} = 0 \tag{4.1.35}$$

線形同次
⇒ p. 168

方程式 (4.1.34) は，すべての項が y の 1 次だから，線形同次‖である。したがって，その一般解は，解の基底の線形結合で書けるはずだ。

解の基底を推測

　　解の基底を

$$y = (1+t)^\lambda \quad (\lambda \text{ は定数})$$

と推測して式 (4.1.34) に代入し，t の恒等式として係数を比較すると

$$\lambda(\lambda - 1) = 2 \quad \text{したがって} \quad \lambda = \begin{cases} 2 \\ -1 \end{cases}$$

に決まる。したがって，解は

$$y = C_1(1+t)^2 + \frac{C_2}{1+t} \tag{4.1.36}$$

と書けて，ここで C_1, C_2 は初期条件によって定められるべき定数である。

初期条件

　　続いて初期条件 (4.1.35) を考慮する。初期条件が $\mathrm{d}y/\mathrm{d}t$ を含んでいるので，式 (4.1.36) で求めた $y = y(t)$ の導関数を計算しておく：

$$\frac{\mathrm{d}y}{\mathrm{d}t} = 2C_1(1+t) - \frac{C_2}{(1+t)^2} \tag{4.1.37}$$

式 (4.1.36)(4.1.37) の $t = 0$ での値が初期条件 (4.1.35) と一致するということは

$$C_1 + C_2 = 3$$
$$2C_1 - C_2 = 0$$

ということで，これを解いて

$$(C_1, C_2) = (1, 2) \quad \text{したがって} \quad y = (1+t)^2 + \frac{2}{1+t} \tag{4.1.38}$$

を得る。

‖　もしかして 2 乗があるから非線形なのでは？などと勘違いしないこと。右辺の $(1+t)^{-2}$ という因子は，未知数 y を含まないので，線形かどうかの判定には関係がない。

線形同次 ODE のうち，式 (1.1.29) や (4.1.34) のようなものを **Euler–** <ruby>オイラー</ruby>
Cauchy 型の方程式という。より一般的に，k 階の場合に Euler–Cauchy Euler–
型の方程式を書くとすれば，係数を $\{a_i\}_{i=0,1,\dots,k}$ として（もちろんすべ Cauchy 型
て定数で，かつ $a_k \neq 0$ とする），

$$a_k z^k \frac{\mathrm{d}^k f}{\mathrm{d}z^k} + a_{k-1} z^{k-1} \frac{\mathrm{d}^{k-1} f}{\mathrm{d}z^{k-1}} + \cdots + a_1 z \frac{\mathrm{d}f}{\mathrm{d}z} + a_0 f = 0 \quad (4.1.39)$$

のようになる。全体を $a_k z^k$ で割り，新たな係数を $\{b_i\}$ と置けば

$$\frac{\mathrm{d}^k f}{\mathrm{d}z^k} + \frac{b_{k-1}}{z} \frac{\mathrm{d}^{k-1} f}{\mathrm{d}z^{k-1}} + \cdots + \frac{b_1}{z^{k-1}} \frac{\mathrm{d}f}{\mathrm{d}z} + \frac{b_0}{z^k} f = 0 \quad (4.1.39')$$

とも書ける。定数係数の線形同次 ODE と Euler-Cauchy 型の線形同次
ODE が，解の基底を推測する方法で解ける ODE の代表的な例である。

練習問題

_1._ 方程式 (2.2.1) は $y = \exp(t)$ という解をもつ。これに以下の形で 方程式 (2.2.1)
任意定数を補ったものは，方程式 (2.2.1) の解になっているか？ ⇒ p. 62

解であるか否か

$$y = \begin{cases} Y_1(t) = A \exp(t) \\ Y_2(t) = \exp(t) + B \\ Y_3(t) = \exp(t + C) \\ Y_4(t) = \exp(Dt) \end{cases}$$

ただし A, B, C, D は任意定数である。

　さらに，上記の $Y_1(t), Y_2(t), Y_3(t), Y_4(t)$ のなかに条件を満たすもの
が複数あった場合に，任意定数をうまく置き直すことで相互に一致する
形に変形できる可能性について検討せよ。

_2._ 方程式 (1.1.29) では，p. 165 で述べたような意味で重ね合わせの原 方程式 (1.1.29)
理が成り立つ。このことの説明を，何も見ないで自力で再現せよ。 ⇒ p. 165

重ね合わせの原
_3._ 以下の 2 階 ODE について考える： 理

$$\frac{\mathrm{d}^2 x}{\mathrm{d}t^2} = \frac{\mathrm{d}x}{\mathrm{d}t} + 6x \quad (4.1.40)$$

$$\frac{\mathrm{d}^2 y}{\mathrm{d}t^2} = \frac{\mathrm{d}y}{\mathrm{d}t} + 6 \quad (4.1.41)$$

$$\frac{\mathrm{d}^2 z}{\mathrm{d}t^2} = \left(\frac{\mathrm{d}z}{\mathrm{d}t}\right)^2 \quad (4.1.42)$$

それぞれの ODE が，線形同次・線形非同次・非線形という 3 つのタイ 3 つのタイプ

プのどれに該当するかを説明し，その一般解が $x = C_1\phi_1(t) + C_2\phi_2(t)$ の形に書けるか否かを検討せよ．ただし，C_1 と C_2 は任意定数であり，変数名は適当に読み替えるものとする．

<u>4.</u> 以下に示す1階ODEは，それぞれ，線形同次・線形非同次・非線形という3つのタイプのどれに該当するか？ このタイプ分けは，それぞれの一般解における任意定数の現れ方とどのように関係しているか？

線形同次

線形非同次

非線形

$$\frac{\mathrm{d}q}{\mathrm{d}t} = \frac{3q}{1+t} \tag{2.2.16}$$

$$\frac{\mathrm{d}v}{\mathrm{d}s} = s^2 \tag{2.3.42}$$

$$\frac{\mathrm{d}u}{\mathrm{d}s} = u^2 \tag{2.3.43}$$

$$\frac{\mathrm{d}F}{\mathrm{d}r} = 5F \tag{2.3.44}$$

$$\frac{\mathrm{d}u}{\mathrm{d}t} = \frac{3u}{1+t} - 2 \tag{2.3.59}$$

解の基底

<u>5.</u> 解の基底とは何か？ 一般的な定義と具体例の両方を示して説明せよ．

<u>6.</u> 解の基底を推測する解法によって

$$\frac{\mathrm{d}^2 x}{\mathrm{d}t^2} = 4x \tag{3.1.14}$$

を解く過程とその説明を，この本もノートも見ないで自力で書け．

<u>7.</u> 以下に示す2階のODEについて考える：

$$\frac{\mathrm{d}^2 p}{\mathrm{d}x^2} = 9p \tag{4.1.43}$$

$$\frac{\mathrm{d}^2 y}{\mathrm{d}t^2} = 4y - 8 \tag{4.1.44}$$

$$\frac{\mathrm{d}^2 r}{\mathrm{d}t^2} = \frac{\mathrm{d}r}{\mathrm{d}t} + 6r \tag{4.1.45}$$

$$\frac{\mathrm{d}^2 u}{\mathrm{d}s^2} = 3\frac{\mathrm{d}u}{\mathrm{d}s} - 2u \tag{4.1.46}$$

このなかで線形同次なものについて，解の基底を推測する方法で一般解を求めよ．線形非同次なものについては，式 (4.1.21) の形の変数変換によって線形同次 ODE に書き直す方法で解け．

式 (4.1.21)
⇒ p. 170

> (注) 変数名がいつのまにか掏り替わるなどのミスを防ぐため，必要な宣言や説明などをきちんと書くこと．

<u>8.</u> 以下に示す2階ODEの解法について考える (独立変数は t とする)：

$$\ddot{u} = 6u^2 \tag{4.1.47}$$

$$(1+t)^2 \ddot{q} = 6q \tag{4.1.48}$$

$$y\ddot{y} = \dot{y}^2 \tag{4.1.49}$$

これらの方程式のなかに，解の基底を指数関数の形で推測する方法で解けるものはあるか？ もし，あると思うなら，その方法で一般解を求め，結果を検算せよ。ないと思うならその理由を述べよ。

検算
⇒ p. 15

以下のような可能性について考えよ。
（ i ）　そもそも線形同次でないので，解の基底という概念が通用しない。
（ ii ）　線形同次ではあるが，解の基底が指数関数ではなく，別の関数が必要になる。

9.　以下の ODE を，解の基底を推測する方法で解け：

$$\frac{\mathrm{d}^2 q}{\mathrm{d}s^2} = \frac{\mathrm{d}q}{\mathrm{d}s} + 6q \tag{3.3.64}$$

$$(1+2x)^2 \frac{\mathrm{d}^2 y}{\mathrm{d}x^2} = 3y \tag{3.3.65}$$

$$6\frac{\mathrm{d}^3 u}{\mathrm{d}r^3} - 13\frac{\mathrm{d}^2 u}{\mathrm{d}r^2} - 40\frac{\mathrm{d}u}{\mathrm{d}r} + 75\,u = 0 \tag{3.3.69}$$

10.　方程式 (4.1.34) に初期条件 (4.1.35) を課した初期値問題を考える。

方程式 (4.1.34)
⇒ p. 180

- 解 (4.1.38) を求める計算を，本もノートも見ずに自力で再現せよ。

初期値問題

- 検算のため，解 (4.1.38) を方程式 (4.1.34) と初期条件 (4.1.35) に代入し，問題に含まれる３つの等号がすべて成立することを確認せよ。

11.　次の常微分方程式の初期値問題を解き，結果を検算せよ：

$$\frac{\mathrm{d}^2 x}{\mathrm{d}t^2} + 3\frac{\mathrm{d}x}{\mathrm{d}t} + 2x = 0 \tag{4.1.50a}$$

$$x|_{t=0} = 1, \quad \frac{\mathrm{d}x}{\mathrm{d}t}\Big|_{t=0} = 0 \tag{4.1.50b}$$

12.　次のような方程式を考える：

$$\frac{\mathrm{d}q}{\mathrm{d}x} + 3q = F(x) \tag{4.1.51}$$

この方程式で，$F(x) = e^{3x}$ の場合の解 $q = q_1(x)$ と，$F(x) = e^{-3x}$ の場合の解 $q = q_2(x)$ が分かっているとする。これらを重ね合わせて

重ね合わせ
⇒ p. 171

$$\frac{\mathrm{d}q}{\mathrm{d}x} + 3q = 2\cosh 3x \tag{2.3.56}$$

の解を求めよ（非同次特解だけでかまわない）。また

$$\frac{\mathrm{d}q}{\mathrm{d}x} + 3q = 6\sinh 3x \tag{4.1.52}$$

の解についてはどうか？

差分方程式　**_13._**　次の差分方程式は，未知数 $\{a_n\}_{n=0,1,2,\dots}$ の 1 次の項だけからなる：

$$a_{n+1} = 5a_n + 4a_{n-1} - 20a_{n-2} \tag{3.1.54}$$

解の基底　したがって方程式 (3.1.54) は線形同次であり，一般解は解の基底の線形結合で書けるはずだ．解の基底を $a_n = \mu^n$ と推測する方法で，この差分方程式の一般解を求めよ．

_14._　ロボットの歩行の問題（p. 153）に関連して，

$$m\ddot{X} = \frac{mgX}{Z}, \quad z = \text{const.} \tag{3.3.57}$$

という ODE を解きたいとする．

- 方程式 (3.3.57) は，線形同次・線形非同次・非線形という 3 つのタイプのうち，どれに該当するか？
- 方程式 (3.3.57) の一般解を求めよ．

初期条件
- さらに，初期条件

$$X\big|_{t=0} = 0, \quad \dot{X}\big|_{t=0} = v_0$$

を課した場合の解を求めよ．

円柱　**_15._**　流体力学で円柱を過ぎる完全流体の流れを求める問題や，電磁気学で円柱まわりの電場を求める問題では，

$$\frac{\mathrm{d}^2 F}{\mathrm{d}r^2} + r^{-1}\frac{\mathrm{d}F}{\mathrm{d}r} - \frac{F}{r^2} = 0 \tag{3.3.66}$$

のような形の ODE が登場する．

- 方程式 (3.3.66) の一般解を求めよ．

境界条件
- さらに，境界条件

$$F\big|_{r=a} = F_0, \quad F\big|_{r\to\infty} = 0$$

を満たすような解を求めよ（ここで a は正の定数）．

- 境界条件を

$$r = a \text{ で } F = 0, \quad r \to \infty \text{ で } F \text{ は } Ur \text{ に漸近} \quad (U \text{ は定数})$$

とした場合の解はどうなるか？

4-2 指数関数の本領：振動問題そして複素等比数列

4-2-A 固有方程式が実根をもつとは限らない

ここまでに説明した解法により，定数係数の線形同次 ODE や Euler–Cauchy 型の線形同次 ODE は，うまくいくと非常に簡単に解けるようになった。だが，前の節の解法にせよ，行列の固有値問題を用いる方法にせよ，よく考えると，ひとつ大きな難点がある。それは

大きな難点

途中で出てくる k 次方程式が k 個の実根をもつとは限らない

ことだ。

対象を定数係数の線形同次 ODE に絞って考えてみよう。たとえば

定数係数の線形
同次 ODE

$$\frac{\mathrm{d}^2 x}{\mathrm{d}t^2} = 4x \tag{3.1.14}$$

$$\frac{\mathrm{d}^2 q}{\mathrm{d}s^2} = \frac{\mathrm{d}q}{\mathrm{d}s} + 6q \tag{3.3.64}$$

$$6\frac{\mathrm{d}^3 u}{\mathrm{d}r^3} - 13\frac{\mathrm{d}^2 u}{\mathrm{d}r^2} - 40\frac{\mathrm{d}u}{\mathrm{d}r} + 75\,u = 0 \tag{3.3.69}$$

といった ODE は，どれも解の基底を exp で推測する方法で解ける。解の基底を exp だと推測する根拠は，行列の固有値問題による正攻法で

exp の根拠
⇒ p. 175

$$\frac{\mathrm{d}\varphi}{\mathrm{d}t} = \alpha\varphi \tag{2.2.2′}$$

のような形に持ち込めるはずだという期待にある。線形同次かつ係数がすべて定数であれば，このように期待するのは自然なことだ。

ところが，この期待を裏切るかのように，途中で計算が行き詰まることがある。説明のための例では係数は単純であるほうがいいので，

⑩ $$\frac{\mathrm{d}^2 q}{\mathrm{d}t^2} = -q \tag{4.2.1}$$

について考えてみよう。定数係数の線形同次 ODE であることから，解の基底を $q = e^{\alpha t}$（ただし α は定数）と推測して代入すると

$$\alpha^2 = -1 \tag{4.2.2}$$

という 2 次方程式が現れる。ここで α が正だろうが負だろうが α^2 は必

2 次方程式

ず 0 以上だから，素直に考える限り，方程式 (4.2.2) は解を持たないことになる。こうして，計算は途中で行き詰まってしまう。

もちろん，道がなければ作ったらいいのだから，$i = \sqrt{-1}$ を導入し，

$i = \sqrt{-1}$

2次方程式 (4.2.2) の根を $\alpha = \pm i$ と書くことはできる。しかし，難しい
のはそのあとで，解の基底を $\{e^{it}, e^{-it}\}$ とし，一般解

$$q = C_1 e^{it} + C_2 e^{-it} \tag{4.2.3}$$

を書き下すことになるが，この式の右辺はいったい何だろうか？ たとえ
ば $2^3 = 2 \times 2 \times 2$ はすぐ分かるし，$2^{1/2} = \sqrt{2}$ も分かるが，$2^i = 2^{\sqrt{-1}}$
が何なのかすぐに分かる人は，そんなに多くはないだろう。同様に，e^{it}

意味が分からな
い

や e^{-it} の意味が分からないまま，形式的に式 (4.2.3) のようなものを書
いても，文字どおり無意味な結果に終わりかねない。

　これは，いったいどういうことなのだろうか？

4-2-B　調和振動の方程式

　意味不明とも思える式 (4.2.3) が出てきたのは，方程式 (4.2.1) を解こ
うとした結果なのだが，この事態について，落ち着いて考えてみよう。い
くつかの可能性が考えられる。

- もしかすると，式 (4.2.1) が物理的に無意味な方程式で，そのために
  無意味な結果が出てきたのかもしれない。もし，それが当たってい
  るのであれば，固有方程式が実数解を持たない場合は "解なし" と宣
  言して終わりにしてもいいのではないか。

- もとの方程式 (4.2.1) は物理的な問題として意味があるのだが，解の
  基底を exp と置いたのがまずかったのだ，という可能性もあるだろ
  う。もし，そうであるなら，実数解の有無によって場合分けを行い，
  解の基底の置き方を変える必要があることになる。

- 第3の可能性として，方程式 (4.2.1) は物理的に意味があり，なおか
  つ解の基底を exp と推測するのも別に間違いではない，ということ
  も考えられる。単に我々が e^{it} や e^{-it} の意味をまだ知らないだけな
  のかもしれない。

　さて，少なくとも物理系工学において，第1の可能性は完全に否定さ
れる。なぜかというと，今回の事態の発端である方程式 (4.2.1) は

$$\frac{\mathrm{d}^2 x}{\mathrm{d}t^2} = -\omega^2 x \qquad (\text{ただしここで } \omega \text{ は正の定数}) \tag{4.2.4}$$

という非常に重要な ODE の一例だからだ。方程式 (4.2.4) は

$$x = a\cos(\omega t - b) \tag{4.2.5}$$

という解をもち（ここで a, b は任意定数），調和振動を表す（単振動と調和振動
もいう）。式 (4.2.5) の ω は角振動数*と呼ばれる。方程式 (4.2.1) は，調角振動数
和振動の方程式で ω を 1 にしたものであり，仮に，これに意味がないと
言い出すようなら，常微分方程式を学ぶこと自体に物理工学的な意味が
なくなってしまいかねない。実際には，機械でも電気でも土木でも，振
動を把握し制御することはきわめて重要である。

ところで，解 (4.2.5) を知らないものとして，方程式 (4.2.1) や (4.2.4)
が振動を表すことを見抜く方法はないだろうか。それには，$p = \mathrm{d}q/\mathrm{d}t$
と置いて，方程式 (4.2.1) を

$$\frac{\mathrm{d}p}{\mathrm{d}t} = -q \qquad (1.1.32\mathrm{a})$$

$$\frac{\mathrm{d}q}{\mathrm{d}t} = p \qquad (1.1.32\mathrm{b})$$

という 2 変数 1 階の形に書き換える。この形の
利点のひとつは，解の挙動を相平面の方法で考察
できることだ。

ここでは，あえてコンピュータに頼らず[†]，手作
業で相平面上の流れを図示してみよう。まずは，
1 変数の例で図 2.9 を作る際，固定点に着目して

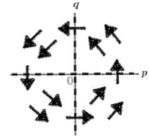

図 4.2 方程式 (1.1.32) による相平
面での流れの概略図。点線はヌル
クラインを示す。

図 2.9
⇒ p. 80

領域を分けたことを思い出し，その考え方を 2 変数に拡張する。今回の
方程式 (1.1.32) の場合，固定点は (p, q) 平面の原点 $(0, 0)$ だが，それだけ
では平面を領域に分けるには足りない。領域を分けるには，まず (p, q)
平面で

- 式 (1.1.32a) により $\mathrm{d}p/\mathrm{d}t = 0$ になる線（つまり $q = 0$ の線）
- 式 (1.1.32b) により $\mathrm{d}q/\mathrm{d}t = 0$ になる線（つまり $p = 0$ の線）

を引く（このような線をヌルクラインという[49, 52]）。次に，これらの
線（ヌルクライン）で区切られた領域ごとに，$\mathrm{d}p/\mathrm{d}t$ と $\mathrm{d}q/\mathrm{d}t$ の符号を
見て，その方向の矢印を書き込んでいく。たとえば，もし $\mathrm{d}p/\mathrm{d}t > 0$ で
$\mathrm{d}q/\mathrm{d}t < 0$ なら右下向きの矢印，もし $\mathrm{d}p/\mathrm{d}t < 0$ で $\mathrm{d}q/\mathrm{d}t > 0$ なら左

---

* ラジアン毎秒で表される振動数のこと（2π ラジアンで一回りとなる）。回数毎秒つまり
Hz 単位で表される振動数と区別するために "角" をつけるが，場合によっては "角" を省いて
単に "振動数" と呼ぶこともあるので，注意が必要である。

† もしコンピュータを使っていいなら，式 (1.1.32) の数値解を求めて観察するほうが簡単
だ。そうすれば，振動が生じることが簡単に分かる。

上向きの矢印，……という具合だ。さらに，ヌルクライン上での流れの
向きも分かるので，それも書き込む。こうして，流れの概略を示す図4.2
ができあがる。コンピュータで描いた図3.4 と比べてみてほしい。

図 3.4
⇒ p. 145

得られた図4.2 からは，固定点 $(0,0)$ のまわりをぐるぐる回る流れが
読み取れる。この流れに従う解軌道は，輪または螺旋（らせん）のような形‡を描く
と考えられ，そこから $q = q(t)$ の様子だけを抜き出すと，正の値と負の
値を交互に繰り返すことになる。一般に

解軌道
⇒ p. 147

輪や螺旋を描く
解軌道
　　　　相平面で輪や螺旋を描く解軌道は，1 変数で見ると振動を意味する
と考えてよい。こうして，解を数式の形で知らなくても，相平面を用い
定性的挙動
た考察から，方程式 (4.2.1) が振動を表すという定性的挙動が見抜ける。

4-2-C　応用：振子の運動

振子
　　　物理工学的な振動問題の分かりやすい例として，振子§の運動方程式を
考える。振子時計が珍しくなった 21 世紀において，振子そのものを日常
吊り橋
生活で見かける機会は少ないかもしれないが，たとえば吊り橋¶は多くの
ビルの制振
振子を連成させたようなものだし，ビルの制振[22] に巨大な振子を使う
例もあるので，今でも振子について学ぶ重要性は失われていない。

> ㊟ 昔は，振子は時計の中枢部分に使われており，それ自体が重要な機構
> だった。機械式のメトロノームなど，今でも見かけることがあるかもし
> れない。今の時計では時を刻む部品は水晶発振器だったりするが，基
> 本的に調和振動の方程式 (4.2.4) に従う系であることは変わらない。
> 他方，生物の体内時計[52] など，振子や水晶の振動とはだいぶ異なる
> 性質と機構をもつ振動系もある。しかし，こういう系も，相平面を用
> いた表し方で見れば，むしろ共通する部分が見えてくる。

　　　振子の方程式の導出方法はいくつかある。たとえば，p. 151 で見たよ
うに，振子をひとつの剛体と見なして重力のモーメントを計算し，剛体

---

‡　輪になるか螺旋になるか判定するのは少し難しい。今の場合，解軌道を高精度で数値計
算するか，または第 5 章（p. 272）の方法で解軌道を求めれば，輪になることが分かる。

§　振子は "ふりこ" と読む人と "しんし" と読む人がいる。英語では pendulum という。

¶　もちろん，橋桁などの弾性もあるので，単なる振子と見なすのは単純化し過ぎではある。
ついでながら，吊り橋については，風による振動の発生とその影響が未解明だった頃に，振動
を無視した設計が橋の全面的崩落を招いた有名な事例がある。動画サイトで "タコマ橋" につ
いて検索してみるといい。工学部の学生には必見の動画だ。

の運動方程式に代入してもいい。ここでは，おもりと針金でできた振子
を考え，質点に対するNewtonの運動法則[41]に基づいて振子の方程式
を導出してみる。

Newtonの運動
法則

おもりを質量 m の質点 P と見なして運動方程式
をたてよう。図 4.3 のように $\theta = \theta(t)$ を設定し，
針金の長さを ℓ とすると，P の位置ベクトルは

$$\mathbf{r} = \overrightarrow{\mathrm{OP}} = \begin{bmatrix} \ell \sin\theta \\ -\ell \cos\theta \end{bmatrix} \qquad (4.2.6)$$

図 4.3　おもりと針金でできた
振子の模式図

と表せる。これから P の速度と加速度を計算すると

$$\dot{\mathbf{r}} = \ell\dot{\theta} \begin{bmatrix} \cos\theta \\ \sin\theta \end{bmatrix} \qquad (4.2.7)$$

$$\ddot{\mathbf{r}} = \frac{\mathrm{d}}{\mathrm{d}t}\left(\ell\dot{\theta} \begin{bmatrix} \cos\theta \\ \sin\theta \end{bmatrix}\right) = \ell\ddot{\theta}\begin{bmatrix} \cos\theta \\ \sin\theta \end{bmatrix} - \ell\dot{\theta}^2 \begin{bmatrix} \sin\theta \\ -\cos\theta \end{bmatrix} \qquad (4.2.8)$$

と表される（途中で積の微分と連鎖則を使っている）。こうして求めた加
速度 $\ddot{\mathbf{r}}$ に質量 m を掛けたものが，運動方程式の左辺となる。

積の微分
⇒ 巻末補遺

他方，運動方程式の右辺には，おもり P が受けている力の総和を書く。
今の場合，P が受けている力としては

連鎖則
⇒ 巻末補遺

受けている力の
総和

$$\text{針金を通じて受ける力 } -S\mathbf{e}_r = -S\begin{bmatrix} \sin\theta \\ -\cos\theta \end{bmatrix}, \quad \text{重力 } m\mathbf{g} = \begin{bmatrix} 0 \\ -mg \end{bmatrix}$$

のふたつを考えればいい。ただし，針金の張力‖ を S とし，それによって
P が受ける力には，$\overrightarrow{\mathrm{PO}}$ の方向を示す単位ベクトル $-\mathbf{e}_r$ を補った（ここ
で $\mathbf{e}_r = \mathbf{r}/|\mathbf{r}| = \mathbf{r}/\ell$ は $\mathbf{r} = \overrightarrow{\mathrm{OP}}$ の方向を示す単位ベクトル）。

こうして，P の運動方程式は

$$m\ddot{\mathbf{r}} = -S\mathbf{e}_r + m\mathbf{g} \qquad (4.2.9)$$

となる。方程式 (4.2.9) の左辺の $\ddot{\mathbf{r}}$ に式 (4.2.8) を，
右辺にもそれぞれの具体的な成分表示を代入し，S
を消去** して整理すると，運動方程式は，

$$\frac{\mathrm{d}^2\theta}{\mathrm{d}t^2} = -\frac{g}{\ell}\sin\theta \qquad (4.2.10)$$

‖ 張力 S 自体はベクトルではないことに注意。この S は針金の立場で考えるべき物理量で
あり，針金は O と P の両方に引っ張られているので，ベクトル的な方向は定まらないからだ。

** 連立方程式の形で加減法を用いるか，ベクトルの形で $(\cos\theta, \sin\theta)$ と内積をとる。

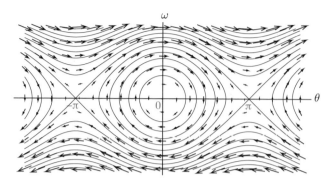

図 4.4　方程式 (4.2.10′) を相平面上の流れとして図示

という，$\theta = \theta(t)$ に対する 2 階の ODE に書き直される．なお，重力加速度の大きさ g も振子の長さ ℓ も正の定数である．

非線形　　振子の方程式 (4.2.10) について最初に注意したいのは，これは非線形な ODE であり[††]，重ね合わせの原理が成り立たないことだ．つまり，式 (4.2.10) には，解の基底を推測する解法がそもそも使えない．

相平面　　しかし，数式の形で解けるか解けないかは別にして，相平面の方法で方程式 (4.2.10) の解の様子を調べてみよう．まずは $\omega = \mathrm{d}\theta/\mathrm{d}t$ と置き[‡‡]，

$$\frac{\mathrm{d}}{\mathrm{d}t}\begin{bmatrix}\theta\\\omega\end{bmatrix} = \begin{bmatrix}\omega\\-(g/\ell)\sin\theta\end{bmatrix} \qquad (4.2.10')$$

という 1 階 2 変数の方程式の形にする．方程式 (4.2.10′) を相平面上の流れとして図示すると，図 4.4 のようになる．

　　図 4.4 を全体的に見るといかにも複雑だが，ここで，$(\theta, \omega) = (0,0)$ の **ぐるぐる回る**　近くに注目しよう．このあたりの様子は，固定点 $(0,0)$ のまわりをぐるぐる回る流れとなっており，図 4.2 すなわち式 (1.1.32) の場合に似ている．このことは，振子の運動に適当な条件をつけると調和振動と見なせる可能性を示している．

微小な振動　　図 4.4 で $(0,0)$ の近くだけを見るとは，$|\theta| \ll 1$ の微小な振動に限る **Taylor 展開**　ということだ．この場合，方程式 (4.2.10) の右辺にある $\sin\theta$ は **⇒ 巻末補遺**

---

　†† 右辺の $\sin\theta$ の項は $\sin(\theta_1 + \theta_2) \neq \sin\theta_1 + \sin\theta_2$ なので非線形である．ただし，方程式 (4.2.10) が全く解けないわけではない．このような方程式の解き方は第 5 章で考察する．
　‡‡ ここでは，角速度を ω で表す慣習に従った．ただし，角振動数と紛らわしいので，新たな文字で置かずに $\dot{\theta}$ を使うことも多い．

$$\sin\theta = \theta - \frac{1}{6}\theta^3 + \cdots \simeq \theta \qquad (|\theta| \ll 1) \tag{4.2.11}$$

のように近似できる。このように近似すれば，方程式 (4.2.10) は

$$\frac{\mathrm{d}^2\theta}{\mathrm{d}t^2} = -\frac{g}{\ell}\theta \tag{4.2.12}$$

という線形同次 ODE に置き換えられる。これは $\sqrt{g/\ell}$ を角振動数とする調和振動の方程式にほかならない。つまり，振子の運動は，微小振幅の場合には調和振動となることが分かる。

（注）非線形な方程式を線形な方程式に書き直す手続きを線形化（せんけいか）という。非 　　　線形化
線形な方程式は，解きにくかったり全く解けなかったりすることが多
いので，実際問題として，線形化は非常に重要な技法である。
詳しく言えば，線形化には，微小振幅の極限で成り立つ線形近似もあ
れば，近似を用いず変数変換のみによって線形方程式に書き直せるよ
うな場合もある。式 (4.2.10) を (4.2.12) に直すのは，前者の意味での
近似的な線形化である。後者の例は p. 276 で紹介する。

4-2-D　複素数の指数関数が現れる経緯

　ここまでに，方程式 (4.2.1) や (4.2.4) は振動という物理工学的に重要 方程式 (4.2.1)
な問題に関係があること，しかしそれを今までに学んだ方法で解こうと ⇒ p. 185
すると実根をもたない 2 次方程式が出てきて行き詰まることを見た。こ 振動
の困難への対応策は，p. 186 で挙げた可能性のうち 2 番めか 3 番めとい 実根をもたない
うことになる。つまり，$\mathrm{i} = \sqrt{-1}$ のような正体不明と思えるものを完全
に避けて通るか，さもなければ i を含む数（複素数（ふくそすう））に正面から取り組 複素数
んで $e^{\mathrm{i}t}$ や $e^{-\mathrm{i}t}$ の正体を解明するか，その二択である。

　確かに，調和振動の方程式 (4.2.4) に限れば，解の基底を exp でなく 方程式 (4.2.4)
cos や sin で置き直すことで複素数の出現は避けられる。しかし，定数 ⇒ p. 186
係数の ODE と言っても式 (4.2.4) の形ばかりとは限らず，たとえば

$$\frac{\mathrm{d}^2q}{\mathrm{d}t^2} + 2\frac{\mathrm{d}q}{\mathrm{d}t} + 5q = 0 \tag{1.1.31}$$

のようなものも物理工学的な問題として頻繁に登場するし，3 階以上の
ODE や多変数の ODE のことも考えなければならない。こういった多種
多様なものに対して個別に解の基底の形を考えるのは，非常に効率が悪
い。もっと汎用性の高い方法はないのかと言いたくなるだろう。 汎用性

そういうわけで，定数係数の線形同次 ODE に対する汎用性の高い解法を見つけるために，複素数に正面から取り組む道を我々は選ぶ。

複素数の exp

まずは，e^{it} のような複素数の指数関数が出てくる経緯についてよく考えてみよう。定数係数の線形同次な k 階 ODE の解のなかに exp が現れるのは，k 階の ODE を，行列の固有値問題の方法で

$$\frac{\mathrm{d}\varphi}{\mathrm{d}t} = \alpha\varphi \tag{2.2.2'}$$

の形に直して解いた結果だった。特に，p.138 で例題として扱った

$$\frac{\mathrm{d}^2 x}{\mathrm{d}t^2} = 4x \tag{3.1.14}$$

の場合は $\alpha = \pm 2$ となり，方程式 (2.2.2') の解に由来して $e^{\pm 2t}$ が現れ

実数・虚数
⇒ p. 199

た。もし，これと同じ計算手順が，α が実数でなく虚数となる場合にも使えるのだとすれば，e^{it} などが出てきてもおかしくないことになる。ただし，その手順を合法化するためには，途中の計算手順をよく調べてみ

公式をバージョンアップ

なければならない。もしかして途中で実数限定の公式が用いられているかもしれず，そういう公式を "複素数対応版" にバージョンアップしておく必要があるからだ。

方程式 (4.2.4)
⇒ p. 186

そこで，調和振動の方程式 (4.2.4) を固有値問題の方法で解く過程を追ってみよう。まず，変数 $v = \mathrm{d}x/\mathrm{d}t$ を導入して，方程式 (4.2.4) を

$$\frac{\mathrm{d}v}{\mathrm{d}t} = -\omega^2 x \tag{4.2.13a}$$

$$\frac{\mathrm{d}x}{\mathrm{d}t} = v \tag{4.2.13b}$$

という1階の形に書き直す。これを行列形式で

$$\frac{\mathrm{d}}{\mathrm{d}t}\begin{bmatrix} v \\ x \end{bmatrix} = \begin{bmatrix} 0 & -\omega^2 \\ 1 & 0 \end{bmatrix}\begin{bmatrix} v \\ x \end{bmatrix} = \mathsf{L}\begin{bmatrix} v \\ x \end{bmatrix} \qquad \left(\mathsf{L} = \begin{bmatrix} 0 & -\omega^2 \\ 1 & 0 \end{bmatrix} \right) \tag{4.2.13'}$$

と書き，行列 L の固有値を λ として，固有値問題を複素数の範囲で解く

複素固有値

と，$\lambda = \pm i\omega$ という複素固有値が出てくる。それぞれの固有値に対応する固有ベクトル（の代表）を求め，その線形結合の形で，解を

$$\begin{bmatrix} v \\ x \end{bmatrix} = \varphi_1(t)\begin{bmatrix} \omega \\ -i \end{bmatrix} + \varphi_2(t)\begin{bmatrix} \omega \\ i \end{bmatrix} \tag{4.2.14}$$

と置いて式 (4.2.13') に代入し，固有ベクトルの線形独立性を用いると

$$\frac{\mathrm{d}\varphi_1}{\mathrm{d}t} = +\mathrm{i}\,\omega\varphi_1 \tag{4.2.15a}$$

$$\frac{\mathrm{d}\varphi_2}{\mathrm{d}t} = -\mathrm{i}\,\omega\varphi_2 \tag{4.2.15b}$$

という 1 階 1 変数の ODE が得られる。ここまでの手順は，途中で複素数を用いていることを除けば，全く定石どおりだ。 1 階 1 変数の ODE

ただしここで注意しなければならない変更点がひとつある。それは，固有値が複素数になるのに伴い，$\varphi_1(t)$ や $\varphi_2(t)$ の値も複素数になっていることだ。実際，式 (4.2.14) を (φ_1, φ_2) について解くと，逆行列を用いた計算により $\varphi_1(t)$ や $\varphi_2(t)$ の値も複素数

$$\begin{bmatrix} \varphi_1(t) \\ \varphi_2(t) \end{bmatrix} = \begin{bmatrix} \omega & \omega \\ -\mathrm{i} & \mathrm{i} \end{bmatrix}^{-1} \begin{bmatrix} v \\ x \end{bmatrix} = \frac{1}{2\omega} \begin{bmatrix} v + \mathrm{i}\omega x \\ v - \mathrm{i}\omega x \end{bmatrix} \tag{4.2.16}$$

となり，$v \pm \mathrm{i}\omega x$ を含む式が出てきて，これは一般に複素数の値をもつ。もとの方程式 (4.2.13) の変数 (v, x) との関係が分かりやすいように

$$z = v + \mathrm{i}\omega x \tag{4.2.17}$$

と置くと，$\varphi_1 = z/(2\omega)$ であり，方程式 (4.2.15a) は

$$\frac{\mathrm{d}z}{\mathrm{d}t} = \mathrm{i}\omega z \tag{4.2.18}$$

と書き直せる。どうやら，ここから $e^{\mathrm{i}\omega t}$ が現れることになるようだ。なお，z の複素共役[‡]を z^* と書くと $\varphi_2 = z^*/(2\omega)$ なので，方程式 (4.2.15b) は方程式 (4.2.15a) や方程式 (4.2.18) と同値であることも分かる。 $e^{\mathrm{i}\omega t}$ が現れる
複素共役

> ㊟ 複素数の変数 z に対する方程式 (4.2.18) は，行列を経由せずに，ふたつの実数の変数 (v, x) に対する方程式 (4.2.13) から直接導くこともできる。式 (4.2.13b) の両辺を $\mathrm{i}\omega$ 倍して式 (4.2.13a) に加えればいい。

4-2-E 複素数の等比数列

さて，問題はここからだ。方程式 (4.2.15) あるいは (4.2.18) は，確かに

$$\frac{\mathrm{d}y}{\mathrm{d}t} = \alpha y \tag{2.2.2}$$

と同じ形であり，方程式 (2.2.2) の解法は第 2 章で既（すで）に学んでいる。だか (2.2.2) の解法

---

‡ 表記としては，z の複素共役を z^* であらわす場合と $\bar{z}$ であらわす場合がある[57]。物理の本では z^* を用いることが多く，数学の本では $\bar{z}$ を用いることが多いようだ。

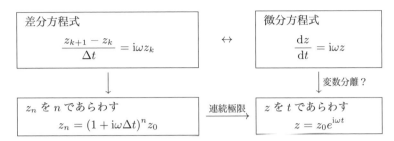

図 4.5　虚数の係数をもつ微分方程式 (4.2.18) を解いて指数関数の解に到達するための途中
の考え方。ふたつの道が可能だが，どちらの道を選ぶにしても，複素数に対応できるように
計算方法をバージョンアップする必要がある。

ら，$\alpha = i\omega$ の場合の解として $e^{i\omega t}$ が出てくるのは，一見して当然に思え
るかもしれない。だが，いま我々が知っている方程式 (2.2.2) の解法は，
α や φ が複素数になった場合でも本当に使えるのだろうか？そう考え
ると，方程式 (4.2.18) を解くために，方程式 (2.2.2) の解法を "複素数対
応版" にバージョンアップしておく必要があることが分かる。

図 2.5
⇒ p. 65

ここで，式 (2.2.2) の形の ODE の解法に関する図 2.5 を思い出そう。
この考え方を応用して方程式 (4.2.18) を解く方法を探すなら（図 4.5），
可能性はふたつある。ひとつは差分化と連続極限の道，もうひとつは変

差分化

連続極限
⇒ p. 44

数分離の方法により対数関数を経由する道だ。ここで z が複素数である
ことを考えると，後者の道は，何かと面倒が多いことが予想される[§]。こ

対数関数

加減乗除

れに対し，前者ならば，最後に $n \to \infty$ とするところ以外は加減乗除の
組み合わせに過ぎないので，複素数にも容易に拡張できそうだ。

そこで，図 2.5 の左側と同様に考えて，式 (4.2.18) を

$$\frac{z_{k+1} - z_k}{\Delta t} = i\omega z_k \tag{4.2.18'}$$

のように差分化してみる。これを z_{k+1} について解くと，

$$z_{k+1} = (1 + i\omega\Delta t)z_k \tag{4.2.19}$$

という形になり，$1 + i\omega\Delta t$ は定数だから，$\{z_k\}_{k=0,1,2,\dots}$ は複素数の公

等比数列
⇒ p. 63

比 $1 + i\omega\Delta t$ をもつ等比数列となる。したがって，第 n 項は

$$z_n = z_0 (1 + i\omega\Delta t)^n \tag{4.2.20}$$

---

§　この方針だと，複素数の z に対して $\int dz/z$ という不定積分を計算する方法を考え，さ
らに，得られた不定積分を z について解かなければならない。これをまともに実行するには，
微積分学全体を複素数の変数に一般化するという大仕事（複素関数論）が必要になる。

と書けて，その連続極限 $(t_n \to t, \Delta t = t/n \to 0)$ は

$$z_n \to z = z(t) = z_0 \lim_{n \to \infty} \left(1 + \frac{\mathrm{i}\omega t}{n}\right)^n \qquad (4.2.21)$$

となる。右辺に現れる $\lim$ の部分は，指数関数 $\exp$ の定義式 (2.2.6) において $x = \mathrm{i}\omega t$ としたものに一致するので，それを $e^{\mathrm{i}\omega t}$ と書くことにすれば，方程式 (4.2.18) の解は $z = z_0 e^{\mathrm{i}\omega t}$ と書けることになる。

指数関数 $\exp$ の
定義式 (2.2.6)
$\Rightarrow$ p. 64

こうして，複素数が含まれていても何の差し支えもなく方程式 (4.2.18) が解けたように思えるが，安心するのはまだ早い。式 (4.2.21) の右辺には

$$e^{\mathrm{i}\theta} = \lim_{n \to \infty} \left(1 + \frac{\mathrm{i}\theta}{n}\right)^n \qquad (4.2.22)$$

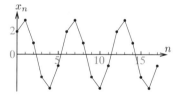

の形の極限が含まれている（$\theta = \omega t$ とした）。この極限がどんな関数になるのか分からない限り，形だけ $e^{\mathrm{i}\omega t}$ などと書いてみたところで "絵に描いた餅" に過ぎないからだ。

絵に描いた餅

この極限の求め方を考えるために，指数関数とは等比数列の連続極限にほかならないという，第 2 章での考え方に立ち返ってみる。式 (4.2.22) は，この考え方を複素数に拡張したもので，

指数関数は等比
数列の連続極限
$\Rightarrow$ p. 65

　　　複素数の指数関数は複素数の等比数列の連続極限である

ことを表している。

そこで，指数関数を複素数にも対応可能な形にバージョンアップする準備として，複素数の等比数列（複素等比数列）の性質や扱い方について学ぶことにしよう。そのための例題として，

複素等比数列

　⑩　$x_{n+1} = x_n - x_{n-1}$ 　　　　(4.2.23)

という隣接 3 項漸化式を考える[¶]。試しに，適当に初期値を決めて漸化式 (4.2.23) の解を数値的に求めると（自分でやってみよう），解は図 4.6 のように周期 6 で振動する。この意味

図 4.6 漸化式 (4.2.23) の数値解の例

で，漸化式 (4.2.23) は，振動をあらわす微分方程式 (4.2.1) や (4.2.4) の仲間であると言ってよい。

漸化式 (4.2.23) は，第 3 章で例題として扱った式 (3.2.1) と同じ形であ

式 (3.2.1)
$\Rightarrow$ p. 118

[¶] 式 (4.2.23) で右辺第 2 項の符号を正に変えると，Fibonacci 数列の漸化式 (3.2.27) と同じになり，その解は $(1 \pm \sqrt{5})/2$ を公比とする等比数列の線形結合で与えられる。

り，同じような方法で解ける．具体的には，式 (4.2.23) を

$$\begin{bmatrix} x_{n+1} \\ x_n \end{bmatrix} = \mathsf{M} \begin{bmatrix} x_n \\ x_{n-1} \end{bmatrix} \tag{4.2.24}$$

という行列形式に書き直し，固有値問題を用いて解けばいい．行列 M の固有値を μ とすると，固有方程式は

$$\det \begin{bmatrix} 1-\mu & -1 \\ 1 & -\mu \end{bmatrix} = 0 \quad \text{すなわち} \quad \mu^2 - \mu + 1 = 0 \tag{4.2.25}$$

となり，これを解くと

$$\mu = \frac{1}{2} \pm \frac{\sqrt{3}}{2}\mathrm{i} \tag{4.2.26}$$

複素固有値　という複素固有値が出てくる．あとは固有ベクトルを求め，初期条件を固有ベクトルの線形結合で置くことで，

$$x_n = C_1 \left(\frac{1}{2} + \frac{\sqrt{3}}{2}\mathrm{i} \right)^n + C_2 \left(\frac{1}{2} - \frac{\sqrt{3}}{2}\mathrm{i} \right)^n \tag{4.2.27}$$

という解が得られる．ここで C_1, C_2 は複素数の任意定数である．

　解 (4.2.27) の各項は，それぞれ $(1 \pm \sqrt{3}\mathrm{i})/2$ を公比とする複素等比数**複素等比数列**　列の形になっている．式 (4.2.22) の右辺の極限の中身と同じような複素**複素数の n 乗**　数の n 乗を含む形である．この形を効率的に扱う方法を見つけるために，以下では，複素数を平面上の数として表し，図形的に考えてみよう．

4-2-F　平面上の数としての複素数

虚数　　虚数 (imaginary number) という名前のせいか，$\mathrm{i} = \sqrt{-1}$ は存在しない数だと誤解している人がいるけれども，そんなことはない．喩えて言うならば，整数しか知らない人にとって $\sqrt{2}$ や $\sqrt{5}$ は "存在しない数"であり，同様に

$$\lambda^2 - \lambda - 1 = 0 \tag{3.2.28}$$

の解 $\lambda = (1 \pm \sqrt{5})/2$ も，やはり "存在しない" ことになる[‖]．しかし，このような数は，正方形や五角形の対角線の長さとして普通に "存在"**数直線**　し，数直線上の点として表すことができる．そして非常に教訓的なのは，

[‖] 整数で表せないだけでなく，整数と整数の比 (ratio) で表すこともできないと知った昔の数学者たちは，これに alogos (理不尽なもの・計り知れないもの) あるいは numerus irrationalis (割り切れない数) という名前をつけた．日本語では "無理数" と訳される．

Fibonacci 数列のような，明らかに解が整数になるはずの問題であっても，これを解くと，途中に

Fibonacci
数列
⇒ p. 127

$$x_n = \frac{1}{\sqrt{5}}\left\{\left(\frac{1+\sqrt{5}}{2}\right)^n - \left(\frac{1-\sqrt{5}}{2}\right)^n\right\} \qquad (3.2.31a)$$

のような形で整数以外の数が登場することだ。こういうわけで，頭ごなしに"存在しない数"と決めつけるのは良くない。もしかすると，存在しないのではなく，どこか見えていないところ──想 像 力を働かせないと見えないところ──に存在するのかもしれない，と考えるべきだ。

　虚数がどこに存在するのかを考える前に，実数について復習しよう。あらゆる"整数÷整数"の形の数（有理数）を大きさの順に並べ，その間を隙間なく埋めて得られるような"直線上の数"の集合を $\mathbb{R}$ という記号で表し，$\mathbb{R}$ に属する数を実数と呼ぶ。直観的には，実数とは数直線上の数のことだ。実数における加減乗除は，有理数の加減乗除の"隙間を埋める"ことで定義され，有理数の加減乗除は，分配法則

実数

数直線上の数

分配法則

$$(a+b)x = ax + bx, \qquad a(x+y) = ax + ay \qquad (4.2.28)$$

など，いくつかの演算法則を満たすように定義されている。正の整数の足し算から出発して有理数の加減乗除に至るまでの道のりは，おそらく小学校から中学校にかけて習ってきたとおりで，その過程で我々は

$$(-1) \times (-1) = +1 \qquad (4.2.29)$$

という式に出会う。負の数と負の数を掛けると正の数になるのだから，たとえば α^2 という2次式は，α が正だろうが負だろうが必ず0以上となる。そのために

$$\alpha^2 = -1 \qquad (4.2.2)$$

という2次方程式は実数の範囲に解を持たないのだった。

⊛ 式 (4.2.29) を変更して $(-) \times (-) = (-)$ とすればいいのでは？と考える人がいるかもしれないが，これはうまくいかない。分配法則により

$$(-1) \times \{3 + (-1)\} = (-1) \times 3 + (-1) \times (-1) = -3 + (-1) \times (-1)$$

であり，左辺の値は -2 なので，もし $(-) \times (-) = (-)$ だと矛盾を生じる。式 (4.2.29) が成り立つのは分配法則からの必然的な帰結である。

$(-) \times (-) =$
$(+)$ の解釈

　　式 (4.2.29) が成り立つこと自体に疑いの余地はないが，その意味はどう理解したらいいだろうか[12]。たとえば，速度 V で進む人の位置と経過時間の関係式 (1.2.2) など[19, §4-3] を例にしてもいいが**，ここでは，もっと数直線を生かした考え方を紹介しよう。数直線上に適当な数 a をとり，その (-1) 倍つまり $(-1) \times a = -a$ がどこにあるかを考えると，ちょうど数直線を逆向きにした位置に来ることが分かる[19, p.198]。そして，さらにその (-1) 倍は数直線を再び逆向きにした位置に来るので，

$$a \xrightarrow{\ (-1)\, 倍\ } -a \xrightarrow{\ (-1)\, 倍\ } a \qquad (4.2.29')$$

180° 回転
360° 回転

となる。これを図形的にイメージするには，数直線を逆向きにするのを 180° 回転と考えればいい。逆向きの逆向きは 360° 回転つまり "一周回ってもとに戻ってきた" ということで，0° 回転つまり $(+1)$ 倍と同じである。

　　実数が数直線上の数だとすると，$i = \sqrt{-1}$ などの虚数は，どこにあるのだろうか。

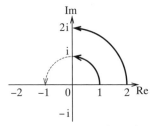

図 4.7　虚数を含めた数（複素数）を図示するためのアイディア。実数の数直線（実軸）を 90° 回転させて，新たな数直線（虚軸）を設定する。

　　もし $(-1) \times (-1)$ を $180° + 180°$ と考えるのなら，$i \times i = (-1)$ は

$$90° + 90° = 180°$$

と考えればいい[19, §5-2]。つまり，i は数直線の正の向きに対して 90° の位置にある。そこで i とか $2i$ とかいった虚数の居場所を示すため，図 4.7 に示すように，今までの数直線を 90° 回

実軸

転させて新たな数直線を設定する。今までの数直線を実軸と呼び，90°

虚軸

方向の新たな数直線を虚軸と呼ぶ。これら 2 本の軸を用いると，$1+i$ とか $3+2i$ とかいった，実数 X と実数 Y を組み合わせた $X + Yi$ の形の数は，実軸と虚軸で張られる平面上の点として図示できる。このような，実軸方向の成分（実部）と虚軸方向の成分（虚部）からなる数を，"複数

複素数

の要素をもつ数" という意味で複素数 (complex number) という。

　　複素数 z に対し，その実部を $\mathrm{Re}\, z$ で表し，虚部を $\mathrm{Im}\, z$ で表す。もし

　　** 昔の人のなかには "借金 × 借金" として解釈を試みた人もあるらしいが，これには意味がない（金額と金額の積に意味があるような状況を設定しない限り）。他方，式 (1.2.2) は掛け算として意味をなす式で，さらに独立変数 t や係数 V が負の値をもつ場合にも拡張できるので，$(+) \times (-) = (-)$ や $(-) \times (-) = (+)$ の意味について納得するための例として，少なくとも "借金 × 借金" よりは妥当である。

X も Y も実数で $z = X + Yi$ なら，$(\operatorname{Re} z, \operatorname{Im} z) = (X, Y)$ である。実軸や虚軸の軸ラベルにも，同じ $\operatorname{Re}, \operatorname{Im}$ という記号を転用する。

　複素数を図示するための図 4.7 のような平面を，数平面あるいは複素数平面などという。複素数平面においては，図が歪まないように，実軸と虚軸の目盛りの尺度を一致させる必要がある[††]ことに注意しよう。　　複素数平面

> (注) ある数 p が複素数に属することを $p \in \mathbb{C}$ で表し，実数に属することを
> $p \in \mathbb{R}$ で，整数に属することを $p \in \mathbb{Z}$ で表す[40]。整数は実数に含ま
> れ，実数は複素数に含まれるので，たとえば，
> 　　　もし $p \in \mathbb{R}$ なら　$p \in \mathbb{R} \subset \mathbb{C}$　したがって　$p \in \mathbb{C}$
> だが，もちろん逆は成立しない（つまり，$p \in \mathbb{C}$ だからといって $p \in \mathbb{R}$
> だとは限らない）。
> 　複素数のうち，実数でないものを指したい場合は虚数という。さらに，
> 虚数のなかでも i の実数倍になっているものは純虚数と呼ばれる。

4-2-G　複素等比数列を図示する

　複素数を平面上の数として図示できることが分かったので，式 (4.2.22) や式 (4.2.27) に含まれるような複素数の等比数列をこの方法で図示してみよう。うまくいけば，図 4.6 のような振動する数列と，図 4.2 で考えた調和振動の解軌道との共通点が何となく見えてくるかもしれない。　　複素等比数列

図 4.6
⇒ p. 195

図 4.2
⇒ p. 187

　まずは小手調べに，公比を $1 + i$ とした例を考える。漸化式は

(例)　$z_{k+1} = (1 + i) z_k \qquad (k = 0, 1, 2, \ldots)$ 　　　　　　(4.2.30)

となる。初期値を $z_0 = 1$ とすると，漸化式 (4.2.30) の解は $z_n = (1 + i)^n$ に決まり，具体的な値は

$z_0 = 1$

$z_1 = (1 + i) z_0 = 1 + i$

$z_2 = (1 + i) z_1 = (1 + i) \times (1 + i) = 2i$

$z_3 = (1 + i) z_2 = (1 + i) \times 2i = -2 + 2i$

　　　$\vdots$

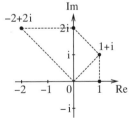

図 4.8　初項が 1 で公比が $1 + i$ の等比数列における第 0 項から第 3 項までの値

[††] 関数のグラフでは，特に理由がない限り縦軸と横軸の目盛りの尺度を一致させる必要はない。特に，独立変数と従属変数の物理的次元が異なる場合，そもそも目盛りの尺度を一致させることが意味をなさない。こういう場合と複素数平面とでは事情が違うことに注意せよ。

のように計算される。こうして得られた $z_0, z_1, \ldots$ の値を複素数平面上に図示すると、図 4.8 のようになり、一定のパターンがあるように思える。

パターンが分かりやすいように、図 4.8 では原点と $z_0, z_1, \ldots$ を線でつ

相似な三角形の
積み重ね

ないでみた。すると、$z_0, z_1, \ldots$ の配置は相似な三角形の積み重ねになっていることが分かる。今の場合、0 と $z_0 = 1$ と $z_1 = 1 + i$ をつないだ三角形は、$45°$ の三角定規の形であり、それと相似な三角形が次々に積み重なって行く。特に、原点から z_n に向かう線の方向に関しては、$45°$ の角が積み重ねられる形になる。

このような三角形の積み重ねを念頭に置きつつ、先ほど例題として考

隣接 3 項漸化式
(4.2.23)
⇒ p. 195

えた隣接 3 項漸化式 (4.2.23) のことを思い出し、その解

$$x_n = C_1 \left(\frac{1}{2} + \frac{\sqrt{3}}{2}i \right)^n + C_2 \left(\frac{1}{2} - \frac{\sqrt{3}}{2}i \right)^n \tag{4.2.27}$$

に含まれる複素等比数列を図示してみよう。第 1 項は、公比 $(1 + \sqrt{3}i)/2$ をもつ等比数列になっている。簡単化のため、係数 C_1 は棚上げし、公比 $(1 + \sqrt{3}i)/2$ を ρ と置いて、$\{\rho^n\}_{n=0,1,2,\ldots}$ を複素数平面に図示することにする。明らかに $\rho^0 = 1$ であり、次の $\rho^1 = \rho$ の値は既に分かっている。その続きは

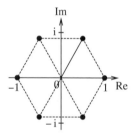

図 4.9　初項が 1 で公比が $\rho = (1 + \sqrt{3}i)/2$ の複素等比数列 $\{\rho^n\}_{n=0,1,2,\ldots}$

$$\rho^2 = \rho \times \rho = -\frac{1}{2} + \frac{\sqrt{3}}{2}i$$

$$\rho^3 = \rho \times \rho^2 = -1$$

$$\rho^4 = \rho \times \rho^3 = -\frac{1}{2} - \frac{\sqrt{3}}{2}i$$

$$\rho^5 = \rho \times \rho^4 = \rho^3 \times \rho^2 = \frac{1}{2} - \frac{\sqrt{3}}{2}i$$

となり、その次は $\rho^6 = 1$ となって、ρ^0 と同じ値に戻る。これらの値を複素数平面に図示すると、図 4.9 のような正六角形の配置になる。原点 0 と ρ^n の値を結ぶ各線分の方向に関しては、原点のところで $60°$ の角を積み重ねる形になり、図 4.9 の正六角形は正三角形の積み重ねと見ることができる。ついでながら、

$$\rho^{-1} = \frac{1}{\frac{1}{2} + \frac{\sqrt{3}}{2}i} = \frac{1}{2} - \frac{\sqrt{3}}{2}i \ \left(= \rho^5 \right)$$

であり、これは式 (4.2.27) の第 2 項のほうの等比数列の公比に一致する。

複素等比数列

このように、複素等比数列を図示すると、図 4.8 や図 4.9 のような相似

な三角形の積み重ねになる*。特に，原点0から見た方向に着目すると，公比1＋iの場合は45°の角が積み重ねられ（図4.8），公比$(1+\sqrt{3}\,\mathrm{i})/2$の場合は60°の角が積み重ねられる（図4.9）。

相似な三角形の積み重ね

4-2-H　複素数の極形式

図4.8や図4.9には相似な三角形が現れ，特に角度に関して規則的な挙動が見られる。このことに着目し，角度を利用した複素数の表し方を考えよう。たとえば，図4.8の最初の"三角定規"の斜辺の長さは，原点から1＋iまでの距離すなわち$\sqrt{2}$であり，実軸の正の向きを基準とした1＋iの方向の角度は45°である。これを組み合わせて

角度を利用

$$1+\mathrm{i}=\sqrt{2}\,(\cos 45^\circ+\mathrm{i}\sin 45^\circ) \tag{4.2.31}$$

と表すことができる。同様に，図4.9の正三角形の辺の長さは1であり，実軸の正の向きを基準としたρ方向の角度は60°だから，ρは

$$\rho=\frac{1}{2}+\frac{\sqrt{3}}{2}\mathrm{i}=\cos 60^\circ+\mathrm{i}\sin 60^\circ \tag{4.2.32}$$

のように表せる†。

式(4.2.31)や(4.2.32)のような，"原点0からの距離"と"実軸の正の向きを基準にした角度"を用いた複素数の表し方を，複素数の極形式という。一般に，複素数zに対し，原点からzまでの距離を"zの絶対値"といい，$|z|$で表す‡。また，実軸の正の向きを基準にしたz方向の角度を"zの偏角"といい，$\arg z$で表す。式(4.2.31)つまり1＋iの場合は

極形式

絶対値

偏角

$$|1+\mathrm{i}|=\sqrt{2},\quad \arg(1+\mathrm{i})=45^\circ=\frac{\pi}{4} \tag{4.2.31$'$}$$

であり，式(4.2.32)つまり$(1+\sqrt{3}\,\mathrm{i})/2$の場合は

$$\left|\frac{1}{2}+\frac{\sqrt{3}}{2}\mathrm{i}\right|=1,\quad \arg\left(\frac{1}{2}+\frac{\sqrt{3}}{2}\mathrm{i}\right)=60^\circ=\frac{\pi}{3} \tag{4.2.32$'$}$$

である。

＊　図4.9の場合は合同な正三角形の積み重ねだが，これも相似な三角形のうちに含まれる。合同というのは相似の特別な場合（相似比が1の場合）だからだ。

†　原点からρまでの距離が1であることを明示するには，式(4.2.32)に"1×"が含まれていると考えればいいが，ここでは書くのを省略している。

‡　デタミナントの記号と紛らわしいが，文脈で区別する。

図 4.8
⇒ p. 199

> ㊟ 特に理由がない限り，角度において $360°\,(=2\pi)$ だけ違うものは同一
> 視する。たとえば $270°$ と $-90°$ は同じと見なす。偏角も角度なので，
> 特に断らない限り，$360°$ 違いのものは同一視することにする。

こうして複素数 z の極形式を導入し，偏角 $\arg z$ を定義したわけだが，その "御利益" は何だろうか？ 図 4.8 の例を振り返ってみよう。

㊾ 図 4.8 を作る際に，z_2 を

$$(1+\mathrm{i}) \times (1+\mathrm{i}) = 2\mathrm{i} \tag{4.2.33}$$

として求めた。この式の右辺つまり $2\mathrm{i}$ は，偏角が $90°$ で絶対値が 2 である。左辺の $1+\mathrm{i}$ の偏角は $45°$ なので，右辺の偏角は左辺の各因子の偏角の和になっており，$45° + 45° = 90°$ つまり

$$\arg(1+\mathrm{i}) + \arg(1+\mathrm{i}) = \arg(2\mathrm{i}) \tag{4.2.33$'$}$$

が成り立つ。

㊾ 続く z_3 の値は $(1+\mathrm{i}) \times 2\mathrm{i} = -2+2\mathrm{i}$ であり，その偏角は

$$45° + 90° = 135° \quad つまり \quad \arg(1+\mathrm{i}) + \arg(2\mathrm{i}) = \arg(-2+2\mathrm{i})$$

となっている。

これらの例から類推すると，どうやら，

複素数の積の偏角は偏角の和

三角関数の加法
定理
⇒ 巻末補遺

となること，つまり $\arg(Z_\mathrm{A} Z_\mathrm{B}) = \arg Z_\mathrm{A} + \arg Z_\mathrm{B}$ が一般に成立することが予想できる。この予想が正しいことは，三角関数の加法定理を用いれば簡単な計算で確かめることができる。具体的には，

$$Z_\mathrm{A} = A\,(\cos\alpha + \mathrm{i}\sin\alpha) \quad すなわち \quad |Z_\mathrm{A}| = A, \ \arg Z_\mathrm{A} = \alpha \tag{4.2.34}$$
$$Z_\mathrm{B} = B\,(\cos\beta + \mathrm{i}\sin\beta) \quad すなわち \quad |Z_\mathrm{B}| = B, \ \arg Z_\mathrm{B} = \beta \tag{4.2.35}$$

という，極形式で表示された複素数をふたつ定義して，積 $Z_\mathrm{A} Z_\mathrm{B}$ を計算

〜は実数
⇒ p. 199

すればいい（もちろん $A, B, \alpha, \beta \in \mathbb{R}$ である）。この積を正直に展開して実部と虚部にまとめ，三角関数の加法定理を用いると

$$\begin{aligned}
Z_\mathrm{A} Z_\mathrm{B} &= AB\,(\cos\alpha + \mathrm{i}\sin\alpha)(\cos\beta + \mathrm{i}\sin\beta) \\
&= AB\,(\cos\alpha\cos\beta - \sin\alpha\sin\beta) + \mathrm{i}AB\,(\sin\alpha\cos\beta + \cos\alpha\sin\beta) \\
&= AB\,\{\cos(\alpha+\beta) + \mathrm{i}\sin(\alpha+\beta)\} \tag{4.2.36}
\end{aligned}$$

となるので，その偏角は（360° 違いのものは同一視するとして）

$$\arg(Z_A Z_B) = \alpha + \beta = \arg Z_A + \arg Z_B \qquad (4.2.37)$$

となり，積の偏角は偏角の和であることが確かめられる。ついでに，絶対値について

　積の偏角は
　偏角の和

$$|Z_A Z_B| = AB = |Z_A| \cdot |Z_B| \qquad (4.2.38)$$

が成り立つことも分かる。

> ㊟ 式 (4.2.37) は，積を和に直す関係式の形になっており，その意味で
>
> $$\log XY = \log X + \log Y$$
>
> という関係式を連想させる。察しのいい人なら，このことから，arg と log や exp には何か関係がありそうだ，と気づくかもしれない。

　積を和に直す

　さて，もともと知りたかったのは複素数の n 乗の扱い方であり，そのための公式は，式 (4.2.36) を反復適用すれば得られる。極形式で

　複素数の n 乗

$$Z = r\left(\cos\phi + \mathrm{i}\sin\phi\right) \qquad (r, \phi \in \mathbb{R}) \qquad (4.2.39)$$

と置き，式 (4.2.36) を用いて $\{Z^n\}_{n=0,1,2,\ldots}$ を順に求めていくと

$$Z^0 = 1$$
$$Z^1 = Z \qquad\qquad\qquad\qquad\qquad\qquad\qquad\quad = r\left(\cos\phi + \mathrm{i}\sin\phi\right)$$
$$Z^2 = Z \cdot Z = r\left(\cos\phi + \mathrm{i}\sin\phi\right) \cdot r\left(\cos\phi + \mathrm{i}\sin\phi\right) \quad = r^2(\cos 2\phi + \mathrm{i}\sin 2\phi)$$
$$Z^3 = Z \cdot Z^2 = r\left(\cos\phi + \mathrm{i}\sin\phi\right) \cdot r^2(\cos 2\phi + \mathrm{i}\sin 2\phi) = r^3(\cos 3\phi + \mathrm{i}\sin 3\phi)$$
$$\vdots$$

となるので，一般の n に対して

$$Z^n = r^n\left(\cos n\phi + \mathrm{i}\sin n\phi\right) \qquad (4.2.40)$$

が成り立つことが分かる[§]。図 4.8 も図 4.9 も，式 (4.2.40) の具体例であり，それぞれ

---

§ 式 (4.2.40) は，n が正の整数の場合だけでなく，$n = 0$ の場合や n が負の整数の場合にも成り立つ。負の n の場合について確認するには，$n = -m < 0$ として $Z^n = 1/Z^m$ を $Z^m = r^m(\cos m\phi + \mathrm{i}\sin m\phi)$ の逆数として計算すればいい。

$$(1+\mathrm{i})^n = 2^{n/2}\left(\cos\frac{n\pi}{4} + \mathrm{i}\sin\frac{n\pi}{4}\right) \tag{4.2.41}$$

$$\rho^n = \cos\frac{n\pi}{3} + \mathrm{i}\sin\frac{n\pi}{3} \tag{4.2.42}$$

の図示になっている。

式 (4.2.40) には絶対値 $|Z| = r$ が含まれるが，特に $r = 1$ とすると

$$(\cos\phi + \mathrm{i}\sin\phi)^n = \cos n\phi + \mathrm{i}\sin n\phi \tag{4.2.43}$$

de Moivre の公式

という関係式が導ける。式 (4.2.43) を **de Moivre**（ド・モワヴル）の公式と呼ぶ。

4-2-I Euler の公式

ここに至って，ようやく，複素数の exp の正体を解明する準備が整っ

指数関数 exp の定義式 (2.2.6) ⇒ p. 64

た。指数関数 exp の定義式 (2.2.6) に基づき，純虚数 $\mathrm{i}\theta$ の指数関数は

$$e^{\mathrm{i}\theta} = \lim_{n\to\infty}\left(1 + \frac{\mathrm{i}\theta}{n}\right)^n \tag{4.2.22}$$

で与えられる。この式の右辺にある極限を計算できればいい。

式 (4.2.22) の右辺は複素数の等比数列の連続極限を意味し，複素数の等比数列 $\{Z^n\}_{n=0,1,2,\dots}$ における第 n 項は，極形式を用いて式 (4.2.40) の形で書ける。特に，絶対値を 1 として式 (4.2.40) から偏角だけを抜き出したのが de Moivre の公式 (4.2.43) である。

式 (4.2.22) と de Moivre の公式 (4.2.43) を関係づけるため，$\phi = \theta/n$

連続極限

と置いてみよう。ここで $\phi = \theta/n \to 0$ という連続極限を考えると

$$\begin{aligned}[\text{式 (4.2.43) の左辺}] &= \{1 + \mathrm{i}\phi + O(\phi^2)\}^n \\ &\to [\text{式 (4.2.22) の右辺}] = e^{\mathrm{i}\theta}\end{aligned} \tag{4.2.44a}$$

となる。他方，$\phi = \theta/n$ なのだから

$$[\text{式 (4.2.43) の右辺}] = \cos n\phi + \mathrm{i}\sin n\phi = \cos\theta + \mathrm{i}\sin\theta \tag{4.2.44b}$$

も成り立つ。両者を等値することにより，de Moivre の公式の連続極限として

$$e^{\mathrm{i}\theta} = \cos\theta + \mathrm{i}\sin\theta \tag{4.2.45}$$

という式が導出される。式 (4.2.45) は

Euler の公式

Euler（オイラー）の公式と呼ばれる有名公式で，複

複素数の指数関数の正体

素数の指数関数の正体が三角関数の組み合

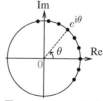

図 4.10 Euler の公式

わせであることを示している。

㊟　式 (4.2.44a) において，$\cos\phi + \mathrm{i}\sin\phi$ と $1 + \mathrm{i}\phi$ のあいだにある $O(\phi^2)$ の食い違いを無視しているのが気になるかもしれない。この食い違いが結果に影響しないことを示そう。そのためには，式 (4.2.43) の左辺と $(1 + \mathrm{i}\phi)^n$ の比が，連続極限で 1 に収束することを示せばいい。この比は，$\sigma = (\cos\phi + \mathrm{i}\sin\phi)/(1 + \mathrm{i}\phi)$ と置くと

$$\frac{[\text{式 (4.2.43) の左辺}]}{(1 + \mathrm{i}\phi)^n} = \sigma^n \tag{4.2.46}$$

と表される。これと 1 のあいだの距離は $|1 - \sigma^n|$ であり，ここで

$$1 - \sigma^n = \left(1 + \sigma + \cdots + \sigma^{n-1}\right)(1 - \sigma)$$

と因数分解できることと，

$$|\sigma| = \frac{1}{\sqrt{1 + \phi^2}} \leq 1 \quad \text{したがって} \quad |\sigma^m| \leq 1$$

が全ての正の整数 m に対して成り立つことから

$$|1 - \sigma^n| \leq \left(1 + |\sigma| + \cdots + |\sigma^{n-1}|\right)|1 - \sigma| \leq n|1 - \sigma| \tag{4.2.47}$$

が示せる。ただし途中で複素数の絶対値の性質である式 (4.2.38) および $|Z_\mathrm{A} + Z_\mathrm{B}| \leq |Z_\mathrm{A}| + |Z_\mathrm{B}|$（三角不等式）を用いた。さらに

$$|1 - \sigma| = \left|\frac{1 - \cos\phi + \mathrm{i}(\phi - \sin\phi)}{1 + \mathrm{i}\phi}\right| \leq 1 - \cos\phi + |\phi - \sin\phi|$$

を式 (4.2.47) の右辺に適用し，絶対値は負にならないことを考慮して

$$0 \leq |1 - \sigma^n| \leq n\,(1 - \cos\phi + |\phi - \sin\phi|) = n\left\{\frac{1}{2}\phi^2 + O(\phi^3)\right\}$$

を得る。これに $\phi = \theta/n$ を代入して $n \to \infty$ とすると右辺は 0 に収束するので，はさみうちの原理と絶対値の性質により $\sigma^n \to 1$ となる。

　純虚数に限らない一般の複素数については，たとえば $\psi = s + \mathrm{i}\theta$ なら

$$e^\psi = e^{s+\mathrm{i}\theta} = e^s e^{\mathrm{i}\theta} = e^s\,(\cos\theta + \mathrm{i}\sin\theta) \tag{4.2.48}$$

が成り立つ。文字の置き方は何でもいいので，$z = x + \mathrm{i}y$ とすれば

$$e^z = e^{x+\mathrm{i}y} = e^x\,(\cos y + \mathrm{i}\sin y) \tag{4.2.48$'$}$$

と書ける。

　こうして，指数関数 exp の値域と定義域が複素数に拡張されたのに伴い，exp の逆関数である log も同様に拡張される。逆関数であるとは

逆関数
⇒ 巻末補遺

$$w = \exp(z) \quad \Longleftrightarrow \quad z = \log w \qquad (4.2.49)$$

のような関係をいうので，たとえば $e^{\pm\pi i} = -1$ により $\log(-1) = \pm\pi i$
となる¶。さらに $\log(-x) = \log x \pm \pi i$ となって，負の実数の log が定
義できる。このように，exp と log を複素関数にバージョンアップする

真数条件
⇒ p. 135

と，いわゆる真数条件に縛られる必要もなくなることが分かる。

練習問題

図 4.2
⇒ p. 187

_1._　　図 4.2 の作り方の説明を参考にして，式 (4.2.10′) に対する相平面
上の流れの概略を手作業で図示せよ（図 4.4 のようになるはず）。

式 (4.2.10′)
⇒ p. 190

> まず，(θ, ω) 平面上に，2 種類のヌルクライン，すなわち $d\theta/dt = 0$ になる線（つまり $\omega = 0$ の線）と $d\omega/dt = 0$ になる線（つまり $\sin\theta = 0$ の線）を引く。これらの線で区切られた領域ごとに，$d\theta/dt$ と $d\omega/dt$ の符号を見て，その方向の矢印を書き込んでいけばいい。

_2._　　以下の対応表の空欄を埋め，つじつまが合うことを確認せよ：

$$(+2) \times (+2) = +4 \qquad \Leftrightarrow \qquad 0° + 0° = 0°$$
$$(+3) \times (-1) = \qquad \Leftrightarrow \qquad 0° + 180° = 180°$$
$$(-2) \times (-2) = \qquad \Leftrightarrow \qquad 180° + 180° = 360°$$
$$i \ \times \ i \ = -1 \qquad \Leftrightarrow \qquad 90° + 90° =$$
$$(1+i) \ \times \ i \ = \qquad \Leftrightarrow$$
$$(1+i) \times (1+i) = \qquad \Leftrightarrow$$

> ㊟ 上記の対応表では，左側の +2 とか +3 とかいった数は正の実数の代
> 表という意味で書いているので，+5 でも +1.5 でも何でもいい。同様
> に，1+i の代わりに 3+3i などでもよく，i の代わりに 7i でもいい。

_3._　　係数に純虚数 $i\omega$ を含む 1 変数 1 階の方程式

$$\frac{dz}{dt} = i\omega z \qquad (4.2.18)$$

に $z = v + i\omega x$ を代入すると，その実部と虚部から 2 変数 1 階の方程式

¶ じつは $\log(-1)$ の値は $\pm\pi i$ だけではない。複素関数としての log は，$\sin^{-1}$ などと同
様の多価関数であり，値域に制限がない場合，$2\pi i$ の整数倍だけずれた無限に多くの値を取り
得る。式 (4.2.49) において $z = \log w$ の虚部は w の偏角を意味し，偏角は角度の一種であっ
て，360° 違いの角度は同一視する約束だったことを思い出そう。

(4.2.13) が得られることを示せ。その際，どの変数が複素数の値を持ち，どの変数が実数の値を持つのかについて断り書きを補うようにせよ。

方程式 (4.2.13)
⇒ p. 192

4. 方程式 (4.2.18) を差分化して漸化式 (4.2.19) を導く過程を，この本を見ないで（または第 2 章だけを見て）自力で再現せよ。

漸化式 (4.2.19)
⇒ p. 194

5. 方程式 $p^2 + p + 1 = 0$ の根を複素数平面上に図示し，絶対値と偏角を求めよ。

絶対値

偏角

6. 公比が $1 + \mathrm{i}/\sqrt{3}$ の複素等比数列 $\{z_n\}_{n=0,1,2,\dots}$ を考える。

- 初期値を $z_0 = 1$ として，z_5 までの値を数値的に求め，図 4.8 と同じように図示せよ。

図 4.8
⇒ p. 199

- 初期値が $z_0 = -2\mathrm{i}$ だった場合についても同じような図を作り，上記の場合との共通点や相違点について検討せよ。

7. 方程式 (4.2.18) の数値解を，漸化式 (4.2.19) によって数表を作る形で計算せよ。電卓による計算の場合は最初の数項だけでいいが，コンピュータが使えるなら，図 4.11 と同じものを作ってみよ。

8. 前問で用いた式 (4.2.19) は 1 次精度の差分式であり，数値解法としては誤差が大きい。代わりに 2 次精度の差分式 (2.1.5) を用いて方程式 (4.2.18) の数値解を求め，前問の結果と比較せよ。

2 次精度の差分
式 (2.1.5)
⇒ p. 59

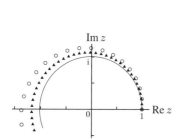
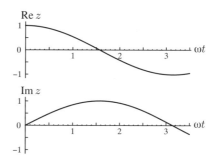

図 4.11　方程式 (4.2.18) の数値解。係数が $\omega = 1$ となるように t を無次元化し，初期条件は $z|_{t=0} = 1$ とした。(左) z 平面上の解軌道。丸印（○）は $\Delta t = 0.10$ の場合，三角（▲）は $\Delta t = 0.05$ の数値解を示している。図で細い線のように見えるのは，$\Delta t = 0.01$ の場合の数値解を小さい黒丸（●）で示したものである。(右) 解 $z = z(t)$ のグラフ。横軸に独立変数 t をとり，縦軸に $\mathrm{Re}\, z$ および $\mathrm{Im}\, z$ をとって，$\Delta t = 0.01$ の場合の数値解を示している。

4-3　Euler の公式で解ける線形同次方程式

4-3-A　複素数の定数係数をもつ線形同次 ODE

複素数も処理できる形に指数関数をバージョンアップしたおかげで,

$$\frac{\mathrm{d}z}{\mathrm{d}t} = \mathrm{i}\omega z \tag{4.2.18}$$

の解は, 問題なく

$$z = z_0 e^{\mathrm{i}\omega t} \tag{4.3.1}$$

と書くことができる。式 (4.2.18) のような複素数を係数とする ODE で
は, 解 $z = z(t)$ も複素数の範囲で考えるべきであり, 式 (4.3.1) の形の
ままで全く問題ない。もし具体的な解のグラフが必要なら（図 4.11 のよ
うに）, 方程式 (4.2.18) を直接数値的に解けばいいわけだ。

式 (4.2.17)
⇒ p. 193

ただし, 式 (4.2.17) で $z = v + \mathrm{i}\omega x$（ここで $v \in \mathbb{R},\, x \in \mathbb{R}$）としたこ
とを思い出し, 解析的に求めた z から v と x の情報を抜き出す際には,

Euler の公式
⇒ p. 204

Euler の公式を用いて式 (4.3.1) を書き直す必要が生じる。初期条件を

$$z|_{t=0} = z_0 = v_0 + \mathrm{i}\omega x_0 \tag{4.3.2}$$

とし, これと Euler の公式 (4.2.45) で $\theta = \omega t$ としたものを解 (4.3.1) に
代入して展開すると

$$
\begin{aligned}
z &= (v_0 + \mathrm{i}\omega x_0)(\cos\omega t + \mathrm{i}\sin\omega t) \\
&= v_0\cos\omega t - \omega x_0\sin\omega t + \mathrm{i}\left(\omega x_0\cos\omega t + v_0\sin\omega t\right)
\end{aligned}
\tag{4.3.3}
$$

実部 Re z

虚部 Im z

のように整理できる。これから実部と虚部を取り出すことにより

$$v = \mathrm{Re}\,z = v_0\cos\omega t - \omega x_0\sin\omega t \tag{4.3.4}$$

$$x = \omega^{-1}\,\mathrm{Im}\,z = x_0\cos\omega t + \frac{v_0}{\omega}\sin\omega t \tag{4.3.5}$$

を得る。このようなことができるのは, 複素数の変数 z が, 実数の変数
2 個分の情報をもっているからだ。

複素数の定数係数をもつ ODE について, ほかの例を見てみよう。

⑨ 方程式 (4.2.18) と同じ 1 階の形だが, 右辺の係数が純虚数ではない

$$\frac{\mathrm{d}z}{\mathrm{d}t} = \left(-\frac{1}{2} + \mathrm{i}\right)z \tag{4.3.6}$$

という方程式を考える。式 (4.3.6) の解は, 解くまでもなく（！）

$$z = Ce^{(-1/2+\mathrm{i})t} \quad (C \text{ は複素数の任意定数}) \tag{4.3.7}$$

と求められる。複素数の範囲で解を求める問題だとすれば，この形のままでもいいが，何らかの事情で式 (4.3.7) の中身を実部と虚部に分ける必要が生じた場合には，Euler の公式と指数関数の性質を組み合わせた式 (4.2.48) の形に解を書き直すことになる。

式 (4.2.48)
⇒ p. 205

簡単化のため，初期条件から $C = 1$ に決まったとして，それ以外の部分を書き直そう。どんな複素数 p, q に対しても $e^{p+q} = e^p e^q$ が成り立つという指数関数の性質を用いて，まず

$e^{p+q} = e^p e^q$

$$z = e^{(-1/2+\mathrm{i})t} = e^{-t/2} e^{\mathrm{i}t} \tag{4.3.8}$$

のように分割し*，次に，あとのほうの因子 $e^{\mathrm{i}t}$ のみを Euler の公式で書き直す。これにより

因子 $e^{\mathrm{i}t}$

$$z = e^{-t/2} (\cos t + \mathrm{i} \sin t) \tag{4.3.9}$$

となることが分かる。

式 (4.3.9) の $z = z(t)$ は，実部も虚部も，t の経過とともに振動しながらゼロに向かう。なお，$t \to +\infty$ で z がゼロに向かうことは，式 (4.3.8) の時点で絶対値をとって

$$|z| = e^{-t/2} \to 0 \quad (t \to +\infty)$$

とすることでも分かる。

㋠ 係数が複素数となっている 2 階の定数係数 ODE

$$\frac{\mathrm{d}^2 f}{\mathrm{d}t^2} = 2\mathrm{i}f \tag{4.3.10}$$

を解いてみよう。式 (4.3.10) は線形同次であり，なおかつ定数係数なので，解の基底を $f = e^{\alpha t}$ と推測する（α は定数）。代入すると

解の基底

$$\alpha^2 e^{\alpha t} = 2\mathrm{i}e^{\alpha t} \quad \text{したがって} \quad \alpha^2 = 2\mathrm{i}$$

となり，これを解くと†

$$\alpha = \pm(1 + \mathrm{i}) \tag{4.3.11}$$

に決まる。こうして解の基底 $\{e^{(1+\mathrm{i})t}, e^{-(1+\mathrm{i})t}\}$ が得られ，一般解

---

* ここで $-t/2$ に t が入るのを忘れ，$-1/2$ にしてしまう間違いが多いので注意しよう。
† 極形式を用いてもいいし，$\alpha = a + ib$ と置いてもいい。

は，解の基底の線形結合により

$$f = C_1 e^{(1+\mathrm{i})t} + C_2 e^{-(1+\mathrm{i})t} \tag{4.3.12}$$

C_1, C_2 は複素
数の任意定数

となる。ただしここで C_1, C_2 は複素数の任意定数である。

4-3-B　複素数の解を組み合わせて実数の解を得る方法

ここまでの例は，方程式自体に i が含まれていて，複素数の範囲内で解を求める問題だった。もちろん，いつでもそのような事例ばかりとは限らない。むしろ，問題設定自体には i が含まれない事例，つまり係数も初期条件も実数であり実数の範囲内で解を求めるべき問題のほうが普通だろう。

実数の範囲内で
解を求める

途中で複素数を
利用

しかし，最終結果を実数で求めるべき問題でも，途中の計算では，複素数を用いて Euler の公式 (4.2.45) による解を考えるのが便利だという場合が多々ある[‡]。典型的な例として，前節の話の発端であった

$$\frac{\mathrm{d}^2 q}{\mathrm{d} t^2} = -q \tag{4.2.1}$$

という調和振動の方程式を解いてみよう。既に p. 185 で見たとおり，解の基底を $q = e^{\alpha t}$（ただし α は定数）と推測して代入すると $\alpha = \pm\mathrm{i}$ となるので，解の基底 $\{e^{\mathrm{i}t}, e^{-\mathrm{i}t}\}$ が得られる。それゆえ，一般解は，解の基底の線形結合により

$$q = C_1 e^{\mathrm{i}t} + C_2 e^{-\mathrm{i}t} \tag{4.2.3}$$

複素数の任意定
数

と書けるのだった。ただしここで C_1, C_2 は複素数の任意定数である。

さて，今の場合，方程式 (4.2.1) 自体には i は含まれないし，初期条件も実数で指定するのが自然だろう。そうすると $q = q(t)$ は実数の値を持つはずだから，解は式 (4.2.3) の形のままでは不都合であって，実数の形に書き直すべきだ。そのために，一般解 (4.2.3) に含まれる定数を

実数化

$$C_1 = \frac{1}{2}(A - \mathrm{i}B) \tag{4.3.13a}$$

$$C_2 = \frac{1}{2}(A + \mathrm{i}B) \tag{4.3.13b}$$

と置き直す。これを式 (4.2.3) に代入し，さらに $e^{\pm\mathrm{i}t}$ を Euler の公式に

[‡]　状況は，p. 127 の Fibonacci 数列の場合にいくらか似ている。Fibonacci 数列の最終的な値は整数になるはずであっても，途中の計算には $\sqrt{5}$ が現れるのだった。

よって書き直すと

$$
\begin{aligned}
q &= \frac{1}{2}(A - \mathrm{i}B)e^{\mathrm{i}t} + \frac{1}{2}(A + \mathrm{i}B)e^{-\mathrm{i}t} \\
&= \frac{1}{2}(A - \mathrm{i}B)(\cos t + \mathrm{i}\sin t) + \frac{1}{2}(A + \mathrm{i}B)(\cos t - \mathrm{i}\sin t) \\
&= \frac{1}{2}\left(A\cos t + B\sin t + \mathrm{i}A\sin t - \mathrm{i}B\cos t\right) \\
&\quad + \frac{1}{2}\left(A\cos t + B\sin t - \mathrm{i}A\sin t + \mathrm{i}B\cos t\right) \\
&= A\cos t + B\sin t \quad\quad\quad\quad\quad\quad\quad\quad\quad (4.3.14)
\end{aligned}
$$

となって，見事に i の項が消え，解 $q = q(t)$ が実数の値をもつ関数の形
で得られる。

　このように Euler の公式を用いて解を実数化する際のこつは，一般解
に含まれる任意定数を，互いに複素共役になるように置き直すことだ。式　　複素共役
(4.3.13) は，そのような置き方の一例になっている。

　もちろん，初期条件がある場合には，任意定数を置き直すなどと考え　　初期条件
るまでもなく，初期条件に合うように定数を決めなければならない。た
とえば，調和振動の方程式

$$
\frac{\mathrm{d}^2 x}{\mathrm{d}t^2} = -\omega^2 x \quad\quad (\text{ただしここで } \omega \text{ は正の定数}) \quad\quad (4.2.4)
$$

において，初期条件

$$
x\big|_{t=0} = x_0 \in \mathbb{R}, \quad\quad \frac{\mathrm{d}x}{\mathrm{d}t}\bigg|_{t=0} = v_0 \in \mathbb{R}
$$

が与えられたとしよう。解の基底を exp の形で推測する方法により，

$$
x = C_1 e^{\mathrm{i}\omega t} + C_2 e^{-\mathrm{i}\omega t} \quad (C_1,\, C_2 \text{ は複素数の定数}) \quad\quad (4.3.15)
$$

という解が得られる。続いて，初期条件を考慮すると

$$
C_1 + C_2 = x_0, \quad\quad \mathrm{i}\omega C_1 - \mathrm{i}\omega C_2 = v_0
$$

という式が成り立つ必要があることが分かり，これから

$$
C_1 = \frac{1}{2}\left(x_0 - \mathrm{i}\frac{v_0}{\omega}\right) \quad\quad (4.3.16\mathrm{a})
$$

$$
C_2 = \frac{1}{2}\left(x_0 + \mathrm{i}\frac{v_0}{\omega}\right) \qu\quad\quad (4.3.16\mathrm{b})
$$

のように定数 C_1, C_2 が定まる（初期条件が実数なので，必然的に C_1 と
C_2 は複素共役になる）。求めた C_1, C_2 を式 (4.3.15) に代入し，$e^{\pm\mathrm{i}\omega t}$ を
Euler の公式で書き直してから，展開し整理すると　　　　　　　　　　Euler の公式

$$x = x_0 \cos \omega t + \frac{v_0}{\omega} \sin \omega t \qquad (4.3.5')$$

となる。

　初期条件がない場合には，任意定数は式 (4.3.13) のように置いてもいいし，ほかの置き方でもいい。満たすべき条件は，任意定数が (2 階 ODE なら) 実数 2 個で，なおかつ C_1 と C_2 が互いに複素共役になるような置き方をすることだ。式 (4.3.13) がその代表的な例だが，ほかにも

複素共役

$$C_1 = \frac{a}{2} e^{-\mathrm{i}b}, \qquad C_2 = \frac{a}{2} e^{+\mathrm{i}b} \qquad (4.3.17)$$

のような置き方がよく用いられる。

　似たような方法で解ける別の例を見てみよう。いずれも，係数はすべて実数であり，実数の範囲で解を求めるべき問題であるとする。

　㋑ 第 1 章で取り上げた

$$\frac{\mathrm{d}^2 x}{\mathrm{d}t^2} = 8 - 4x \qquad (1.1.13)$$

という方程式を解いてみよう。

線形非同次

　方程式 (1.1.13) は線形非同次なので，まずは線形同次な方程式に直す。線形非同次とは言っても，非同次項が定数なので，x_0 を定数として $x = x_0 + y, \ y = y(t)$ と置けば簡単に消せると予想し，そのように置いて方程式 (1.1.13) に代入してみる。代入した結果は

係数も非同次項
も定数

$$\frac{\mathrm{d}^2 y}{\mathrm{d}t^2} = 8 - 4x_0 - 4y \quad \text{すなわち} \quad \frac{\mathrm{d}^2 y}{\mathrm{d}t^2} + 4y = 8 - 4x_0$$

となるので，邪魔な非同次項が消えるようにするには $x_0 = 2$ とすればいい。これにより，方程式 (1.1.13) は

$$\frac{\mathrm{d}^2 y}{\mathrm{d}t^2} + 4y = 0 \qquad (4.3.18)$$

線形同次 ODE

という線形同次 ODE に書き直せる。

　線形同次になったところで，解の基底を $y = e^{\alpha t}$（ただし α は定数）と推測して式 (4.3.18) に代入すると，$\alpha^2 + 4 = 0$ したがって $\alpha = \pm 2\mathrm{i}$ となる。これにより，解の基底は $\{e^{2\mathrm{i}t}, e^{-2\mathrm{i}t}\}$ となり，方程式 (4.3.18) の一般解は，解の基底の線形結合で

$$y = C_1 e^{2\mathrm{i}t} + C_2 e^{-2\mathrm{i}t} \qquad (4.3.19)$$

と書ける（ここで C_1, C_2 は複素数の任意定数）。

続いて，解を実数化するために，任意定数を $C_1 = \frac{1}{2}(A - \mathrm{i}B)$, $C_2 = \frac{1}{2}(A + \mathrm{i}B)$ と置き直し，Euler の公式を用いると，解は

$$y = A\cos 2t + B\sin 2t$$

と書き直される。さらに変数をもとの x に戻し， もとの x に戻す

$$x = 2 + A\cos 2t + B\sin 2t \tag{1.1.14}$$

を得る。これが方程式 (1.1.13) を満たすことは p. 13 で確認した。

㊀ 第 1 章の練習問題（p. 20）に登場した

$$\frac{\mathrm{d}^2 q}{\mathrm{d}t^2} + 2\frac{\mathrm{d}q}{\mathrm{d}t} + 5\,q = 0 \tag{1.1.31}$$

という線形同次 ODE を解いてみよう。解の基底を $q = e^{\alpha t}$ と置くと（もちろん α は定数），

$$\alpha^2 + 2\alpha + 5 = 0 \quad \text{したがって} \quad \alpha = -1 \pm 2\mathrm{i}$$

であり，これにより，解の基底 $\{e^{(-1+2\mathrm{i})t}, e^{(-1-2\mathrm{i})t}\}$ が得られる。したがって，一般解は，解の基底の線形結合の形で

$$q = C_1 e^{(-1+2\mathrm{i})t} + C_2 e^{(-1-2\mathrm{i})t} = e^{-t}\left(C_1 e^{2\mathrm{i}t} + C_2 e^{-2\mathrm{i}t}\right)$$

と書けて，ここで C_1, C_2 は複素数の任意定数である。なお，式を整理する際に指数関数を $e^{(-1\pm 2\mathrm{i})t} = e^{-t}e^{\pm 2\mathrm{i}t}$ と分割し，虚数を含まない e^{-t} を括り出した[§]。

続いて解を実数に直すため，任意定数を

$$C_1 = \frac{1}{2}(A - \mathrm{i}B), \quad C_2 = \frac{1}{2}(A + \mathrm{i}B)$$

と置き直す。Euler の公式を用いて整理すると，結果は

$$q = e^{-t}\left\{\frac{1}{2}(A - \mathrm{i}B)(\cos 2t + \mathrm{i}\sin 2t) + \frac{1}{2}(A + \mathrm{i}B)(\cos 2t - \mathrm{i}\sin 2t)\right\}$$

$$= \frac{1}{2}e^{-t}\left(A\cos 2t + B\sin 2t + \mathrm{i}A\sin 2t - \mathrm{i}B\cos 2t\right.$$

$$\left. + A\cos 2t + B\sin 2t - \mathrm{i}A\sin 2t + \mathrm{i}B\cos 2t\right)$$

$$= e^{-t}\left(A\cos 2t + B\sin 2t\right) \tag{4.3.20}$$

となる。

[§] ここで e^{-t} を e^{-1} とする間違いが多いので注意せよ。

4-3-C　応用：減衰振動

運動方程式

　　質量 m の物体が，バネによる復元力と，速度に比例する抵抗を受けて運動するような系を考えよう。記号を適当に設定すると，この物体の運動方程式は

$$m\frac{\mathrm{d}^2 q}{\mathrm{d}t^2} + \beta\frac{\mathrm{d}q}{\mathrm{d}t} + k\,q = 0 \tag{4.3.21}$$

と書ける。特に $\beta \to +0$ の極限では，式 (4.3.21) は調和振動の方程式と同じになり，その場合の解は

$$q = A\cos\omega t + B\sin\omega t = a\cos(\omega t - b), \quad \omega = \sqrt{\frac{k}{m}} \tag{4.3.22}$$

で与えられる。

抵抗係数 β

　　では，抵抗係数 β が有限の正の値をもつと，解は式 (4.3.22) に比べてどのように異なるだろうか？ 解の基底を $q = e^{st}$ と置いて代入すると

$$ms^2 + \beta s + k = 0 \tag{4.3.23}$$

という2次方程式になる。この方程式は，β がある値よりも大きいか小さいかによって，ふたつの実根をもつ場合と，ふたつの複素共役根をもつ

無次元

場合がある¶。判別式を直接調べてもいいが，こういうときは，無次元になるような係数の組み合わせを考えるのが良い。たとえば

$$c = \frac{\beta}{\sqrt{mk}} \tag{4.3.24}$$

と定義して，無次元パラメータ $c\,(>0)$ の値で場合分けしてみよう。この c を用いると，式 (4.3.23) の根は

$$s = \left\{-\frac{c}{2} \pm \sqrt{\left(\frac{c}{2}\right)^2 - 1}\right\}\sqrt{\frac{k}{m}}$$

と書けて，$c > 2$ ならば2実根，$c < 2$ ならば複素共役根が得られる。

　　前者 $(c > 2)$ は β で表すと $\beta > 2\sqrt{mk}$ という条件であり，抵抗が相対的に大きい

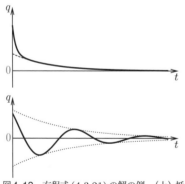

図4.12　方程式 (4.3.21) の解の例。（上）抵抗が大きいと，点線で示されるような指数関数に漸近する。（下）抵抗が小さい場合は，振動を繰り返しながら減衰する。

¶ ちょうど両者の境目にあたる場合には，方程式 (4.3.23) は重根をもち，特別な扱いが必要になる。これについては p. 226 を見よ。

場合に当たる（なお β の値を単独で見て大きいとか小さいとかいうのは 抵抗が相対的に
大きい場合
意味がなく，$\sqrt{mk}$ との比較で考える必要がある）。この場合の解は，

$$\gamma_1 = \frac{1}{2} - \sqrt{\frac{1}{4} - \frac{1}{c^2}}, \quad \gamma_2 = \frac{1}{2} + \sqrt{\frac{1}{4} - \frac{1}{c^2}}$$

とすると

$$q = Ae^{-\gamma_1(\beta/m)t} + Be^{-\gamma_2(\beta/m)t} \tag{4.3.25}$$

のように書ける。この場合，解の基底はもともと実数であり，A も B も
実数の定数であって，改めて解を実数化する必要はない。式 (4.3.25) に
示した解は，長い時定数（遅い時間尺度）$m/(\gamma_1\beta)$ と短い時定数（速い ふたつの時定数
時間尺度）$m/(\gamma_2\beta)$ をもち，図 4.12 の上側にあるように，ほぼ振動せず
に指数関数的に減衰する。

　これに対し，後者（$c < 2$）は $\beta < 2\sqrt{mk}$ の場合で，抵抗が相対的に 抵抗が相対的に
小さい場合
小さい。この場合には s は虚数（つまり実数でない複素数）となり，解
の実数化が必要である。実数化した結果を整理すると

$$q = e^{-(\beta/(2m))t}\left(A\cos\omega t + B\sin\omega t\right), \quad \omega = \sqrt{\left(1 - \frac{c^2}{4}\right)\frac{k}{m}} \tag{4.3.26}$$

と書けて，この解は，図 4.12 の下側にあるように，振動数 ω で振動しな
がら，その振幅が時定数 $2m/\beta$ で指数関数的に減衰する挙動を示す。な 時定数 $2m/\beta$
お，式 (4.3.26) からは，$\beta \neq 0$ つまり $c \neq 0$ の場合，振動数 ω は $\sqrt{k/m}$
から少しずれることも分かる。

> ㊟ 式 (4.3.26) の A および B は実数の任意定数であるが，任意定数の含
> め方はこの形に限るわけではない。たとえばグラフの概形を描く場合
> には，線形結合の形よりも
>
> $$q = a\,e^{-(\beta/(2m))t}\cos(\omega t - b) \tag{4.3.26'}$$
>
> のような形のほうが好都合かもしれない。ただし，初期条件を追加し
> て b を決定する際に，角度を弧度法(ラジアン)に統一するのを忘れないこと。

4-3-D　多自由度の振動問題

　複数の物体あるいは複数の自由度が相互作用しながら振動するような
系では，運動方程式自体が複数の変数を含む連立方程式になる場合があ

る。こういう事例は，2 個以上の物体を含む系や，あるいは物体が 1 個でも，回転と並進のような異なる運動が連成する系で生じる。

　　考え方を示すために，

（例）　$$\dfrac{\mathrm{d}^2}{\mathrm{d}t^2}\begin{bmatrix}x\\y\end{bmatrix} = \begin{bmatrix}-2 & 1\\1 & -2\end{bmatrix}\begin{bmatrix}x\\y\end{bmatrix}\tag{4.3.27}$$

解の基底　　という 2 変数 2 階の ODE を解いてみよう。こういう場合，解の基底を
固有値問題　　推測する方法と固有値問題の合わせ技が必要になる。

　　まずは解の基底を

$$\begin{bmatrix}x\\y\end{bmatrix} = \begin{bmatrix}X\\Y\end{bmatrix}e^{\alpha t}\qquad (X,\,Y,\,\alpha\ は定数)\tag{4.3.28}$$

と置いて，方程式 (4.3.27) に代入すると

$$\begin{bmatrix}X\\Y\end{bmatrix}\alpha^2 e^{\alpha t} = \begin{bmatrix}-2 & 1\\1 & -2\end{bmatrix}\begin{bmatrix}X\\Y\end{bmatrix}e^{\alpha t}$$

となる。すべての t に対して等号が成立するためには

$$\alpha^2\begin{bmatrix}X\\Y\end{bmatrix} = \begin{bmatrix}-2 & 1\\1 & -2\end{bmatrix}\begin{bmatrix}X\\Y\end{bmatrix}\tag{4.3.29}$$

となる必要がある。式 (4.3.29) は行列の固有値問題であり，非自明解をもつ条件は

$$\det\begin{bmatrix}-2-\alpha^2 & 1\\1 & -2-\alpha^2\end{bmatrix} = 0\quad\text{すなわち}\quad (\alpha^2+2)^2 - 1 = 0$$

なので，これから固有値が

$$\alpha = \begin{cases}\pm\mathrm{i}\\\pm\sqrt{3}\,\mathrm{i}\end{cases}$$

と定まる。さらに，それぞれの固有値に対応する固有ベクトルを求めれば，解の基底が

$$e^{\pm\mathrm{i}t}\begin{bmatrix}1\\1\end{bmatrix},\quad e^{\pm\sqrt{3}\,\mathrm{i}t}\begin{bmatrix}1\\-1\end{bmatrix}$$

のように得られる。一般解は，解の基底の線形結合によって

$$\begin{bmatrix}x\\y\end{bmatrix} = \left(C_1 e^{\mathrm{i}t} + C_{-1}e^{-\mathrm{i}t}\right)\begin{bmatrix}1\\1\end{bmatrix} + \left(C_2 e^{\sqrt{3}\,\mathrm{i}t} + C_{-2}e^{-\sqrt{3}\,\mathrm{i}t}\right)\begin{bmatrix}1\\-1\end{bmatrix}$$

のように得られ，ここで $C_{\pm 1}$, $C_{\pm 2}$ は複素数の任意定数である。さらに任意定数を置き直して実数化すると，解は

$$\begin{bmatrix} x \\ y \end{bmatrix} = (A_1 \cos t + B_1 \sin t)\begin{bmatrix} 1 \\ 1 \end{bmatrix} + (A_2 \cos \sqrt{3}\,t + B_2 \sin \sqrt{3}\,t)\begin{bmatrix} 1 \\ -1 \end{bmatrix} \qquad (4.3.30)$$

となる。ここでもちろん A_1, B_1, A_2, B_2 は実数の任意定数である。

4-3-E 安定性

機械装置や電気回路など，何らかの系の状態が，$\mathbf{x} = (x_1, x_2, \ldots, x_k)$ という k 個の変数で与えられ，この変数が，

$$\frac{\mathrm{d}\mathbf{x}}{\mathrm{d}t} = \mathbf{u}(\mathbf{x}) \qquad (3.3.38')$$

のような ODE に従って時間変化しているとしよう。この系の振る舞いが完全に計算どおりになるためには，あるひとつの時刻における系の状態（すなわち $\mathbf{x}$ の初期値）と，系の状態の時間変化をつかさどる微分方程式の具体的な形（すなわち $\mathbf{u}$ の中身）が，両方とも完全に分かっていればいい。しかし，実際問題として，そのようなことを文字どおりに期待するのは無理だ。初期条件は多少の幅をもつものとして考えるべきだし，系をつかさどる微分方程式——力学で言えば運動方程式——にも，未知の微小な項が含まれているかもしれない。 初期条件
運動方程式

そこで，装置を設計する際に計算したとおりの挙動が実際に実現するかどうかを知るには，初期値の微小なずれや運動方程式に加えられた微小な外力といった，攪乱の影響について考察する必要がある。たとえ攪乱が存在しても，解に対する攪乱の影響が微小であることが示されれば，攪乱を無視して求めた解はそれなりに現実に近いと考えていいだろう。逆に，たとえ攪乱が微小であっても，その影響は無視できないほど大きいということも考えられる。 攪乱

式 (3.3.38′) で記述される系において攪乱の影響を調べるには，攪乱がない場合の解を基準とし，攪乱によって解に生じるずれに着目する。簡単化のため，外力による攪乱*は棚上げして，初期条件の攪乱だけを考えよう。攪乱によって解に生じたずれが時間経過とともに減少してゼロに

---

* 式 (3.3.38′) に微小な外力項 $\mathbf{f}(t)$ が追加され，右辺が $\mathbf{u}(\mathbf{x}) + \mathbf{f}(t)$ となるような状況が考えられる。ここでもし $\mathbf{u}(\mathbf{x})$ が線形項であるか，あるいは何らかの形で線形化できる状況であれば，これは線形非同次方程式の問題となり，応答関数 (p. 242) を用いて扱える。

安定

不安定

収束する場合, この解は安定である[†], という。逆に, ずれが増大し続けるなら, その解は不安定である[‡]。

制御工学

　⑳　制御工学では安定性が必須となる。飛行機や船などの姿勢を保つ仕組みや, モーターを一定の速さで回す仕組みを設計する場合, 攪乱によるずれが拡大するような不安定なものは困る。ずれが生じても時間とともに減少することが必要である。

目標値 Ω_*

フィードバック

　たとえば, 何らかのエンジンに結びつけられた弾み車[§]が, 角速度 $\Omega = \Omega(t)$ で回転していて, その角速度の値を一定値 Ω_* に保ちたいとする。そこで, Ω と Ω_* のずれを測定するセンサーを導入し, そのセンサーの出力をエンジンの燃料供給にフィードバックして, 速すぎる場合は燃料供給を減らし, 遅すぎる場合は燃料供給を増やすことにしよう。センサーの出力を x とし, 弾み車(フライホイール)の慣性モーメントを I とすると, 角速度 Ω を支配する運動方程式は

$$I\frac{\mathrm{d}\Omega}{\mathrm{d}t} = F(W, \Omega, x) \simeq -\lambda x \qquad (4.3.31)$$

のように書ける。ここで $F(\Omega, W, x)$ は, 一般には, エンジンの負荷 W や角速度 Ω の関数になるが, 簡単化のため, ただの定数 λ を用いて式 (4.3.31) の最右辺のように近似できるとしている。センサーについては, 角速度のずれを瞬時に検知できる高性能なものを想定し

$$x = \mu(\Omega - \Omega_*) \qquad (\mu \text{ は正の定数}) \qquad (4.3.32)$$

とする。式 (4.3.31)(4.3.32) を解くと, 解は

$$\Omega = \Omega_* + A\exp\left(-\frac{\lambda\mu}{I}t\right) \qquad (A \text{ は任意定数}) \qquad (4.3.33)$$

となる。したがって, $\lambda\mu/I > 0$ である限り, exp を含む項は減衰してゼロに収束する。すなわち, この系における $\Omega = \Omega_*$ という状態

---

　† 日常用語では "安定する" とか "安定した" とか言うが, 数学や物理工学の用語ではそうは言わずに "安定な" とか "安定である" とか言う。なお, 日常用語の "安定した" は, 数学用語に翻訳すると "安定な" ではなく "定常な" とか "一定の" に当たることが多いようだ。

　‡ 攪乱の影響が増えも減りもしない中間的な場合を安定と見なすか不安定と見なすかは, 安定性の定義次第である。実際, 場合に応じていくつかの異なる定義が用いられている。

　§ 大きな慣性をもつ円盤を回転軸に取り付けたもので, 運動エネルギーを蓄えることにより, 回転の速さ (角速度 Ω) の急速な変動を防ぐ役目を担う。英語では flywheel という。

は安定である（"この制御系は安定である" とも言う）。

　仮に制御系の設計を誤り，式 (4.3.31) の λ が負になってしまった 〔失敗例〕
としよう。この場合，$\lambda\mu/I < 0$ したがって $-\lambda\mu/I > 0$ となるた
め，式 (4.3.33) の exp を含む項は時間とともに増大し，$\Omega = \Omega_*$ か 〔不安定〕
らのずれが拡大する。つまり，系は不安定になってしまう。

　もとの式 (4.3.31) の意味に戻って考えると，$\lambda > 0$ でなければな
らない理由は，速すぎる場合は減速し，遅すぎる場合は加速する仕
組みにするためだ。もし $\lambda < 0$ だと，この仕組みが逆転して，速す
ぎる時にはさらに加速し，遅すぎる時にはさらに減速するわけだか
ら，制御としては明らかに失敗だ。こういうわけで，exp の中身が
正しい符号になるように設計する必要があることが分かる。

⊕ 複数自由度をもつ不安定な系の例として，逆立ちさせた棒について 〔逆立ちさせた棒 ⇒ p. 151〕
考察しよう。棒の運動方程式は，傾き角 q と角運動量 p を用いて

$$\frac{\mathrm{d}}{\mathrm{d}t}\begin{bmatrix} q \\ p \end{bmatrix} = \begin{bmatrix} p/I \\ mg\ell_0 \sin q \end{bmatrix} \qquad (3.3.55)$$

と書ける。さて，この方程式の両辺に $(p,q) = (0,0)$ を代入する
と，左辺も右辺もゼロになって等号が成立する。つまり，運動方程式
(3.3.55) は，棒が直立して静止状態にとどまるという解をもつ。仮 〔直立静止状態〕
に初期位置が完全に $q|_{t=0} = 0$ で，初速度（正確には角運動量の初
期値）も $p|_{t=0} = 0$ なら，このような解が実現するはずだ。

　ここで初期条件にわずかな攪乱を与えた場合，解にどのような影 〔攪乱〕
響が生じるかを考えよう。この場合，解が $(p,q) = (0,0)$ から少し
ずれる。微小なずれの様子を知るには，着目している $(0,0)$ という
状態のまわりで運動方程式 (3.3.55) を線形化した 〔線形化 ⇒ p. 191〕

$$\frac{\mathrm{d}}{\mathrm{d}t}\begin{bmatrix} q \\ p \end{bmatrix} = \begin{bmatrix} p/I \\ mg\ell_0 q \end{bmatrix} = \begin{bmatrix} 0 & 1/I \\ mg\ell_0 & 0 \end{bmatrix}\begin{bmatrix} q \\ p \end{bmatrix} \qquad (3.3.56)$$

という方程式を解けばいい。方程式 (3.3.56) は定数係数の線形同次
ODE だから，解の基底を，指数関数を用いて

$$\begin{bmatrix} p \\ q \end{bmatrix} = \begin{bmatrix} P \\ Q \end{bmatrix} e^{\alpha t} \quad (P,\, Q,\, \alpha \text{ は定数})$$

の形で推測する方法で解ける。多少の計算により

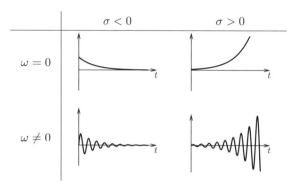

図 4.13　安定性を調べる問題で現れる，$e^{\alpha t}$ を含む解の振る舞いの代表的な例。複素数の定数 $\alpha = \sigma + \mathrm{i}\omega$ の実部 σ と虚部 ω によって場合分けしている。

$$\alpha = \begin{cases} \alpha_1 = & \sqrt{mg\ell_0/I} \\ \alpha_2 = -\sqrt{mg\ell_0/I} \end{cases} \tag{4.3.34}$$

となり，これをもとに，既に学んだ方法で解を得ることができる。

安定か不安定か　　　ところで，系の状態が安定か不安定かを判断することだけが目的なら，解を最後まで求める必要はなく，式 (4.3.34) の時点で既に結論は出ている。なぜならば，この時点で，解は $e^{\alpha_1 t}$ と $e^{\alpha_2 t}$ の線形結合となることが分かり，このうち $e^{\alpha_1 t}$ のほうは，$\alpha_1 > 0$ である **$\alpha_1 > 0$** 以上，時間 t が進むにつれて際限なく増加するからだ。こういうわけで，系が安定か否かに関しては，α の値のなかに正のものがあると分かった時点で「不安定である」と結論してよい。

上記の例では，いずれも exp の中身は実数なので，$e^{\alpha t}$ のような式で α の符号が正か負かだけを考えればよかった。しかし，一般には複素数が現れる可能性があるので，

$$\alpha = \sigma + \mathrm{i}\omega \qquad (\sigma \in \mathbb{R},\ \omega \in \mathbb{R}) \tag{4.3.35}$$

のように，α を実部 σ と虚部 ω に分けて考える必要がある。

ずれの方程式の解の振る舞いの主なパターンは図 4.13 のようにまとめられる。安定性を判断するには，ずれが増大するのか減少して 0 に向か **σ の符号** うのかが分かればよく，それは σ の符号が正か負かで判定できる。制御系を設計するような場合には，$\sigma\ (=\mathrm{Re}\,\alpha)$ がすべて負になるようにすることが重要である。逆に，一見して何もないようなところから新たな

運動が出現する現象（たとえば流体中の渦の発生など）を解明するには，σ が正になる条件を突き止めることがその研究の出発点となる。

4-3-F 応用：遠心調速機

実際の工学的な問題で，ずれを $e^{\alpha t}$ と置いて安定性を調べようとすると，通常，α に対する固有方程式として，ODE の階数と変数の個数に応じた k 次方程式が現れる。2 次方程式ならともかく，文字式を係数とする 3 次方程式や 4 次方程式を解くのは大変だ[¶]。しかし，大事なのは α の値そのものではなく $\sigma = \mathrm{Re}\,\alpha$ の符号なのだから，根を求める過程を省いて符号だけを判定する工夫ができればいい。

以下では，制御工学で 3 次方程式が出てくる有名な例として，Watt の蒸気機関に用いられた遠心調速機の話[7, 10]を紹介しよう。考え方は，先ほど p. 218 で紹介した例と同じで，回転が速すぎる場合は蒸気の供給を抑え，遅すぎる場合は供給を増やすことで角速度を一定に保つ。この仕組みは，当初は順調に動いていたのだが，やがて，装置を改良したつもりなのに想定外の振動現象が発生するなど，制御がうまくいかない事例が生じるようになった。この現象が発生する条件を明らかにした Wischnegradski の研究が，制御理論のはじまりのひとつだと言われている。

遠心調速機

Watt の遠心調速機では，弾み車の運動方程式は式 (4.3.31) で書けるとしてよいが，センサーが式 (4.3.32) のような理想的なものとは異なっていた。式 (4.3.32) は，角速度のずれ $\Omega - \Omega_*$ をただちに x に反映できるものとしている。電気工学的なセンサーなら，そのようなことも（ほぼ）可能だが，Watt の時代にそんな技術があるわけがない。この時代のセンサーは，"遠心調速機" という名前のとおり，おもりを回転させたときの遠心力と重力のつりあいによってレバー機構の位置を決める装置だった。おもりには質量があるため，センサーの反応は少し遅れることになり，蒸気を調節するレバーの位置 x は

式 (4.3.31)
⇒ p. 218

$$m\frac{\mathrm{d}^2 x}{\mathrm{d}t^2} + c\frac{\mathrm{d}x}{\mathrm{d}t} + \gamma x = \mu\left(\Omega - \Omega_*\right) \tag{4.3.36}$$

という ODE に従う[∥]。これを運動方程式 (4.3.31) と連立させ，目標値か

[¶] 解けないわけではないが（Cardano の公式・Ferrari の公式），かなり複雑になる。さらに 5 次以上の方程式では根の公式が作れないことが証明されている。

[∥] 質量 m，抵抗係数 c，重力による復元力の係数 γ は，いずれも正の定数だとする。

らの角速度のずれを $\Omega - \Omega_* \propto e^{\alpha t}$ とすると

$$m\alpha^3 + c\alpha^2 + \gamma\alpha + \frac{\lambda\mu}{I} = 0 \tag{4.3.37}$$

3次方程式

$\mathrm{Re}\,\alpha = 0$ となる条件

という3次方程式が出てくる。これを解くのは大変なので，まず $\mathrm{Re}\,\alpha = 0$ となる条件を求めよう。そのために $\alpha = \mathrm{i}\omega$ を式 (4.3.37) に代入し，実部と虚部に分けて整理すると

$$\omega^2 = \frac{\gamma}{m} \quad かつ \quad \omega^2 = \frac{\lambda\mu}{cI} \tag{4.3.38}$$

安定か不安定かが切り替わる

という条件を得る。つまり，式 (4.3.38) が成り立つ場合を境目として，$\gamma/m > \lambda\mu/(cI)$ か $\gamma/m < \lambda\mu/(cI)$ かで安定か不安定かが切り替わるはずである。

式 (4.3.33)
⇒ p. 218

応答の速さ

不安定性

　もう少し詳しく調べると，$\gamma/m > \lambda\mu/(cI)$ の場合が安定で，$\gamma/m < \lambda\mu/(cI)$ の場合が不安定であることが分かる。つまり，装置が大型化したからといって m を増やすと，制御系は不安定になる。さらに，理想的なセンサーの場合の式 (4.3.33) によると，μ や λ を増やし I を減らせば応答の速さが向上するはずだが，これは実際の遠心調速機では不安定性の原因となり，元も子もない。こうして，安定性のためには m と $\lambda\mu/\gamma$ を減らし cI を増やすのが良い，という結論を得る。

4-3-G　境界値問題と固有値問題

境界値問題
⇒ p. 103

　境界値問題については第3章冒頭でも簡単に説明したが，ここで特に線形同次 ODE の境界値問題について補足しておく。初期値問題に比べて，境界値問題では面倒なことが起きやすく，注意が必要である。

　たとえば

$$\frac{\mathrm{d}^2 p}{\mathrm{d}x^2} + p = 0 \tag{4.3.39a}$$

$$p|_{x=0} = 0 \tag{4.3.39b}$$

$$p|_{x=\pi/2} = 1 \tag{4.3.39c}$$

のような場合，方程式 (4.3.39a) を単独で解くと

$$p = A\cos x + B\sin x \quad (A, B は任意定数) \tag{4.3.40}$$

境界条件

という解が得られる。あとは境界条件 (4.3.39b)(4.3.39c) を満たすように定数 A, B を定めればいいはずで，計算してみると $A = 0, B = 1$ となり，したがって，境界値問題 (4.3.39) の解は

$$p = \sin x \tag{4.3.41}$$

と定まる。このように，一見すると，やっていることは初期値問題と同じで，特に何も難しいことはないように思える。

　しかし，方程式と境界条件の組み合わせによっては，条件を満たす解が見つからない場合がある。たとえば方程式 (4.3.39a) の場合，

解がない境界値
問題

$$p|_{x=0} = 0, \quad p|_{x=\pi} = 1 \tag{4.3.42}$$

のような条件を課してしまうと，これを満たす (A, B) は存在しない。このように，境界値問題では解がない事態が起こり得る。

　逆に，解が一意的に定まらないこともある。方程式 (4.3.39a) に，

$$p|_{x=a} = p|_{x=b} = 0 \tag{4.3.43}$$

という線形同次な境界条件を課してみよう。ここで $a = -\pi/2, b = \pi/2$ とすると，方程式 (4.3.39a) の解で境界条件 (4.3.43) を満たすものは

線形同次な境界
条件

$$p = A \cos x$$

となり，任意定数 A が残ってしまう。考えてみれば任意定数が残るのは当たり前である。方程式 (4.3.39a) だけでなく境界条件 (4.3.43) も解の重ね合わせを許すため，もしゼロでない解が存在したら，その解を何倍かしたものも同じ境界値問題の解になっているはずだからだ。

解の重ね合わせ

　実際の応用例を見ると，線形同次な ODE に線形同次な境界条件を課す場合，方程式の係数に未知の定数が含まれていることが多い。たとえば

$$\frac{\mathrm{d}^2 p}{\mathrm{d}x^2} + k^2 p = 0 \tag{4.3.44a}$$

$$p|_{x=0} = p|_{x=1} = 0 \tag{4.3.44b}$$

のような例で，ここでは k が未知の定数である。境界値問題 (4.3.44) は，$p = 0$ という自明解をもつが，考えるべき物理工学的な問題としては

自明解

　　非自明解（$p \neq 0$ となる解）が存在するような k の値を求めよ

という問題設定になることが多い。これは要するに固有値問題の一種であって，ただし式 (3.2.12) のような場合には行列が現れるべきところに，式 (4.3.44a) では代わりに微分演算子 $(\mathrm{d}/\mathrm{d}x)^2$ が現れているというだけの違いである。そして，未知の定数 k あるいは k^2 が，この問題における固有値ということになる。

固有値問題

式 (3.2.12)
⇒ p. 121

固有値

練習問題

1.　次のような 2 階の ODE を解きたいとする：

$$\frac{\mathrm{d}^2 y}{\mathrm{d}t^2} + 4y = 0 \tag{4.3.18}$$

この ODE の解を次の手順で求め，結果を実数化せよ．

- 解の重ね合わせの観点から方程式 (4.3.18) のタイプを見極めたうえで，解の基底を $y = e^{\alpha t}$（ここで α は定数）と推測して代入する．
- 係数比較により α の 2 次方程式を導き，これから α の値を求める．
- 一般解を $e^{\alpha t}$ の線形結合の形で書く．
- Euler の公式により $e^{\pm \mathrm{i}\omega t} = \cos\omega t \pm \mathrm{i}\sin\omega t$ となることを利用し，任意定数を式 (4.3.13) または式 (4.3.17) のように置き直すことで解を実数化する．

式 (4.3.13)
⇒ p. 210

式 (4.3.17)
⇒ p. 212

2.　第 1 章の練習問題および第 4 章の p. 213 に登場した

$$\frac{\mathrm{d}^2 q}{\mathrm{d}t^2} + 2\frac{\mathrm{d}q}{\mathrm{d}t} + 5\,q = 0 \tag{1.1.31}$$

という ODE について，その解を求める計算を，この本を見ないで自力で再現せよ．

3.　以下の方程式の解を求めたい：

$$\frac{\mathrm{d}^2 r}{\mathrm{d}t^2} + 4r = 6 \tag{4.3.45}$$

$$\frac{\mathrm{d}^2 \theta}{\mathrm{d}t^2} - \frac{\mathrm{d}\theta}{\mathrm{d}t} + \frac{5}{4}\theta = 0 \tag{4.3.46}$$

$$\frac{\mathrm{d}^3 f}{\mathrm{d}s^3} + f = 0 \tag{4.3.47}$$

$$\frac{\mathrm{d}^2 p}{\mathrm{d}t^2} + 2\frac{\mathrm{d}p}{\mathrm{d}t} + 5p = 1 \tag{4.3.48}$$

$$\frac{\mathrm{d}^3 u}{\mathrm{d}r^3} - \frac{\mathrm{d}^2 u}{\mathrm{d}r^2} + 3\frac{\mathrm{d}u}{\mathrm{d}r} + 5u = 0 \tag{4.3.49}$$

$$\frac{\mathrm{d}^2 v}{\mathrm{d}x^2} - 2\frac{\mathrm{d}v}{\mathrm{d}x} + 17v = 0 \tag{4.3.50}$$

$$\frac{\mathrm{d}^2 w}{\mathrm{d}t^2} + 5\frac{\mathrm{d}w}{\mathrm{d}t} + \frac{13}{2}w = 0 \tag{4.3.51}$$

$$6\frac{\mathrm{d}^3 h}{\mathrm{d}x^3} + 25\frac{\mathrm{d}^2 h}{\mathrm{d}x^2} + 4\frac{\mathrm{d}h}{\mathrm{d}x} - 35\,h = 0 \tag{4.3.52}$$

ただし結果は実数で求めるものとする．

- 線形同次なものは，上記の練習問題と同様の手順で解け．
- 線形非同次なものが紛れ込んでいるが，これは，簡単な変数変換に

よって線形同次方程式に直せる。この方法で解を求めよ。

4. 以下の 2 変数 ODE の解を求めよ:

$$
\begin{cases}
\dfrac{\mathrm{d}x}{\mathrm{d}t} = 5x + 2y \\
\dfrac{\mathrm{d}y}{\mathrm{d}t} = 2x + 5y
\end{cases}
\tag{4.3.53}
$$

$$
\frac{\mathrm{d}}{\mathrm{d}t}
\begin{bmatrix} x \\ y \end{bmatrix}
=
\begin{bmatrix} 1.3 & -0.1 \\ 0.5 & 0.7 \end{bmatrix}
\begin{bmatrix} x \\ y \end{bmatrix}
\tag{4.3.54}
$$

$$
\frac{\mathrm{d}^2}{\mathrm{d}t^2}
\begin{bmatrix} x \\ y \end{bmatrix}
=
\begin{bmatrix} -8 & 1 \\ 1 & -8 \end{bmatrix}
\begin{bmatrix} x \\ y \end{bmatrix}
\tag{4.3.55}
$$

5. 問題 1 で扱った方程式 (4.3.18) に 1 階微分の項を追加した

$$
\frac{\mathrm{d}^2 y}{\mathrm{d}t^2} + \mu \frac{\mathrm{d}y}{\mathrm{d}t} + 4y = 0
\tag{4.3.56}
$$

という方程式を考える。ここで μ は正の定数である。

- 解の基底を $y = e^{\alpha t}$ と置き，α についての 2 次方程式を導け。
- この 2 次方程式の判別式が正の場合について，一般解 y を求めよ。
- 判別式が負の場合の一般解 y を求めよ（結果は実数化して示せ）。

6. 電源を含まない LCR 回路の方程式

$$
L \frac{\mathrm{d}I}{\mathrm{d}t} + RI + \frac{Q}{C} = 0
\tag{4.3.57}
$$

$$
\frac{\mathrm{d}Q}{\mathrm{d}t} = I
\tag{4.3.58}
$$

の解を求め，抵抗 R が大きい場合と小さい場合について考察せよ。

7. 境界値問題 (4.3.44) が非自明解をもつような k の値と，それに対応する解 p を求めよ。ただし k は正の実数の範囲にあるとしてよい。 境界値問題 (4.3.44) ⇒ p. 223

8. 水の波などによる振動的な流れに対する静止した水槽底面の影響を知りたいとする。この問題では，粘性流体の運動方程式（これは偏微分方程式である）を解くための途中段階として，複素数の係数をもつ

$$
\mathrm{i}\omega F = \nu \frac{\mathrm{d}^2 F}{\mathrm{d}y^2}
\tag{4.3.59}
$$

という ODE が現れる。ここで ω は振動流の角振動数，ν は流体の動粘性係数で，いずれも正の定数である。境界条件を

$$
F|_{y=0} = 1, \qquad F|_{y \to \infty} = 0
\tag{4.3.60}
$$

として，境界値問題 (4.3.59)(4.3.60) の解を求めよ。

4-4　特別な解法を必要とする線形同次方程式

4-4-A　定数変化法の応用による階数低下

重根

　定数係数の線形同次 ODE は，解の基底を $e^{\alpha t}$ の形で推測すれば基本的に解ける。Euler の公式のおかげで，α が実数でなくても解が得られるようになったが，じつは，まだ説明していない例外的な場合がひとつある。それは，α の方程式が重根をもつ場合である。

　たとえば

$$\frac{\mathrm{d}^2 x}{\mathrm{d}t^2} + 2\frac{\mathrm{d}x}{\mathrm{d}t} + x = 0 \tag{4.4.1}$$

という線形同次 ODE を解いてみよう。これは 2 階の ODE だから，一般解は任意定数を 2 個含むはずで，解の基底は 2 個の関数からなるはずだ。係数がすべて定数なので，解の基底を $x = e^{\alpha t}$ と推測して代入すると

$$\alpha^2 + 2\alpha + 1 = 0$$

となり，これは $(\alpha + 1)^2 = 0$ と因数分解できるから，$\alpha = -1$ という重根が出てくる。

　いちおう，これによって解の基底の一部が $x = e^{-t}$ と求まり，これは $x = Ae^{-t}$ の形の解（A は任意定数）が得られたことを意味する。しかし，解くべき方程式 (4.4.1) は 2 階だから，一般解は 2 個の任意定数を含むはずであって，ここで得られた解だけでは個数が足りず，解の基底としては不十分である。

定数変化法
⇒ p. 84

積の微分
⇒ 巻末補遺

　そこで，定数変化法の考え方を応用し，定数 A を何らかの変数で置き換えた解を探すことにしよう。たとえば，$y = y(t)$ として，解を $x = x(t) = ye^{-t}$ と置き直す。導関数は，積の微分により

$$\frac{\mathrm{d}x}{\mathrm{d}t} = \frac{\mathrm{d}y}{\mathrm{d}t}e^{-t} - ye^{-t}$$

$$\frac{\mathrm{d}^2 x}{\mathrm{d}t^2} = \frac{\mathrm{d}^2 y}{\mathrm{d}t^2}e^{-t} - 2\frac{\mathrm{d}y}{\mathrm{d}t}e^{-t} + ye^{-t}$$

と計算され，これを式 (4.4.1) に代入して整理すると

$$\frac{\mathrm{d}^2 y}{\mathrm{d}t^2}e^{-t} - 2\frac{\mathrm{d}y}{\mathrm{d}t}e^{-t} + ye^{-t} + 2\left(\frac{\mathrm{d}y}{\mathrm{d}t}e^{-t} - ye^{-t}\right) + ye^{-t} = 0$$

すなわち

$$\frac{\mathrm{d}^2 y}{\mathrm{d}t^2} = 0 \tag{4.4.2}$$

という，あっけないほど単純な方程式になる。これを解くと

$$y = A + Bt \quad \text{すなわち} \quad x = x(t) = (A + Bt)e^{-t} \tag{4.4.3}$$

となり，階数に見合う個数（2個）の任意定数 A, B を含む解が得られる。

　このように，解の基底が部分的にしか求まっていない場合には，定数変化法を応用して残りの解を求めればいい。この応用技に関して，ほかの例を見てみよう。

⑨ Euler–Cauchy 型の 2 階 ODE

$$\frac{\mathrm{d}^2 u}{\mathrm{d}r^2} + \frac{u}{4r^2} = 0 \tag{4.4.4}$$

を解くために，解の基底を $u = r^\lambda$（ここで λ は定数）と仮定して代入すると

$$\lambda(\lambda - 1) + \frac{1}{4} = 0 \quad \text{すなわち} \quad \lambda^2 - \lambda + \frac{1}{4} = 0$$

となり，これは $(\lambda - 1/2)^2 = 0$ ということだから，$\lambda = 1/2$ が重根となる。つまり，ひとつの解 $u = r^{1/2}$ が得られるが，これだけでは解の基底を構成するには足りない。そこで定数変化法を応用し，

重根

$$u = ar^{1/2}, \quad a = a(r) \tag{4.4.5}$$

と置いて式 (4.4.4) に代入する。積の微分により

積の微分
⇒ 巻末補遺

$$\frac{\mathrm{d}u}{\mathrm{d}r} = \frac{\mathrm{d}a}{\mathrm{d}r}r^{1/2} + \frac{a}{2}r^{-1/2}, \quad \frac{\mathrm{d}^2 u}{\mathrm{d}r^2} = \frac{\mathrm{d}^2 a}{\mathrm{d}r^2}r^{1/2} + \frac{\mathrm{d}a}{\mathrm{d}r}r^{-1/2} - \frac{a}{4}r^{-3/2}$$

となることを用いて，代入した結果を整理すると

$$r\frac{\mathrm{d}^2 a}{\mathrm{d}r^2} + \frac{\mathrm{d}a}{\mathrm{d}r} = 0 \tag{4.4.6}$$

となる。整理した結果をよく見ると，$a = a(r)$ の導関数はあるけれども，a 自体は含まれない。したがって，式 (4.4.6) は，導関数を新たな文字で $b = b(r) = a'(r)$ と置くことにより，

$$r\frac{\mathrm{d}b}{\mathrm{d}r} + b = 0 \tag{4.4.6'}$$

という 1 変数の 1 階 ODE に直すことができて，これは変数分離の方法で解ける。解いてみると

1 階に直す
⇒ p. 133

$$b = \frac{B}{r} \quad \text{したがって} \quad a = \int b\,\mathrm{d}r = A + B\log r$$

となって（$A,\,B$ は任意定数），この a を式 (4.4.5) に代入すれば

$$u = (A + B\log r)\,r^{1/2} = A\sqrt{r} + B\sqrt{r}\log r \tag{4.4.7}$$

という解が得られる。

㋑ 解の基底のうち片方は簡単だが他方がやたらに複雑になる例として

$$(1 - z^2)\frac{\mathrm{d}^2 u}{\mathrm{d}z^2} - 2z\frac{\mathrm{d}u}{\mathrm{d}z} + 2u = 0 \tag{4.4.8}$$

という線形同次方程式を考えよう。方程式 (4.4.8) は，

$$u = z \tag{4.4.9}$$

という 1 次式の特解をもつように作ってある。この解をもとに，より一般的な解を $u = az,\ a = a(z)$ と置いて代入すると，

$$(1 - z^2)z\frac{\mathrm{d}^2 a}{\mathrm{d}z^2} + 2(1 - 2z^2)\frac{\mathrm{d}a}{\mathrm{d}z} = 0 \tag{4.4.10}$$

$b = a'(z)$ となり，これも，$b = b(z) = a'(z)$ として

$$(1 - z^2)z\frac{\mathrm{d}b}{\mathrm{d}z} + 2(1 - 2z^2)b = 0 \tag{4.4.10$'$}$$

1 階 ODE   という 1 階 ODE に書き直せる。これを変数分離の方法で解くと

$$b = \frac{B}{z^2(1 - z^2)} \quad \text{(ここで B は任意定数)}$$

という解が得られるので，$a'(z) = b$ に代入し，z で積分して

$$a = B\left(-\frac{1}{z} + \frac{1}{2}\log\frac{1+z}{1-z}\right) + A$$

したがって

$$u = az = Az + B\left(-1 + \frac{z}{2}\log\frac{1+z}{1-z}\right) \tag{4.4.11}$$

という一般解を得る（もちろん $A,\,B$ は任意定数）。

　これらの例に共通することは，既に求まっている解を利用して定数変化
定数変化法   法の形で未知数を置き直すと，式 (4.4.6) や (4.4.10) のように，2 階 ODE
を 1 階 ODE に直して単独で解ける形になることだ。このように，階数
階数低下法   を下げることを狙う定数変化法の応用技を，階数低下法（かいすうていかほう）という。

4-4-B 冪級数による線形同次方程式の解法

一般に，線形同次な ODE は解の基底が見つかれば解ける。しかし，解の基底を推測しようにも，知っている限りの関数をあてはめてもなかなか解が見つからない場合がある。そういう場合の切り札となるのが，解を

$$x = x(t) = a_0 + a_1 t + a_2 t^2 + a_3 t^3 + \cdots = \sum_{m=0}^{\infty} a_m t^m \qquad (4.4.12)$$

のような形で置く，冪級数の方法である。

冪級数の方法
⇒ p. 90

解法の説明のための例題として，既に解が分かっている

$$\frac{\mathrm{d}^2 x}{\mathrm{d}t^2} = 4x \qquad (3.1.14)$$

という ODE を解いてみる。初期条件を $(x, \dot{x})|_{t=0} = (x_0, v_0)$ とした場合の解は，式 (3.3.24) で $C_1 = x_0/2 + v_0/4$, $C_2 = x_0/2 - v_0/4$ として

式 (3.3.24)
⇒ p. 140

$$x = x_0 \cosh 2t + \frac{v_0}{2} \sinh 2t \qquad (4.4.13)$$

で与えられる。この解を冪級数の方法で再現してみよう。

まずは解を式 (4.4.12) のように置き，式 (3.1.14) に代入する。左辺にある導関数は

$$\frac{\mathrm{d}x}{\mathrm{d}t} = \sum_{m=1}^{\infty} m a_m t^{m-1} = \sum_{m=0}^{\infty} (m+1) a_{m+1} t^m$$

$$\frac{\mathrm{d}^2 x}{\mathrm{d}t^2} = \sum_{m=1}^{\infty} (m+1) m a_{m+1} t^{m-1} = \sum_{m=0}^{\infty} (m+2)(m+1) a_{m+2} t^m$$

のように計算できて，これが右辺すなわち $4x$ と等しいのだから，係数比較により

$$(m+2)(m+1) a_{m+2} = 4 a_m \quad (m = 0, 1, 2, \ldots) \qquad (4.4.14)$$

でなければならない。これにより，偶数番と奇数番の a_m の値が，順に

$$a_2 = \frac{4a_0}{2} \qquad\qquad a_3 = \frac{4a_1}{3 \times 2}$$

$$a_4 = \frac{4a_2}{4 \times 3} = \frac{4^2 a_0}{4 \times 3 \times 2} \qquad\qquad a_5 = \frac{4a_3}{5 \times 4} = \frac{4^2 a_1}{5 \times 4 \times 3 \times 2}$$

$$\vdots \qquad\qquad\qquad\qquad \vdots$$

$$a_{2k} = \frac{4a_{2k-2}}{2k(2k-1)} = \frac{4^k a_0}{(2k)!} \qquad a_{2k+1} = \frac{4a_{2k-1}}{(2k+1) \times 2k} = \frac{4^k a_1}{(2k+1)!}$$

と求められる。これを式 (4.4.12) に代入し，$4^k = 2^{2k}$ を用いると

$$x = a_0 \sum_{k=0}^{\infty} \frac{(2t)^{2k}}{(2k)!} + \frac{a_1}{2} \sum_{k=0}^{\infty} \frac{(2t)^{2k+1}}{(2k+1)!} \tag{4.4.15}$$

という級数解が得られる*。ここで初期条件を考慮すると，級数の最初の
ほうの係数が $(a_0, a_1) = (x_0, v_0)$ に決まる。最後に，式 (4.4.15) を

$$\cosh s = \frac{e^s + e^{-s}}{2} = \sum_{k=0}^{\infty} \frac{s^{2k}}{(2k)!}, \quad \sinh s = \frac{e^s - e^{-s}}{2} = \sum_{k=0}^{\infty} \frac{s^{2k+1}}{(2k+1)!}$$

と見比べれば，級数解 (4.4.15) は式 (4.4.13) と一致することが分かる。

別の例として

$$(1-z^2)\frac{\mathrm{d}^2 u}{\mathrm{d}z^2} - 2z\frac{\mathrm{d}u}{\mathrm{d}z} + \mu u = 0 \tag{4.4.16}$$

Legendre の方
程式

式 (4.4.8)
⇒ p. 228

という方程式（<ruby>Legendre<rt>ルジャンドル</rt></ruby> の方程式）を解いてみよう。ここで μ は定数
であり，じつは $\mu = 2$ とすると式 (4.4.16) は式 (4.4.8) になるのだが，
とりあえず μ の値は未定としておく。

方程式 (4.4.16) の解を

$$u = u(z) = b_0 + b_1 z + b_2 z^2 + b_3 z^3 + \cdots = \sum_{m=0}^{\infty} b_m z^m \tag{4.4.17}$$

積の微分
⇒ 巻末補遺

と置いて，式 (4.4.16) に代入してみる。その際の途中の計算を効率的に
行うために，積の微分により

$$(1-z^2)\frac{\mathrm{d}^2 u}{\mathrm{d}z^2} - 2z\frac{\mathrm{d}u}{\mathrm{d}z} = \frac{\mathrm{d}}{\mathrm{d}z}\left\{(1-z^2)\frac{\mathrm{d}u}{\mathrm{d}z}\right\}$$

と書けることに着目し，まず，{ } の中身である $(1-z^2)\mathrm{d}u/\mathrm{d}z$ を

$$\begin{aligned}
(1-z^2)\frac{\mathrm{d}u}{\mathrm{d}z} &= (1-z^2)\sum_{m=0}^{\infty}(m+1)b_{m+1}z^m \\
&= \sum_{m=0}^{\infty}(m+1)b_{m+1}z^m - \sum_{m=0}^{\infty}(m+1)b_{m+1}z^{m+2} \\
&= \sum_{m=0}^{\infty}\left\{(m+1)b_{m+1} - (m-1)b_{m-1}\right\}z^m
\end{aligned}$$

---

　* ここで足し算の項の順序を入れ替えているが，本当は，冪級数などの無限級数では順序
を入れ替えると結果が変わることがあるので，入れ替えても問題が生じないことを確認しなけ
ればならない。そもそも，無限級数には取り扱いに注意を要する点が多々あり，たとえば冪級
数の方法で得られた級数解にしても，それが本当に収束するのかどうか吟味する必要がある。
本書ではこのあたりの説明はほぼ完全に省略しているが，本格的に冪級数を扱う場合には，巻
末に挙げたような参考図書を見て，取扱いに注意を要する点について確認しておいてほしい。

のように計算する[†]。これを利用すると

[式 (4.4.16) の左辺]

$$= \sum_{m=1}^{\infty} \{(m+1)b_{m+1} - (m-1)b_{m-1}\} mz^{m-1} + \mu \sum_{m=0}^{\infty} b_m z^m$$

$$= \sum_{m=0}^{\infty} \{(m+2)(m+1)b_{m+2} - m(m+1)b_m + \mu b_m\} z^m$$

となるから，式 (4.4.16) の等号が成り立つには，$m = 0, 1, 2, \ldots$ に対して

$$(m+2)(m+1)b_{m+2} = \{m(m+1) - \mu\} b_m \qquad (4.4.18)$$

であればいい。定数 μ と，最初のふたつの係数 b_0, b_1 が決まれば，漸化式 (4.4.18) によって，すべての b_m が順番に定まることになる。

　ここで，μ および b_0, b_1 の値を調整して解 $u = u(z)$ が多項式になるようにせよ，という問題を考える。たとえば u を z の 1 次式にするなら

$$b_1 \neq 0, \; b_2 = 0, \; b_3 = 0, \; \ldots$$

ということだから，式 (4.4.18) で $m = 1$ の場合を考えると $\mu = 2$ に決まり，さらに $m = 0$ の場合の式から $b_0 = 0$ に決まる。これにより

$$u = b_1 z \qquad (4.4.9')$$

という解が得られる。一般に，方程式 (4.4.16) が n 次多項式の解をもつようにするには，式 (4.4.18) で $m = n$ とした場合を考えて

$$\mu = n(n+1)$$

とすればいい。得られる解には任意定数がひとつ残るが，この定数は，$u|_{z=1} = 1$ という条件を満たすように定めることにする。こうして得られる n 次多項式は，Legendre 多項式（ルジャンドル）と呼ばれ，電磁気学や量子力学の方程式を球座標で扱う際などに登場する。

　ところで，冪級数（べき）の方法さえあれば，どんな線形同次方程式でも解けるのだろうか？ 残念ながら，答えは "ノー" だ。たとえば

$$r^3 \frac{du}{dr} + u = 0 \qquad (4.4.19)$$

という 1 階の線形同次 ODE は，

多項式

n 次多項式

Legendre 多項式

冪級数の方法の限界

[†] 添字が "範囲外" となる b_{-1} はゼロと見なす。

$$u = c_0 + c_1 r + c_2 r^2 + \cdots = \sum_{m=0}^{\infty} c_m r^m \tag{4.4.20}$$

の形で解を求めようとしても，自明解（$u = 0$）しか得られない。じつは，方程式 (4.4.19) を変数分離の方法で解いてみると

$$u = A \exp\left(-\frac{1}{2r^2}\right) \quad (A \text{ は任意定数}) \tag{4.4.21}$$

特異性　となり，この解は $r = 0$ で特異性をもつので[‡]，式 (4.4.20) の置き方では得られるはずがないことが分かる。このような特異性のある解が出てくる原因は，方程式 (4.4.19) を

$$\frac{\mathrm{d}u}{\mathrm{d}r} = P(r)u, \quad P(r) = -\frac{1}{r^3} \tag{4.4.19'}$$

正規形
⇒ p. 134
という正規形で書いた場合に，右辺の係数となっている $P(r)$ が，冪級数の展開の中心である $r = 0$ で発散するためだ。

　ほかの例を挙げると，

$$\frac{\mathrm{d}^2 u}{\mathrm{d}r^2} + \frac{u}{4r^2} = 0 \tag{4.4.4}$$

あるいは

$$\frac{\mathrm{d}u}{\mathrm{d}r} = \frac{u}{2r} \tag{4.4.22}$$

Euler–
Cauchy 型
⇒ p. 181
のような Euler–Cauchy 型方程式も $r = 0$ に特異性を持つ。そのために，解 $u = u(r)$ も $r = 0$ で特異性を示すので，式 (4.4.20) のような置き方とは相容れない。さらに，方程式 (4.4.4) を少し修正した

$$\frac{\mathrm{d}^2 u}{\mathrm{d}r^2} + \left(\frac{1}{4r^2} + 1\right)u = 0 \tag{4.4.23}$$

のような ODE も，やはり，式 (4.4.20) のような置き方ではうまく解けない。

特異性の程度
　ただ，そうは言っても，式 (4.4.19) と式 (4.4.4) や (4.4.22)(4.4.23) では，特異性の程度に違いがある。同じ 1 階 ODE どうしである式 (4.4.19) と (4.4.22) を比べた場合，前者の係数が -3 乗で発散するのに比べれば，

[‡] ただしこの特異性は少々込み入った説明を要する。実数の範囲で式 (4.4.21) のグラフを描くと非常に滑らかな関数に見えるのだが，それにもかかわらず，$r \to 0$ の極限を複素数の範囲で考えると，式 (4.4.21) の右辺は一定の値に収束しないのだ。このように複素数の変数で見て特異性を示すような関数は，たとえ実数の範囲に限っても Taylor 展開がうまくいかないことが分かっている。

後者の係数の -1 乗という発散は，まだゆるやかである。そして，後者
つまり式 (4.4.22) は Euler–Cauchy 型であり，Euler–Cauchy 型の方程
式の $u = r^\alpha$ という解は，α が自然数とは限らないことさえ除けば，冪
級数の r^m という項の仲間だと考えることができる。このことを考慮し
て，冪級数の形を，式 (4.4.20) の代わりに

$$u = r^\alpha \left(c_0 + c_1 r + c_2 r^2 + \cdots \right) = \sum_{m=0}^{\infty} c_m r^{m+\alpha} \qquad (4.4.24)$$

のように拡張しておけば，Euler–Cauchy 型の解もこれに含まれるし，方
程式 (4.4.23) にも対応できる。

常微分方程式の係数の特異点のうち，Euler–Cauchy 型と同程度の強さ
の特異性をもつものを確定特異点という[3, §4-5]。確定特異点では，冪 　　確定特異点
級数を式 (4.4.24) のように拡張した形で解を求めることができる。

㊟ 細かいことを言えば，拡張された冪級数の方法でも，解の基底がすべ
て求まるとは限らない。しかし，たとえ一つでも解が分かったら，あと
は階数低下法に切り替えることで，原理的には一般解が求められる。

確定特異点をもつ方程式で，物理系工学の問題によく
出てくるのは，Bessel の方程式

$$\frac{\mathrm{d}^2 F}{\mathrm{d}r^2} + r^{-1} \frac{\mathrm{d}F}{\mathrm{d}r} + \left(1 - \frac{n^2}{r^2} \right) F = 0 \qquad (4.4.25)$$

や，その変種である。方程式 (4.4.25) の解は，適当な条
件のもとで $F = c J_n(r)$ の形で得られ（ここで c は任意
定数），$J_n(r)$ は Bessel 関数と呼ばれる。

Bessel の方程
式

Bessel 関数

Bessel 関数を一言で言えば "三角関数が
偉くなったもの" で，グラフを描くと，sin や
cos のように振動する曲線となる（図 4.14）。
詳しくは，いわゆる特殊関数の本[58]を見
ていただきたい。

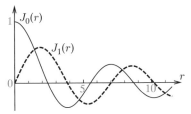

図 4.14　Bessel 関数の例。実線は $J_0(r)$，点
線は $J_1(r)$ で，それぞれ方程式 (4.4.25) で
$n = 0, n = 1$ としたときの解になっている。

練習問題

1. 次の常微分方程式の一般解を求めよ：

$$\frac{\mathrm{d}^2 u}{\mathrm{d}t^2} - 4\frac{\mathrm{d}u}{\mathrm{d}t} + 4u = 0 \tag{4.4.26}$$

$$\frac{\mathrm{d}^2 q}{\mathrm{d}s^2} + 2\frac{\mathrm{d}q}{\mathrm{d}s} + q = 2 \tag{4.4.27}$$

_2._　前の節の練習問題 (p. 225) にあった

$$\frac{\mathrm{d}^2 y}{\mathrm{d}t^2} + \mu\frac{\mathrm{d}y}{\mathrm{d}t} + 4y = 0 \tag{4.3.56}$$

という方程式において，固有方程式の判別式がゼロとなるような μ の値を示し，その場合の解 $y = y(t)$ を求めよ．

_3._　次の常微分方程式の一般解を求めよ：

$$r^2\frac{\mathrm{d}^2 u}{\mathrm{d}r^2} - r\frac{\mathrm{d}u}{\mathrm{d}r} + u = 1 \tag{4.4.28}$$

$$(1+s)^2\frac{\mathrm{d}^2 p}{\mathrm{d}s^2} + 3(1+s)\frac{\mathrm{d}p}{\mathrm{d}s} + p = 0 \tag{4.4.29}$$

$$(1+2t)^2\frac{\mathrm{d}^2 x}{\mathrm{d}t^2} + x = 0 \tag{4.4.30}$$

方程式 (4.2.18) ⇒ p. 193

_4._　方程式 (4.2.18) で初期条件を $z|_{t=0} = 1$ とした場合の解を，冪^{べき}級数の方法で求めよ．この級数解が $e^{i\omega t}$ を表しているものと考え，実部と

Euler の公式

虚部に分けることにより，Euler の公式が導出できることを示せ．

_5._　Legendre の方程式 (4.4.16) が2次多項式の特解をもつように μ の値を定め，その場合の2次多項式の解を求めよ．

方程式 (4.4.23) ⇒ p. 232

_6._　方程式 (4.4.23) の解を式 (4.4.20) の置き方で求めようとしても自明解しか得られないことを確かめよ．式 (4.4.24) のように修正した場合はどうか？

_7._　球状物体の熱伝導の問題では次のような形の方程式が現れる：

$$\frac{\mathrm{d}^2 f}{\mathrm{d}s^2} + \frac{2}{s}\frac{\mathrm{d}f}{\mathrm{d}s} = f \tag{4.4.31}$$

この方程式を冪^{べき}級数の方法で解け．得られた級数解は，よく見ると，見慣れた関数の有限個の組み合わせで書けることを示せ．

_8._　方程式

$$\frac{\mathrm{d}^2 F}{\mathrm{d}r^2} + r^{-1}\frac{\mathrm{d}F}{\mathrm{d}r} + F = 0 \tag{4.4.32}$$

の解のうち，$F|_{r=0} = 1$ を満たすものを，冪^{べき}級数解の形で求めよ．さらに，コンピュータ等で級数を計算し，解 $F = F(r)$ のグラフを作成せよ．

第5章　線形同次でない方程式

前の章では，解の重ね合わせの概念に基づいて方程式を3つのタイプに分類し，そのなかで"線形同次"と呼ばれるタイプの ODE の解法を学んだ。続いて，この章では，残りのふたつのタイプ，すなわち線形非同次 ODE と非線形 ODE について学ぶ。

線形非同次な方程式とは，線形同次方程式に非同次項を加えたものである。たとえば 線形非同次
⇒ p. 169

$$\frac{\mathrm{d}^2 x}{\mathrm{d}t^2} = 8 - 4x \tag{1.1.13}$$

$$\frac{\mathrm{d}y}{\mathrm{d}t} + y = \cos t \tag{2.3.57}$$

の場合，未知数を含まない 8 とか $\cos t$ とかいう項があり，その項を削ると残りは線形同次になる。このような線形非同次な方程式は，極論すれば，線形同次な方程式に小さな修正を加えたものに過ぎないので，解のほうも線形同次 ODE の解を修正した形で求めればよい。

これに対し，非線形方程式とは，読んで字のごとく，線形でない方程式のことだから，線形同次方程式や線形非同次方程式とは全く違うアプローチが必要になる。どう頑張っても解析的に解けない非線形 ODE も多いのだが， 非線形

$$\frac{\mathrm{d}^2 r}{\mathrm{d}t^2} = \frac{1}{r^3} \tag{1.1.30}$$

のような例は，工夫次第で積分に持ち込んで解くことができる。この章の後半では，主に，このような"解ける非線形 ODE"について学ぶ。

5-1　線形非同次方程式

5-1-A　線形非同次方程式の解の仕組みと解法の方針

　線形非同次な方程式とは，前記の式 (1.1.13) や p. 169 の表 4.2 に示した例のような，線形同次方程式に非同次項を加えた形の方程式のことだ。非同次項は，未知数を含まない関数であれば何でもいいし，

$$\text{例}\quad \frac{\mathrm{d}^2x}{\mathrm{d}t^2} + 4x = \alpha + \beta t^3 + \gamma\cos 3t \qquad (\alpha,\ \beta,\ \gamma\ \text{は定数}) \qquad (5.1.1)$$

の右辺のように複数の項の和でもいい。方程式 (5.1.1) の一般解は，C_1，C_2 を任意定数として

$$x = \frac{\alpha}{4} + \beta\left(-\frac{3}{8}t + \frac{1}{4}t^3\right) - \frac{\gamma}{5}\cos 3t + C_1\cos 2t + C_2\sin 2t \qquad (5.1.2)$$

解であること
⇒ p. 13

となる（解であることは代入によって確認できる）。このような解をどうやって求めたらいいか，というのがここでの主な問題である。

線形非同次な方程式における重ね合わせの原理
⇒ p. 171

　方程式 (5.1.1) の非同次項には α, β, γ という係数を含めてある。これらの係数は，一般解 (5.1.2) においてもそのまま係数として現れる（α^2 になったりしない）。特に，非同次項が消える $(\alpha, \beta, \gamma) = (0, 0, 0)$ の場合の解を $x = x_\mathrm{h}$ と書くことにすると[*]，式 (5.1.1) は

$$\frac{\mathrm{d}^2x_\mathrm{h}}{\mathrm{d}t^2} + 4x_\mathrm{h} = 0 \qquad (5.1.3)$$

式 (4.1.16)
⇒ p. 166

という線形同次 ODE になり，その解は，第 4 章の式 (4.1.16) の形で

$$x_\mathrm{h} = \sum_{i=1}^{k} C_i\phi_i = C_1\cos 2t + C_2\sin 2t \qquad (5.1.4)$$

のように書ける。これを，もとの非同次方程式の一般解 (5.1.2) と見比べてみよう。一般解 (5.1.2) は

$$x = x_\mathrm{p} + x_\mathrm{h} = x_\mathrm{p} + \sum_{i=1}^{k} C_i\phi_i \qquad (4.1.20')$$

線形非同次方程式の一般解の形
⇒ p. 169

という，x_p と x_h の足し算の形になっていて，任意定数は x_h の部分にのみ含まれている。任意定数を含まない x_p の部分は，今の場合

$$x_\mathrm{p} = \frac{\alpha}{4} + \beta\left(-\frac{3}{8}t + \frac{1}{4}t^3\right) - \frac{\gamma}{5}\cos 3t$$

---

　[*]　添字 h は "homogeneous"（同次）の頭文字である。

である（係数 α, β, γ は任意ではないことに注意）。この x_p は線形非同
次方程式 (5.1.1) の特解（particular solution）であり，一般解 x と区別　　特解
するため，右下に p をつけて示している。いちいち「非同次方程式の特　　⇒ p. 159
解」と書くのが面倒な場合の略し方としては，p. 169 で述べたとおり，
本書では（単なる "特解" ではなく）非同次特解と呼ぶことにする。

　さて，線形非同次方程式 (5.1.1) の解 x が，非同次特解 x_p と，線形
同次方程式の解 x_h との和で書けることを見た。このことは，式 (5.1.1)
に限らず，あらゆる線形非同次方程式で成り立つ。これを確かめるため，
線形非同次方程式を，なるべく一般的な形で書こう。ここでは

$$\hat{L}x = f \qquad (5.1.5)$$

と書くことにする。ここで $\hat{L}$ は何らかの演算子であり[†]，なおかつ　　演算子
　　　　　　　　　　　　　　　　　　　　　　　　　　　　　　　　　⇒ p. 30
$$\hat{L}(c_1 x_1 + c_2 x_2) = c_1 \hat{L}x_1 + c_2 \hat{L}x_2 \qquad (3.1.35')$$

という，掛け算で言えば分配法則にあたる性質（線形性）を持つものと　　線形性
する。右辺の f は非同次項をあらわす既知関数である。　　　　　　　　⇒ p. 111

　線形非同次方程式 (5.1.5) の一般解を求めるには，まず，何らかの手段で，
方程式 (5.1.5) の解をひとつ見つける。これが非同次特解 x_p である。特　　非同次特解 x_p
解も解のうちだから

$$\hat{L}x_\mathrm{p} = f \qquad (5.1.6)$$

が成り立っているはずで，こうなるような x_p を何とかして見つける。

　もちろん，式 (5.1.6) を満たす x_p が見つかっても，これだけでは任意
定数が含まれず，一般解にはならない。そこで，一般解 x を求めるため　　一般解 x
に，式 (5.1.5) から式 (5.1.6) を辺々引く。右辺どうしの差はゼロであり，
$$\begin{aligned} &\ \hat{L}x = f \\ -)\ &\ \hat{L}x_\mathrm{p} = f \\ \hline \end{aligned}$$
左辺どうしの差は，演算子 $\hat{L}$ の線形性を用いて $\hat{L}(x - x_\mathrm{p})$ の形にまとめ　$\hat{L}(x - x_\mathrm{p}) = 0$
られる。そこで，左辺に現れる $x - x_\mathrm{p}$ に着目し，

$$x - x_\mathrm{p} = x_\mathrm{h} \quad\text{すなわち}\quad x = x_\mathrm{p} + x_\mathrm{h} \qquad (4.1.21)$$

と置く。そうすれば，式 (5.1.5) と式 (5.1.6) の差は

$$\hat{L}x_\mathrm{h} = 0 \qquad (5.1.7)$$

[†]　たとえば式 (1.1.13) や (5.1.1) の場合は $\hat{L} = (\mathrm{d}/\mathrm{d}t)^2 + 4$ となる。なお，演算子を扱
う際には，p. 31 で説明したような "演算子の視野" のことを忘れてはならない。

という線形同次 ODE になるので，これを解いて x_h を求めればいい。こうして，線形非同次方程式 (5.1.5) の一般解 x を，式 (4.1.21) のような x_p と x_h の和の形で組み立てることができる。

㉘ 次の線形非同次 ODE の一般解を求める問題を考える：

$$\frac{\mathrm{d}y}{\mathrm{d}t} + y = \cos t \tag{2.3.57}$$

非同次特解 y_p　　ここで，何らかの方法により，$y_\mathrm{p} = \frac{1}{2}(\cos t + \sin t)$ を y に代入すれば左辺と右辺が等しくなることが突き止められたとしよう。これは

$$\frac{\mathrm{d}y_\mathrm{p}}{\mathrm{d}t} + y_\mathrm{p} = \cos t \tag{5.1.8}$$

となるような y_p が見つかったことを意味する。

一般解 y　　　　　一般解 y を求めるために，式 (2.3.57) から式 (5.1.8) を辺々引くと

$$\frac{\mathrm{d}y_\mathrm{h}}{\mathrm{d}t} + y_\mathrm{h} = 0 \qquad (y_\mathrm{h} = y - y_\mathrm{p}) \tag{5.1.9}$$

線形性　　　　　となる（ここで線形性が効いている）。この線形同次 ODE の解は，A を任意定数として $y_\mathrm{h} = Ae^{-t}$ となるので，これから

$$y = y_\mathrm{p} + y_\mathrm{h} = \frac{1}{2}(\cos t + \sin t) + Ae^{-t} \tag{5.1.10}$$

により，もとの方程式 (2.3.57) の一般解が求められる。

　　さらに，もし初期条件が与えられているなら，y が初期条件を満たすように A を定める。たとえば $y|_{t=0} = 3$ の場合は $A = 5/2$ とすればいい[‡]。

　　さて，上記の手順のなかで，明らかに難しいのは（"何らかの手段で"という）最初のステップなので，ここのやりかたを考えなければならない。ただしもちろん式 (1.1.13) の場合などは簡単で，非同次特解 x_p は定数となることが予想できるから，

式 (1.1.13) の場合
⇒ p. 212

$$4x_\mathrm{p} = 8 \quad \text{したがって} \quad x_\mathrm{p} = 2$$

式 (5.1.1)
⇒ p. 236

で片付けられる。しかし式 (2.3.57) や式 (5.1.1) のように非同次項が定数以外のものを含む場合は，非同次特解も定数にはならないだろうから，求め方を工夫する必要がある。

――――――――――――

[‡] 間違って $A = 3$ などとしないこと。初期条件を $y = y_\mathrm{p} + y_\mathrm{h}$ に対して課すべきところを，早まって y_h が単独で初期条件を満たすものと勘違いすると，最終的な y が初期条件を満たさなくなってしまう。

非同次特解を求める主な方法としては次のようなものがある：

- 解の形を推測して代入
- Laplace変換
- 定数変化法

これらの方法を，いきなり2階の方程式 (5.1.1) の場合に説明するのは面倒が多いので，このあとの説明では，主に

$$⑩ \quad \frac{\mathrm{d}x}{\mathrm{d}t} = \lambda x + \mu \tag{5.1.11}$$

の形の1階 ODE を用いて考え方を示すことにする．もし λ も μ も定数ならば，方程式 (5.1.11) は簡単に解けて[§]，解は（A を任意定数として）

$$x = x_{\mathrm{p}} + x_{\mathrm{h}}, \quad x_{\mathrm{h}} = A e^{\lambda t}, \quad x_{\mathrm{p}} = -\frac{\mu}{\lambda} \tag{2.3.35'}$$

と書ける．問題は $\lambda = \lambda(t)$ とか $\mu = \mu(t)$ の場合なのだが[¶]，その説明に進む前に，まずは，簡単な制御工学の問題で式 (2.3.35') の形の解が出てくる例を見てみよう．

> ㊟ 線形非同次方程式の解法について論じる場合には，本来 "線形同次方程式" とか "線形非同次方程式" とか言うべきところを，"線形" という語を省いて「同次方程式」「非同次方程式」と言うことが多い．文脈によって線形方程式の話だと分かるからだ．ただし，非線形 ODE にも「同次型」というものがあるので (p. 274)，それと混同しないように注意する必要がある．
>
> なお，本によっては（線形）同次という意味で「斉次」という語を用いていることもある[3, 4]．

同次・非同次

5-1-B 応用：速度の制御

物理工学的な問題で線形非同次 ODE が出てくる代表的な例のひとつに，機械や電気回路などの制御の問題[21, 33]がある．ここでは，

制御

$$m \frac{\mathrm{d}v}{\mathrm{d}t} = -\gamma v + F \tag{5.1.12}$$

という運動方程式に従う物体の速度を制御する問題について考えてみよう．簡単化のため，速度 $v = v(t)$ は各瞬間で自由に測定でき，駆動力

[§] 変数分離の方法で直接解いてもいいし，非同次特解を定数として推測する方法でもいい．

[¶] たとえば，p. 238 の式 (2.3.57) は $\lambda = -1$，$\mu = \cos t$ の場合に相当し（もちろん x と y は互いに読み替える），μ が定数にならない．

$F = F(t)$ は好きなように入力できるものとする。さらに，質量 m も抵抗係数 γ も定数である（時刻 t や速度 v によって変化しない）とする。

目標値 V　ここで次の問題を考える：速度 v を目標値 V に持っていくためには，駆動力 F をどのように設定したらいいだろうか？

最も安直な方法としては，v の測定データを完全に無視し，F を

$$F = \gamma V \tag{5.1.13}$$

という一定値に設定することが考えられる。このように，v の測定データを使わずに F を勝手に与える方式（フィードフォワード制御）の場合，F は既知だから，運動方程式 (5.1.12) を，式 (5.1.5) にならって

$$\left(m\frac{\mathrm{d}}{\mathrm{d}t} + \gamma \right) v = F \tag{5.1.12'}$$

という形に書いて解けばいい。対応する同次方程式とその解 v_h は

$$\left(m\frac{\mathrm{d}}{\mathrm{d}t} + \gamma \right) v_\mathrm{h} = 0 \quad \text{したがって} \quad v_\mathrm{h} = A\exp\left(-\frac{\gamma}{m}t \right)$$

となり（A は任意定数），他方，F を式 (5.1.13) のように定数で与えた場合の非同次特解は，定数 $v_\mathrm{p} = V$ となる。したがって，この場合の解は

$$v = V + A\exp\left(-\frac{\gamma}{m}t \right) \tag{5.1.14}$$

となり（初速度を v_0 とすれば $A = v_0 - V$），m/γ よりも長い時間が経過すれば，解は運動方程式の固定点である $v \to v_\mathrm{p} = V$ に収束する。

ただしもちろん，この制御方式には改善の余地がある。問題点のひとつは，時定数 m/γ が運動方程式に任せきりということで，これでは遅すぎる場合もあるかもしれない[‖]。さらに問題なのは，入力 $F = \gamma V$ で想定している γ の値と実際の抵抗係数の値がずれている場合に，その影響を直接受けてしまうことだ。たとえば，抵抗係数の実際の値が γ でなく γ' だった場合，運動方程式は

$$m\frac{\mathrm{d}v}{\mathrm{d}t} = -\gamma'v + \gamma V \tag{5.1.15}$$

となり，固定点は V でなく $(\gamma/\gamma')V$ に変わる。つまり狙いどおりの速度 V に収束させることができず，ずれが生じてしまう。

[‖]　それでも，今の場合のように 1 自由度系で $\gamma > 0$ と分かっている場合はまだいい。多自由度系の場合には γ に相当する行列の固有値に負のものが含まれる可能性があり，そうなると目も当てられないことになる。

左欄外注記：
- 目標値 V
- フィードフォワード制御
- 固定点 ⇒ p. 148
- フィードフォワード制御の問題点
- 時定数 ⇒ p. 137

そこで, v の測定値を F にフィードバックしてみよう. 具体的には, $v < V$ なら F を γV より大きくして加速し, 逆に $v > V$ なら F を γV より小さくして減速すればいいから, 適当な係数 $k\,(\,>0)$ を導入し

フィードバック ⇒ p. 218

$$F = \gamma V + f, \qquad f = k(V - v) \tag{5.1.16}$$

とすればいいだろう. これを物体の運動方程式 (5.1.12) に代入すると

$$m\frac{\mathrm{d}v}{\mathrm{d}t} = -\gamma v + \gamma V + f \tag{5.1.17a}$$

$$= (k + \gamma)(V - v) \tag{5.1.17b}$$

となり, これも k が定数なら簡単に解けて, 初速度 v_0 の場合の解は

$$v = V + (v_0 - V)\exp\left(-\frac{k + \gamma}{m}t\right) \tag{5.1.18}$$

となる. 時定数は $m/(k + \gamma)$ となり, m/γ よりも小さい (速応性が良い). また運動方程式 (5.1.12) のなかの抵抗係数が γ から γ' にずれた場合の影響も, 残念ながらゼロにはならないけれども, フィードバックなしの場合よりは軽減される.

時定数
速応性

ところで k はどれくらいの値にするのがいいのだろうか? この値の良し悪しを判定するための基準として, まず

k の最適値を探すための指標

$$J_v = \int_0^T (v - V)^2 \mathrm{d}t, \quad J_f = \int_0^T f^2 \mathrm{d}t$$

を定義する. ここで T は制御に使える時間の長さであり, J_v は目標値と v の不一致を示す指標, J_f は制御のために f に費やしたコストの指標で, どちらの指標もゼロに近いほど好ましい. 続いて,

$$J = QJ_v + RJ_f = \int_0^T \left\{Q(v - V)^2 + Rf^2\right\}\mathrm{d}t \tag{5.1.19}$$

のように J_v と J_f を適当な重み ($Q > 0$, $R > 0$) で足し合わせた評価関数 J を定義する. 一般に, 与えられた評価関数を最小にする制御の仕方を見つける問題を最適制御の問題といい, 特に式 (5.1.19) のような二次形式の評価関数を用いる場合には LQ 最適制御 [13, 33] という. ここでは, Q も R も定数だとして, 式 (5.1.19) の J を最小化するような k を見つける LQ 最適制御の問題を考えることにする.

評価関数

最適制御

簡単化のため, 制御に使える時間は無制限 ($T \to \infty$) と仮定し, また k は定数だとして, 解 (5.1.18) および $f = k(V - v)$ を評価関数の各項に代入して積分を計算する. 計算結果は, $\tau = m/(k + \gamma)$ として

$$J_v = \int_0^\infty (v_0 - V)^2 \, e^{-2t/\tau} \mathrm{d}t = \frac{m}{2(k + \gamma)} (v_0 - V)^2 \qquad (5.1.20\mathrm{a})$$

$$J_f = \int_0^\infty k^2 (v_0 - V)^2 \, e^{-2t/\tau} \mathrm{d}t = \frac{mk^2}{2(k + \gamma)} (v_0 - V)^2 \qquad (5.1.20\mathrm{b})$$

となり，したがって，評価関数が，

$$J = J(k) = \frac{m}{2} (v_0 - V)^2 \frac{Q + Rk^2}{k + \gamma} \qquad (5.1.21)$$

最小化 という k の式の形で求められる。この値を最小化するように k を決めればいい。そのような k の候補は $\mathrm{d}J/\mathrm{d}k = 0$ の解で与えられ，整理すると

$$R(k^2 + 2\gamma k) = Q \qquad (5.1.22)$$

という 2 次方程式になる。方程式 (5.1.22) は正と負の根をもち，このうち正のほうの根

$$k = -\gamma + \sqrt{\frac{Q}{R} + \gamma^2} \qquad (5.1.23)$$

最適な k の値 は確かに $0 < k < \infty$ の範囲での J の最小値を与えるので，これが最適な k の値ということになる。

> ㊟ ここでは説明のために 1 変数の系を扱ったが，実際の系で多数の変数に対する最適制御を行うためには，式 (5.1.22) を多変数に拡張したものが必要となる。たとえば機械学会の教科書[33, p.171] や，巻末に示した参考図書を参照されたい。

5-1-C 定数変化法と応答関数

ここからは，

$$\frac{\mathrm{d}x}{\mathrm{d}t} = \lambda x + \mu \qquad (5.1.11)$$

の形に書ける線形非同次 ODE で，$\lambda = \lambda(t)$ や $\mu = \mu(t)$ が定数関数とは限らない場合について考察しよう。具体例を挙げると

$$\frac{\mathrm{d}y}{\mathrm{d}t} = 2y + e^{2t} \qquad (2.3.27)$$

$$\frac{\mathrm{d}f}{\mathrm{d}r} = -\frac{f}{r} + r \qquad (2.3.38')$$

あるいは

$$\frac{\mathrm{d}x}{\mathrm{d}t} + x = t \tag{5.1.24}$$

$$\frac{\mathrm{d}y}{\mathrm{d}t} + y = e^{-2t} \tag{5.1.25}$$

$$\frac{\mathrm{d}z}{\mathrm{d}t} + z = \tanh t \tag{5.1.26}$$

のようなものを解く方法を考えることになる。

　線形非同次方程式 (5.1.11) は，定数変化法によって，面倒ではあるが　　**定数変化法**
確実に解くことができる。この解法は，既に pp. 83–84 で具体例を挙げ
て紹介しているが，以下では，より抽象的かつ明確な形で（つまり具体　　**抽象的**
例に頼らずに），改めて定数変化法について説明する。

　方程式 (5.1.11) を定数変化法で解くには，まず，対
応する同次方程式

$$\frac{\mathrm{d}x_{\mathrm{h}}}{\mathrm{d}t} = \lambda x_{\mathrm{h}} \tag{5.1.27}$$

を解く。同次方程式の解が

$$x_{\mathrm{h}} = A\phi(t) \qquad (A \text{ は任意定数}) \tag{5.1.28}$$

だったとしよう。これをもとに，非同次方程式 (5.1.11) の解を

$$x = a\phi(t), \quad a = a(t) \tag{5.1.29}$$

と置き*，方程式 (5.1.11) の両辺に代入する（積の微分の計算に注意）：　　**積の微分**

$$[\text{式} (5.1.11) \text{ の左辺}] = \frac{\mathrm{d}}{\mathrm{d}t}(a\phi) = \frac{\mathrm{d}a}{\mathrm{d}t}\phi + a\frac{\mathrm{d}\phi}{\mathrm{d}t}$$

$$[\text{式} (5.1.11) \text{ の右辺}] = \lambda a\phi + \mu$$

ここで ϕ は同次方程式 (5.1.28) の解だから $\mathrm{d}\phi/\mathrm{d}t = \lambda\phi$ が成り立って
いるはずで，そのことを踏まえて左辺と右辺を比較する。その結果，生
の a を含む項は消えて

$$\phi\frac{\mathrm{d}a}{\mathrm{d}t} = \mu \tag{5.1.30}$$

だけが残る。これは未知数 a が一箇所にしかないので容易に解けて[†]

---

　*　同次方程式の解 (5.1.28) をそのまま非同次方程式 (5.1.11) に代入したらダメで，定数
A を $a = a(t)$ に置き換えることを宣言しなければならない。この宣言を忘れ，本人も $a = A$
だと思い込んだまま計算して行き詰まるという答案がよくあるので，注意しよう。

　[†]　ここで容易と言っているのは，式 (5.1.31) の形まではすぐに持ち込めるという意味であ
る。そのあとの積分の計算が簡単か難しいかまでは一概には言えない。

$$a = \int \frac{\mu(t)}{\phi(t)} \mathrm{d}t \tag{5.1.31}$$

の形で解が求められる。式 (5.1.31) の右辺の不定積分を計算した結果を，

$$a = a(t) = R(t) + A \qquad (A \text{ は積分定数})$$

と書くことにすれば，非同次方程式 (5.1.11) の解が

$$x = \{R(t) + A\}\,\phi(t) = x_\mathrm{p} + A\phi(t), \quad x_\mathrm{p} = R(t)\phi(t) \tag{5.1.32}$$

の形で得られる。この解は，非同次特解 $x_\mathrm{p} = R\phi$ と，同次方程式の一般解 $x_\mathrm{h} = A\phi$ との和の形になっていることにも注意しよう。

式 (2.3.38′)
⇒ p. 242

> ㊟ 式の形によっては，定数変化法の手続きを省略して，いきなり不定積分に持ち込める場合がある。たとえば式 (2.3.38′) は，p. 85 の式 (2.3.38) の形に変形できて，ここで式 (2.3.38) の左辺が積の微分になっていることを見抜けば，ただちに不定積分によって解が得られる。

定数変化法で方程式 (5.1.11) を解く手順は，一般論としては上記のとおりでよいが，たとえば式 (5.1.24)–(5.1.26) のように，同次方程式の部分が同じで非同次項だけが異なる方程式をまとめて扱いたい場合など，似たような計算を繰り返すことになり面倒である。

式 (5.1.24)
式 (5.1.25)
式 (5.1.26)
⇒ p. 243

このような場合の便宜を考えて，定数変化法の結果を公式として整理してみよう[‡]。そのために，まずは不定積分 (5.1.31) を定積分の形で書く：

不定積分を定積
分の形で書く
⇒ p. 44

$$a = a(t) = a_0 + \int_{t_0}^{t} \frac{\mu(\tau)}{\phi(\tau)} \mathrm{d}\tau \tag{5.1.31′}$$

これを式 (5.1.29) に代入し，$G(t,\tau) = \phi(t)/\phi(\tau)$ と置くと，解 x は

$$x = a_0 \phi(t) + \int_{t_0}^{t} G(t,\tau)\mu(\tau)\mathrm{d}\tau \tag{5.1.33}$$

の形に表せることが分かる。最初の項 $a_0\phi(t)$ は同次方程式の解であり，その係数 a_0 は，式 (5.1.33) で $t = t_0$ として得られる

$$x|_{t=t_0} = a_0\phi(t_0)$$

という式を見れば，μ とは全く無関係に x の初期値 $x|_{t=t_0} = x_0$ によって決まることが分かる。他方，式 (5.1.33) の右辺第 2 項は，非同次項 μ

[‡] 公式というと丸暗記したくなるかもしれないが，ここでの結果は，定数変化法で何度も計算しているうちに自然に覚えてしまう類のものなので，無理に丸暗記する必要はない。

の影響 $G(t,\tau)\mu(\tau)\Delta\tau$ を初期時刻から現在まで積算する形で，μ に対する応答（response）を表す非同次特解となっており，こちらは初期値 x_0 とは無関係である。つまり，式 (5.1.33) の形は，

[非同次方程式の解] = [初期値に対する応答] + [非同次項に対する応答]

という意味づけができる形であり，この意味づけを生かした解析をしたい場合に役に立つ。右辺第 2 項の G は，応答関数あるいはインパルス応答などと呼ばれる。

応答

応答関数

> (注) インパルス応答という名前は，式 (5.1.11) で $\mu = \mu(t)$ を撃力とした
>
> $$\left(\frac{\mathrm{d}}{\mathrm{d}t} - \lambda\right)x = \mu = I_0\delta(t - t_*), \quad x|_{t=t_0} = 0 \quad (t_0 < t_*)$$
>
> という初期値問題の解が，$t > t_*$ において $x = I_0 G(t, t_0)$ で与えられることに由来する。ここで $\delta(t - t_*)$ はデルタ関数[59]といって，雑な言い方をすると，刻み Δt で離散化したときに
>
> $$\delta(t_j - t_*)\Delta t = \begin{cases} 1 & (t_j = t_*) \\ 0 & (\text{それ以外}) \end{cases} \tag{5.1.34}$$
>
> となるような超関数である。

撃力

デルタ関数
離散化
⇒ p. 34

超関数

式 (5.1.33) のような応答関数を用いた非同次方程式の解の公式を，Duhamel の公式と呼ぶことがある[61, §7-7]。Duhamel の公式は，非同次項 μ の中身は複雑だけれども λ は簡単な式（定数関数など）だと分かっている場合に特に便利である。たとえば λ が定数なら，応答関数は $G(t,\tau) = e^{\lambda(t-\tau)}$ となり，公式 (5.1.33) は，より具体的に

Duhamel の公式

$$x = x_0 e^{\lambda t} + \int_0^t e^{\lambda(t-\tau)}\mu(\tau)\mathrm{d}\tau \tag{5.1.33'}$$

と書ける（簡単化のため $t_0 = 0$ とした）。もともと 2 変数の関数だった応答関数が，この場合，実質的に $t - \tau$ という 1 変数の関数となることにも注目しよう。

> (注) 式 (5.1.33') あるいはその多変数への拡張版は，制御工学や物性物理学でよく用いられる式である。さらに，電磁気学や伝熱工学や高粘性流体力学などでは，線形の偏微分方程式で記述される場の応答を扱うので，式 (5.1.33) の偏微分方程式バージョンが用いられる。

場
⇒ p. 11

それでは，式 (2.3.27) や式 (5.1.24)–(5.1.26) のように $\mu = \mu(t)$ が具体的に与えられた場合について，応答関数を用いて非同次特解を計算してみよう。なお，簡単化のため $t_0 = 0$ とする。

方程式 (2.3.27)
⇒ p. 242

㉕ 非同次方程式 (2.3.27) の特解を求めよ。

⇒求める特解を z_p と書こう。応答関数は $G(t, \tau) = e^{2(t-\tau)}$ となり，これと非同次項 $\mu(t) = e^{2t}$ を式 (5.1.33) の右辺第 2 項に代入して

$$z_\mathrm{p} = \int_0^t e^{2(t-\tau)} \mu(\tau)\mathrm{d}\tau = \int_0^t e^{2(t-\tau)} e^{2\tau}\mathrm{d}\tau = e^{2t}\int_0^t \mathrm{d}\tau = te^{2t} \tag{5.1.35}$$

表 4.2
⇒ p. 169

を得る。この特解は表 4.2 に示した一般解と確かに整合する。

式 (5.1.24)
式 (5.1.25)
式 (5.1.26)
⇒ p. 243

㉕ 非同次方程式 (5.1.24)–(5.1.26) の特解を求めよ。

⇒これらの ODE は同次方程式の部分が同じなので，応答関数も同じで $G(t, \tau) = e^{-(t-\tau)}$ となる。これを用いて積分を計算し

$$[式 (5.1.24) の非同次特解] = t - 1 + e^{-t} \tag{5.1.36}$$

$$[式 (5.1.25) の非同次特解] = -e^{-2t} + e^{-t} \tag{5.1.37}$$

$$[式 (5.1.26) の非同次特解] = 1 + e^{-t}\left(\frac{\pi}{2} - 1 - 2\tan^{-1} e^t\right) \tag{5.1.38}$$

を得る。

5-1-D　特解の推測による解法

定数変化法あるいは Duhamel の公式は，確実ではあるが，積分の計算が大変だ。他方，非同次項の形が多項式とか指数関数とかいった簡単な関数で，なおかつ同次方程式の部分も定数係数などの簡単な形だと，非同次特解の形を推測できることがある。推測できるものは推測して代入し，等号を成立させれば，それで非同次特解としては十分であるはずだ。そのあと一般解を求めるには p. 237 の筋書きに従えばいい。

非同次特解の形
を推測

方程式 (5.1.24)
⇒ p. 243

㉕ 方程式 (5.1.24) の場合，非同次項が多項式であることに対応して，非同次特解のほうも多項式で推測すればいい。上記で求めた非同次特解 (5.1.36) は確かにこの形である。ただし，e^{-t} の部分は同次方程式の解に含まれるので，ここでは棚上げしてよい。

試しに，式 (5.1.36) を知らないものとして

$$x_\mathrm{p} = c_0 + c_1 t \qquad (c_0,\ c_1 は定数) \tag{5.1.39}$$

と推測してみる。この x_p を方程式 (5.1.24) の x に代入すると

$$[\text{式 (5.1.24) の左辺}] = c_1 + c_0 + c_1 t, \quad [\text{式 (5.1.24) の右辺}] = t$$

だから，両辺が恒等的に等しくなるためには

$$\begin{cases} c_0 + c_1 = 0 \\ \qquad c_1 = 1 \end{cases} \quad \text{すなわち} \quad c_0 = -1, \; c_1 = 1$$

であればいい。これから $x_\mathrm{p} = -1 + t$ を得る。

㋑ 非同次項が，$\beta\,(\neq 1)$ を定数として

$$\frac{\mathrm{d}y}{\mathrm{d}t} + y = e^{-\beta t} \tag{5.1.40}$$

のように指数関数で与えられているとする。この非同次項に対応する特解を $y_\mathrm{p} = c\,e^{-\beta t}$（ここで c は定数）と推測して代入すると

$$(-\beta + 1)c\,e^{-\beta t} = e^{-\beta t} \quad \text{したがって} \quad c = \frac{1}{1 - \beta}$$

に決まる。こうして非同次特解 y_p が得られ，一般解は

$$y = y_\mathrm{p} + y_\mathrm{h} = \frac{1}{1 - \beta} e^{-\beta t} + Ae^{-t} \tag{5.1.41}$$

となる。ここで A は初期条件から決まるべき任意定数だが，c のほうは任意ではなく，既に決まっていることに注意しよう。

$c = 1/(1 - \beta)$
は任意ではない

　なお，方程式 (5.1.40) で $\beta = 2$ としたものが式 (5.1.25) なので，ここで得られた y_p で $\beta = 2$ とすれば式 (5.1.25) の特解になるはずだ。実際，応答関数を用いて求めた特解 (5.1.37) と見比べると，同次方程式の解 e^{-t} の部分を除いて一致していることが分かる。

式 (5.1.25)
⇒ p. 243

特解 (5.1.37)
⇒ p. 246

㋑ 非同次特解を推測して代入する方法は，変数が 2 個以上の場合にも使えるが，そうすると求めるべき定数の個数が必然的に増えるから，行列などの線形代数の技をうまく利用すると便利である。たとえば

行列

$$\frac{\mathrm{d}}{\mathrm{d}t}\begin{bmatrix} x \\ y \end{bmatrix} = \begin{bmatrix} 5x + y + 17 \\ 3x + 7y + 23 \end{bmatrix} = \begin{bmatrix} 5 & 1 \\ 3 & 7 \end{bmatrix}\begin{bmatrix} x \\ y \end{bmatrix} + \begin{bmatrix} 17 \\ 23 \end{bmatrix} \tag{3.3.68$'$}$$

のような場合，非同次特解は定数（つまり固定点）だろうと推測し，

固定点
⇒ p. 148

$$\begin{bmatrix} 5 & 1 \\ 3 & 7 \end{bmatrix}\begin{bmatrix} x_\mathrm{p} \\ y_\mathrm{p} \end{bmatrix} + \begin{bmatrix} 17 \\ 23 \end{bmatrix} = \begin{bmatrix} 0 \\ 0 \end{bmatrix}$$

を満たす $(x_\mathrm{p}, y_\mathrm{p})$ をさがす。この方程式は，今の場合，逆行列を用いて以下のように解くことができる：

$$\begin{bmatrix} x_\mathrm{p} \\ y_\mathrm{p} \end{bmatrix} = \begin{bmatrix} 5 & 1 \\ 3 & 7 \end{bmatrix}^{-1} \begin{bmatrix} -17 \\ -23 \end{bmatrix} = \begin{bmatrix} 7/32 & -1/32 \\ -3/32 & 5/32 \end{bmatrix} \begin{bmatrix} -17 \\ -23 \end{bmatrix} = \begin{bmatrix} -3 \\ -2 \end{bmatrix}$$

㊟ これで行き詰まった場合は，非同次特解の推測をやりなおす。

㊷ 非同次項が三角関数になっている

$$\frac{\mathrm{d}x}{\mathrm{d}t} + x = F_0 \sin 5t \tag{5.1.42}$$

のような例について考えてみよう（F_0 は定数）。おそらく非同次特解も同じ振動数の三角関数だろうと予想されるので，

$$x_\mathrm{p} = P \cos 5t + Q \sin 5t \qquad (P,\ Q \text{ は定数}) \tag{5.1.43}$$

と置いて代入してみる。すると

$$[\text{式 (5.1.42) の左辺}] = (P + 5Q) \cos 5t + (-5P + Q) \sin 5t$$

となる。これが式 (5.1.42) の右辺と恒等的に等しくなるには

$$\begin{cases} P + 5Q = 0 \\ -5P + Q = F_0 \end{cases} \quad \text{すなわち} \quad \begin{bmatrix} 1 & 5 \\ -5 & 1 \end{bmatrix} \begin{bmatrix} P \\ Q \end{bmatrix} = \begin{bmatrix} 0 \\ F_0 \end{bmatrix}$$

であればいい。これを解いて

$$\begin{bmatrix} P \\ Q \end{bmatrix} = \begin{bmatrix} 1 & 5 \\ -5 & 1 \end{bmatrix}^{-1} \begin{bmatrix} 0 \\ F_0 \end{bmatrix} = \begin{bmatrix} -(5/26)F_0 \\ F_0/26 \end{bmatrix}$$

したがって

$$x_\mathrm{p} = \frac{F_0}{26} \left(-5 \cos 5t + \sin 5t \right) \tag{5.1.44}$$

という非同次特解を得る。

初期条件

㊟ 式 (5.1.43) は一般解を求めているわけではない。そのため，初期条件を式 (5.1.42) に追加した初期値問題の場合，非同次特解 (5.1.44) をそのまま x としたのでは，初期条件を満たすことができない。この場合は，別途（p. 238 の例題と同じように考えて）同次方程式の解 x_h を求め，$x = x_\mathrm{p} + x_\mathrm{h}$ が初期条件を満たすようにすればいい。

特解の推測が失敗する場合

なお，非同次特解を定数や指数関数や三角関数で推測して代入すると，ちょうど同次方程式の解と一致してしまって左辺がゼロになり，うまくいかないことがある。たとえば式 (5.1.40) で $\beta = 1$ だとそういうことが

起きる。そういうときは推測をやりなおすべきで，定数係数 ODE の場合は，同次方程式の解に t や t^2 を掛けたものを試すとよい。どうしてもダメならば，推測をあきらめ，最後の手段として定数変化法を用いる。

同次方程式の解に t や t^2 を掛けたものを試す

定数変化法

5-1-E　応用：強制振動

振動工学や電気回路の理論では，たとえば

$$\frac{\mathrm{d}^2 x}{\mathrm{d}t^2} + 2\frac{\mathrm{d}x}{\mathrm{d}t} + 2x = 3\cos t + 4\sin t \qquad (5.1.45)$$

のような強制振動の方程式がよく登場する。この方程式の非同次特解を求めてみよう。

強制振動

方程式 (5.1.45) の非同次特解を見つけるには，式 (5.1.42) の場合と同様に，非同次項が三角関数なら非同次特解も三角関数だろうと予想して

$$x_\mathrm{p} = P\cos t + Q\sin t \qquad (P,\ Q\ は定数) \qquad (5.1.46)$$

と置いて代入する。代入した結果が t の恒等式になるという条件から，係数比較により

$$\begin{bmatrix} 1 & 2 \\ -2 & 1 \end{bmatrix} \begin{bmatrix} P \\ Q \end{bmatrix} = \begin{bmatrix} 3 \\ 4 \end{bmatrix} \qquad (5.1.47)$$

という方程式が成り立てばいいことが分かり，これを解いて

$$\begin{bmatrix} P \\ Q \end{bmatrix} = \begin{bmatrix} 1 & 2 \\ -2 & 1 \end{bmatrix}^{-1} \begin{bmatrix} 3 \\ 4 \end{bmatrix} = \begin{bmatrix} -1 \\ 2 \end{bmatrix} \quad したがって \quad x_\mathrm{p} = -\cos t + 2\sin t \qquad (5.1.48)$$

を得る[§]。

より計算量の少ない解法として，p. 210 で扱った "実数化" の逆の形で

"実数化" の逆

$$[式 (5.1.45) の右辺] = 3\cos t + 4\sin t = \mathrm{Re}\left\{(3-4\mathrm{i})e^{\mathrm{i}t}\right\} \qquad (5.1.49)$$

と書けることに着目し，式 (5.1.45) の代わりに

$$\frac{\mathrm{d}^2 z}{\mathrm{d}t^2} + 2\frac{\mathrm{d}z}{\mathrm{d}t} + 2z = (3-4\mathrm{i})\,e^{\mathrm{i}t} \qquad (5.1.50)$$

を解く方法がよく知られている。狙いは，z の複素共役を z^* とすると，式 (5.1.50) が成り立てばその複素共役

複素共役

[§] 式 (5.1.46) のように推測して得られた特解 (5.1.48) は，強制振動の問題としては定常応答を表す解であって，初期条件の影響は度外視されている。もし初期条件を考慮したいなら，同次方程式の解 x_h を別途求め，$x = x_\mathrm{p} + x_\mathrm{h}$ の形で解を組み立てればいい。

$$\frac{\mathrm{d}^2 z^*}{\mathrm{d}t^2} + 2\frac{\mathrm{d}z^*}{\mathrm{d}t} + 2z^* = (3 + 4\mathrm{i})\,e^{-\mathrm{i}t} \tag{5.1.50'}$$

も成り立つはずだから，式 (5.1.50) と (5.1.50′) を辺々加えて 2 で割り

$$x = \frac{1}{2}(z + z^*) = \mathrm{Re}\,z \tag{5.1.51}$$

とすれば式 (5.1.45) に戻るはずだ，というところにある。この考え方で
は線形性が本質的な役割を果たしていることに注目しよう。

（欄外）線形性

　方程式 (5.1.50) の特解は，指数関数の形で推測すれば簡単に計算できて

$$z_\mathrm{p} = \frac{3 - 4\mathrm{i}}{1 + 2\mathrm{i}}\,e^{\mathrm{i}t} = (-1 - 2\mathrm{i})e^{\mathrm{i}t} \tag{5.1.52}$$

となる。これから

$$x_\mathrm{p} = \mathrm{Re}\,z_\mathrm{p} = -\cos t + 2\sin t \tag{5.1.48'}$$

が得られる。もちろんこれは三角関数による推測の結果と一致している。

5-1-F　演算子法と Laplace 変換

　線形非同次方程式は，一般的に，線形の演算子 $\hat{L}$ を用いて

$$\hat{L}x = f \tag{5.1.5}$$

という形で書ける。この形にならって，線形非同次方程式の解を求める
手続きを記号化し

（欄外）逆演算子 $\hat{L}^{-1}$

$$x = \hat{L}^{-1}f \tag{5.1.53}$$

と書いてみよう。ここで $\hat{L}^{-1}$ は，とりあえず形式的に書いてみただけ
で，実際の中身は，応答関数を用いた

$$\hat{L}^{-1}f = \int_0^t G(t, \tau)f(\tau)\mathrm{d}\tau$$

のような積分だろうから，このままでは "絵に描いた餅" である。
　けれども，たとえば，p. 246 で取り上げた

$$\frac{\mathrm{d}x}{\mathrm{d}t} + x = t \tag{5.1.24}$$

という方程式¶に式 (5.1.53) の考え方を適用して

$$x = \left(\frac{\mathrm{d}}{\mathrm{d}t} + 1\right)^{-1} t = \left(1 + \frac{\mathrm{d}}{\mathrm{d}t}\right)^{-1} t \tag{5.1.54}$$

¶　方程式 (5.1.24) の一般解は $x = t - 1 + Ae^{-t}$（A は任意定数）である。

と書き，これの右辺を，

$$\frac{1}{1+s} = \sum_{m=0}^{\infty} (-s)^m = 1 - s + s^2 - s^3 + \cdots$$

という幾何級数の式と見比べてみると，もしかして

幾何級数
⇒ p. 92

$$\left(1 + \frac{\mathrm{d}}{\mathrm{d}t}\right)^{-1} = 1 - \frac{\mathrm{d}}{\mathrm{d}t} + \left(\frac{\mathrm{d}}{\mathrm{d}t}\right)^2 - \left(\frac{\mathrm{d}}{\mathrm{d}t}\right)^3 + \cdots \tag{5.1.55}$$

と書けるのでは？という考えが思い浮かぶ．こんな怪しい級数が収束するのか，収束するためにはどんな条件が必要なのかという疑問があるが，その疑問は棚上げして，式 (5.1.55) を (5.1.54) に代入してみる．すると

$$x = \left\{1 - \frac{\mathrm{d}}{\mathrm{d}t} + \left(\frac{\mathrm{d}}{\mathrm{d}t}\right)^2 - \left(\frac{\mathrm{d}}{\mathrm{d}t}\right)^3 + \cdots \right\} t = t - 1$$

となって，少なくとも非同次特解としては正しい解が得られる！ また

$$\frac{\mathrm{d}y}{\mathrm{d}t} + y = e^{-\beta t} \tag{5.1.40}$$

の場合には

$$y = \left(1 + \frac{\mathrm{d}}{\mathrm{d}t}\right)^{-1} e^{-\beta t} = \left\{1 - \frac{\mathrm{d}}{\mathrm{d}t} + \left(\frac{\mathrm{d}}{\mathrm{d}t}\right)^2 - \left(\frac{\mathrm{d}}{\mathrm{d}t}\right)^3 + \cdots \right\} e^{-\beta t}$$

$$= (1 + \beta + \beta^2 + \beta^3 + \cdots) e^{-\beta t} = \frac{1}{1-\beta} e^{-\beta t} \tag{5.1.56}$$

となって，これも，非同次特解に関する限り，式 (5.1.41) と一致する結果が得られる．

式 (5.1.41)
⇒ p. 247

　式 (5.1.54) や (5.1.56) のような解法を演算子法というが，これは当初，きわめて怪しい解法と思われたらしい．困惑する数学者に向かって，演算子法の発案者であるHeavisideは「証明は実験室の中ですませてある」と言い放ったという [5, p.191]．やがて明らかになったのは，Laplace変換を用いると演算子法と同じことが可能になるという事実だった．

演算子法

Laplace 変換

> ㊟ さらにその後の研究により，今では，演算子法は数学的に厳密な根拠づけが可能であることが分かっている．ただし，それをきちんと説明するためには，超関数などに関する非常に難しい数学の知識が必要なので，本書では，演算子法については深入りしないことにする．

　Laplace変換は，z 変換の連続極限であり，

Laplace 変換

z 変換
⇒ p. 93

$$\mathcal{L}_t : x(t) \mapsto X(s) = \int_0^{\infty} e^{-st} x(t) \, \mathrm{d}t \tag{2.4.25'}$$

指数関数の
Laplace 変換

のように定義される。式 (2.4.25′) を用いると，たとえば指数関数は

$$\mathcal{L}_t : \ e^{-\alpha t} \mapsto \frac{1}{s+\alpha} \tag{5.1.57}$$

と変換されることが示せる。

では，Laplace 変換を用いて線形非同次 ODE を解く例を見てみよう。

方程式 (5.1.25)
⇒ p. 243

⑳ たとえば方程式 (5.1.25) を解くには，

$$\mathcal{L}_t : \ y(t) \mapsto Y(s) = \int_0^\infty e^{-st} y(t)\, \mathrm{d}t \tag{5.1.58}$$

により $Y = Y(s)$ を定義したあと，式 (5.1.25) の両辺を Laplace 変

部分積分

換する。左辺は，部分積分により，初期値を $y|_{t=0} = y_0$ として

$$\mathcal{L}_t : \ [\text{式 (5.1.25) の左辺}] \mapsto sY - y_0 + Y = (s+1)Y - y_0$$

となる。他方，右辺は式 (5.1.57) と同様に計算できて，$1/(s+2)$ と
なる。したがって，変換後に両辺が等しくなるためには

$$(s+1)Y - y_0 = \frac{1}{s+2} \tag{5.1.59}$$

部分分数分解
⇒ 巻末補遺

となればいい。この式を Y について解き，部分分数分解の形で

$$Y = \frac{1}{s+1}\left(y_0 + \frac{1}{s+2}\right) = \frac{y_0+1}{s+1} - \frac{1}{s+2} \tag{5.1.60}$$

のように整理する。これを式 (5.1.57) と見比べることにより，

$$y = (y_0 + 1)e^{-t} - e^{-2t} \tag{5.1.37′}$$

という解が得られる。

方程式 (5.1.24)
⇒ p. 243

多項式の
Laplace 変換

⑳ 方程式 (5.1.24) を Laplace 変換で解くには，多項式の Laplace 変換に
ついて知っておく必要がある。多項式は t^n の線形結合であり，

$$\mathcal{L}_t : \ t^n \mapsto \frac{n!}{s^{n+1}} \tag{5.1.61}$$

が成り立つことが示せるから，たとえば3次多項式の Laplace 変換は

$$\mathcal{L}_t : \ c_0 + c_1 t + c_2 t^2 + c_3 t^3 \mapsto \frac{c_0}{s} + \frac{c_1}{s^2} + \frac{2c_2}{s^3} + \frac{6c_3}{s^4} \tag{5.1.62}$$

となる。これを踏まえて方程式 (5.1.24) の両辺を Laplace 変換すると

$$sX - x_0 + X = \frac{1}{s^2}$$

となり，これから

$$X = \frac{1}{s+1}\left(x_0 + \frac{1}{s^2}\right) = \frac{x_0+1}{s+1} - \frac{1}{s} + \frac{1}{s^2}$$

したがって

$$x = (x_0 + 1)e^{-t} - 1 + t \qquad (5.1.36')$$

という解が得られる。

⟨例⟩ さらに，Laplace 変換を用いて

$$\frac{\mathrm{d}^2 x}{\mathrm{d}t^2} + 4x = \alpha + \beta t^3 + \gamma \cos 3t \qquad (\alpha,\ \beta,\ \gamma\ \text{は定数}) \quad (5.1.1)$$

を解いてみよう。初期条件を $x|_{t=0} = x_0$, $\dot{x}|_{t=0} = v_0$ とすると

$$\mathcal{L}_t : [\text{式 (5.1.1) の左辺}] \mapsto s^2 X - x_0 s - v_0 + 4X$$

である。右辺については cos の Laplace 変換が必要だが，これは式 (5.1.57) で $\alpha = \mp\mathrm{i}\omega$ として

$$\mathcal{L}_t : \cos\omega t \pm \mathrm{i}\sin\omega t \mapsto \frac{1}{s \mp \mathrm{i}\omega} = \frac{s \pm \mathrm{i}\omega}{s^2 + \omega^2} \qquad (5.1.63)$$

のように求められる（実部が cos の，虚部が sin の Laplace 変換を与える）。これを用いると，右辺の Laplace 変換は

三角関数の
Laplace 変換

$$\mathcal{L}_t : [\text{式 (5.1.1) の右辺}] \mapsto \frac{\alpha}{s} + \frac{6\beta}{s^4} + \frac{\gamma s}{s^2 + 9}$$

と計算できて，あとは変換後の両辺が等しいとして X について解き

$$X = \frac{\alpha}{4}\left(\frac{1}{s} - \frac{s}{s^2 + 4}\right) + \frac{3}{8}\beta\left(-\frac{1}{s^2} + \frac{4}{s^4} + \frac{1}{s^2 + 4}\right)$$
$$+ \frac{\gamma}{5}\left(-\frac{s}{s^2 + 9} + \frac{s}{s^2 + 4}\right) + \frac{x_0 s}{s^2 + 4} + \frac{v_0}{s^2 + 4}$$

を得る。これを x に戻せば解 (5.1.2) と本質的に同じものになる。

　基本的に，同次方程式の部分が定数係数になっている線形非同次 ODE であれば，Laplace 変換でうまく扱える。そのような方程式 $\hat{L}x = f$ を Laplace 変換すると，演算子 $\hat{L}$ が単なる掛け算に置き換わる。他方，逆演算子 $\hat{L}^{-1}$ の中身は，本来は Duhamel の公式 (5.1.33) にあるとおり $G(t, \tau)$ という 2 変数の応答関数を含む積分だが，これが式 (5.1.33') のような 1 変数の $G(t-\tau)$ を用いた形に簡単化され，その Laplace 変換は

$\hat{L}^{-1}$ の中身
⇒ p. 250

式 (5.1.33')
⇒ p. 245

$$\mathcal{L}_t : \int_0^t G(t-\tau)f(\tau)\mathrm{d}\tau \mapsto \tilde{G}(s)\int_0^\infty e^{-st}f(t)\mathrm{d}t$$

の形の掛け算になることが示せる。そこで，Laplace 変換後の式で，$\hat{L}^{-1}$ の中身である $\tilde{G}(s)$ を $\hat{L}$ に相当する箇所の逆数にすればつじつまが合う。

これが Laplace 変換による解法がうまくいく仕組みである。

> ㊟ 定数係数でない ODE では，Laplace 変換による解法はうまくいかない
> ことが多い。たとえば
>
> $$r\frac{\mathrm{d}f}{\mathrm{d}r} + f = r^2 \tag{2.3.38}$$
>
> を解こうとして $\mathcal{L}_r$ のようなものによる変換を計算しても，変換後の
> 式も微分方程式になってしまい，問題が簡単化されない。
> ただし，式 (2.3.38) のような Euler–Cauchy 型の方程式の場合，
>
> $$r = e^t, \quad \frac{\mathrm{d}}{\mathrm{d}r} = \frac{\mathrm{d}t}{\mathrm{d}r}\frac{\mathrm{d}}{\mathrm{d}t} = e^{-t}\frac{\mathrm{d}}{\mathrm{d}t} \tag{5.1.64}$$
>
> により独立変数を変換すると，定数係数の方程式に直せる。したがっ
> て，変換後の変数で解を求めてから，もとの変数に戻せばいい。

5-1-G　定数変化法：2 階以上の線形非同次 ODE の場合

非同次特解をどのように推測してみてもうまくいかず，また Laplace

定数変化法　変換も使えないような場合は，最後の手段として定数変化法を用いる。

仮に，次の 2 階 ODE の非同次特解をどうしても見つけられなかった
としよう：

$$㊟\quad \frac{\mathrm{d}^2 x}{\mathrm{d}t^2} + x = \sin t \tag{5.1.65}$$

そこで，定数変化法の出発点として，対応する線形同次方程式

$$\frac{\mathrm{d}^2 x_\mathrm{h}}{\mathrm{d}t^2} + x_\mathrm{h} = 0$$

同次方程式の解　の解を先に求める。これの解は $x_\mathrm{h} = A\cos t + B\sin t$ だから，基本的な
方針としては，定数 A, B を $a(t), b(t)$ に置き換えた

$$x = a\cos t + b\sin t, \quad a = a(t),\ b = b(t) \tag{5.1.66}$$

の形で方程式 (5.1.65) の解を求めることになる。ただし，式 (5.1.66) を
式 (5.1.65) に直接代入すると，ひとつの等式のなかに項が増えすぎて収
拾がつかなくなるので，代入する前に方程式 (5.1.65) を 1 階 2 変数に書
2 階の ODE を　き直す。たとえば $v = \dot{x} = \mathrm{d}x/\mathrm{d}t$ を用いて
1 階 2 変数に書
き直す
⇒ p. 133

$$\frac{\mathrm{d}}{\mathrm{d}t}\begin{bmatrix} x \\ v \end{bmatrix} = \begin{bmatrix} v \\ -x + \sin t \end{bmatrix} = \begin{bmatrix} 0 & 1 \\ -1 & 0 \end{bmatrix}\begin{bmatrix} x \\ v \end{bmatrix} + \begin{bmatrix} 0 \\ \sin t \end{bmatrix} \tag{5.1.65'}$$

とすればいい。この置き方に合わせて線形同次方程式の解を書き直すと

$$\dot{x}_{\mathrm{h}} = \frac{\mathrm{d}}{\mathrm{d}t}(A\cos t + B\sin t) = -A\sin t + B\cos t$$

したがって

$$\begin{bmatrix} x_{\mathrm{h}} \\ \dot{x}_{\mathrm{h}} \end{bmatrix} = \begin{bmatrix} A\cos t + B\sin t \\ -A\sin t + B\cos t \end{bmatrix} = A\begin{bmatrix} \cos t \\ -\sin t \end{bmatrix} + B\begin{bmatrix} \sin t \\ \cos t \end{bmatrix} \qquad (5.1.67)$$

となるから，方程式 (5.1.65) の解のほうも，式 (5.1.67) に合わせて

$$\begin{bmatrix} x \\ v \end{bmatrix} = a\begin{bmatrix} \cos t \\ -\sin t \end{bmatrix} + b\begin{bmatrix} \sin t \\ \cos t \end{bmatrix}, \quad a = a(t),\ b = b(t) \qquad (5.1.68)$$

と置く。この式 (5.1.68) を (5.1.65$'$) に代入すると

$$[\text{式 (5.1.65}'\text{) の左辺}] = \frac{\mathrm{d}a}{\mathrm{d}t}\begin{bmatrix} \cos t \\ -\sin t \end{bmatrix} + a\begin{bmatrix} -\sin t \\ -\cos t \end{bmatrix} + \frac{\mathrm{d}b}{\mathrm{d}t}\begin{bmatrix} \sin t \\ \cos t \end{bmatrix} + b\begin{bmatrix} \cos t \\ -\sin t \end{bmatrix}$$

$$[\text{式 (5.1.65}'\text{) の右辺}] = a\begin{bmatrix} -\sin t \\ -\cos t \end{bmatrix} + b\begin{bmatrix} \cos t \\ -\sin t \end{bmatrix} + \begin{bmatrix} 0 \\ \sin t \end{bmatrix}$$

となって，左辺と右辺で打ち消し合う項があり，残る項だけを書くと

$$\dot{a}\begin{bmatrix} \cos t \\ -\sin t \end{bmatrix} + \dot{b}\begin{bmatrix} \sin t \\ \cos t \end{bmatrix} = \begin{bmatrix} 0 \\ \sin t \end{bmatrix} \quad \text{すなわち} \quad \begin{bmatrix} \cos t & \sin t \\ -\sin t & \cos t \end{bmatrix}\begin{bmatrix} \dot{a} \\ \dot{b} \end{bmatrix} = \begin{bmatrix} 0 \\ \sin t \end{bmatrix}$$

という，$(\dot{a}, \dot{b})$ に対する連立一次方程式になる。これを解くと

$$\begin{bmatrix} \dot{a} \\ \dot{b} \end{bmatrix} = \begin{bmatrix} \cos t & \sin t \\ -\sin t & \cos t \end{bmatrix}^{-1}\begin{bmatrix} 0 \\ \sin t \end{bmatrix} = \begin{bmatrix} \cos t & -\sin t \\ \sin t & \cos t \end{bmatrix}\begin{bmatrix} 0 \\ \sin t \end{bmatrix} = \begin{bmatrix} -\sin^2 t \\ \sin t \cos t \end{bmatrix}$$

となり，右辺は t の既知関数なので，両辺を t で積分して

$$\begin{bmatrix} a \\ b \end{bmatrix} = \int \begin{bmatrix} -\sin^2 t \\ \sin t \cos t \end{bmatrix}\mathrm{d}t = \begin{bmatrix} -t/2 + (1/4)\sin 2t \\ -(1/2)\cos^2 t \end{bmatrix} + \begin{bmatrix} A \\ B \end{bmatrix} \qquad (5.1.69)$$

を得る（ここで $A,\ B$ は積分定数）。最後に式 (5.1.69) を式 (5.1.68) に
代入して整理し，

$$\begin{bmatrix} x \\ v \end{bmatrix} = \begin{bmatrix} x_{\mathrm{h}} \\ \dot{x}_{\mathrm{h}} \end{bmatrix} + \frac{1}{2}\begin{bmatrix} -t\cos t \\ -\cos t + t\sin t \end{bmatrix} \quad \text{すなわち} \quad x = x_{\mathrm{h}} - \frac{1}{2}t\cos t$$
$$(5.1.70)$$

を得る。

　　定数変化法は，かなり計算が大変なので，最後の手段だと思っておく
ほうがいい。たとえば方程式 (5.1.65) の場合，もし，三角関数と t を掛

t を掛けたもの
を非同次特解と
して試す
⇒ p. 249

けたものを非同次特解として試すことを考えついていたならば，ここま
で大変な計算をする必要はなかっただろう．それでも，非同次項の形に
よっては，どうしても定数変化法を用いるしか方法がないこともあるし，
面倒ではあるが確実に解が得られる（少なくとも積分までは持ち込める）
のが定数変化法の強みだから，やりかたは知っておくべきである．

練習問題

方程式 (5.1.1)
⇒ p. 236

解であること
⇒ p. 13

_1._　式 (5.1.2) が方程式 (5.1.1) の解であることを確認せよ．

_2._　次の ODE の一般解を，非同次特解を推測する方法で求めよ：

$$\frac{\mathrm{d}y}{\mathrm{d}t} + y = \cos t \tag{2.3.57}$$

得られた解が，定数変化法による結果（p. 88）と一致することを確認し
たうえで，それぞれの解法の利点や欠点について考察せよ．

_3._　この節で紹介したいずれかの方法で，次の ODE の解を求めよ：

$$5\frac{\mathrm{d}x}{\mathrm{d}t} + 3x = \cos 2t \tag{5.1.71}$$

$$5\frac{\mathrm{d}x}{\mathrm{d}t} + 3x = t^2 \tag{5.1.72}$$

_4._　次の ODE の一般解を求めよ：

$$\frac{\mathrm{d}^2 x}{\mathrm{d}t^2} + 4x = \cos 2t \cos t \tag{5.1.73}$$

$$\frac{\mathrm{d}^2 x}{\mathrm{d}t^2} + 4x = \cos^2 t \tag{5.1.74}$$

$$\frac{\mathrm{d}^2 x}{\mathrm{d}t^2} + x = \cos^3 t \tag{5.1.75}$$

三角関数の積和公式を用いて，非同次項を $\cos \omega t$ の線形結合の形に直す．

方程式 (5.1.40)
⇒ p. 247

_5._　方程式 (5.1.40) において $\beta = 1$ とした場合の非同次特解を求めよ．
さらに $\beta \neq 1$, 初期値 $y|_{t=0} = y_0$ とした場合の解を求めて $\beta \to 1$ とし
た場合についても考察せよ．

式 (5.1.61)
⇒ p. 252

_6._　すべての自然数 n に対し，t^n の Laplace 変換の式 (5.1.61) を示せ．

_7._　次の線形非同次 ODE を考える：

$$\frac{\mathrm{d}q}{\mathrm{d}x} + 3q = 2\cosh 3x \tag{2.3.56}$$

この方程式を，非同次特解を推測する方法で解け．ただし，どうしても
うまく推測できない場合は，定数変化法か応答関数を用いて計算せよ．

8. 次の初期値問題の解を求めよ:

$$\frac{\mathrm{d}^2 x}{\mathrm{d}t^2} + 2\frac{\mathrm{d}x}{\mathrm{d}t} + x = \cos t \tag{5.1.76a}$$

$$x|_{t=0} = 1, \quad \dot{x}|_{t=0} = 0 \tag{5.1.76b}$$

9. 振動数 ω の交流電圧を入力とする LR 回路に流れる電流 I を, $\quad$ LR 回路

$$L\frac{\mathrm{d}I}{\mathrm{d}t} + RI = V_0 \sin \omega t \tag{5.1.77}$$

という方程式を解くことで求めよ。

10. 次の ODE の一般解を求めよ:

$$(1+t)\frac{\mathrm{d}x}{\mathrm{d}t} + x = \sqrt{1+t} \tag{5.1.78}$$

$$(1+t)\frac{\mathrm{d}x}{\mathrm{d}t} + x = \frac{1}{1+t} \tag{5.1.79}$$

$$2r\frac{\mathrm{d}u}{\mathrm{d}r} + u = \exp\left(-\sqrt{r}\,\right) \tag{5.1.80}$$

$$r^2\frac{\mathrm{d}^2 u}{\mathrm{d}r^2} + 5r\frac{\mathrm{d}u}{\mathrm{d}r} + 3u = r^{-2} \tag{5.1.81}$$

$$r^2\frac{\mathrm{d}^2 u}{\mathrm{d}r^2} + 5r\frac{\mathrm{d}u}{\mathrm{d}r} + 3u = r \tag{5.1.82}$$

まずは非同次特解を $x_\mathrm{p} = a\sqrt{1+t}$ のような形で推測できる可能性を考えよ。

11. 次の 2 変数 ODE の一般解を求めよ:

$$\frac{\mathrm{d}}{\mathrm{d}t}\begin{bmatrix} x \\ y \end{bmatrix} = \begin{bmatrix} 0.8 & 1.8 \\ 1.2 & 0.2 \end{bmatrix}\begin{bmatrix} x \\ y \end{bmatrix} + \begin{bmatrix} 2.5 \\ 0 \end{bmatrix} \tag{5.1.83}$$

$$\frac{\mathrm{d}}{\mathrm{d}t}\begin{bmatrix} x \\ y \end{bmatrix} = \begin{bmatrix} 0.8 & 1.8 \\ 1.2 & 0.2 \end{bmatrix}\begin{bmatrix} x \\ y \end{bmatrix} + \begin{bmatrix} \cos t \\ 0 \end{bmatrix} \tag{5.1.84}$$

$$\frac{\mathrm{d}}{\mathrm{d}t}\begin{bmatrix} x \\ y \end{bmatrix} = \begin{bmatrix} 0.8 & 1.8 \\ 1.2 & 0.2 \end{bmatrix}\begin{bmatrix} x \\ y \end{bmatrix} + \begin{bmatrix} 3t^2 \\ 2t^2 \end{bmatrix} \tag{5.1.85}$$

$$\frac{\mathrm{d}}{\mathrm{d}t}\begin{bmatrix} x \\ y \end{bmatrix} = \begin{bmatrix} 0.8 & 1.8 \\ 1.2 & 0.2 \end{bmatrix}\begin{bmatrix} x \\ y \end{bmatrix} + \begin{bmatrix} 0 \\ e^{-t} \end{bmatrix} \tag{5.1.86}$$

$$\frac{\mathrm{d}}{\mathrm{d}t}\begin{bmatrix} x \\ y \end{bmatrix} = \begin{bmatrix} 0.8 & 1.8 \\ 1.2 & 0.2 \end{bmatrix}\begin{bmatrix} x \\ y \end{bmatrix} + \begin{bmatrix} 7.5 \\ 2e^{-t} \end{bmatrix} \tag{5.1.87}$$

12. 定数変化法を用いて次の ODE の一般解を求めよ:

$$\frac{\mathrm{d}^2 f}{\mathrm{d}r^2} + r^{-1}\frac{\mathrm{d}f}{\mathrm{d}r} - \frac{f}{r^2} = e^{-r} \tag{5.1.88}$$

5-2　非線形方程式

　　方程式の3つのタイプのうち，線形同次でも線形非同次でもないもの

重ね合わせの
原理
が非線形の方程式である（表4.3）。非線形の方程式では重ね合わせの原
理が成り立たず，"解の基底の線形結合" などの考え方が通用しないので，

途中で終わる解
⇒ p. 78
別の方法を考えなければならない。また，解が途中で終わることがあっ
たり，特異解が現れるなど，線形の方程式とは異なる現象が起きる場合

特異解
⇒ p. 260
もある。

　　非線形 ODE を解析的に解くには，積分に持ち込むか，または変数変
換して線形の方程式に直す。特に2階の方程式の場合，

$$\frac{\mathrm{d}^2 r}{\mathrm{d}t^2} = \frac{1}{r^3} \tag{1.1.30}$$

エネルギー積分
のような，1階微分を含まない運動方程式の形なら，エネルギー積分の方
法で変数分離に持ち込める。他方，どうしても解析的に解けない場合は，

相空間
⇒ p. 144
近似解を求めたり，相空間での定性的考察を工夫したりする必要がある。

5-2-A　変数分離の方法とその盲点

　　まずは，変数分離の方法について，

$$\frac{\mathrm{d}x}{\mathrm{d}t} = \lambda x \tag{5.1.27}$$

という1階1変数の線形同次 ODE を例として復習しよう。ここで λ は
定数かもしれないし，$\lambda = \lambda(t)$ かもしれない。ただし，簡単化のため，
$\lambda(t)$ が発散する箇所はないものとする。

変数分離の方法
　　変数分離の方法では，式 (5.1.27) を

$$\frac{\mathrm{d}x}{x} = \lambda(t)\mathrm{d}t$$

と変形し，両辺を積分して

$$\log x = \Lambda(t) + C \tag{5.2.1}$$

原始関数
⇒ p. 45
とする。ここで $\Lambda(t)$ は $\lambda = \lambda(t)$ の原始関数である。この式を x につ
いて解き，定数を $A = e^C$ に置き直すことにより

$$x = Ae^{\Lambda(t)} \tag{5.2.2}$$

を得るのだった。

式 (5.2.1) で，左辺を $\log |x|$ とせず $\log x$ としていることに違和感が
あるかもしれないけれど，これは問題ない。Euler の公式 (4.2.45) によ Euler の公式
り $e^{\pm \pi i} = -1$ なので，負の数の $\log$ も（多価関数ではあるが）定義でき， 負の数の $\log$
⇒ p. 206
したがって，左辺に絶対値があるかないかの違いは積分定数 C に押し付
けてしまえるからだ。

それよりも問題なのは，変数分離の方法の途中で，暗黙のうちに $x \neq 0$
と仮定していることだ。これについては別途吟味しなければならない。 $x = 0$ の吟味
値ゼロの定数関数 $x = 0$ を方程式 (5.1.27) の左辺と右辺に代入すると，
両方ともゼロになって等号が成立するから，これも確かに解である。そ
して，じつは任意定数 C を $A = e^C$ に置き直したことにより，$A = 0$
の場合の解として $x = 0$ もカバーできている。そういうわけで，線形同
次方程式 (5.1.27) の場合は，結果的に，解は式 (5.2.2) の形で問題ない。

㊟ 式 (5.2.2) は任意定数をちょうど 1 個含む解なので，1 変数 1 階の方程式 一般解
(5.1.27) の一般解である。本書で採用している一般解の定義（p. 101）
では，m 変数 k 階 ODE の場合，解が mk 個の任意定数を含むなら一般
解を名乗ってよい。係数に特異性がないような線形 ODE や，それに準
じる性質をもつ "おとなしい非線形 ODE" では，各変数に k 個（全部
で mk 個）の初期条件を与えれば解が一意的に定まることが分かって 解の一意性
⇒ 参考図書
いるから，mk 個の任意定数を含む解を一般解と呼ぶのは妥当である。

ところが，非線形 ODE のなかには，これとは事情が異なるものがあ 事情が異なる
る。たとえば次の ODE を考えてみよう：

㊀ $\quad \dfrac{\mathrm{d}y}{\mathrm{d}t} = \sqrt{y} \qquad (0 \leq y < +\infty)$ （5.2.3）

素朴に考えれば，方程式 (5.2.3) は

$$\frac{\mathrm{d}y}{\sqrt{y}} = \mathrm{d}t$$

と変数分離できて，両辺を積分することにより，C を任意定数として

$$2\sqrt{y} = t + C \quad \text{したがって} \quad y = \frac{1}{4}(t + C)^2 \qquad （5.2.4）$$

という解が得られる。もとの ODE が 1 階 1 変数であり，式 (5.2.4) は任意
定数を 1 個含むので，一般解になっている。初期条件を $y|_{t=0} = y_0$ (≥ 0)
とすると，式 (5.2.4) があれば全ての y_0 に対応可能だから，これで方程
式 (5.2.3) のあらゆる解が網羅されていると思うかもしれない。

変数分離の
盲点

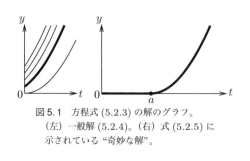

図5.1　方程式 (5.2.3) の解のグラフ。
（左）一般解 (5.2.4)。（右）式 (5.2.5) に
示されている "奇妙な解"。

しかし，この考え方には重大な落とし穴がある。変数分離の際に $y \neq 0$ を仮定しているのだから，$y = 0$ の場合については別途検討しなければならない。実際，値がゼロの定数関数 $y = y(t) = 0$ を方程式 (5.2.4) の左辺と右辺に代入すると，両方ともゼロで等号が成立するから，これも確かに解になっている。そして，ここが重要な点なのだが，

$y = y(t) = 0$ という解は，一般解 (5.2.4) には含まれない

のである。このような，一般解に含まれない（任意定数をどのように調整しても得られない）解のことを特異解という。

特異解

> ㊟ 初期値 $y|_{t=0} = 0$ として式 (5.2.4) の C を定めると
>
> $$C = 0 \quad \text{したがって} \quad y = \frac{1}{4}t^2$$
>
> となるが，これは $y = 0$ という解とは一致しない。

さらに，方程式 (5.2.3) は，初期値が $y|_{t=0} = 0$ である場合に

$$y = \begin{cases} 0 & (0 \leq t < a) \\ \frac{1}{4}(t-a)^2 & (a \leq t < +\infty) \end{cases} \tag{5.2.5}$$

という解をもつ（図5.1）。これは，特異解 $y = 0$ と式 (5.2.4) をつないだ形の解であり，初期値が決まっているにもかかわらず任意定数 a を含むという，その意味では奇妙な解である。何らかの物理量の初期値を観測して将来の挙動を予測しようという場合を考えてみると，こういう奇妙な解の存在は大問題になりかねない。

奇妙な解

このような，特異解を含む "奇妙な解" がどこから現れるのか，定数変化法を応用して考えてみよう。方程式 (5.2.3) の一般解 (5.2.4) をもとに，それに含まれない解を，

定数変化法

$$y = \frac{1}{4}(t+c)^2, \quad c = c(t) \; (\geq -t) \tag{5.2.4'}$$

つまり C を $c = c(t)$ に置き換えた形で探してみる[*]。式 (5.2.3) に代入して整理すると

$$(t + c)\frac{\mathrm{d}c}{\mathrm{d}t} = 0 \qquad (5.2.6)$$

となり，$\dot{c} = 0$ という 1 階の方程式と，$t + c = 0$ という "0 階の微分方程式" を掛けた形になる。式 (5.2.6) を $c = c(t)$ が満たすには，定数関数でもよく，$c = -t$ でもよく，最初は $c = -t$ で途中から定数になってもよい。得られた y を見ると，定数変化法による階数低下の結果として現れる "0 階 ODE" の解が特異解を与えること[†]，それは必ずしも独立変数 t の全範囲を占める必要はなく途中で切り替わってもいいことが分かる。

階数低下
⇒ p. 228

同様に，第 2 章の p. 75 で扱った

$$\left(\frac{\mathrm{d}x}{\mathrm{d}t}\right)^2 + x^2 = 1 \qquad (2.3.6)$$

という方程式について再検討しよう。変数分離の方法で解いた結果は

$$x = \sin(t + C') \qquad (C' \text{ は任意定数}) \qquad (2.3.8')$$

だった。この一般解をもとに，$x = \sin(t + \phi(t))$ の形で別の解を探すと

$$\cos(t + \phi) = 0 \quad \text{すなわち} \quad x = \pm 1$$

という特異解が見つかる。クランク機構で言えば "死点" で止まってしまう解である。これはちょうど変数分離した式 (2.3.7) の分母がゼロになる点に対応し，もとをたどれば $\mathrm{d}x/\mathrm{d}t = 0$ となる点（転回点）に由来する。さらに，特異解と一般解をつないだ解——たとえば最初は $x = \sin t$ で順調に動いていたのが，あるとき死点に引っかかって止まってしまい，しばらく待つとまた動き出すとかいうもの——も存在する。

死点

転回点

> ㊟ 式 (2.3.6) の形の非線形方程式は，2 変数 1 階の線形同次方程式 (1.1.32) を積分に持ち込んで解こうとする際に現れる。これについては，p. 273 で改めて説明する。

---

[*] 式 (5.2.4) で c と $-t$ の大小関係に制限をつけているのは，$\sqrt{}$ の扱いを簡単化するためである。この制限を外し，代わりに $c < -t$ と $c \geq -t$ に場合分けして検討しても，最終的な結論は変わらない。

[†] より抽象的に（具体例に頼らずに），一般解が $y = y(t) = f(C, t)$ の形で得られている場合で言うと，$\partial f(C, t)/\partial C = 0$ を C について解いて $y = f(C, t)$ に代入したものが特異解を与える。図形的には，一般解のグラフをさまざまな C の値に対して描き，それらすべてに接するような曲線（包絡線）を見つければ，それが特異解である。

そのほか，特異解をもつ非線形 ODE としては

$$x = -\left(\frac{dx}{dt}\right)^2 + t\frac{dx}{dt} \tag{5.2.7}$$

のような例が有名である．式 (5.2.7) を正規形 $dx/dt = \cdots$ に直すのは大変なので，いったん $dx/dt = v$ と置いて

$$x = -v^2 + vt \tag{5.2.7'}$$

という形で書いてみる．これをよく見ると，式 (5.2.7′) で v を定数とした

$$x = -v_0^2 + v_0 t \qquad (v_0 \text{ は任意定数}) \tag{5.2.8}$$

とした等速運動の解が $dx/dt = v_0$ を満たし，これで一般解になっていることが分かる．他方，この一般解以外にも別の解があるかもしれないので，式 (5.2.7′) を $dx/dt = v$ に代入して整理すると $(-2v + t)\dot{v} = 0$ となり，$v = t/2$ を満たす特異解 $x = t^2/4$ が見つかる[‡]．

式 (5.2.7′) に代表されるような，

$$y = Y(v) + vt, \quad v = \frac{dy}{dt} \tag{5.2.9}$$

Clairaut の方程式

の形の ODE を，Clairaut の方程式という．Clairaut の方程式 (5.2.9) は，(t, y) 平面において，傾きが v_0 で y 切片が $Y(v_0)$ であるような直線を解にもつように作ってあり，これが一般解を与える．この一般解をもとに定数変化法で解を求めれば，特異解を含む解が得られることになる．

5-2-B　完全微分方程式

ODE を積分に持ち込む解法は，じつは変数分離に限らない．たとえば

(例)

$$\frac{dy}{dx} = \frac{1 - y^2}{1 + 2xy} \tag{5.2.10}$$

は変数分離できそうにないが，積分に持ち込んで解ける．

発想のポイントは，式 (5.2.10) を (x, y) 平面上の流れに置き換えて扱うことだ．これについて説明するために，いったん式 (5.2.10) を離れ，

速度場

(x, y) 平面で速度場 $(u, v) = (u(x, y), v(x, y))$ が与えられているとして，

$$(\dot{x}, \dot{y}) = (u, v) \tag{5.2.11}$$

[‡] 特異解を $x = \cdots$ の形で求めるのに，$v = t/2$ を t で積分する必要はなく，そのまま式 (5.2.7′) に代入すれば足りる．

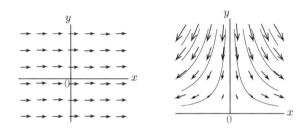

図 5.2　簡単な速度場 (u, v) の例。(左) x 軸に平行な一様流　(右) よどみ点をもつ流れ

のように速度場に従って動いていく点 (x, y) の描く軌跡を求めよ，という問題設定を考える。この点の軌跡 (すなわち流線) が関数 $y = y(x)$ の　**流線**
グラフの形で得られたとすれば，その傾きは

$$\frac{\mathrm{d}y}{\mathrm{d}x} = \lim_{\Delta t \to 0} \frac{y(t + \Delta t) - y(t)}{x(t + \Delta t) - x(t)} = \frac{\dot{y}\Delta t}{\dot{x}\Delta t} = \frac{\mathrm{d}y/\mathrm{d}t}{\mathrm{d}x/\mathrm{d}t}$$

であるはずだから，これに (5.2.11) を代入した

$$\frac{\mathrm{d}y}{\mathrm{d}x} = \frac{v}{u} \tag{5.2.12}$$

という式が成り立つ必要がある。逆に言うと，方程式 (5.2.12) は，速度場 $(u, v) = (u(x, y), v(x, y))$ に対する流線を $y = y(x)$ の形で求める式という意味づけが可能である。先ほどの方程式 (5.2.10) も式 (5.2.12) の形なのだが，これを慌てて解く前に，より簡単な例題を見てみよう。

⑨ 最も簡単な例として，図 5.2 (左) のような一様流の速度場　**一様流**

$$(u, v) = (U, 0) \qquad (\text{ここで } U \text{ は定数})$$

を考える。この場合には，式 (5.2.12) は $\mathrm{d}y/\mathrm{d}x = 0$ となり，その解を $y = y(x)$ の形で求めると，明らかに定数関数である。この解は，流線が $y = \text{const.}$ の直線で与えられることを示している。

⑨ 図 5.2 (右) のような，壁にむかうよどみ点流れ　**よどみ点流れ**

$$(u, v) = (\alpha x, -\alpha y) \qquad (\text{ここで } \alpha \text{ は正の定数}) \tag{5.2.13}$$

の場合，式 (5.2.12) は

$$\frac{\mathrm{d}y}{\mathrm{d}x} = -\frac{y}{x}$$

となり，これは

$$\frac{\mathrm{d}y}{y} = -\frac{\mathrm{d}x}{x} \quad \text{したがって} \quad \log(xy) = C \ (= \text{定数}) \tag{5.2.14}$$

のように変数分離の方法で解ける。式 (5.2.14) からは，$y = A/x$ という反比例のグラフ（ここで A は C を置き直した定数）が得られ，このグラフが，図 5.2（右）の場合の流線を与える。

なお，上記の例のいずれにおいても，速度場は

$$\frac{\partial u}{\partial x} + \frac{\partial v}{\partial y} = 0 \tag{5.2.15}$$

非圧縮条件　という非圧縮条件[24, 28] を満たしていることに注意しよう。

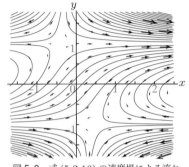

図 5.3　式 (5.2.16) の速度場による流れ

それでは，本題である式 (5.2.10) に戻ろう。これは，速度場が

$$(u, v) = (1 + 2xy,\ 1 - y^2) \tag{5.2.16}$$

となる場合に対応する（図 5.3）。この速度場は，非圧縮条件 (5.2.15) を満たしているし，式 (5.2.12) に代入すると，確かに

$$\frac{\mathrm{d}y}{\mathrm{d}x} = \frac{1 - y^2}{1 + 2xy} \tag{5.2.10}$$

となる。しかしこれは変数分離では解けそうにない。

そこで，割り算を行う前の速度の式 (5.2.11) に戻り，

$$\frac{\mathrm{d}x}{\mathrm{d}t} = u = 1 + 2xy \tag{5.2.17a}$$

$$\frac{\mathrm{d}y}{\mathrm{d}t} = v = 1 - y^2 \tag{5.2.17b}$$

ななめに掛けて
引く　の形で考えてみる。これから $-v \times$ 式 (5.2.17a) $+ u \times$ 式 (5.2.17b) を作ると，右辺はゼロとなり，したがって

$$-(1 - y^2)\frac{\mathrm{d}x}{\mathrm{d}t} + (1 + 2xy)\frac{\mathrm{d}y}{\mathrm{d}t} = 0 \tag{5.2.18}$$

積の微分
⇒ 巻末補遺　と書ける。ここで，積の微分の公式が逆に使える箇所に気づけば

$$[\text{式 (5.2.18) の左辺}] = -\frac{\mathrm{d}x}{\mathrm{d}t} + \left(y^2\frac{\mathrm{d}x}{\mathrm{d}t} + 2xy\frac{\mathrm{d}y}{\mathrm{d}t}\right) + \frac{\mathrm{d}y}{\mathrm{d}t}$$

$$= \frac{\mathrm{d}}{\mathrm{d}t}\left(-x + xy^2 + y\right) \tag{5.2.19}$$

のように $\frac{\mathrm{d}}{\mathrm{d}t}(\cdots)$ の形にまとめられるので，式 (5.2.18) は

$\frac{\mathrm{d}}{\mathrm{d}t}(\ \ ) = 0$
⇒ p. 29

$$\frac{\mathrm{d}}{\mathrm{d}t}\left(-x + xy^2 + y\right) = 0 \tag{5.2.20}$$

と書き直せる。微分が恒等的にゼロなのだから，式 (5.2.20) のカッコの

中身は定数であるはずで，これから，流線が

流線

$$-x + xy^2 + y = C\ (\,=\text{定数})\quad \text{すなわち}\quad y = \frac{-1 \pm \sqrt{1 + 4Cx + 4x^2}}{2x}$$
$$(5.2.21)$$

と求められる。じつはこれが方程式 (5.2.10) の解である。

> ㊟ もとの問題が $y = \cdots$ を問う形である以上，最終的な解は，可能な限りそれに合わせるべきだが，場合によっては y について解くのがきわめて困難となることもある。そのような場合は，その直前の段階で "解が陰関数の形で得られた" と宣言し，解答を終わりにしてよい。

陰関数

　さて，上記のような筋書きで方程式 (5.2.10) の解として式 (5.2.21) が得られるわけだが，この筋書きのなかで最も重要な箇所は，式 (5.2.19) で全ての項を $\frac{\mathrm{d}}{\mathrm{d}t}(\cdots)$ の形にまとめるところだ。この $\frac{\mathrm{d}}{\mathrm{d}t}(\cdots)$ の中身を Ψ と書こう。式 (5.2.18) の左辺から式 (5.2.19) を見つけるのは，

$\frac{\mathrm{d}}{\mathrm{d}t}(\cdots)$ の形

$$\frac{\mathrm{d}\Psi(x, y)}{\mathrm{d}t} = -v\frac{\mathrm{d}x}{\mathrm{d}t} + u\frac{\mathrm{d}y}{\mathrm{d}t} \tag{5.2.22}$$

が成り立つような 2 変数関数 $\Psi = \Psi(x, y)$ をさがせ，という問題に答えていることになる。ここで連鎖則により，一般的に

連鎖則
⇒ 巻末補遺

$$\frac{\mathrm{d}\Psi(x, y)}{\mathrm{d}t} = \dot{x}\frac{\partial \Psi}{\partial x} + \dot{y}\frac{\partial \Psi}{\partial y}$$

なので，これと式 (5.2.22) を見比べると，$\Psi = \Psi(x, y)$ を探す問題とは

$$\frac{\partial \Psi}{\partial x} = -v = -1 + y^2 \tag{5.2.23a}$$

$$\frac{\partial \Psi}{\partial y} = \ \ u = 1 + 2xy \tag{5.2.23b}$$

という偏微分方程式の問題にほかならないことが分かる。つまり，ここで考えた解法は，常微分方程式 (5.2.10) を偏微分方程式 (5.2.23) に置き換えて解くという，考えようによっては本末転倒とも言える方法である。けれども，難しいはずの偏微分方程式のなかにも たまには容易に解けるものがあるために，こういう解法も成り立つ余地があるのだろう。

偏微分方程式
⇒ p. 17

　上記の筋書きを踏まえ，書き方をもう少し簡略化しながら，改めて方程式 (5.2.10) を解いてみよう。それには，まず，式 (5.2.10) を

$$-(1 - y^2)\mathrm{d}x + (1 + 2xy)\mathrm{d}y = 0 \tag{5.2.24}$$

線積分
⇒ p. 51

と変形する。式 (5.2.24) の左辺は線積分の中身と見なせる形[§]だが，ODE を解くという目的からすれば，線積分なら何でもいいというわけにはいかない。なぜなら線積分というものは，本来，積分経路を指定した "定積

定積分

不定積分

分" として計算するものであって，積分経路の指定なしで不定積分に相当するものを求めようとしても値が定まらないのが普通だからだ[38, §6-5]。

特別な場合

しかし，特別な場合として，式 (5.2.23) をみたす Ψ が存在し

$$[式 (5.2.24) の左辺] = \frac{\partial \Psi}{\partial x} dx + \frac{\partial \Psi}{\partial y} dy = d\Psi \qquad (5.2.19')$$

と書ける場合には，積分経路の選択を考えずに式 (5.2.24) を積分できる。これからただちに

$$\Psi(x, y) = C \ (= 定数) \qquad (5.2.25)$$

を得るので，あとは式 (5.2.23) から Ψ を具体的に求めて式 (5.2.25) に代入すればいい。なお，式 (5.2.25) すなわち Ψ の "等値線" が流線の形を

流線関数

与えることから，流体力学では，Ψ は流線関数（stream function）または流れ関数と呼ばれる[28, 34]。

　この解法では，ひらめきか何かで $\Psi = -x + xy^2 + y$ がすぐに分かればいいが，そうでない場合に備えて知っておくべき事項がふたつある。ひとつは，式 (5.2.19') が成立するか否かをあらかじめ判定する方法，もうひとつは式 (5.2.23) から Ψ を計算する手順だ。

　式 (5.2.19') を満たす Ψ が存在することを「式 (5.2.24) の左辺は完全

完全微分の判定
条件

（exact）である[¶]」という。2 次元では（領域に穴があいていない限り）

$$-v\,dx + u\,dy\ が完全 \iff \frac{\partial u}{\partial x} + \frac{\partial v}{\partial y} = 0 \qquad (5.2.26a)$$

$$u\,dx + v\,dy\ が完全 \iff \frac{\partial v}{\partial x} - \frac{\partial u}{\partial x} = 0 \qquad (5.2.26b)$$

という判定条件が分かっているので，式 (5.2.19') の成否を判定するには，

非圧縮条件

式 (5.2.26a) すなわち非圧縮条件 (5.2.15) が満たされるかどうかを見ればいい。

---

　§　変数分離の方法について p. 72 で説明した際に「ただちに積分に持ち込める形になっているときに限り dy や dt を単独で用いてよい」とした。式 (5.2.18) を (5.2.24) のように dt なしで書いてもいいのは，線積分の中身と見なして積分に持ち込める形になっているためにこのルールが適用されるからだ。

　¶　なぜ exact を "完全" と訳すことになったのか，筆者としては，その理由を不思議に思っている。誰か知っている人がいたら教えてほしい。

非圧縮条件 (5.2.15) が満たされることを確認できたら，式 (5.2.23) を解いて Ψ を求めよう．この計算のやりかたは，第 1 章の式 (1.3.29) と全く同じである．これにより

式 (1.3.29)
⇒ p. 52

$$\Psi = (-1 + y^2)x + y = -x + xy^2 + y \qquad (5.2.27)$$

が求められ，最終的に式 (5.2.21) を得る．

㊟ このような，いわゆる完全微分方程式の解法は，うまくいく場合には鮮やかに解が求まるけれども，うまくいかない場合には泥沼に陥る危険性がある．たとえば

完全微分方程式

$$\frac{\mathrm{d}y}{\mathrm{d}x} = \frac{y^2 - x^2}{2xy} \qquad (2.3.22')$$

という方程式を

$$(-y^2 + x^2)\mathrm{d}x + 2xy\mathrm{d}y = 0 \qquad (5.2.28)$$

として解こうと考え，上記のように Ψ を求める手順をあてはめてみても，矛盾した式が現れて行き詰まる．こうなるのは，そもそも式 (5.2.28) が完全微分方程式になっていないからだ．式 (5.2.12) の書き方に即して言えば，式 (5.2.28) は $(u, v) = (2xy,\ y^2 - x^2)$ に対応するが，これは非圧縮条件 (5.2.15) を満たしていないので，

$$(u, v) = \left(\frac{\partial \Psi}{\partial y},\ -\frac{\partial \Psi}{\partial x} \right) \qquad (5.2.23')$$

を満たす関数 Ψ など得られるわけがない．

ただしこの場合でも打つ手が全くないわけではなくて，式 (5.2.28) の両辺に何らかの関数 $\rho = \rho(x, y)$ を掛けて完全微分方程式に直すという方法がある．このような ρ を積分因子という．物理的には，式 (5.2.23') を圧縮性流れに拡張して

$$(\rho u,\ \rho v) = \left(\frac{\partial \Psi}{\partial y},\ -\frac{\partial \Psi}{\partial x} \right) \qquad (5.2.29)$$

とすることに対応する．しかし，積分因子 ρ が簡単に見つかればいいが，一般には複雑な偏微分方程式を解かなければならないので，比較的簡単な常微分方程式を解くために難しい偏微分方程式が必要になるという，本末転倒も甚だしい状況に陥る．こういう場合，ひらめきとか物理的な考察とかで積分因子が簡単に見つかるのでない限り，完全微分方程式に固執せずに別の解法を探すほうがいい．

5-2-C　応用：熱力学ポテンシャルと Legendre 変換

　　ある容器のなかに一定量の気体または液体が閉じ込められていて，そ
の熱力学的な状態は，温度 T と体積 V で指定されるものとしよう。この
系の状態変化は，(T, V) 平面上の曲線にそった過程として表され，その
過程において，

- 系が外部に対して行う仕事 $p\,dV$
- 系の内部エネルギーの変化 dE

などを，(T, V) 平面の経路にそった線積分として積算する計算ができる。
ここで p は系内の気体または液体の圧力，E は内部エネルギーである。

　　さて，断熱過程と呼ばれる特別な過程では $-p\,dV = dE$ だが，一般に
は $-p\,dV$ と dE にはずれがある。このずれは，熱的なエネルギーのや
りとりによるものであり，これを

$$dQ \overset{?}{=} dE + p\,dV \tag{5.2.30}$$

と書ければ便利である（たとえば断熱過程を $Q = \text{const.}$ と書けること
になる）。しかし，残念ながら，そうはいかない。式 (5.2.30) の右辺を
(T, V) 面上での線積分の中身として表し，これが完全微分になるかどう
かを調べてみると，条件が満たされないことが分かるからだ。

　　このことは，あらゆる気体や液体にあてはまるのだが，特に，状態方
程式が明確に分かっている例のほうが考えやすいので，

$$p = \frac{nRT}{V}, \qquad E = nc_V T = C_V T$$

に従う理想気体で考えてみよう（n, R, C_V は定数）。確かに

$$[\text{式 (5.2.30) の右辺}] = dE + p\,dV = C_V dT + \frac{nRT}{V} dV$$

は完全微分の条件を破る。しかし，この式を $1/T$ 倍して

$$\frac{dE + p\,dV}{T} = \frac{C_V}{T} dT + \frac{nR}{V} dV$$

とすると，これは完全微分の条件を満たし，

$$S = \int \frac{dE + p\,dV}{T} = C_V \log \frac{T}{T_0} + nR \log \frac{V}{V_0} + S_0 \tag{5.2.31}$$

が定義できる（これがエントロピーである）。これにより，断熱過程は
$S = \text{const.}$ によって表すことができる。

　　理想気体に限らず，あらゆる気体や液体において，エントロピー S と

（左欄外注）
熱力学的な状態

断熱過程

積分因子 $1/T$

エントロピー

内部エネルギー E の関係は, $dS = (dE + p\,dV)/T$ を dE について解き

$$dE = TdS - pdV \tag{5.2.32}$$

の形で書くことができる。この式は液体と気体の熱力学の基礎となる重要な式であるが，特に，式 (5.2.32) が直接的な威力を発揮するのは，独立変数を (S,V) とする場合である。式 (5.2.32) は，

> E を (S,V) の関数として $E = E(S,V)$ の形で表す式が得られたら，これから温度と圧力が
>
> $$T = \frac{\partial E(S,V)}{\partial S}, \quad p = -\frac{\partial E(S,V)}{\partial V}$$
>
> で与えられる

ことを意味しているからだ。

しかし，(S,V) を独立変数とする表示は，多くの場合，必ずしも便利なものではない。断熱過程の場合には (S,V) での表示が必要なので，いくら不便でもやむを得ないとしても，等温過程の場合には (T,V) を用いた表示がほしいところだ。そこで考えるべき問題は次のようになる： $E = E(S,V)$ が与えられているとき，独立変数を (S,V) でなく (T,V) とした，新たなポテンシャル $F = F(T,V)$ を定義して

$$p = -\frac{\partial F(T,V)}{\partial V} \tag{5.2.33}$$

とできないだろうか？

熱力学の本を見ると，この問題への答えは，新たなポテンシャルを

$$F = F(T,V) = \min_S \{E(S,V) - TS\} \tag{5.2.34}$$

で定義せよ，というものであることが分かる[23, p.258]。この式の右辺を $E(S,V)$ の**Legendre**変換（ルジャンドル）と言い，これにより $E(S,V)$ が $F(T,V)$ に変換される。新たなポテンシャル F は自由（じゆう）エネルギーと呼ばれる。かなり雑な言い方をするなら，右辺にある TS は系が熱浴から“借りている”エネルギーで，これを E から差し引いたものが，仕事として“自由に使える”エネルギーということになる。この $F(T,V)$ を求めれば式 (5.2.33) が成り立つ。さらに，例外的な場合‖を別にすれば，独立変数 (T,V) の

断熱過程
等温過程

Legendre 変換

‖ 式 (5.2.34) で右辺のカッコ内を最小にする S の値は，普通は状態点 (T,V) を決めると一意的に決まるが，相転移が絡んでくるような例外的な場合には $S = S(T,V)$ が一意的に決まらないことがある。このような例外的な状態点では $\partial F(T,V)/\partial T$ もまた定まらない。

関数としてのエントロピーが,

$$S = -\frac{\partial F(T,V)}{\partial T} \qquad (5.2.35)$$

で与えられる。

さて,式 (5.2.34) において,S に関する最小化を式 (5.2.35) で置き換え,さらに独立変数 (T,V) のうち V を固定した場合を考えて

$$F = F(T) = E(S) - TS, \quad S = S(T) = -\frac{\mathrm{d}F}{\mathrm{d}T} \qquad (5.2.34')$$

Clairaut の方
程式
⇒ p. 262

とすると,これは Clairaut の方程式にほかならない。方程式 (5.2.34′) を解いて F を求めると,(T,F) 平面で直線を与える $S = \mathrm{const.}$ という解と,$T = \mathrm{d}E/\mathrm{d}S\ (\,= \partial E(S,V)/\partial S)$ で定まる特異解が出てくる。このなかで値が最小のものが本当の F である。じつは,この場合,特異解のほうが本当の F を与える[**]。このように,特異解は単なる邪魔者だとは限らず,物理的に必要な解を表す場合もあることがこの例から分かる。

5-2-D　エネルギー積分

力学の問題には,$m\ddot{r} = F(r)$ あるいは $\ddot{r} = F(r)/m$ の形の,たとえば

$$\frac{\mathrm{d}^2 r}{\mathrm{d}t^2} = \frac{1}{r^3} \qquad (1.1.30)$$

運動方程式
⇒ p. 14

のような2階 ODE がよく登場する。この形の特徴は,運動方程式の加速度項に相当する2階微分の項と,位置に応じた力をあらわす微分なしの項があるが,1階微分は含まれていないことだ。

$\frac{\mathrm{d}}{\mathrm{d}t}(\cdots) = 0$

この形の方程式は,$\frac{\mathrm{d}}{\mathrm{d}t}(\cdots) = 0$ の形に持ち込んで解けることが分かっている。この解法について,まずは式 (1.1.30) の場合を例に説明し,そ

相平面上の流れ

のあとで図 3.4 や図 4.4 のような相平面上の流れとの関係について考えてみよう。

狙いは,式 (1.1.30) を $\frac{\mathrm{d}}{\mathrm{d}t}(\cdots) = 0$ の形にすることだ。そのために,速度 $v = \mathrm{d}r/\mathrm{d}t$ を式 (1.1.30) の両辺に掛けてみよう:

$$[式 (1.1.30) \text{ の左辺}] \times v = v\frac{\mathrm{d}v}{\mathrm{d}t} = \frac{\mathrm{d}}{\mathrm{d}t}\left(\frac{1}{2}v^2\right)$$

$$[式 (1.1.30) \text{ の右辺}] \times v = \frac{1}{r^3}\cdot v = \frac{1}{r^3}\frac{\mathrm{d}r}{\mathrm{d}t} = -\frac{\mathrm{d}}{\mathrm{d}t}\left(\frac{1}{2r^2}\right)$$

両者が等しいとすると,狙いどおり

[**]　直線のほうの解は比熱ゼロの物質を意味し,現実に存在し得ない。

$$\frac{\mathrm{d}}{\mathrm{d}t}\left(\frac{1}{2}v^2 + \frac{1}{2r^2}\right) = 0 \qquad (5.2.36)$$

の形にまとまる。微分して恒等的にゼロなのだから，カッコの中身は定数であるはずなので，この定数を E と置き

カッコの中身は定数であるはず⇒ p. 29

$$\frac{1}{2}v^2 + \frac{1}{2r^2} = E\ (\,= 定数) \qquad (5.2.37)$$

を得る。式 (5.2.37) を，方程式 (1.1.30) の**エネルギー積分**という。

エネルギー積分

エネルギー積分の式 (5.2.37) に $v = \mathrm{d}r/\mathrm{d}t$ を代入して変形すると，

$$\frac{1}{2}\left(\frac{\mathrm{d}r}{\mathrm{d}t}\right)^2 + \frac{1}{2r^2} = E \quad すなわち \quad \frac{\mathrm{d}r}{\mathrm{d}t} = \pm\sqrt{2E - \frac{1}{r^2}}$$

となり，

$$\pm\frac{\mathrm{d}r}{\sqrt{2E - 1/r^2}} = \mathrm{d}t$$

のように変数分離できる。定数を $2E = A$ と置き直したうえで両辺を積分し，新たな積分定数を B とすると

$$\frac{\sqrt{Ar^2 - 1}}{A} = t + B \qquad (5.2.38)$$

となるので，式 (5.2.38) を r について解き，最終的に

$$r = \pm\sqrt{A(t+B)^2 + \frac{1}{A}} \qquad (5.2.39)$$

という解が得られる*。

> ㊟ 物理学では，何らかの変数の組み合わせに対する $\dfrac{\mathrm{d}}{\mathrm{d}t}(\cdots) = 0$ の形の式のことを**保存則**という†。運動方程式のエネルギー積分は，物理的には，力学的エネルギーの保存則を表している。逆に言えば，力学的エネルギーが保存されるような系の運動方程式ではエネルギー積分の方法が使える，と考えてよい。
>
> ほかにも，系の物理的な状況次第で，運動量保存則や角運動量保存則などが成り立つ場合がある。詳しくは力学の本を見ること。

保存則

力学における保存量⇒ 参考図書

では，エネルギー積分の方法について，さらに別の適用例を見てみよ

＊　問題設定によっては，$r > 0$ という制限をつけて $+\sqrt{\ }$ のほうだけを採用してもよい。
†　時間と空間の両方を独立変数とする偏微分方程式で記述されるような系の場合には，保存則は，たとえば $\dfrac{\partial}{\partial t}(\cdots) + \dfrac{\partial}{\partial x}(\cdots) = 0$ のように空間微分も含めた形になる。

相平面上の流れ
⇒ p. 145

う。ここで特に注目したいことは，図 3.4 や図 4.4 のような相平面上の流れとエネルギー積分の関係である。

調和振動
⇒ p. 187

⟮例⟯ 調和振動の方程式 (4.2.1) を 1 階 2 変数に書き直すと

$$\frac{\mathrm{d}p}{\mathrm{d}t} = -q \qquad (1.1.32\mathrm{a})$$

$$\frac{\mathrm{d}q}{\mathrm{d}t} = p \qquad (1.1.32\mathrm{b})$$

と書ける。これから $p \times$ 式 $(1.1.32\mathrm{a}) + q \times$ 式 $(1.1.32\mathrm{b})$ を作ると

$$p\frac{\mathrm{d}p}{\mathrm{d}t} + q\frac{\mathrm{d}q}{\mathrm{d}t} = 0 \quad \text{すなわち} \quad \frac{\mathrm{d}}{\mathrm{d}t}\left(\frac{1}{2}p^2 + \frac{1}{2}q^2\right) = 0$$

となるから，$H(p,q) = \frac{1}{2}p^2 + \frac{1}{2}q^2$ とすれば，

$$H(p,q) = E \qquad (5.2.40)$$

図 3.4
⇒ p. 145

の形でエネルギー積分に持ち込める。式 (5.2.40) は，図 3.4 で (p,q) のたどる解軌道を与える式となっている。

解軌道

振子の運動方程
式 (4.2.10)
⇒ p. 189

⟮例⟯ 振子の運動方程式 (4.2.10)

$$\frac{\mathrm{d}^2\theta}{\mathrm{d}t^2} = -\frac{g}{\ell}\sin\theta \qquad (4.2.10)$$

に対し，両辺に $\dot{\theta}$ を掛けて変形すると

$$\frac{\mathrm{d}}{\mathrm{d}t}\left(\frac{1}{2}\dot{\theta}^2 - \frac{g}{\ell}\cos\theta\right) = 0 \quad \text{したがって} \quad \frac{1}{2}\dot{\theta}^2 - \frac{g}{\ell}\cos\theta = E \tag{5.2.41}$$

というエネルギー積分が得られる。これは 1 変数の 1 階 ODE であり，

$$\pm\frac{\mathrm{d}\theta}{\sqrt{2E + (2g/\ell)\cos\theta}} = \mathrm{d}t \qquad (5.2.42)$$

楕円関数

と変数分離できる。この左辺の積分は，残念ながら一般には高校で習う範囲の関数では表せず，楕円関数というものが必要になる。それでも，$E = g/\ell$ となるような特別な初期条件[‡]の場合には，高校数学の範囲内で積分を計算して $\theta = \theta(t)$ を解析的に求められる。

式 (5.2.41) はまた，式 (4.2.10) を 1 階化した運動方程式

$$\frac{\mathrm{d}}{\mathrm{d}t}\begin{bmatrix}\theta \\ \omega\end{bmatrix} = \begin{bmatrix}\omega \\ -(g/\ell)\sin\theta\end{bmatrix} \qquad (4.2.10')$$

図 4.4
⇒ p. 190

を相平面上の流れとして示す図 4.4 において，解軌道を

---

‡ 図 4.4 の固定点 $(\pm\pi, 0)$ に向かう解軌道のうえに初期値をとればいい。

$$H(\theta, \omega) = \frac{1}{2}\omega^2 - \frac{g}{\ell}\cos\theta \qquad (5.2.43)$$

の等値線の形で与えるものとも解釈できる。

> ㊟ 上記の例の $H(p, q)$ や $H(\theta, \omega)$ は，相平面上の流れに対し，普通の流体力学における流線関数に相当する役割を果たす。たとえば式 (5.2.43) の $H(\theta, \omega)$ を用いると，流線関数の場合の式 (5.2.23) に対応して
>
> $$\frac{d\theta}{dt} = \frac{\partial H(\theta, \omega)}{\partial \omega}, \qquad \frac{d\omega}{dt} = -\frac{\partial H(\theta, \omega)}{\partial \theta}$$
>
> という式が成り立つ。このような H をハミルトニアンという。

流線関数 ⇒ p. 266

ハミルトニアン

ところで，方程式 (1.1.32) のエネルギー積分 (5.2.40) は 2 変数に対する式だが，式 (1.1.32b) を用いて p を消去し，$q = q(t)$ だけの式にすると

$$\left(\frac{dq}{dt}\right)^2 + q^2 = 2E \qquad (2.3.6')$$

という 1 変数の ODE になる。式 (2.3.6′) は変数分離の方法で解けて

$$q = \sqrt{2E}\sin(t + C')$$

という解が得られるけれども，それだけでなく，速度 $\dot{q}$ がゼロになる転回点の瞬間に，特異解 $q = \pm\sqrt{2E}$ が紛れ込む。また式 (5.2.42) の場合にも同じように特異解が紛れ込む。今の場合，この特異解は，もとの振動問題に対しては不要な解であり，求めた解が本当にもとの方程式を満たすのか否かを注意深く吟味しなければならない例となっている。

転回点で現れる特異解

5-2-E 同次型の非線形 ODE

非線形 ODE を解くには，積分に持ち込もうと考えるばかりでなく，うまい変数変換を見つけることが鍵となる場合が多い。

うまい変数変換を見つける

たとえば，第 2 章の p. 80 で，

$$\frac{dz}{dr} = \frac{z^2 - r^2}{2rz} \qquad (2.3.22)$$

は $z = rq$ と変数変換すれば解けること，この変数変換を思いつく理由は (r, z) 平面上での拡大縮小に関する式 (2.3.22) の対称性にあることを紹介した。

対称性 ⇒ p. 82

同じように,

$$\frac{\mathrm{d}y}{\mathrm{d}x} = \frac{y+x}{y-x} \qquad (2.3.55)$$

という方程式は, (x, y) を $(\alpha x, \alpha y)$ に
置き換えても変わらないという対称性を
もち,

$$\frac{y}{x} = f \quad (\text{つまり } y = xf) \quad (2.3.23')$$

という変数変換で変数分離に持ち込め
る。計算してみると

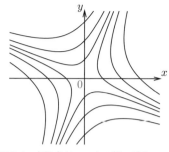

図 5.4　方程式 (2.3.55) の解のグラフ

$$f = 1 \pm \sqrt{\frac{A}{x^2} + 2} \quad \text{したがって} \quad y = x \pm \sqrt{A + 2x^2} \qquad (5.2.44)$$

という解が得られ, グラフは図 5.4 のようになる。

　より一般的に言えば, 1 変数の関数 g を用いて

$$\frac{\mathrm{d}y}{\mathrm{d}x} = g\left(\frac{y}{x}\right) \qquad (5.2.45)$$

同次型　の形に書ける 1 階 ODE は, 式 (2.3.23′) のように変数変換すると, f と
x で変数分離できる。この形の ODE を同次型[3, p.28] と呼ぶことがある
(“線形同次” と混同しないこと)。

　同次型の ODE を解く際には, 独立変数を x でなく別の変数に変換する
と解きやすくなる場合がある。独立変数を変更してよいかどうかは, も
ともとの問題設定によることだが, たとえば, 目的が (x, y) 平面上に解
のグラフを描くことならば, 結果として同じ曲線が得られるのである限
り, 変数を変更しても別に構わないはずだ。

⑩ 新たな独立変数 t を導入して $x = x(t), y = y(t)$ と考え, 式 (2.3.55)
　を, $(\dot{x}, \dot{y}) = (u, v)$ に従って動く点 (x, y) の軌跡を求める問題に書
　き直そう。軌跡として得られる曲線の傾きは

$$\frac{\mathrm{d}y}{\mathrm{d}x} = \frac{v}{u} \qquad (5.2.12)$$

　で与えられるので, この式と方程式 (2.3.55) を見比べると

$$\frac{\mathrm{d}x}{\mathrm{d}t} = u = -x + y \qquad (5.2.46\mathrm{a})$$

$$\frac{\mathrm{d}y}{\mathrm{d}t} = v = x + y \qquad (5.2.46\mathrm{b})$$

とすればいいことが分かる§。

式 (5.2.46) は線形同次であり，しかも定数係数なので，既（すで）に学ん
だ方法で解ける。解は，任意定数を A_1, A_2 として

$$\begin{bmatrix} x \\ y \end{bmatrix} = A_1 e^{\sqrt{2}t} \begin{bmatrix} 1 \\ 1+\sqrt{2} \end{bmatrix} + A_2 e^{-\sqrt{2}t} \begin{bmatrix} 1 \\ 1-\sqrt{2} \end{bmatrix} \tag{5.2.47}$$

となり，図 5.4 と同じ曲線がパラメータ表示の形で得られる¶。

線形同次

㋰ ある教科書[31, p.22]には，大学院入試や入社試験などで出題される
"有名な問題" として

$$x\frac{\mathrm{d}y}{\mathrm{d}x} = y + \sqrt{x^2+y^2} \tag{5.2.48}$$

という方程式の解法が載っている。方程式 (5.2.48) は同次型なので，
式 (2.3.23′) の変換で原理的に解けるが（上記の教科書はこの解法を
紹介している），これだと $\mathrm{d}f/\sqrt{1+f^2}$ の積分が面倒で，最終的に
$y = \cdots$ まで到達するのは かなり大変だ。

そこで，$\sqrt{}$ を早めに解消することを狙い，別の変数変換を考え
よう。極座標 $(x, y) = (r\cos\theta, r\sin\theta)$ を導入し，θ を独立変数と
して $r = r(\theta)$ と見なす。すると，$y = y(x)$ のグラフの傾きは

極座標

$$\frac{\mathrm{d}y}{\mathrm{d}x} = \frac{\mathrm{d}y/\mathrm{d}\theta}{\mathrm{d}x/\mathrm{d}\theta} = \frac{r'(\theta)\sin\theta + r\cos\theta}{r'(\theta)\cos\theta - r\sin\theta} \tag{5.2.49}$$

と表せるから，これを式 (5.2.48) に代入し，$r'(\theta)$ について解くと

$$r'(\theta) = \frac{\cos\theta}{1-\sin\theta}\, r \tag{5.2.50}$$

となる‖。これは変数分離の方法で解けて，結果を整理すると

$$r = \frac{\ell}{1-\sin\theta} \quad (\text{ここで } \ell \text{ は任意定数}) \tag{5.2.51}$$

という，極座標で表示した放物線の式になる。式 (5.2.51) の分母を
払ってから $r = y + \ell$ の形にして両辺を 2 乗し，y について解けば

放物線

$$y = \frac{x^2 - \ell^2}{2\ell} \tag{5.2.51′}$$

---

§ 本当は $(u, v) = (k(-x+y),\, k(x+y))$ のように係数 k を含めるべきだが，k はゼ
ロ以外なら何でもいいので，簡単化のため $k = 1$ に選んだ。

¶ 一般に，曲線のグラフを描く目的のためには，パラメータを消去せずに，動く点の軌跡
をそのままプロットするほうが便利である。

‖ 式 (5.2.50) の導出過程で $1 \pm \sin\theta = \cos^2\theta/(1 \mp \sin\theta)$ という関係式を用いた。

となって，もとの変数 $y = y(x)$ で表した形の解が得られる。

5-2-F　変数変換による線形化

ここまでに見てきた非線形方程式のなかには，もとは線形方程式だっ
たのに，変数変換によって非線形になったものがある。たとえば方程式

方程式 (1.1.32)
⇒ p. 272

(1.1.32) は 2 変数の線形同次 ODE だが，エネルギー積分したあと変数
を 1 個に減らして解こうとすると，

$$\left(\frac{\mathrm{d}q}{\mathrm{d}t}\right)^2 + q^2 = 2E \tag{2.3.6'}$$

という非線形 ODE になる。

逆に，見かけは非線形でも，変数変換によって線形の方程式に書き直

変数変換による
線形化

せる場合もある。たとえば p. 274 で見たように，方程式 (2.3.55) は，あ
えて変数を増やすことで 2 変数の線形同次方程式 (5.2.46) に書き直せる。

方程式 (5.2.48)
⇒ p. 275

方程式 (5.2.48) を極座標で解く例も，$r = r(\theta)$ に対する線形の方程式
(5.2.50) への変換による解法である。

線形化
⇒ p. 191

以下では，このように変数変換によって線形化できる非線形 ODE の
例をあと 2 つほど紹介し，その解法について，線形非同次方程式

$$\frac{\mathrm{d}x}{\mathrm{d}t} = \lambda x + \mu \tag{5.1.11}$$

と対比させながら検討しよう。

まずは，式 (5.1.11) の非同次項 μ を非線形項 μx^n に置き換えた

$$\frac{\mathrm{d}x}{\mathrm{d}t} = \lambda x + \mu x^n \tag{5.2.52}$$

Bernoulli の方
程式

という方程式（**Bernoulli**（ベルヌーイ）の方程式）を考える[*]。ここで λ や μ は t の
関数であってもよい。指数 n は定数で，非線形なのだから $n \neq 1$ である。

もし λ も μ も定数なら，方程式 (5.2.52) は変数分離の方法で解けるは
ずだが，n の値によっては，積分の計算が一筋縄では行かず，変数変換
を工夫して置換積分を行う必要がある。さらに λ や μ が定数ではなく，
独立変数 t に依存して $\lambda = \lambda(t)$, $\mu = \mu(t)$ などとなったら，単純な変数
分離の方法では太刀打ちできない。

ところが，じつはそういう場合でも式 (5.2.52) は解けるのだ。

---

[*]　式 (5.2.52) に名を残す Jacob Bernoulli は，流体力学で有名な Daniel Bernoulli の
伯父（おじ）である。

　式 (5.2.52) を解く方法のひとつは，線形非同次方程式 (5.1.11) と同じ
定数変化法である。まずは，μ の項を無視した線形同次方程式

定数変化法
⇒ p. 242

$$\frac{\mathrm{d}X}{\mathrm{d}t} = \lambda X \tag{5.1.27$'$}$$

の解が $X = A\phi(t)$ だとして（A は任意定数），これをもとに，方程式
(5.2.52) の解を

$$x = a\phi(t), \quad a = a(t) \tag{5.1.29}$$

と置いて代入する。整理すると $\phi\,\mathrm{d}a/\mathrm{d}t = \mu(a\phi)^n$ となり，これは

$$\frac{\mathrm{d}a}{a^n} = \mu(t)\,\{\phi(t)\}^{n-1}\,\mathrm{d}t$$

と変数分離できるので，両辺を積分して a について解き，式 (5.1.29) に
代入すればいい。

　じつは，式 (5.2.52) が非線形なのは見かけだけのことで，簡単な変数
変換で線形非同次方程式に直せることを示そう。式 (5.2.52) の右辺の線
形項と非線形項の比を考え，

線形非同次方程
式への変換

$$\lambda x : \mu x^n = \lambda u : \mu \quad \text{すなわち} \quad x : x^n = u : 1 \tag{5.2.53}$$

となるような u をさがすと，$u = x^{1-n}$ とすればいいことが分かる。そ
こで，変数を x から u に変換してみる。この変換は，x について解いた
形で書くと $x = u^{1/(1-n)}$ ということだが，これを式 (5.2.52) にそのま
ま代入するよりも，式 (5.2.52) の両辺を x^n で割って

$$x^{-n}\frac{\mathrm{d}x}{\mathrm{d}t} = \lambda x^{1-n} + \mu \tag{5.2.52$'$}$$

としてから代入するほうが見通しが良い†。代入してみると

$$[\text{式 (5.2.52$'$) の左辺}] = u^{-n/(1-n)}\frac{\mathrm{d}}{\mathrm{d}t}\left\{u^{1/(1-n)}\right\} = \frac{1}{1-n}\frac{\mathrm{d}u}{\mathrm{d}t}$$

$$[\text{式 (5.2.52$'$) の右辺}] = \lambda x^{1-n} + \mu = \lambda u + \mu$$

となり，

$$\frac{1}{1-n}\frac{\mathrm{d}u}{\mathrm{d}t} = \lambda u + \mu \tag{5.2.54}$$

という線形非同次 ODE になる。あとはこれを何らかの方法で解いてか
ら，変数を u から x に戻せばいい。

---

†　ここで暗黙のうちに $x \neq 0$ を仮定していることに注意。

Riccati の方程式

　もうひとつ，有名な例として，**Riccati** の方程式[‡]というのがある。こ
れは，線形非同次方程式 (5.1.11) の右辺が x の1次式であるのに対し，
右辺を x の2次式とした

$$\frac{\mathrm{d}x}{\mathrm{d}t} = \kappa x^2 + 2\lambda x + \mu \tag{5.2.55}$$

という形の方程式である。なお，平方完成とか二次形式とかの便宜を考
え，右辺の1次の係数には2を含めてある。

　係数 κ, λ, μ が定数とは限らない（t の関数になる）場合，Riccati 方
程式 (5.2.55) を積分に持ち込んで解く決まった手順はないし，必ず積分
に持ち込んで解けるとも限らない。しかし，このような場合でも，変数

変数変換による
線形化

変換によって Riccati 方程式 (5.2.55) を線形方程式に変換することは可
能である。いったん線形方程式に変換してしまえば，幕級数でも何でも
いいので何らかの方法で解の基底を求めれば，これで解けることになる。
ただし，もう少し詳しく言うと，1変数1階の Riccati 方程式 (5.2.55) を
1変数1階の線形方程式に変換するのではなく，2変数1階または1変
数2階の線形方程式に変換することになる。つまり，あえて変数を増や
すか階数を上げるかするような変換が必要となる。

変数変換の方針

　変数変換の方針のヒントをさがすため，κ, λ, μ が簡単な定数の値をと
るような場合の解 $x = x(t)$ を変数分離の方法で求めて，その形を一般化
することを考えよう。以下，A や C は任意定数を示すものとする。

- たとえば $(\kappa, \lambda, \mu) = (-1, 0, 1)$ の場合は，

$$\frac{\mathrm{d}x}{\mathrm{d}t} = -x^2 + 1 \quad \Longleftrightarrow \quad x = \frac{Ae^{2t} - 1}{Ae^{2t} + 1}$$

のように解ける（A は任意定数）。分数の形になるのが特徴的である。

- $(\kappa, \lambda, \mu) = (1, 0, 0)$ の場合（これは Bernoulli の方程式でもある），

$$\frac{\mathrm{d}x}{\mathrm{d}t} = x^2 \quad \Longleftrightarrow \quad x = \frac{1}{C - t}$$

となり，これも分数の形である。

分数の形

　以上の例をヒントに，方程式 (5.2.55) の解を，分数の形で

$$x = x(t) = \frac{F}{G} \qquad \left(\text{ここで } F = F(t),\, G = G(t)\right) \tag{5.2.56}$$

[‡]　なぜか Riccati を "リカッチ" と表記している（「ッ」の位置がおかしい）本が多いのだ
が，聞いた話によると，有名な教科書で誤植があったのがそのまま定着してしまったらしい。

と置いて代入してみよう[64, pp.12–13]。代入した結果は，通分した形で書くと，$\dot{F} = dF/dt$, $\dot{G} = dG/dt$ として

$$[\text{式 (5.2.55) の左辺}] = \frac{\dot{F}G - F\dot{G}}{G^2}$$

$$[\text{式 (5.2.55) の右辺}] = \frac{\kappa F^2 + 2\lambda FG + \mu G^2}{G^2}$$

となり，分母を払って

$$\dot{F}G - F\dot{G} = \kappa F^2 + 2\lambda FG + \mu G^2 \tag{5.2.57}$$

と書き直せる。式 (5.2.57) の右辺は (F, G) の二次形式[45, 47]であり   二次形式

$$[\text{式 (5.2.57) の右辺}] = \begin{bmatrix} F & G \end{bmatrix} \begin{bmatrix} \kappa & \lambda \\ \lambda & \mu \end{bmatrix} \begin{bmatrix} F \\ G \end{bmatrix}$$

のように行列を用いて書ける。左辺もこれに合わせて

$$[\text{式 (5.2.57) の左辺}] = \begin{bmatrix} F & G \end{bmatrix} \begin{bmatrix} -\dot{G} \\ \dot{F} \end{bmatrix}$$

の形に書くと，結局，式 (5.2.57) 全体が

$$\begin{bmatrix} F & G \end{bmatrix} \begin{bmatrix} -\dot{G} \\ \dot{F} \end{bmatrix} = \begin{bmatrix} F & G \end{bmatrix} \begin{bmatrix} \kappa & \lambda \\ \lambda & \mu \end{bmatrix} \begin{bmatrix} F \\ G \end{bmatrix} \tag{5.2.57$'$}$$

と書けることになる。ここで $(F, G) \neq (0, 0)$ とすれば，式 (5.2.57) が成り立つための条件として，

$$\begin{bmatrix} -\dot{G} \\ \dot{F} \end{bmatrix} = \begin{bmatrix} \kappa & \lambda \\ \lambda & \mu \end{bmatrix} \begin{bmatrix} F \\ G \end{bmatrix} + \sigma \begin{bmatrix} -G \\ F \end{bmatrix}$$

すなわち

$$\begin{cases} \dot{F} = (\lambda + \sigma)F + \mu G \\ \dot{G} = -\kappa F + (-\lambda + \sigma)G \end{cases} \tag{5.2.58}$$

という 2 変数 1 階の線形同次 ODE が得られる。ただしここで $\sigma = \sigma(t)$ は任意の関数であり，何でもいいから式 (5.2.58) が解きやすくなるように選べばいい。あとは何らかの方法で方程式 (5.2.58) を解いて (F, G) を求めれば，式 (5.2.56) により $x = F/G$ も得られることになる。

　任意関数 $\sigma = \sigma(t)$ の選択を，特に $\sigma = \lambda$ としてみよう。この場合

$$\dot{G} = -\kappa F \quad \text{したがって} \quad F = -\frac{\dot{G}}{\kappa}$$

であり，これにより，方程式 (5.2.58) から F を消去すれば

$$\frac{d}{dt}\left(\kappa^{-1}\frac{dG}{dt}\right) = \frac{2\lambda}{\kappa}\frac{dG}{dt} - \mu G \tag{5.2.59}$$

という 1 変数 2 階の ODE に書き直せる。この ODE の解 G から x を求めるには

$$x = \frac{F}{G} = -\kappa^{-1}\frac{\dot{G}}{G} = -\kappa^{-1}\frac{d}{dt}\log G \tag{5.2.56'}$$

を用いればいい。

注 2 階の線形同次 ODE で，解の基底がひとつしか見つからない場合，一般解を求めるために，定数変化法を応用した階数低下法という技法を用いた。Riccati の方程式の場合，これに相当する技法は，既に見つかっている解を $x = X$ として，新たな解を $x = X + y$ と置くことだ。こうなる理由は，式 (5.2.56') のなかの log が積を和に変換するからであり，階数低下に対応して，x に対する Riccati の方程式が y に対する Bernoulli の方程式に書き換えられる。

階数低下法
⇒ p. 228

5-2-G　応用：有限時間での LQ 最適制御

LQ 最適制御
⇒ p. 241

　　Riccati の方程式は，二次形式の評価関数を用いる制御（LQ 最適制御）と関係がある [17, 27, 30, 33]。

　　前の節の pp. 239–242 で考えた速度の最適制御の問題では，制御に使える時間 T は無制限と仮定し，その代わり k, Q, R はいずれも定数とした。この理論を改良し，有限の時間 T の間に制御を完了させられるように，k と Q に時間依存性をもたせることを考える（簡単化のため R は定数にしておく）。この場合，フィードバック制御のための力の式は

$k = k(t)$
$Q = Q(t)$

$$f = k(t)\,(V - v) \tag{5.1.16'}$$

評価関数

となる。評価関数は

$$J = \int_0^T \left\{Q(t)(v - V)^2 + Rf^2\right\}dt \tag{5.1.19'}$$

である。式 (5.1.19') のなかの v や f は，制御される物体の運動方程式

$$m\frac{dv}{dt} = -\gamma v + \gamma V + f \tag{5.1.17a}$$

$$= (k + \gamma)(V - v) \tag{5.1.17b}$$

およびフィードバック制御の式 (5.1.16') を通じて k と結びつけられてい

るので，$k = k(t)$ を変えると J の値も変わる。この J を可能な限り小さくするのが最適な制御ということになる。

評価関数 J を最小化するには，k がただの数ならば $\mathrm{d}J/\mathrm{d}k = 0$ のように微分を用いればいいが，今の場合，微分の代わりに，より大掛かりな変分[59, 第2章] が必要となる。とは言っても，基本的には，第 1 章で学んだ "ずらして引く" という考え方の応用である。つまり，$k = k(t)$ を，各時刻で $\delta k = \delta k(t)$ だけずらすと，速度 v は δv だけ変化し，フィードバック制御のための力 f は δf だけ変化して，その結果として J は δJ だけずれた $J + \delta J$ という値に変わるとする[§]。この δJ をまずは計算しよう。評価関数の定義式 (5.1.19′) から

変分

ずらして引く
⇒ p. 27

$$J + \delta J = \int_0^T \left\{ Q\,(v - V)^2 + Rf^2 \right\} \mathrm{d}t$$
$$+ \int_0^T \left\{ 2Q\,(v - V)\delta v + 2Rf\delta f \right\} \mathrm{d}t + O(\delta v^2, \delta f^2)$$

であり，したがって，2 次の微小量を無視するという了解のもとで

$$\delta J = \int_0^T \left\{ 2Q\,(v - V)\delta v + 2Rf\delta f \right\} \mathrm{d}t \qquad (5.2.60)$$

と書ける。ここで被積分関数に含まれる δf を δv に関係づけるため，方程式 (5.1.17a) で f, v がそれぞれ $\delta f, \delta v$ だけ変動した場合を考えると，

$$\delta f = \left(m\frac{\mathrm{d}}{\mathrm{d}t} + \gamma \right) \delta v \qquad (5.2.61)$$

という関係があることが分かる。式 (5.2.61) を式 (5.2.60) に代入すると

$$\delta J = \int_0^T \left\{ 2Q\,(v - V)\delta v + 2Rf \left(m\frac{\mathrm{d}}{\mathrm{d}t} + \gamma \right) \delta v \right\} \mathrm{d}t$$
$$= 2\int_0^T \left\{ Q\,(v - V) + R\gamma f \right\} \delta v\,\mathrm{d}t + 2mR\int_0^T f\frac{\mathrm{d}(\delta v)}{\mathrm{d}t}\mathrm{d}t$$

となり，最後の項は部分積分により

部分積分

$$\int_0^T f\frac{\mathrm{d}(\delta v)}{\mathrm{d}t}\mathrm{d}t = -\int_0^T \frac{\mathrm{d}f}{\mathrm{d}t}\delta v\,\mathrm{d}t + f\delta v\Big|_0^T = -\int_0^T \frac{\mathrm{d}f}{\mathrm{d}t}\delta v\,\mathrm{d}t$$

と計算できる。ただし，速度 v には

$$v|_{t=0} = v_0 \quad (\text{初速度は未知だが決まっている}) \qquad (5.2.62\mathrm{a})$$
$$v|_{t=T} = V \quad (\text{時刻 } T \text{ には速度を目標値に一致させる}) \qquad (5.2.62\mathrm{b})$$

[§] ここで $\delta k, \delta v, \delta f$ は t の関数だが，δJ は t の関数ではないことに注意しよう。

境界条件
⇒ p. 102

という境界条件を課し，ずらした速度も同じ境界条件を満たすものと考えて，$\delta v|_{t=0} = \delta v|_{t=T} = 0$ とした。ここまでの計算から

$$\delta J = 2 \int_0^T \left\{ Q\,(v - V) + R\left(\gamma f - m\frac{\mathrm{d}f}{\mathrm{d}t}\right) \right\} \delta v\,\mathrm{d}t \qquad (5.2.63)$$

となることが分かる。評価関数 J が極値を取るための必要条件は，任意の δv に対して δJ がゼロになること，つまり

$$Q\,(v - V) + R\left(\gamma f - m\frac{\mathrm{d}f}{\mathrm{d}t}\right) = 0 \qquad (5.2.64)$$

となることである。式 (5.2.64) のなかの f を含む項は，式 (5.1.16′) すな

$k = k(t)$

式 (5.1.17b)
⇒ p. 280

わち $f = k\,(V - v)$ を代入し，運動方程式 (5.1.17b) を用いることで

$$\begin{aligned}
\gamma f - m\frac{\mathrm{d}f}{\mathrm{d}t} &= \gamma k\,(V - v) - m\frac{\mathrm{d}}{\mathrm{d}t}\{k\,(V - v)\} \\
&= \gamma k\,(V - v) - m\frac{\mathrm{d}k}{\mathrm{d}t}(V - v) + km\frac{\mathrm{d}v}{\mathrm{d}t} \\
&= \gamma k\,(V - v) - m\frac{\mathrm{d}k}{\mathrm{d}t}(V - v) + k(k + \gamma)(V - v) \\
&= \left\{ -m\frac{\mathrm{d}k}{\mathrm{d}t} + (k^2 + 2\gamma k) \right\}(V - v) \qquad (5.2.65)
\end{aligned}$$

と計算できる。これを用いて式 (5.2.64) を書き直し，$(V - v)$ を括り出した残りだけを書くと，結局，J を最小化する条件は

$$mR\frac{\mathrm{d}k}{\mathrm{d}t} = R(k^2 + 2\gamma k) - Q \qquad (5.2.66)$$

という非線形 ODE に帰着する。これは，p. 278 の式 (5.2.55) と同じ形

Riccati の方程
式

Q が定数の場合

の非線形 ODE，すなわち **Riccati** の方程式である。

まずは Q が定数の場合を考えよう。この場合，方程式 (5.2.66) は変数分離の方法で解けて，A を任意定数とする一般解

$$k = -\gamma + \beta\frac{1 + Ae^{2(\beta/m)t}}{1 - Ae^{2(\beta/m)t}} \qquad \left(\text{ここで } \beta = \sqrt{\frac{Q}{R} + \gamma^2}\right) \qquad (5.2.67)$$

自律系
⇒ p. 147

式 (5.1.22)
⇒ p. 242

が得られる。さて，Q が定数なので方程式 (5.2.66) は自律系であり，固定点の考察が意味をもつ。固定点は，式 (5.1.22) の根により $-\gamma \pm \beta$ で与えられ，前の節で見たとおり $-\gamma - \beta < 0 < -\gamma + \beta$ である。これと式 (5.2.67) を見比べると，k は，$t \to +\infty$ では負の固定点 $-\gamma - \beta$ に向かい，$t \to -\infty$ では正の固定点 $-\gamma + \beta$ に向かうことが分かる。負の k は制御の失敗を意味するから，$k = k(t)$ を求める際は，$0 \leq t \leq T$ のあいだじゅう $k > 0$ となるように，特に負の固定点に近づくことのないよ

うにする必要がある。これは解析解 (5.2.67) で A を決める場合でも，方程式 (5.2.66) を数値的に解く場合でも言える注意事項である。

定数 A は "終端条件" つまり境界条件 (5.2.62b) から決めるべきものだ。そのために，運動方程式 (5.1.17b) の k に式 (5.2.67) を代入して v を求めると，境界条件 (5.2.62b) を満たす解は

$$v = V + \frac{v_0 - V}{1 - A} \left\{ e^{-(\beta/m)t} - A e^{(\beta/m)t} \right\}, \quad A = e^{-2(\beta/m)T} \quad (5.2.68)$$

となる。こうして決まった A を式 (5.2.67) に代入し，最適制御問題の解

$$k = -\gamma + \frac{\beta}{\tanh((\beta/m)(T - t))} \quad (5.2.67')$$

を得る。特に $T \gg m/\beta$ の極限では，式 (5.2.67') は（制御の終わる頃を除いて）$-\gamma + \beta$ に等しくなり，前の節の式 (5.1.23) と整合する。

式 (5.1.23)
⇒ p. 242

㊟ ここで考えたような最適制御を多変数に対して行うには，式 (5.2.66) の多変数版[33, p.178] を数値的に解くことになるが，そのためには k に対する初期条件が必要である。その場合，時刻 T での目標を，式 (5.2.62b) のような強硬（ハード）な制約ではなく，評価関数を通じた柔軟（ソフト）な制約として課すほうが扱いやすい。説明のための 1 変数の例として，式 (5.1.19) の J に項を追加して $\tilde{J} = J + K \{v(T) - V\}^2$ という新たな評価関数を考え，変分 $\delta\tilde{J}$ がゼロになる条件を求めると，Riccati 方程式 (5.2.66) に $k|_{t=T} = K/(mR)$ という "初期条件"（終端条件）を追加したものが得られる。この条件を糸口として，時間を逆行して過去に向かう方向に数値計算を進めればいい。過去に向かうのは，負の固定点を避けて正の固定点に向かう方向でもあることに注意しておこう。

続いて，さらに制御を改善できる可能性¶を探るため，$Q = Q(t)$ の場合を考える。なお R は何でもいいが，簡単化のため $R = \gamma^{-2}$ とする（こう選ぶと Q が無次元になる）。この場合，Riccati 方程式 (5.2.66) は

$Q = Q(t)$ の
場合

$$m\frac{\mathrm{d}k}{\mathrm{d}t} = k^2 + 2\gamma k - \gamma^2 Q(t) \quad (5.2.66')$$

となり，これは変数分離の方法では直接解けないけれども，それでも Q の選び方によっては解析的に解ける場合がある。このことを見るには，k

---

¶ 式 (5.2.68) で T が有限の場合，制御が終わる瞬間の速度 v は確かに V に一致するが，加速度がゼロにならない。その意味で，なめらかさについて改善の余地がある。

式 (5.1.17b)
⇒ p. 241

が微分方程式 (5.1.17b) を通じて v と結びついていることに着目し，従属変数を v に変換すればいい（変数変換に微分方程式を使う！）。方程式 (5.1.17b) を k について解くと

$$k = -\gamma - \frac{m\dot{v}}{v-V} \qquad \left(\dot{v} = \frac{\mathrm{d}v}{\mathrm{d}t}\right) \tag{5.2.69}$$

であり，これを式 (5.2.66′) に代入すると

$$[\text{式 (5.2.66′) の左辺}] = -m\frac{\mathrm{d}}{\mathrm{d}t}\left(\frac{m\dot{v}}{v-V}\right) = \frac{-m^2\ddot{v}}{v-V} + \frac{m^2\dot{v}^2}{(v-V)^2}$$

$$[\text{式 (5.2.66′) の右辺}] = \left(\frac{m\dot{v}}{v-V}\right)^2 - \gamma^2\{1+Q(t)\}$$

となるので，両辺を等しいと置くと，$\dot{v}^2$ を含む非線形項が見事に打ち消し合って

$$\frac{m^2\ddot{v}}{v-V} = -\gamma^2\{1+Q(t)\} \quad \text{すなわち} \quad \frac{\mathrm{d}^2v}{\mathrm{d}t^2} = \frac{\gamma^2}{m^2}\{1+Q(t)\}(v-V)$$

線形の ODE

という線形の ODE になる。この形だと線形非同次だが，$v-V=u$ と置けば，容易に

$$\frac{\mathrm{d}^2u}{\mathrm{d}t^2} = \frac{\gamma^2}{m^2}\{1+Q(t)\}u \tag{5.2.70}$$

という線形同次 ODE に書き直せる。

　ここまでくれば，Q が何であろうとも，冪級数でも何でも使って解の基底を求めればいいが，特に Euler–Cauchy 型になることを狙い，

Euler–
Cauchy 型
⇒ p. 181

$$Q(t) = -1 + \frac{\mu T^2}{(T-t)^2} \tag{5.2.71}$$

と選ぶ（ここで μ は 1 よりも大きな定数とする）。この $Q(t)$ は $Q>0$ という条件を満たし，さらに，制御が終わる $t=T$ の瞬間に近づくほど速度のずれを厳しく J に反映させる効果を狙って，$t\to T$ で $Q\to+\infty$ となるように作ってある。

　式 (5.2.71) を式 (5.2.70) に代入し，$\mu T^2\gamma^2/m^2 = n(n-1)$ と置いて係数 μ を $n\,(>1)$ で書き直すと，式 (5.2.70) は

$$(T-t)^2\frac{\mathrm{d}^2u}{\mathrm{d}t^2} = n(n-1)u$$

という Euler–Cauchy 型の ODE になり，一般解は

$$u = C_1(T-t)^n + C_2(T-t)^{-n+1} \quad (C_1,\, C_2 \text{ は任意定数}) \tag{5.2.72}$$

となる。制御の目的に合う解は，境界条件 (5.2.62b) を満たす解，つまり

$t \to T$ で $u \to 0$ となる解で，そのためには $C_2 = 0$ であればいい。こうなるような k は，

$$v = V + u = V + C_1 (T - t)^n$$

を式 (5.2.69) に代入することで

$$k = -\gamma + \frac{nm}{T - t}$$

と定まる。さらに初速度 (5.2.62a) から C_1 が決まり，速度は

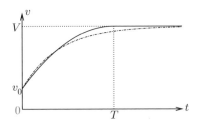

図 5.5　LQ 最適制御による速度 v の挙動の例。制御に使える時間を $T = 1.25\,m/\gamma$ とし，$n = 2$ として，式 (5.2.73) を実線，式 (5.1.18) を鎖線で示している。

$$v = V + (v_0 - V) \left(1 - \frac{t}{T} \right)^n \tag{5.2.73}$$

となる。

　こうして得られた速度 (5.2.73) の挙動の典型例を図 5.5 に示す。比較のため，以前に式 (5.1.18) で求めた，k や Q を変動させず定数とした場合の様子も併せて図示している。制御方式を改良した結果の式 (5.2.73) では，有限の時間 T のあいだに速度 v を目標値 V までなめらかに到達させることに成功している様子が分かる。

式 (5.1.18)
⇒ p. 241

5-2-H　解けない方程式への対応方法

　ここまでのところ，非線形方程式のなかでも，主に解析的に解けるものについて解説してきた。しかし，じつをいうと，解析的に解が得られる ODE というのは非常に稀な存在であって，ほとんどの方程式は解析解が得られないため，近似的に解くか定性的考察法を工夫するしかない。逆に言えば，いかに工夫して解の性質を知るかというのが非線形方程式の研究の面白いところだとも言える。

　解けない ODE の有名な例として，天体力学における三体問題を紹介しよう。これは，たとえば「太陽・木星・地球」とかいった 3 個の天体が互いに重力を及ぼし合って運動するとどういう軌道になるか？ というもので，運動方程式は

三体問題

$$m_1 \ddot{\mathbf{r}}_1 = \mathbf{F}_{2 \to 1} + \mathbf{F}_{3 \to 1} \tag{5.2.74a}$$

$$m_2 \ddot{\mathbf{r}}_2 = \mathbf{F}_{1 \to 2} + \mathbf{F}_{3 \to 2} \tag{5.2.74b}$$

$$m_3 \ddot{\mathbf{r}}_3 = \mathbf{F}_{1 \to 3} + \mathbf{F}_{2 \to 3} \tag{5.2.74c}$$

のように書けるから，これを解けばいいはずだ。ただしここで m_i は天体 i の質量，$\mathbf{r}_i$ は天体 i の位置ベクトル，

$$\mathbf{F}_{i \to j} = -m_i m_j G \, \frac{\mathbf{r}_j - \mathbf{r}_i}{|\mathbf{r}_j - \mathbf{r}_i|^{3/2}}$$

は天体 j が天体 i から受ける力をあらわし，G は万有引力定数である。

保存則
⇒ p. 271

このような天体力学の方程式を解くための基本方針は，保存則すなわち $\frac{\mathrm{d}}{\mathrm{d}t}(\cdots) = 0$ という形の式に持ち込むことだ。実際，天体が2個だけなら（たとえば「太陽・木星」とか「地球・月」とかいう系なら），その方針で解ける。ところが，天体が3個以上あると，変数の数に見合う個数の保存則を作ることができなくなる。このために，三体問題の運動方程式 (5.2.74) は，解析的に解こうとしても解けないことになる。

方程式が解析的に解けない場合，現代の我々が真っ先に考えつくことは数値解を求めることだ。ただし，何億年という宇宙尺度の時間にわたる数値解をきちんと求めるのはかなり大変である上に，運動方程式 (5.2.74)

カオス
⇒ p. 97

の数値解は，一般にはカオス的な挙動を示すので，数値解は必ず大きな幅をもつものと考え，たとえば初期条件を何百通りも用意して統計を取るなどの解析方法を工夫する必要がある。

そのほかに可能性のある解析方法として，各天体の質量 m_1, m_2, m_3 のなかに他と比べて桁違いに大きいものや小さいものがある場合，

摂動

そのことを利用し，いわゆる摂動の方法によって近似解を求めることが考えられる。たとえば m_1 が太陽，m_2 が木星，m_3 が地球だとしたら，明らかに m_1 だけが突出して大きいから

天体が3個以上
あると……

$$|\mathbf{F}_{3 \to 2}| \ll |\mathbf{F}_{1 \to 2}|, \qquad |\mathbf{F}_{2 \to 3}| \ll |\mathbf{F}_{1 \to 3}|$$

であるはずで，したがって，運動方程式のなかで，$|\mathbf{F}_{3 \to 2}|$ や $|\mathbf{F}_{2 \to 3}|$（木星と地球の相互作用）を微小な項として扱うことにすればいいだろう。つまり，まずは「太陽と地球」「太陽と木星」の間の引力のみを考えてそれぞれの軌道を求め，次に地球と木星の間の引力の影響による軌道の変

定数変化法

化を，定数変化法のような形で取り込んだ近似解を作ればいい。ただしこの際，相互作用そのものは微小でも，長い時間のあいだには摂動の効果が積もり積もって大きくなる可能性があるから，そのことを加味した

近似理論を作る必要がある。

別の非線形方程式で，保存則が絶大な威力を発揮する例を見てみよう。 保存則
たとえ完全に解くところまで行けなくても，保存則やそれに似た式があ
ると，それと位相空間の方法の合わせ技で解の挙動が大幅に絞り込める。
たとえば，既（すで）に見たとおり，振子の運動方程式

$$\frac{\mathrm{d}^2\theta}{\mathrm{d}t^2} = -\frac{g}{\ell}\sin\theta \tag{4.2.10}$$

は，エネルギー積分によって式 (5.2.41) の形にできる。ここから変数分 式 (4.2.10) の
エネルギー積分
⇒ p. 272
離の形に持ち込むのは，一般には積分の計算が難しいけれども，たとえ
その積分ができなかったとしても式 (5.2.41) には価値がある。なぜなら，
これによって，相平面上の点 $(\theta, \dot\theta)$ がどのような曲線上をたどるかが分
かり，特に $(\theta, \dot\theta) = (0,0)$ の近くでは同じ曲線上をいつまでも回り続け
る——決してどこか遠くに行ってしまったりしない——ことが言えるか
らだ。

さらに，係数 $\beta > 0$ を含む抵抗の項を加えて 抵抗の項

$$\frac{\mathrm{d}^2\theta}{\mathrm{d}t^2} = -\beta\frac{\mathrm{d}\theta}{\mathrm{d}t} - \frac{g}{\ell}\sin\theta \tag{5.2.75}$$

とした場合も，エネルギー積分の考え方は有益な示唆を与える。この場
合，$\frac{\mathrm{d}}{\mathrm{d}t}(\cdots) = 0$ の形の式は得られないが，その代わり，式 (5.2.41) に
相当するものとして

$$\frac{\mathrm{d}}{\mathrm{d}t}\left(\frac{1}{2}\dot\theta^2 - \frac{g}{\ell}\cos\theta\right) = -\beta\dot\theta^2 \le 0 \tag{5.2.76}$$

という不等式が得られる。左辺のカッコの中身を

$$\mathcal{E} = \mathcal{E}(\theta, \dot\theta) = \frac{1}{2}\dot\theta^2 - \frac{g}{\ell}\cos\theta$$

と置くと，式 (5.2.76) により，$\mathcal{E}$ は時間経過とともに決して増大せず単調
減少する。このことを利用すれば，初期条件が $(\theta, \dot\theta) = (0,0)$ の近くに
あれば解は $\mathcal{E}$ の極小点 $(0,0)$ に向かうことが分かる。これは振子の場合
には当たり前のことを言っているに過ぎないが，より直観的な把握が難
しい系になってくると，こういう考え方が役に立つ。さらに，β が微小
なら，それを摂動として扱って定量的な近似理論を作る道も見えてくる。

摂動による近似理論は，基本的には，$m_3 < m_2 \ll m_1$ とか $\beta \ll \sqrt{g/\ell}$ 微小なパラメー
タ
とかいった微小なパラメータに基づく考え方である。裏を返せば，方程
式や初期条件・境界条件が微小なパラメータを含まない場合，摂動の考

え方は使えない。そのような場合に近似解が作れる可能性があるとした
ら、ひとつは冪級数の方法、もうひとつは方程式の性質をとらえた積分
量を利用する方法だろう。

冪級数の方法
⇒ p. 90
　　冪級数の方法は系統的で良いように思えるが、実際には思ったほどの
威力を発揮しないことがある。たとえば、$\mathrm{d}p/\mathrm{d}s = F(p)$ の解を

$$p = p(s) = a_0 + a_1 s + a_2 s^2 + a_3 s^3 + \cdots \tag{5.2.77}$$

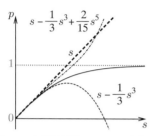

図 5.6　初期値問題 (2.3.11) の冪級数
　解。比較のため、厳密解を細い実線で
　示している。

のように置く場合、独立変数 s の小ささが微
小なパラメータの役割を果たすと見るべき
で、しかも、s が何に比べて小さければいい
のかは、往々にして、解を求めてみるまでは
分からないことが多い。一例として、

$$\frac{\mathrm{d}p}{\mathrm{d}s} = 1 - p^2 \tag{2.3.11a}$$

$$p|_{s=0} = 0 \tag{2.3.11b}$$

の解を冪級数の方法で求めてみよう。方程
式に式 (5.2.77) を代入して係数を定めると

$$p = s - \frac{1}{3}s^3 + \frac{2}{15}s^5 - \frac{17}{315}s^7 + \frac{62}{2835}s^9 + \cdots \tag{5.2.78}$$

となる。係数の規則性は簡単には分からないうえに、図 5.6 を見る限り、
どうも s が大きいところでは、いくら項を増やしても級数は収束しそう
にない。実際のところ、冪級数 (5.2.78) が収束する $|s|$ の上限（収束半
収束半径
⇒ 参考図書
径）は 約 1.57 となり、それよりも s が大きいと、この級数は発散して
しまう。この例で分かるように、冪級数の方法を用いる場合は、収束半
径に注意を払う必要がある。

Blasius 方程式　　流体力学の本を見ると、平板に沿う流れに関して、Blasius 方程式

$$2\frac{\mathrm{d}^3 f}{\mathrm{d}\eta^3} + f\frac{\mathrm{d}^2 f}{\mathrm{d}\eta^2} = 0 \tag{5.2.79}$$

に

$$\left(f, \frac{\mathrm{d}f}{\mathrm{d}\eta}\right)\bigg|_{\eta=0} = (0,0), \qquad \frac{\mathrm{d}f}{\mathrm{d}\eta}\bigg|_{\eta\to\infty} = 1$$

という条件を課した境界値問題を冪級数の方法で解く話が載っているこ
とがある[28, 第11章]。しかしこの場合、$\eta = 0$ のまわりの冪級数の収束

半径はかなり小さいので，この方法を無限領域での境界値問題に適用するのは，じつは相当に危うい。

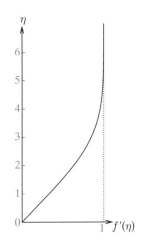

図 5.7 Blasius 方程式 (5.2.79) の数値解。ただし $f = f(\eta)$ そのものではなく導関数 $f'(\eta)$ を図示している。

無限領域における方程式 (5.2.79) の解の特徴を知るには，冪級数のような "視野の狭い" 表し方よりも，

$$I_\theta = \int_0^\infty \{1 - f'(\eta)\} f'(\eta) \mathrm{d}\eta \tag{5.2.80}$$

のような，系全体にわたる積分量を考えるほうが良い。式 (5.2.80) で定義される I_θ は，板に沿う流れを特徴づける量 [24, p.330] のうち "運動量厚さ" と呼ばれるものに相当する物理的意味をもち，剪断応力を表す $f''(\eta)$ とは

$$I_\theta = 2 \left. \frac{\mathrm{d}^2 f}{\mathrm{d}\eta^2} \right|_{\eta=0} \tag{5.2.81}$$

積分量

運動量厚さ

という関係にあることが式 (5.2.79) から示せる。式 (5.2.80)(5.2.81) を用いれば，$f = f(\eta)$ の概形をかなり大胆に近似しても，それなりに妥当な I_θ などの値が得られる。たとえば

大胆な近似

$$f'(\eta) \simeq \begin{cases} \alpha\eta & (0 \leq \eta \leq \alpha^{-1}) \\ 1 & (\alpha^{-1} \leq \eta < +\infty) \end{cases} \tag{5.2.82}$$

とすると $I_\theta = 1/\sqrt{3} \approx 0.577$ となり，精密な数値解による値 $(I_\theta \approx 0.6641)$ からのずれは，約 15% にとどまる。このように，解けない式でも工夫次第で解の性質が分かるのが面白いところだ。

練習問題

1. 以下の ODE の一般解を求めよ:

$$\frac{\mathrm{d}\phi}{\mathrm{d}t} = -\sin\phi \tag{5.2.83}$$

$$\frac{\mathrm{d}^2\theta}{\mathrm{d}t^2} = \exp\left(-\frac{\mathrm{d}\theta}{\mathrm{d}t}\right) \tag{5.2.84}$$

$$\frac{\mathrm{d}^2 q}{\mathrm{d}t^2} = \frac{1}{(1+q)^3} \tag{5.2.85}$$

ただし，必要であれば，変数の動く範囲に適当に制限をつけてよい。

2.　以下の ODE の解を求めよ：

$$\frac{\mathrm{d}y}{\mathrm{d}x} = \frac{y^2 - x^2}{4xy} \tag{5.2.86}$$

$$\frac{\mathrm{d}y}{\mathrm{d}x} = \frac{y + x + 3}{y - x + 1} \tag{5.2.87}$$

$$\frac{\mathrm{d}y}{\mathrm{d}x} = \frac{y + 4x^3}{y - x} \tag{5.2.88}$$

ただし，必要であれば，変数の動く範囲に適当に制限をつけてもよいし，x を独立変数とすることにこだわらなくてもよい。

3.　とある物理量をあらわす変数 $h = h(t)$ が

$$\frac{\mathrm{d}h}{\mathrm{d}t} = -k\,h^\alpha \tag{2.3.18'}$$

という式に従って（k も α も正の定数），時間とともに減少するとする。

- 特に $\alpha = 1/2$ の場合を考え，また初期値 $h|_{t=0} = h_0$（> 0）が分かっているものとする。方程式 (2.3.18') の解を $0 \le t < \infty$ の範囲で求めよ。

- 上記と同じ設定で α の値だけを変更し，たとえば $\alpha = 3/2$ とか $\alpha = 4/3$ にすると，問題は上記の場合よりも簡単になる。なぜか？

> 解は $\mathrm{d}h/\mathrm{d}t \le 0$ を満たすはずだが，何も考えずに変数分離の方法だけで解くと，特異解を見逃すばかりでなく，条件 $\mathrm{d}h/\mathrm{d}t \le 0$ に反する解まで拾ってしまう。変数分離の方法で得られる一般解と，別途求めた特異解を組み合わせて，条件に合う解を構成せよ。

完全微分の判定
⇒ p. 266

4.　以下の方程式は完全微分方程式になっているか？ 完全微分方程式になっている場合は，解を $\Psi(x, y) = C$（$=$ 任意定数) の形で求めよ。完全微分方程式になっていない場合は，そう判定する理由を説明せよ。

$$-(x + y)\mathrm{d}x + (-x + y)\mathrm{d}y = 0 \tag{2.3.55'}$$

$$y\mathrm{d}x + x\mathrm{d}y = 0 \tag{5.2.13'}$$

$$-\left(y + \sqrt{x^2 + y^2}\right)\mathrm{d}x + x\mathrm{d}y = 0 \tag{5.2.48'}$$

5.　速度場が

$$(u, v) = (u(x, y),\ v(x, y)) = \frac{\kappa\left\{1 - e^{-\alpha(x^2 + y^2)}\right\}}{x^2 + y^2}(-y,\ x) \tag{5.2.89}$$

で与えられるような 2 次元の流れを考える（図 5.8）。ただし κ と α は

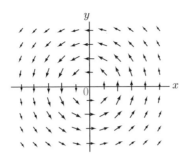

図 5.8 式 (5.2.89) で与えられる速度場。ただし α が 1 になるように無次元化した。

それぞれ適当な次元をもつ定数で，なおかつ $\kappa \neq 0$, $\alpha > 0$ とする。

- 速度場 (5.2.89) は，適当なスカラー場 $\Phi = \Phi(x, y)$ を用いて

$$(u, v) = \left(\frac{\partial \Phi}{\partial x}, \ \frac{\partial \Phi}{\partial y} \right) \tag{1.3.39$'$}$$

  の形で表せるか？ もし表せるなら Φ を具体的に求めよ。表せない場合は表せない理由を説明せよ。

- 速度場 (5.2.89) は，適当なスカラー場 $\Psi = \Psi(x, y)$ を用いて

$$(u, v) = \left(\frac{\partial \Psi}{\partial y}, \ -\frac{\partial \Psi}{\partial x} \right) \tag{5.2.23$'$}$$

  の形で表せるか？ もし表せるなら Ψ を具体的に求めよ。表せない場合は表せない理由を説明せよ。

6. 以下の ODE をエネルギー積分の方法で解け：

$$\frac{\mathrm{d}^2 x}{\mathrm{d}t^2} = 4e^{-2x} \tag{5.2.90}$$

$$\frac{\mathrm{d}^2 y}{\mathrm{d}t^2} = 1 - y \tag{5.2.91}$$

式 (5.2.91) は線形かつ定数係数であり，エネルギー積分を使わなくても解けるが，ここでは，練習のため，あえてエネルギー積分の方法で解いてみること。

7. 以下の初期値問題を解け：

$$\frac{\mathrm{d}^2 x}{\mathrm{d}t^2} = x^2 - 3x, \qquad x|_{t=0} = -\frac{3}{2}, \qquad \left. \frac{\mathrm{d}x}{\mathrm{d}t} \right|_{t=0} = 0 \tag{5.2.92}$$

$$\frac{\mathrm{d}^2 \phi}{\mathrm{d}t^2} = \sinh 4\phi, \qquad \phi|_{t=0} = 0, \qquad \left. \frac{\mathrm{d}\phi}{\mathrm{d}t} \right|_{t=0} = 1 \tag{5.2.93}$$

$$\frac{\mathrm{d}^2 q}{\mathrm{d}t^2} = 2e^{4q} - 8e^{-4q}, \qquad q|_{t=0} = 0, \qquad \left. \frac{\mathrm{d}q}{\mathrm{d}t} \right|_{t=0} = 1 \tag{5.2.94}$$

天体力学
⇒ p. 285

8.　惑星や宇宙探査機の運動方程式

$$m\ddot{x} = -\frac{mMGx}{(x^2+y^2)^{3/2}} \tag{5.2.95a}$$

$$m\ddot{y} = -\frac{mMGy}{(x^2+y^2)^{3/2}} \tag{5.2.95b}$$

は，少なくとも 2 とおりの方法で $\frac{\mathrm{d}}{\mathrm{d}t}(\cdots) = 0$ の形にできることを示せ．

- 速度との内積： $\dot{x} \times$ 式 (5.2.95a) $+ \dot{y} \times$ 式 (5.2.95b)
- 位置ベクトルとの外積： $x \times$ 式 (5.2.95b) $- y \times$ 式 (5.2.95a)

9.　次の ODE であらわされる (x, y) 平面上の曲線を求めたい：

$$x\frac{\mathrm{d}y}{\mathrm{d}x} = y + \sqrt{x^2+y^2} \tag{5.2.48}$$

式 (2.3.23′)
⇒ p. 274
式 (5.2.49)
⇒ p. 275

この方程式を解くための変数変換として式 (2.3.23′) を用いる方法でも，極座標による式 (5.2.49) を用いる方法でも，どちらでも同じ曲線が得られることを確認せよ．

10.　魚などの成長について

$$\frac{\mathrm{d}w}{\mathrm{d}t} = Pw^a - Qw \tag{5.2.96}$$

というモデルが提案されている [6, 11]．ここで $w = w(t) > 0$ は魚が孵化してから時間が t だけ経過した時点での魚の体重，a, P, Q は正の定数で，古典的なモデルでは $a = 2/3$ という値が用いられる．

- 指数を $a = 2/3$ とした場合，従属変数として体重 w の代わりに体長 L を用いると（k を定数として $w = kL^3$ とする），式 (5.2.96) は線形の方程式に直せることを示せ．
- 初期条件を $w|_{t=0} \to +0$ として[‖]，$a = 2/3$ の場合の解を求め，その概形を図示せよ [4, p.199]．
- 指数が $a = 2/3$ とは限らない場合の解を求めよ．

‖　単純にゼロだと特異解に引っかかってしまうことに注意．

11. 以下の微分方程式の一般解を求めよ：

$$\frac{\mathrm{d}u}{\mathrm{d}t} = u(u - \tan t) \tag{5.2.97}$$

$$\frac{\mathrm{d}p}{\mathrm{d}t} = p^2 - \frac{2}{(1+t)^2} \tag{5.2.98}$$

$$\frac{\mathrm{d}r}{\mathrm{d}t} = r^2 + \frac{1}{(1+2t)^2} \tag{5.2.99}$$

いずれも Riccati の方程式 (5.2.55) の形になっているから，p.278 や p.284 の例を参考にして，線形の方程式に変換する方法を考えよ。

12. Blasius 方程式 (5.2.79) の近似解を解析的に求めよう。境界条件は p. 288 にあるとおりとする。

Blasius 方程式 (5.2.79) ⇒ p. 288

- 式 (5.2.80) のように I_θ を定義すると，Blasius 方程式 (5.2.79) の解 $f = f(\eta)$ は式 (5.2.81) を満たすはずであることを示せ。

- 式 (5.2.82) を式 (5.2.80)(5.2.81) に代入して，つじつまが合うように I_θ の値を決定し，これから得られる近似解の概形を図示せよ。

- 式 (5.2.82) の置き方を変えることで，近似を改良し，その結果について検討せよ。できれば Blasius 方程式 (5.2.79) の数値解と比較せよ。

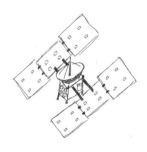

第6章 まとめ

ここまでに，ずいぶん様々な常微分方程式の解き方について学んできた。これで，第1章で述べた "この本の到達目標" がどこまで達成できたのか，振り返ってみよう。

到達目標
⇒ p. 17

第1章の前半では，常微分方程式の例として

$$\frac{\mathrm{d}^2 x}{\mathrm{d}t^2} = 8 - 4x \tag{1.1.13}$$

$$\frac{\mathrm{d}y}{\mathrm{d}t} + 4y = 8 \tag{1.1.16}$$

を挙げ，そのあと，力学に登場する運動方程式の一例として

$$m\ddot{y} = -mg \tag{1.1.19}$$

について考察した。方程式 (1.1.13) や (1.1.16) は，ここまでの内容をしっかり理解している読者ならば，自力で解けるはずだ。さらに，方程式 (1.1.19) の解や，第1章の練習問題で挙げた方程式 (1.1.28)–(1.1.32) の解も，もう自分で求められるに違いない。

練習問題
⇒ pp. 18–20

これらの常微分方程式の解き方が，この本のどの章に出てきたか，順を追って見てみよう。

まず，第1章の後半では，与えられた関数 $u = u(t)$ に対し，その原始関数，すなわち

原始関数

$$\frac{\mathrm{d}x}{\mathrm{d}t} = u \tag{1.3.1}$$

差分化
連続極限

を満たす未知の関数 $x = x(t)$ を求める問題に取り組んだ。差分化と連続極限を用いた考え方により，そのような関数は

$$x(t) = x_0 + \int_{t_0}^{t} u(\tilde{t})\mathrm{d}\tilde{t} \tag{1.3.15}$$

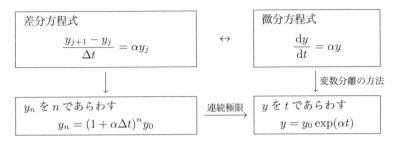

図6.1 微分方程式 (2.2.2) を解いて指数関数が出てくる際の途中の考え方。ひとつは差分化と連続極限の道であり，もうひとつは変数分離の方法により log を経由する道である。

という積分で与えられることが分かる。ここで x_0 は $t = t_0$ における x の初期値である。初期値が決まっていない場合，式 (1.3.15) は

初期値

$$x(t) = \int u(t)\, \mathrm{d}t \tag{1.3.8}$$

という不定積分となる。

不定積分

微分と積分の関係は表 1.4 のようにまとめられる。微分と積分が互いに逆演算だというのは，単一の数値を求める計算（表 1.4 の上半分）ではなく，関数に対する演算（表 1.4 の下半分）のことを言っている。

表 1.4 ⇒ p. 46

このような微分と積分についての基礎知識を踏まえて，第 2 章では，

$$\frac{\mathrm{d}y}{\mathrm{d}t} + 4y = 8 \tag{1.1.16}$$

$$\frac{\mathrm{d}u}{\mathrm{d}t} = \frac{2u}{1+t} \tag{1.1.28}$$

などの 1 階の常微分方程式の解法を学んだ。これらの方程式は，変数分離の方法により積分に持ち込んで解ける。ただし，この方法を使いこなすには，log と exp について熟知しておく必要がある。指数関数 exp は

変数分離 ⇒ p. 72

$$\frac{\mathrm{d}y}{\mathrm{d}t} = \alpha y \qquad (\alpha \text{ は定数}) \tag{2.2.2}$$

の解 $y = y_0 \exp(\alpha t)$ に現れる関数であり，等比数列の連続極限として

$$\lim_{n \to \infty} \left(1 + \frac{x}{n}\right)^n = \exp(x) \tag{2.2.6}$$

で定義される。自然対数 log は exp の逆関数で，特に方程式 (2.2.2) を

$$\frac{\mathrm{d}y}{y} = \alpha\, \mathrm{d}t$$

のように変数分離の方法で解く際に必要となる。微分方程式 (2.2.2) と指数関数 exp のつながりは，図 6.1 のようにまとめられる。

だが，変数分離の方法で何でも解けるわけではない。たとえば

$$\frac{\mathrm{d}^2 r}{\mathrm{d}t^2} = \frac{1}{r^3} \tag{1.1.30}$$

$$\frac{\mathrm{d}^2 x}{\mathrm{d}t^2} = 4x \tag{3.1.14}$$

を解くつもりで $r^3 \mathrm{d}^2 r = \mathrm{d}t^2$ などとするのは無意味だ。

2階微分 　　そこで第3章では，まず差分化の考え方に戻り，2階微分の仕組みと微分演算子の線形性について学んだ。方程式 (3.1.14) を差分化すると隣

固有値問題 接3項漸化式となり，線形な定数係数隣接3項漸化式は固有値問題に持ち込んで解ける。この考え方と，2階1変数の方程式 (3.1.14) を

$$\frac{\mathrm{d}}{\mathrm{d}t}\begin{bmatrix} v \\ x \end{bmatrix} = \begin{bmatrix} 0 & 4 \\ 1 & 0 \end{bmatrix}\begin{bmatrix} v \\ x \end{bmatrix} = \mathsf{A}\begin{bmatrix} v \\ x \end{bmatrix} \qquad \left(\mathsf{A} = \begin{bmatrix} 0 & 4 \\ 1 & 0 \end{bmatrix} \right) \tag{3.3.18}$$

という1階2変数の形に書き直す手法を組み合わせることで，行列 A の固有値問題を経由して方程式 (3.1.14) を1階の方程式 (2.2.2) に帰着させて解く方法を学んだ。似たような方法により

$$z^2 \frac{\mathrm{d}^2 f}{\mathrm{d}z^2} = 6f \tag{1.1.29}$$

を $z\,\mathrm{d}\varphi/\mathrm{d}z = \beta\varphi$ という1階1変数の方程式に持ち込んで解けることも分かった。

　　このような解ける方程式に対する"近道"を考え，さらに解き方がまだ分からない方程式への手だてを探るために，第4章と第5章では，さま

3つのタイプ ざまな方程式を3つのタイプに分けて考えた。3つのタイプとは

- 線形同次（未知数について線形な項だけからなる：表 4.1）
- 線形非同次（線形同次な方程式に既知関数の項を追加：表 4.2）
- 非線形（上記のどちらでもない：表 4.3）

解の重ね合わせ である。線形同次な方程式と線形非同次な方程式では，解の重ね合わせが
⇒ p.168, 171 可能なので，そのことを応用した解法が考えられる。

線形同次 　　線形同次な常微分方程式では，第4章で学んだように，解の基底を推
解の基底を推測 測する解法が使える。特に
⇒ p. 176

$$\frac{\mathrm{d}^2 x}{\mathrm{d}t^2} = 4x \tag{3.1.14}$$

$$6\frac{\mathrm{d}^3 u}{\mathrm{d}r^3} - 13\frac{\mathrm{d}^2 u}{\mathrm{d}r^2} - 40\frac{\mathrm{d}u}{\mathrm{d}r} + 75\,u = 0 \tag{3.3.69}$$

定数係数 のような定数係数の線形同次な常微分方程式の場合，解の基底は exp に

なることが期待できて，k 階の常微分方程式を解く問題が，k 次方程式の問題に変わる。ただし，途中で複素数が現れることがあるので，exp をバージョンアップして複素数も扱えるようにする必要がある。そこで，exp を解にもつ方程式 (2.2.2) に戻り，図 6.1 の左側で α を $i\omega$ に置き換えたものを考えて，複素等比数列の連続極限により，Euler の公式

複素数

Euler の公式

$$e^{i\theta} = \cos\theta + i\sin\theta \qquad (4.2.45)$$

を導出した。こうして，たとえば

$$\frac{d^2 q}{dt^2} + 2\frac{dq}{dt} + 5\,q = 0 \qquad (1.1.31)$$

$$\frac{d^2 y}{dt^2} + 4y = 0 \qquad (4.3.18)$$

といった方程式が解けるようになった。

第 5 章の前半では線形非同次な方程式を扱った。たとえば，

線形非同次

$$\frac{d^2 x}{dt^2} + 4x = f \qquad (\text{ただし } f = f(t) \text{ は既知の関数}) \qquad (5.1.1')$$

の解は，線形非同次方程式 (5.1.1′) の特解と，線形同次方程式 (4.3.18) の解の和になる。方程式 (1.1.13) は非同次項が $f = 8$ という定数関数の場合で，このときは特解 $x = 2$ が簡単に推測できる。特解が簡単に推測できない場合には，式 (5.1.1′) のような定数係数の方程式なら Laplace 変換を利用し，それがどうしてもダメなら定数変化法を使えばいい。

Laplace 変換

定数変化法

非線形の方程式は，解けないことが多いのだが，解析的に解けるような例外的な場合を第 5 章の後半で扱った。特に

非線形

$$\frac{d^2 r}{dt^2} = \frac{1}{r^3} \qquad (1.1.30)$$

のような場合は，エネルギー積分の方法で解くことができる。さらに，対称性に着目した変数変換や，線形の方程式に変換する例を紹介した。相平面による考察など，解けない場合の手だてについても簡単に触れた。

エネルギー積分

相平面

こういうわけで，物理学を使いこなすための必須アイテムのひとつとして，常微分方程式についての基本的なことはひととおり伝授したつもりだ。あとは各自の専門分野を学びつつ，あるいは参考図書を頼りに，物理を楽しみ，応用数学の技を磨いていこう。

参考図書および引用文献

本書の執筆の際に参照した主な文献

まず，本書全体にわたって参考にした書籍を挙げる。

［1］ クライツィグ（E. Kreyszig）『常微分方程式』〔技術者のための高等数学 第8版〕培風館 (2006), 北原和夫・堀素夫（訳).

［2］ 寺田文行・坂田泩・斎藤偵四郎『演習 微分方程式』サイエンス社 (1977).

［3］ 矢嶋信男『常微分方程式』〔理工系の数学入門コース〕岩波書店 (1989); 新装版 岩波書店 (2019).

［4］ 稲岡毅『基礎からの微分方程式』森北出版 (2012).

著者は，学生時代には主に寺田らの演習書[2]で微分方程式を学び，教員になってからはクライツィグの教科書[1]で授業をしてきたので，本書もその影響を少なからず受けている。この2冊を含め，上記の4冊については，本文での文献参照表示を基本的に省略した。

そのほか，微分方程式の応用例や歴史的な逸話などの個別の題材に関して，以下の文献を利用した。

［5］ ベックマン（P. Beckmann）『πの歴史』蒼樹書房 (1973), 田尾陽一・清水韶光（訳）; 同『πの歴史』〔ちくま学芸文庫〕筑摩書房 (2006).

［6］ L. von Bertalanffy: "Quantitative laws in metabolism and growth", Quarterly Reviews of Biology **32**, 217–231 (1957).

［7］ C. Bissell: "A History of Automatic Control", In *Springer Handbook of Automation* 〔Shimon Y. Nof 編〕, Springer (2009).

［8］ W. Hohmann: "Die Erreichbarkeit der Himmelskörper (天体への到達可能性)" (1925); 英語訳 NASA Technical Translation F-44 (1960).

［9］ マオール（E. Maor）『不思議な数 e の物語』岩波書店 (1999), 伊理由美（訳）; 同『不思議な数 e の物語』〔ちくま学芸文庫〕筑摩書房 (2019).

［10］ ポントリャーギン（L.S. Pontryagin）『常微分方程式』（新版）共立出版 (1968), 千葉克裕（訳）.

［11］ K. Renner-Martin *et al*.: "On the exponent in the Von Bertalanffy growth model", PeerJ **6**, e4205 (2018).

［12］ スタンダール（Stendhal）『アンリ・ブリュラールの生涯』〔スタンダール全集〕人文書院 (1977), 桑原武夫ほか（訳）. 第33章.

［13］ 井上和夫（監修）・川田昌克・西岡克弘『MATLAB/Simulink によるわかりやすい制御工学』森北出版 (2001)

［14］ 今井淳・寺尾宏明・中村博昭『不変量とはなにか』〔ブルーバックス〕講談社 (2002); 同『不変量と対称性：現代数学のこころ』〔ちくま学芸文庫〕筑摩書房 (2013).

［15］ 江沢洋（編）『20世紀の物理学』〔臨時別冊・数理科学〕サイエンス社 (1998).

[16] 小野雅裕『宇宙に命はあるのか』〔SB 新書〕SB クリエイティブ (2018).

[17] 加藤寛一郎『最適制御入門：レギュレータとカルマン・フィルタ』東京大学出版会 (1987).

[18] 金岡克弥 (編)『あのスーパーロボットはどう動く』日刊工業新聞社 (2010).

[19] 銀林浩・榊忠男『数は生きている』岩波書店 (1974).

[20] 小木修：微分方程式で理解する反応速度論,『ぶんせき (日本分析化学会)』**2014**-3, 94–100 (2014).

[21] 佐藤和也・平元和彦・平田研二『はじめての制御工学』講談社 (2010); 改訂第 2 版 (2018).

[22] 背戸一登『構造物の振動制御』コロナ社 (2006).

[23] 田崎晴明『熱力学：現代的な視点から』培風館 (2000).

[24] 巽友正『流体力学』培風館 (1982).

[25] 遠山啓『関数を考える』岩波書店 (1972); 同『関数を考える』〔岩波現代文庫〕岩波書店 (2011).

[26] 冨樫義博『Hunter × Hunter』**6**, 集英社 (1999).

[27] 早勢実『H_∞ 制御入門』オーム社 (1996).

[28] 日野幹雄『流体力学』朝倉書店 (1992).

[29] 的川泰宣『宇宙飛行の父 ツィオルコフスキー：人類が宇宙へ行くまで』勉誠出版 (2017). 第 8 章.

[30] 吉川恒夫・井村順一『現代制御論』昭晃堂 (1994).

[31] 吉野邦生・吉田稔・岡康之『工学系学生のための微分方程式講義』培風館 (2013).

[32] 数学セミナー編集部 (編)『数学の言葉づかい 100』日本評論社 (1999).

[33] 日本機械学会『制御工学』丸善 (2002).

[34] 日本機械学会『流体力学』丸善 (2005).

副読本案内：本書を読んでいる途中の読者のために

本書よりも易しい本を先に読みたいとき：

[35] 佐藤実・あづま笙子『マンガでわかる微分方程式』オーム社 (2009).

[36] 飽本一裕『今日から使える微分方程式』講談社 (2006); 同『今日から使える微分方程式 普及版』〔ブルーバックス〕講談社 (2018).

[37] 江見圭司・矢島彰・江見善一『基礎数学の I II III』共立出版 (2005).

無限級数と Taylor 展開の要注意事項について知りたいとき：

[38] 和達三樹『微分積分』〔理工系の数学入門コース〕岩波書店 (1988); 新装版 岩波書店 (2019).

[39] 一松信『解析学序説 新版』(上) 裳華房 (1981); (下) 同 (1982).

[40] 佐藤文広『数学ビギナーズマニュアル』日本評論社 (1994); 第 2 版 (2014).

物理 (特に力学) の基礎知識を確認したいとき：

[41] 太田信義『基礎物理学』丸善出版 (2011).

[42] 山本義隆『新・物理入門 増補改訂版』駿台文庫 (2005).

[43]　ファインマン (R.P. Feynman)・レイトン (R.B. Leighton)・サンズ (M.L. Sands)『ファインマン物理学 I 力学』岩波書店 (1967), 坪井忠二（訳）.

線形代数で困ったとき，特に固有値問題で重根が出てしまったとき：

[44]　筧三郎・西成活裕『理工系のための解く！ 線形代数』講談社 (2007).

[45]　薩摩順吉・四ッ谷晶二『キーポイント 線形代数』〔理工系数学のキーポイント〕岩波書店 (1992).

[46]　梶原健『行列のヒミツがわかる！使える！ 線形代数講義』日本評論社 (2013).

線積分などベクトル解析の知識が必要になったとき：

[47]　クライツィグ (E. Kreyszig)『線形代数とベクトル解析』〔技術者のための高等数学 第 8 版〕培風館 (2003), 堀素夫（訳）.

[48]　長沼伸一郎『物理数学の直観的方法：難解な数学的諸概念はどう簡略化できるか』通商産業研究社 (1987); 同『物理数学の直観的方法：理工系で学ぶ数学「難所突破」の特効薬 普及版』〔ブルーバックス〕講談社 (2011).

力学系とカオスについて知りたくなったとき：

[49]　ストロガッツ (S. H. Strogatz)『非線形ダイナミクスとカオス：数学的基礎から物理・生物・化学・工学への応用まで』丸善出版 (2015), 田中久陽・中尾裕也・千葉逸人（訳）.

[50]　山口昌哉『カオス入門』朝倉書店 (1996).

[51]　山本義隆『力学と微分方程式』数学書房 (2008).

[52]　郡宏・森田善久『生物リズムと力学系』共立出版 (2011).

数値計算をしたいが Euler 法だけでは満足できなくなったとき：

[53]　一松信『数値解析』朝倉書店 (1982).

[54]　水島二郎・柳瀬眞一郎『理工学のための数値計算法』サイエンス社 (2002); 水島二郎・柳瀬眞一郎・石原卓『理工学のための数値計算法』第 3 版 (2019).

読書案内：本書を読み終わった読者のために

　本書では解の存在や一意性などの証明は完全に省いているが，そのあたりを知りたい読者もいるかもしれない。意欲のある読者には，

[55]　笠原晧司『新微分方程式対話』(新版) 日本評論社 (1995).

と，既に挙げたポントリャーギン[10]を勧める。

　本書での Euler の公式の説明は，長沼[48]やファインマン[43]と同じく単位円のイメージを重視した。他方，それよりも少しイメージしにくいけれども強力な方法として，複素数に対する冪級数の方法がある。これを手がかりに

[56]　神保道夫『複素関数入門』岩波書店 (2003).

[57]　表実『複素関数』〔理工系の数学入門コース〕岩波書店 (1988); 新装版 岩波書店 (2019).

といった複素関数論の学習に進むのもいいだろう。

　冪級数の方法については本書でも少し解説した。第 2 章では幾何級数というものが出てきたが，これをパワーアップした「超幾何関数」とか，第 4 章で出てきた Bessel 関数とかいったものが，まとめて「特殊関数」と呼ばれていて，物理の応用には頻繁に現れる。これについては

[58]　アルフケン（G. Arfken）・ウェーバー（H. Weber）『特殊関数』講談社 (2001), 権平健一郎・神原武志・小山直人（訳）.

[59]　小野寺嘉孝『物理のための応用数学』裳華房 (1988).

などを勧める。特殊関数は，ある種の偏微分方程式を常微分方程式に直して解く際に現れることが多いので，

[60]　ファーロウ（S.J. Farlow）『偏微分方程式：科学者・技術者のための使い方と解き方』(新版) 朝倉書店 (1996), 伊理正夫・伊理由美（訳）.

も読んでみるといいのではないかと思う。

　線形非同次方程式は，本書では 1 変数の場合を中心に扱った。特に，応答関数を用いた解の積分表示（Duhamel の公式）については 1 変数の場合の形を示すにとどめた。この内容を多変数の場合に拡張する際の考え方を知るには，既に挙げた笠原[55]が参考になる。他方，さらに深く Duhamel の公式と Laplace 変換について学ぶには

[61]　ワイリー（C.R. Wylie, Jr.）『工業数学』ブレイン図書出版 (1970), 富久泰明（訳）.

[62]　登坂宣好『微分方程式の解法と応用：たたみ込み積分とスペクトル分解を用いて』東京大学出版会 (2010).

が役に立つと思われる。

　非線形の常微分方程式については，文献[15]の第 II 章「数理物理学の発展」に面白いことがいろいろ書いてあるのだが，入手は難しいかもしれない。最近の本としては

[63]　千葉逸人『解くための微分方程式と力学系理論』現代数学社 (2021).

がある。

　最後に，常微分方程式に限らず非線形の偏微分方程式までを扱った本として

[64]　広田良吾『直接法によるソリトンの数理』岩波書店 (1992).

[65]　川原琢治『ソリトンからカオスへ』朝倉書店 (1993).

を挙げておきたい。

巻末補遺

A 冪と指数法則

表 I 小さな自然数 n に対する 2^n の値

n	2^n
0	1
1	2
2	4
3	8
4	16
5	32
6	64
7	128
8	256

　初期値を 1 として同じ数 b を繰り返し掛けることにより定義される演算[43, 第22章]を "b の冪" と呼ぶ[39]。冪のことを累乗ともいう（"乗算を累積したもの" という意味）。乗算を n 回繰り返した結果を b^n と書く。

　例として，2 の冪を表 I に示す。この表をよく見ると，乗算の反復回数（冪指数）の足し算が，冪の値の掛け算に対応していることが分かる。たとえば

$$2 + 3 = 5 \quad \Leftrightarrow \quad 4 \times 8 = 32$$
$$3 + 3 = 6 \quad \Leftrightarrow \quad 8 \times 8 = 64$$

のような対応関係を見つけることができる。一般に

$$p + q = n \quad \Leftrightarrow \quad 2^p \times 2^q = 2^n$$

という対応関係があるので，少なくとも自然数*の冪指数 p, q に対して

$$2^{p+q} = 2^p \times 2^q \tag{A.1}$$

が成り立つ。さらに，法則 (A.1) を壊さないように注意しつつ，冪指数を自然数以外の数にまで拡張することが可能である。簡単な例をいくつか挙げる。

- 冪指数が負の整数の場合は除算を繰り返す：⑳ $2^{-2} = (1 \div 2) \div 2 = 1/4$
- 冪指数が 1/2 の場合は平方根：⑳ $2^{1/2} = \sqrt{2}$, $2^{1/2} \times 2^{1/2} = \sqrt{2} \times \sqrt{2} = 2$

　ここまでは 2^n を例として考えてきたが，他の数の冪の場合はどうなるのだろうか？ 表 II を見ると，やはり同様の対応関係を見つけることができて，

$$b^{p+q} = b^p \times b^q \tag{A.1'}$$

が成り立つことが分かる。

　和を含む形の法則 (A.1') のほか，積を含む形の冪の計算について，常識的な前

---

　* 自然数にはゼロを含める流儀と含めない流儀があるが，本書ではゼロを含めることにする。

表II　さまざまな $b\,(>1)$ に対する b^n の値。なお, e については p. 307 を見よ。

n	2^n	3^n	4^n	5^n	6^n	7^n	10^n	e^n
0	1	1	1	1	1	1	1	1
1	2	3	4	5	6	7	10	2.71828
2	4	9	16	25	36	49	100	7.38906
3	8	27	64	125	216	343	1000	20.08554
4	16	81	256	625	1296	2401	10000	54.59815
5	32	243	1024	3125	7776	16807	100000	148.41316

提条件のもとで（少なくとも表IIに例示しているような場合について）

$$b^{mr} = (b^r)^m \tag{A.2}$$

$$(ab)^n = a^n \times b^n \tag{A.3}$$

が成り立つ[37, 43]。冪についてのこれらの計算法則を総称して指数法則という。

> ㊟ 法則 (A.2)(A.3) は，冪指数が整数で a も b も正の実数なら問題なく成り立つけれども，それ以外の場合には破れることもあるので注意を要する。
> ㋑ 行列の積で $AB \neq BA$ の場合：$(AB)^2 = ABAB \neq A^2B^2$
> ㋑ 負の数の冪と非整数の冪指数を含む場合：$\{(-1)^2\}^{1/2} \neq \{(-1)^{1/2}\}^2$

B　重要な初等関数

三角関数

　図Iのように，横軸の正の方向を基準とした角度 θ によって，単位円上に点 Q を定め，その座標

$$\overrightarrow{OQ} = \begin{bmatrix} \cos\theta \\ \sin\theta \end{bmatrix} \tag{B.1}$$

により $\cos\theta$ と $\sin\theta$ を定義する。

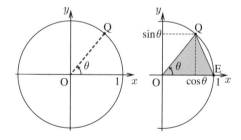

図I　単位円に基づく三角関数の定義

　角度 θ にはあらゆる正負の値を好きなように設定できる。線分 OQ は，点 O を中心として自由に回転できる針のようなものだ。図Iは，そのような針をもつ器具を理想化したもので，設定した角度に応じて線分 OE と針の位置関係を読み取る機能が，sin および cos という名前で

$$\sin: \quad \theta \mapsto \sin\theta = (\text{底辺 OE に対する } \triangle\text{OEQ の高さ}) = (\text{Q の } y \text{ 座標}) \quad \text{(B.2)}$$

$$\cos: \quad \theta \mapsto \cos\theta = (\overrightarrow{OQ} \text{ を } \overrightarrow{OE} \text{ に射影した長さ}) \qquad = (\text{Q の } x \text{ 座標}) \quad \text{(B.3)}$$

のように備わっているのだと考えればよい。もちろん "高さ" や "長さ" には符号を含める。式 (B.2) により $\triangle$OEQ の面積は $\frac{1}{2}\sin\theta$ となる。

三角関数としては，sin と cos のほか，

$$\tan\theta = \frac{\sin\theta}{\cos\theta}, \quad \cot\theta = \frac{\cos\theta}{\sin\theta} \qquad \text{(B.4)}$$

がしばしば用いられる。図 I に示した "器具" に直線を追加して図 II のようにすれば，$\tan\theta$ が読み取れる。図に含まれる相似な直角三角形に三平方の定理を適用し

$$\cos^2\theta + \sin^2\theta = 1, \quad 1 + \tan^2\theta = \frac{1}{\cos^2\theta} \qquad \text{(B.5)}$$

を得る。

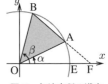

図 II　$\tan\theta$ の図示

続いて，角度の和や差を扱うため，動く針の数を 2 本に増やしてみる。図 III では "針" の位置ベクトルは

$$\overrightarrow{OA} = \begin{bmatrix} \cos\alpha \\ \sin\alpha \end{bmatrix}, \quad \overrightarrow{OB} = \begin{bmatrix} \cos\beta \\ \sin\beta \end{bmatrix}$$

で，針のあいだの角度は $\beta - \alpha$ となる。この図 III を用いて，$\sin(\beta - \alpha)$ と $\cos(\beta - \alpha)$ の値を A と B の座標で表す式を導こう。準備として，直線 AB と x 軸の交点 F の座標を求めると

$$\overrightarrow{OF} = \begin{bmatrix} f \\ 0 \end{bmatrix}, \quad f = \frac{\cos\alpha\,\sin\beta - \cos\beta\,\sin\alpha}{\sin\beta - \sin\alpha}$$

となり，これから，図 III に灰色で示した三角形の面積が

$$(\triangle\text{OAB の面積}) = (\triangle\text{OFB の面積}) - (\triangle\text{OFA の面積}) = \frac{1}{2}f\sin\beta - \frac{1}{2}f\sin\alpha$$

$$= \frac{1}{2}(\cos\alpha\,\sin\beta - \cos\beta\,\sin\alpha) \qquad \text{(B.6)}$$

のように計算できる*。この面積から，OA を底辺と見たときの $\triangle$OAB の高さが分かる。図 I と図 III を見比べると，この高さは $\sin(\beta - \alpha)$ だから，結局

$$\sin(\beta - \alpha) = \cos\alpha\,\sin\beta - \cos\beta\,\sin\alpha \qquad \text{(B.7)}$$

---

* もし線形代数でデタミナント（行列式）を既に習っているなら，式 (B.6) の右辺のカッコの中身はデタミナントの形になっていることが分かるだろう。

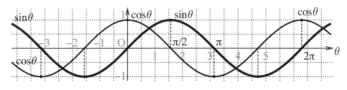

図 IV　$\sin\theta$ と $\cos\theta$ のグラフ。横軸の目盛りは弧度法に基づく。

を得る。他方，図 I および式 (B.3) を図 III と見比べると，$\cos(\beta-\alpha)$ は $\overrightarrow{\mathrm{OB}}$ を $\overrightarrow{\mathrm{OA}}$ に射影した長さであることが分かる。これはベクトルの内積を用いて

$$\cos(\beta-\alpha) = \overrightarrow{\mathrm{OA}} \cdot \overrightarrow{\mathrm{OB}} = \cos\alpha\,\cos\beta + \sin\alpha\,\sin\beta \tag{B.8}$$

のように計算できる。式 (B.7) および (B.8) を三角関数の加法定理という。加法定理を応用する際には，cos が偶関数であり sin が奇関数であることを考慮して

$$\sin(\alpha\pm\beta) = \sin\alpha\,\cos\beta \pm \cos\alpha\,\sin\beta \tag{B.7$'$}$$

$$\cos(\alpha\pm\beta) = \cos\alpha\,\cos\beta \mp \sin\alpha\,\sin\beta \tag{B.8$'$}$$

の形に書き直しておくと便利である。

　　ここまで角度の目盛りについて何も説明してこなかった。標準的な角度の測り方は，単位円上の道程すなわち円弧の長さに符号を含めたものを用いる。言い換えれば，ひとまわりが 2π となるように角度の "単位" を決める[†]。この測り方を弧度法という。弧度法に基づく三角関数のグラフは図 IV のようになる。

　　ところで，分度器などには，半円周を 180 等分した角度を $1°$ とする目盛りが伝統的に用いられてきた。この目盛りで角 θ を測った結果が $q°$ だったとすると

$$\theta = q° = q \times \frac{\pi}{180} \tag{B.9}$$

とすれば弧度法に換算できる。弧度法に換算せずに $1°$ 刻みの目盛りを使い続けることも不可能ではないが，そうすると多くの公式が複雑化する。たとえば，中心角が $q°$ で半径が 1 の扇形の面積 $S_{おうぎ}$ が $S_{おうぎ} = \pi q/360$ となることを用いて，微小な角度に対する sin の値を考えてみる。図 I の $\triangle\mathrm{OEQ}$ の面積は，角度 $\theta = q°$ が小さい極限で，辺 EQ を円弧で置き換えた扇型の面積と一致するので

$$S_{おうぎ} = \frac{1}{2}\sin q° + (\text{微小な誤差}) \qquad \text{したがって} \qquad \frac{\sin q°}{q} \to \frac{\pi}{180} \tag{B.10}$$

となる。式 (B.10) には $\pi/180 \approx 0.0174533$ という半端な数が現れ，この数が，

---

† この "単位" はラジアンという名称をもつ。ただし，ラジアンは無次元であり，単位つき計算の際に無視される（" $\times 1$ " に置き換わる）という点で，メートルや kg などの物理的な次元をもつ単位とは異なる。

"度" で表した三角関数の微積分に関するあらゆる公式につきまとう。そのため

$$\frac{\mathrm{d}}{\mathrm{d}q}\sin q^\circ = \frac{\pi}{180}\cos q^\circ, \qquad \frac{\mathrm{d}}{\mathrm{d}q}\cos q^\circ = -\frac{\pi}{180}\sin q^\circ$$

のように式が複雑化する。弧度法ならば $S_{おうぎ} = S_{おうぎ}(\theta) = \frac{1}{2}\theta$ であり,

$$S_{おうぎ} = \frac{1}{2}\sin\theta + (微小な誤差) \quad \text{したがって} \quad \frac{\sin\theta}{\theta} \to 1 \quad (\theta \to 0) \quad \text{(B.11)}$$

$$\frac{\mathrm{d}}{\mathrm{d}\theta}\sin\theta = \cos\theta, \quad \frac{\mathrm{d}}{\mathrm{d}\theta}\cos\theta = -\sin\theta \tag{B.12}$$

のように, 余計な係数のない, すっきりした公式になる。

指数関数

表 II で考えた冪 b^n を拡張して, 整数とは限らない t を独立変数とする関数

$$f:\ t \mapsto f(t) = b^t \tag{B.13}$$

を定義し[‡], その計算方法を考えよう。考察を簡単にするため $b > 1$ とし, f は単調増加関数だとする。整数 n に対する $f(n) = b^n$ の値は既に分かっていて, 特に

$$f(0) = b^0 = 1, \qquad f(1) = b^1 = b\ (>1) \tag{B.14}$$

である。さらに f の中身の計算方法を構築する際には, 指数法則 (A.1′) が任意の p, q で成り立つこと, つまり

$$f(p+q) = f(p)f(q) \tag{B.15}$$

という性質を絶対に崩さないようにする。以上の条件を満たす関数 f を「b を底とする指数関数」という。

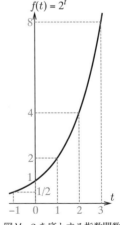

図 V　2 を底とする指数関数

　一例として, 2 を底とする指数関数 $f(t) = 2^t$ のグラフを図 V に示す。整数でない t に対して 2^t を求めるには, 式 (B.15) を拠り所に, たとえば

$$f(0.5) = \sqrt{f(1.0)} = \sqrt{2} \approx 1.414213$$
$$f(1.5) = f(1.0)f(0.5) = 2 \times \sqrt{2} \approx 2.828427$$
$$f(1.75) = f(1.5)f(0.25) = f(1.5)\sqrt{f(0.5)} \approx 3.363586$$

[‡]　式 (B.13) における f という文字は, 関数らしい見かけを整えるためにこの場に限って用いる仮の記号である。通常は, 2^t とか 10^t とかいう書き方のまま, t の関数と解釈して扱う。

のようにすれば§原理的に計算できる[43, 第22章]。

続いて，$f(t) = b^t$ に対し，その導関数を求めよう[9, 第10章]。式 (B.15) により

$$\frac{f(t + \Delta t) - f(t)}{\Delta t} = \frac{f(t)f(\Delta t) - f(t)}{\Delta t} = \frac{b^{\Delta t} - 1}{\Delta t} f(t) \tag{B.16}$$

なので，導関数は

$$f'(t) = \lim_{\Delta t \to 0} \frac{f(t + \Delta t) - f(t)}{\Delta t} = \lambda f(t), \qquad \lambda = \lim_{\Delta t \to 0} \frac{b^{\Delta t} - 1}{\Delta t} \tag{B.17}$$

となる。係数 λ は底 b の値に応じて決まり，とりあえず数値的に計算すると

$$\lambda = \lim_{\Delta t \to 0} \frac{b^{\Delta t} - 1}{\Delta t} \approx \begin{cases} 0.693147 & (b = 2) \\ 2.302585 & (b = 10) \end{cases} \tag{B.18}$$

のような半端な数になる。つまり，底 b を 2 や 10 などの切りのいい値にしようとすると，導関数の式 (B.17) に半端な係数 λ が現れ，かなり不便なことになる。

不便を避けるには，底 b を調整して $\lambda = 1$ になるようにすればいい。そのような底を探すために，微小な Δt を想定して $\Delta t = 1/n$ と置き（もちろん $n \gg 1$），さらに $b = \beta^n$ と置いてみよう。すると，λ を決める式の lim の中身は

$$\frac{b^{\Delta t} - 1}{\Delta t} = \frac{\beta^{n \Delta t} - 1}{1/n} = n\,(\beta - 1) \tag{B.19}$$

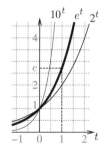

図 VI　異なる底を用いた指数関数の比較

となる。これが 1 になるには $\beta = 1 + 1/n$ とすればいいので，新たな底としては，$\beta^n = (1 + 1/n)^n$ の $n \to \infty$ での極限値を用いるのがよさそうだ。この極限値を e と書く：

$$e = \lim_{n \to \infty} \left(1 + \frac{1}{n} \right)^n \approx 2.71828 \tag{B.20}$$

こうして導入した定数 e を底とする指数関数を，特に

$$\exp : \ t \mapsto \exp(t) = e^t \tag{B.21}$$

のように exp という関数名で表記する。底を指定せずに単に "指数関数" と言った場合，広い意味の指数関数 (B.13) ではなく，狭い意味での指数関数である exp を指すのが普通である。

整数でない t に対して $\exp(t)$ を計算するために，大きな n に対して $e = \beta^n$ と見なせることを利用する。指数法則により $e^t = \beta^{nt}$ となるはずなので，

---

§　もちろん現代では，この計算手順を忠実に追う必要はなく，コンピュータの機能を呼び出せばいい。

$$\exp(t) = \lim_{n \to \infty} \left(1 + \frac{1}{n}\right)^{nt} = \lim_{n \to \infty} \left(1 + \frac{t}{nt}\right)^{nt} = \lim_{n \to \infty} \left(1 + \frac{t}{n}\right)^{n} \quad \text{(B.22)}$$

とすればいい（途中で nt を改めて n と置き直した）。Euler の流儀[9, p.209]にならって，本書では，式 (B.22) の最右辺を exp の定義とする。

指数関数の底を 2 や 10 でなく e にする御利益は，導関数の式 (B.17) に現れる係数 λ を気にせずに済むところにある。係数 λ は，関数 $f(t) = b^t$ の $t = 0$ における微係数でもあり，図 VI を見ると，確かに $t = 0$ でのグラフの傾きが底 b に応じて異なることが分かる。底を e にすれば，この傾きがちょうど 1 になる。

指数関数での上記の事情は，三角関数で弧度法を用いる事情 (p. 305) によく似ている。半周期を 180° とする代わりに π とすることで，三角関数の微分などに半端な係数が現れる事態が避けられるのだった。このように e と π に基づく地ならしをしておけば，指数関数と三角関数の両方を含む式が現れた際にもスムーズな相互乗り入れが可能となる。たとえば，本書の第 4 章で扱う Euler の公式は

$$\exp(\mathrm{i}\theta) = \cos\theta + \mathrm{i}\sin\theta \quad \text{(B.23)}$$

と書けて，弧度法と exp のおかげでシンプルな式になる。これを，"度" で表した角度と 10 を底とする指数関数で書くことも不可能ではないが，そうすると

$$10^{0.00757987\,\mathrm{i}q} = \cos q° + \mathrm{i}\sin q° \quad \text{(B.23$'$)}$$

のように訳の分からない係数を含む式になる。本書を読み終わって式 (B.23) を使いこなすようになれば，exp と弧度法の便利さが分かるだろう。

双曲線関数

三角関数 sin, cos, tan は偶関数か奇関数かのどちらかの性質をもつが，指数関数 exp は奇関数でも偶関数でもない。そのことが不便となる場合に備えて，exp を組み合わせた

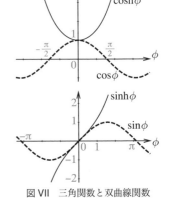

$$\cosh\phi = \frac{1}{2}\left\{\exp(\phi) + \exp(-\phi)\right\} \quad \text{(B.24a)}$$

$$\sinh\phi = \frac{1}{2}\left\{\exp(\phi) - \exp(-\phi)\right\} \quad \text{(B.24b)}$$

という関数が定義されている¶。こうすれば，cosh は cos と同じ偶関数になり，sinh は sin

図 VII　三角関数と双曲線関数

¶　紛らわしいことに，$\cosh s$ は $\cos hs$ とは違うし，$\sinh\phi$ も $\sin h\phi$ とは違う。印刷する場合には字体によって区別し，手書きの際は微妙なスペースか何かで区別する必要がある。

と同じ奇関数になる。図 VII のようにグラフを重ねて描くと，$\phi = 0$ で $\cosh\phi$ と $\cos\phi$ は値も傾きも一致するが凹凸が逆であること，$\sinh\phi$ と $\sin\phi$ も $\phi = 0$ での傾きが一致する‖ことが分かる。

式 (B.24) で定義される関数は，まるで $\cos$ と $\sin$ の分身のような，三角関数に類似した性質をもつ[9, 第12章]。多くの場合，$\cosh$ と $\sinh$ に対する関係式は，$\cos$ と $\sin$ に対する関係式の "符号違いバージョン" となる。

まず，三角関数によるパラメータ表示

$$x = \cos\theta, \quad y = \sin\theta$$

が単位円 $x^2 + y^2 = 1$ を与えることに対応して，

$$x = \cosh\phi, \quad y = \sinh\phi \qquad \text{(B.25)}$$

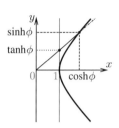

図 VIII　双曲線のパラメータ表示としての双曲線関数

で与えられる点 (x, y) の軌跡を調べると，これは図 VIII のような，$x^2 - y^2 = 1$ を満たす双曲線（正確にはその $x > 0$ の側）のパラメータ表示であることが分かる。このことから，$\cosh$ や $\sinh$ を双曲線関数という**。双曲線関数は，三角関数が満たす関係式 (B.5) の "符号違いバージョン" である

$$\cosh^2\phi - \sinh^2\phi = 1, \qquad 1 - \tanh^2\phi = \frac{1}{\cosh^2\phi} \qquad \text{(B.26)}$$

という関係式を満たす。このことは式 (B.24) に基づく計算で示せる。

三角関数の加法定理 (B.7)(B.8) に対応する双曲線関数の関係式は

$$\sinh(\alpha \pm \beta) = \sinh\alpha\,\cosh\beta \pm \cosh\alpha\,\sinh\beta \qquad \text{(B.27)}$$

$$\cosh(\alpha \pm \beta) = \cosh\alpha\,\cosh\beta \pm \sinh\alpha\,\sinh\beta \qquad \text{(B.28)}$$

となる。これも定義式 (B.24) と指数法則から計算で示すことができる。

C　逆関数

ふたつの変数 x と y が何らかの仕組みで結びつけられていて，その対応関係を，x を入力とし y を出力とする関数 f の形で

$$f: \quad x \mapsto y = f(x) \qquad \text{(C.1)}$$

‖　傾きが一致するのは底 e と弧度法のおかげであることを強調しておく。

**　個々の双曲線関数の名称は，対応する三角関数の名称に hyperbolic を付けたものを用いる。たとえば $\tanh\phi = (\sinh\phi)/(\cosh\phi)$ は hyperbolic tangent（直訳すると "双曲正接関数"）と呼ばれる。

のように書けるとする。もし，x と y の対応関係が一対一なら，

$$y = f(x) \quad \Longleftrightarrow \quad x = g(y) \tag{C.2}$$

という形の同値変形を通じて，入出力を式 (C.1) とは逆にした

$$g: \quad y \mapsto x = g(y) \tag{C.3}$$

という関数 g が定義できる。このとき，g を f の逆関数（ぎゃくかんすう）という[25, 第13章]。

式 (C.2) の形で書ける関数と逆関数のペアをいくつか挙げる：

$$R = e^r \quad \Longleftrightarrow \quad r = \log R \qquad (-\infty < r < +\infty,\ 0 < R < +\infty) \tag{C.4}$$

$$y = x^2 \quad \Longleftrightarrow \quad x = \sqrt{y} \qquad (0 \le x < +\infty,\ 0 \le y < +\infty) \tag{C.5}$$

$$z = \sin\theta \quad \Longleftrightarrow \quad \theta = \sin^{-1} z \qquad (-\tfrac{\pi}{2} \le \theta \le \tfrac{\pi}{2},\ -1 \le z \le 1) \tag{C.6}$$

ただし簡単化のため，ここでは値を実数に限っている。変数の範囲を制限しているのは対応を一対一にするためである。

式 (C.4) で定義される $\log$ は，指数関数 $\exp$ の逆関数であり，（e を底（てい）とする）対数関数（たいすうかんすう）と呼ばれる*。指数法則 $e^{p+q} = e^p e^q$ に対応して，

$$
\begin{array}{ccc}
P = e^p & \Longleftrightarrow & p = \log P \\
Q = e^q & & q = \log Q \\
\downarrow\text{積} & & \downarrow\text{和} \\
PQ = e^{p+q} & \Longleftrightarrow & \boxed{p + q = ??}
\end{array}
$$

図 IX　関係式 (C.7) の考え方

$$\log PQ = \log P + \log Q \tag{C.7}$$

が成り立つ：標語的に言うならば "$\log$ は積を和に変換する"。これの導出は，図 IX と式 (C.4) を見比べて考えてみよう。

D　微分と積分の計算

積の微分

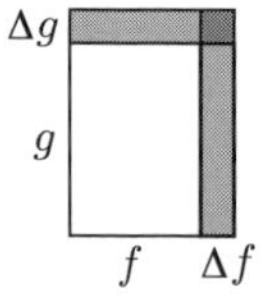

ふたつの関数 $f = f(t),\ g = g(t)$ を掛け合わせた積の形の関数 $S = S(t) = fg$ を考える。この S を t で微分したものは，$f'(t)$ や $g'(t)$ とどんな関係にあるだろうか。

ここでうっかり $\mathrm{d}S/\mathrm{d}t \overset{?}{=} f'(t)g'(t)$ ではないかと思った人は，図 X を見ながらよく考えてみる必要がある。

図 X　積の微分の考え方

---

* 一般の底 b に対する対数関数 $\log_b$ が $s = b^t \iff t = \log_b s$ により定義される[38, p.21]。底を明記せずに $\log$ と書いた場合の解釈は分野によって慣習が異なるが，通常，物理系工学では $\log_e$ のことだと解釈する。底が e の特別な対数関数であることを強調する場合は "自然対数" と呼び，$\ln$ と書く。

　関数 $S = S(t)$ は「辺の長さ f, g が t に応じて変化するような長方形の面積」と図形的に解釈できる。独立変数 t を Δt だけずらした際*の f と g の増分（辺の長さの伸び）は，それぞれ

$$\Delta f = \frac{\mathrm{d}f}{\mathrm{d}t}\Delta t = f'(t)\Delta t, \quad \Delta g = \frac{\mathrm{d}g}{\mathrm{d}t}\Delta t = g'(t)\Delta t$$

である。このときの $S(t)$ の増分は，図 X の灰色の部分の面積であって，

$$S(t + \Delta t) - S(t) = g\Delta f + f\Delta g + \Delta f\Delta g$$
$$= \{f'(t)g(t) + f(t)g'(t)\}\,\Delta t + [\,2\text{ 次の微小量}\,] \qquad \text{(D.1)}$$

のように計算できる。式 (D.1) の両辺を Δt で割り，$\Delta t \to 0$ の極限をとって

$$S = fg \xrightarrow{\frac{\mathrm{d}}{\mathrm{d}t}} \frac{\mathrm{d}S}{\mathrm{d}t} = \lim_{\Delta t \to 0} \frac{S(t + \Delta t) - S(t)}{\Delta t} = f'(t)\,g(t) + f(t)\,g'(t)$$

を得る。ここで S を特に文字で置かずに fg のままにすると

$$\frac{\mathrm{d}}{\mathrm{d}t}(fg) = \frac{\mathrm{d}f}{\mathrm{d}t}g + f\frac{\mathrm{d}g}{\mathrm{d}t} \qquad \text{(D.2)}$$

と書ける。独立変数が t でなく違う変数なら，もちろん，場合に応じて読み替える。
　積の微分の公式 (D.2) により，たとえば $x^2 \sin x$ を x で微分すると

$$\frac{\mathrm{d}}{\mathrm{d}x}\left(x^2 \sin x\right) = \left\{\frac{\mathrm{d}}{\mathrm{d}x}\left(x^2\right)\right\}\sin x + x^2\frac{\mathrm{d}}{\mathrm{d}x}\sin x = 2x\sin x + x^2\cos x \qquad \text{(D.3)}$$

となる。うっかりすると，$(\mathrm{d}/\mathrm{d}x)\{3f(x)\} = 3f'(x)$ のような場合と混同して

$$\frac{\mathrm{d}}{\mathrm{d}x}\left(x^2 \sin x\right) \overset{?}{=} x^2\frac{\mathrm{d}}{\mathrm{d}x}\sin x \qquad \text{(?!)}$$

と書いてしまうことがあるが，これがインチキな計算であるのは言うまでもない。

部分積分

　導関数の計算の逆である不定積分の計算において，たとえば

$$\int t^2 \cos t\,\mathrm{d}t \overset{?}{=} t^2 \int \cos t\,\mathrm{d}t = t^2(\sin t + C) \qquad \text{(?!)}$$

$$\int t^2 g'(t)\,\mathrm{d}t \overset{?}{=} t^2 \int g'(t)\,\mathrm{d}t = t^2 g(t) \qquad \text{(?!)}$$

のように t^2 を積分の外に出すのは，上記のインチキな計算と同じ臭いがする。だが，何か項を追加すれば正当な式になるかもしれないので，未知の $P(t)$ を用いて

---

*　もし変数 t が時刻なら，時間差 Δt での比較を考えればいいし，もし変数 t が辺の長さを変える歯車装置の回転角なら，歯車を少しだけ回すことを考えればいい。

$$\int t^2 g'(t)\mathrm{d}t = t^2 g(t) + P(t) \tag{D.4}$$

と置いてみよう。式 (D.4) の両辺を t で微分し，積の微分の公式を用いると

$$t^2 g'(t) = \frac{\mathrm{d}}{\mathrm{d}t}\left\{t^2 g(t)\right\} + P'(t) = 2tg(t) + t^2 g'(t) + P'(t)$$

となって，これを整理すると $P'(t) = -2tg(t)$ となり，その不定積分が $P(t)$ を与える。つまり，上記のインチキな積分は，項を追加して

$$\int t^2 g'(t)\,\mathrm{d}t = t^2 g(t) - \int 2t\,g(t)\,\mathrm{d}t$$

とすれば正しい式になる。

この考え方を公式にまとめておこう。一般に，積の微分の公式 (D.2) により

$$f(t)g'(t) = \frac{\mathrm{d}}{\mathrm{d}t}\left\{f(t)\,g(t)\right\} - f'(t)g(t) \tag{D.5}$$

なので，

$$\int f(t)g'(t)\mathrm{d}t = f(t)g(t) - \int f'(t)g(t)\mathrm{d}t \tag{D.6}$$

という関係式が導ける。この関係式 (D.6) が部分積分の公式である。

連鎖則

複数の変数が連鎖する例として，3 つの歯車を含む機構を考えよう。歯車 X の回転角を x とし，歯車 Y の回転角を y，歯車 Z の回転角を z とする。

- 歯車 X を Δx だけ現状よりも余計に回すと，歯車 Y は Δy だけ回る。
- 歯車 Y を Δy だけ現状よりも余計に回すと，歯車 Z は Δz だけ回る。

これらの歯車の微小回転について，各段階での関係式が

$$\boxed{\Delta x} \xrightarrow{\times\alpha} \boxed{\Delta y = \alpha\Delta x} \xrightarrow{\times\beta} \boxed{\Delta z = \beta\Delta y} \tag{D.7}$$

の形で分かっていたとする。このとき，最初と最後の歯車の微小回転について

$$\Delta z = \alpha\beta\Delta x \quad \text{すなわち} \quad \frac{\Delta z}{\Delta x} = \alpha\beta \tag{D.8}$$

という関係が成り立つ。

関係式 (D.8) は，歯車機構だけでなく，任意の滑らかな 1 変数関数を組み合わせた合成関数に拡張できる。関数と従属変数を同じ文字で書き，変数 x, y, z が

$$x \mapsto y = y(x) \mapsto z = z(y) \tag{D.9}$$

のように連鎖的に対応しているものとしよう。歯車の例での α が $\mathrm{d}y/\mathrm{d}x$ に，β が $\mathrm{d}z/\mathrm{d}y$ に相当し，式 (D.8) に当たる関係式は

$$\frac{dz}{dx} = \frac{dy}{dx}\frac{dz}{dy} \qquad \left(\begin{array}{l}\text{変数の連鎖が式 (D.9) の}\\ \text{ようになっている場合}\end{array}\right) \tag{D.10}$$

と書ける。式 (D.10) は合成関数の微分の公式であり，連鎖則と呼ばれる。

　次に，上記の考察を，途中に 2 変数関数が現れる場合に拡張しよう。たとえば，台の高さ h が，歯車 P の回転角 p と歯車 Q の回転角 q の両方に応じて決まるような仕組みを作れば，数式としては $h = h(p, q)$ という 2 変数関数になる。この台の高さを微調整する際の関係式は，

$$\Delta h = \lambda \Delta p + \mu \Delta q = (\lambda,\ \mu) \cdot (\Delta p,\ \Delta q) \tag{D.11}$$

という形の，$(\Delta p, \Delta q)$ という 2 変数の 1 次式——内積の形の式——で書けるだろう。さらに，じつは歯車 P も歯車 Q も，同じひとつの歯車 X で駆動されていて，

$$\boxed{\Delta x} \xrightarrow{(a,b)\ \text{倍}} \boxed{\begin{array}{l}\Delta p = a\Delta x\\ \Delta q = b\Delta x\end{array}} \xrightarrow{(\lambda,\mu)\ \text{との内積}} \boxed{\Delta h = \lambda\Delta p + \mu\Delta q}$$

という関係にあったとしよう。このとき，歯車 X の微小回転角 Δx と台の高さの微小変化 Δh のあいだの関係は

$$\Delta h = (a\lambda + b\mu)\Delta x \quad \text{すなわち} \quad \frac{\Delta h}{\Delta x} = a\lambda + b\mu = (a, b) \cdot (\lambda, \mu) \tag{D.12}$$

となることが分かる。関係式 (D.12) は，任意のなめらかな関数による

$$x \mapsto (p, q) \mapsto h = h(p, q) \tag{D.13}$$

の形の合成関数に拡張できて [38, §5-3]，係数としては

$$(a, b) \leftrightarrow \left(\frac{dp}{dx},\ \frac{dq}{dx}\right), \quad \lambda \leftrightarrow \frac{\partial h(p, q)}{\partial p}, \quad \mu \leftrightarrow \frac{\partial h(p, q)}{\partial q}$$

のように偏微分（偏導関数）が現れ，式 (D.12) に相当する連鎖則の式は

$$\frac{dh(p, q)}{dx} = \frac{dp}{dx}\frac{\partial h(p, q)}{\partial p} + \frac{dq}{dx}\frac{\partial h(p, q)}{\partial q} \qquad \left(\begin{array}{l}\text{変数の連鎖が式 (D.13) の}\\ \text{ようになっている場合}\end{array}\right) \tag{D.14}$$

となる。なお ∂p や ∂q を勝手に "約分" できないのは言うまでもないだろう。

⊛ 偏導関数 $\partial h(p, q)/\partial p$ の計算は，よく "変数 q を止めて p で微分する" と言い表されるが，P も Q も歯車 X につながっているのだから Q を止めて P を回すことはできないのでは？と疑問に思うかもしれない。これは，歯車 X との噛み合いを一時的に切り離し，$h = h(p, q)$ に相当する機構だけを取り出した状態で h の変化を調べているのだ，と考えればいいだろう。

置換積分

連鎖則 (D.10) をもとに，変数変換を利用して積分を計算する方法を考えよう。このような積分の計算法は置換積分と呼ばれる。

たとえば，$r \mapsto u \mapsto \phi$ のように変数が連鎖している合成関数

$$\phi = \phi(u) = \exp(-u), \qquad u = u(r) = r^2 \tag{D.15}$$

の導関数は，連鎖則により

$$\frac{\mathrm{d}\phi}{\mathrm{d}r} = \frac{\mathrm{d}u}{\mathrm{d}r}\frac{\mathrm{d}\phi}{\mathrm{d}u} = -2r \exp\left(-r^2\right) \tag{D.16}$$

となる。この計算過程を逆にたどれば，関数

$$f(r) = [\text{式 (D.16) の右辺}] = -2r \exp\left(-r^2\right)$$

の原始関数が計算できて，式 (D.15) で与えた
$\phi(u(r)) = \exp(-r^2)$ が再現されるはずだ。

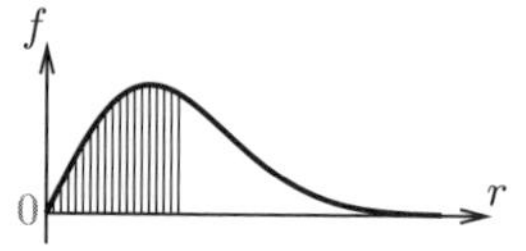

図 XI 関数 $f = f(r)$ の積分

上記の原始関数を，不定積分

$$\int f(r)\,\mathrm{d}r = -\int 2r \exp\left(-r^2\right)\mathrm{d}r = \cdots$$

として計算するには，変数を r から $u = r^2$ に変換すればいいのだが，このとき，積分の中身には，図 XI の微小な短冊の横幅に相当する $\mathrm{d}r$ が含まれることを忘れてはいけない。この $\mathrm{d}r$ も，$\mathrm{d}u$ を用いた形に変換する必要がある。これは

$$\mathrm{d}u = \frac{\mathrm{d}u}{\mathrm{d}r}\mathrm{d}r \ (= 2r\mathrm{d}r) \quad \text{または} \quad \mathrm{d}r = \frac{\mathrm{d}r}{\mathrm{d}u}\mathrm{d}u \left(= \frac{1}{2\sqrt{u}}\mathrm{d}u\right) \tag{D.17}$$

というふたつの形[†]のうち，計算しやすいほうを用いればよく，それにより積分の中身は $f(r)\,\mathrm{d}r = \phi'(u)\mathrm{d}u\,(= -e^{-u}\mathrm{d}u)$ のように u だけで書けて，これから

$$\int f(r)\,\mathrm{d}r = \int \phi'(u)\mathrm{d}u = \phi(u) + C = \exp\left(-r^2\right) + C \tag{D.18}$$

を得る（ここで C は積分定数）。

置換積分の計算手順を手引書 (マニュアル) 的な形でまとめておこう：

1．どのような変数変換を行うのか宣言する。

2．積分の中身を新しい変数で書き換える。たとえば古い変数が r で新しい変数が u だとしたら，被積分関数を u で表すだけではなく，短冊の横幅である $\mathrm{d}r$ も，式 (D.17) に示したどちらかの形を用いて $\mathrm{d}u$ に書き換える。

[†] 後者の計算には $r = \sqrt{u}$ により $\mathrm{d}r/\mathrm{d}u = (1/2)\,u^{-1/2}$ となることを使った。

3．定積分では積分範囲も書き換える。新旧の変数の対応表を作っておくといい。

4．すべてを新しい変数に書き換え終わったところで積分を計算する。

5．不定積分の場合には，必要に応じて，結果をもとの変数で表す。

E　関数を扱いやすい形にする技法

　積分を計算するなどの目的に応じて，与えられた関数を変形し，より扱いやすい式を足し合わせた形に書き直す技法がいくつかある。

部分分数分解

　多項式を多項式で割った形の関数（分数関数あるいは有理関数という）が与えられているとする。部分分数分解とは，与えられた分数関数を，たとえば

$$\frac{6z - 4}{(z - 1)(2z - 1)} = \frac{2}{z - 1} + \frac{2}{2z - 1} \tag{E.1}$$

$$\frac{1}{(1 + p)(1 - p)} = \frac{1/2}{1 + p} + \frac{1/2}{1 - p} \tag{E.2}$$

のように，より単純な（分母の次数の低い）分数関数の和であらわす技である。なお，説明を簡単化するため，もとの分数関数の分母は既（すで）に因数分解してあるものとする。分子と分母の次数に関しては "真分数型" の分数関数に限って考察する[*]。

　式 (E.1) の左辺の分数関数が与えられたとき，右辺のように分解した式を探すにはどうしたらいいだろうか？ 通分して整理したら左辺に戻るような形を考えて

$$\frac{6z - 4}{(z - 1)(2z - 1)} = \frac{a}{z - 1} + \frac{b}{2z - 1} \quad \text{（ここで } a, b \text{ は定数）} \tag{E.3}$$

と置き，分母を払うと

$$6z - 4 = a(2z - 1) + b(z - 1) \tag{E.4}$$

となるので，これが z の恒等式になるように a, b を決定すればいい。方法は複数あるので好きなものを使おう。

- 式 (E.4) の右辺を展開して z で整理する方法だと

$$[\text{式 (E.4) の右辺}] = (2a + b)z + (-a - b)$$

となって，これと (E.4) の左辺とで z^m の係数 （$m = 0, 1$） を比較して

---

[*]　ここでは，分子の多項式の次数が分母よりも低いものを "真分数型" と呼び，そうでないものを "仮分数型" と呼ぶことにする。"仮分数型" の分数関数は，たとえば $z^2/(z - 1) = z + 1 + 1/(z - 1)$ のように，多項式と "真分数型" の分数関数の和に直して扱うことにすればいい。

$$\begin{cases} 2a + b = 6 \\ -a - b = -4 \end{cases} \quad \text{つまり} \quad \begin{bmatrix} 2 & 1 \\ -1 & -1 \end{bmatrix} \begin{bmatrix} a \\ b \end{bmatrix} = \begin{bmatrix} 6 \\ -4 \end{bmatrix}$$

を得る。これを解けば $(a, b) = (2, 2)$ に決まる。

- 展開せずに計算する方法もある。式 (E.4) は z に何を代入しても成り立つはずだから，特に，右辺が簡単になるような z の値を選んでみる。今の場合

$$z \to \tfrac{1}{2}: \quad -1 = 0 - \tfrac{1}{2}b$$
$$z \to 1: \quad 2 = a + 0$$

とすれば簡単に $(a, b) = (2, 2)$ が得られる[†]。

三角関数の積和公式

調和振動の積は，調和振動の和に書き直せる。たとえば $\cos\omega_1 t$ と $\cos\omega_2 t$ を掛け合わせると，$\cos(\omega_1 \pm \omega_2)t$ の線形結合になる。このことは，三角関数の加法定理 (B.8′) で $\alpha = \omega_1 t,\ \beta = \omega_2 t$ としたものを組み合わせて

$$\cos\omega_1 t \cos\omega_2 t = \frac{1}{2}\cos(\omega_1 + \omega_2)t + \frac{1}{2}\cos(\omega_1 - \omega_2)t \tag{E.5}$$

という式が導けることから分かる[‡]。同じような式を $\cos$ と $\sin$ の積や $\sin$ と $\sin$ の積に対しても導くことができて，どの場合にも，角振動数 ω_1, ω_2 の調和振動の積は，角振動数 $\omega_1 \pm \omega_2$ で振動する三角関数の線形結合になる。

Taylor 展開

与えられた関数 $f = f(x)$ を $\{x^m\}_{m=0,1,2,\dots}$ の線形結合で表すことを考える。たとえば

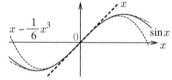

$$\sin x = x - \frac{1}{6}x^3 + \frac{1}{120}x^5 + \cdots \tag{E.6}$$
$$\cos x = 1 - \frac{1}{2}x^2 + \frac{1}{24}x^4 + \cdots \tag{E.7}$$

図 XII Taylor 展開による $\sin x$ の近似

のような例が有名だ。式 (E.6) を途中で打ち切って得られる n 次多項式のグラフを図 XII に示す。次数 n を増やすにつれて，打ち切った多項式は，$x = 0$ の近く

　[†] この計算は，式 (E.3) の右辺の各項のうち片方だけが発散するような点の近傍に着目して a や b を決めているのだと見ることもできる。これで本当にすべての z の値に対して OK なのか気になるなら，求めた $(a, b) = (2, 2)$ を式 (E.4) の右辺に代入して展開し，左辺と一致することを確認すればいい。

　[‡] もし Euler の公式 (B.23) を知っているなら，$\cos\omega t = (e^{i\omega t} + e^{-i\omega t})/2$ の形の式を掛け合わせて式 (E.5) を導くこともできる。

で，もとの関数 $\sin x$ に近づいていく[§]。

さて，式 (E.6)(E.7) などはどうやって導出したのだろうか。この導出方法は，関数 $f(x)$ の m 階微分に基づくもので，**Taylor**展開と呼ばれている。たとえば $\cos x$ の導関数の導関数の……が計算できれば式 (E.7) が導ける。一般に

$$f = f(x) = c_0 + c_1 x + c_2 x^2 + c_3 x^3 + c_4 x^4 + \cdots + c_m x^m + \cdots \qquad (\text{E.8})$$

と置き，具体例が必要になったら $f(x) = \cos x$ として考えてみよう。

- まず，式 (E.8) に $x = 0$ を代入する。これから $c_0 = f(0)$ に決まる。
- 代入する前の式 (E.8) に戻って，これを x で微分し，導関数の式

$$f'(x) = c_1 + 2c_2 x + 3c_3 x^2 + 4c_4 x^3 + \cdots + m c_m x^{m-1} + \cdots \qquad (\text{E.9})$$

  を作る。これに $x = 0$ を代入すると，$c_1 = f'(0) = \left.\frac{\mathrm{d}f}{\mathrm{d}x}\right|_{x=0}$ に決まる。
- 同様に式 (E.9) を再度 x で微分し，2 階導関数の式

$$f''(x) = 2c_2 + 6c_3 x + 12c_4 x^2 + \cdots + m(m-1)c_m x^{m-2} + \cdots \qquad (\text{E.10})$$

  を作る。これに $x = 0$ を代入すると $c_2 = \frac{1}{2} f''(0)$ に決まる。

この手続きを繰り返すことで，係数 c_m は，m 階の導関数が $x = 0$ でとる値（つまり m 次の微係数）を $m!$ で割ったものに決まる。たとえば $f(x) = \cos x$ なら

$$f(x) = \ \cos x \ = c_0 + c_1 x + c_2 x^2 + c_3 x^3 + \cdots \ \Rightarrow \ c_0 = \cos 0 = 1$$
$$\frac{\mathrm{d}f}{\mathrm{d}x} = -\sin x = \quad c_1 + 2c_2 x + 3c_3 x^2 + \cdots \ \Rightarrow \ c_1 = \sin 0 = 0$$
$$\frac{\mathrm{d}^2 f}{\mathrm{d}x^2} = -\cos x = \quad\quad 2c_2 + 6c_3 x + \cdots \ \Rightarrow \ c_2 = -\frac{1}{2}\cos 0 = -\frac{1}{2}$$
$$\vdots \qquad\qquad\qquad\qquad\qquad \vdots$$

となって，式 (E.7) が導ける。類題として

$$\exp x = 1 + x + \frac{1}{2}x^2 + \frac{1}{6}x^3 + \cdots + \frac{x^m}{m!} + \cdots \qquad (\text{E.11})$$

$$\frac{1}{1+x} = 1 - x + x^2 - x^3 + \cdots + (-1)^m x^m + \cdots \qquad (\text{E.12})$$

などの例を自分で導出してみるといいだろう。

他方，たとえば $\tan x$ の m 階の導関数の計算は，m が大きい場合には簡単では

[§] もちろん，これは Taylor 展開がうまくいく例であって，うまくいかないような関数も多数存在する。そういう場合については参考図書 (p.298) を見てもらうことにして，ここでは，与えられた関数が Taylor 展開という道具で無理なく扱える範疇にあることを信じて式 (E.8) 以降の話を進める。

ない。こういう場合には，式 (E.6) を式 (E.7) で割って

$$\tan x = \frac{\sin x}{\cos x} = \frac{x - \frac{1}{6}x^3 + \frac{1}{120}x^5 + \cdots}{1 - \frac{1}{2}x^2 + \frac{1}{24}x^4 + \cdots} = x + \frac{1}{3}x^3 + \frac{2}{15}x^5 + \cdots \quad (E.13)$$

とすればいい。無限級数を無限級数で割って大丈夫なのかどうかは不安が残るが，$|x|$ が小さければ，とりあえず無限小数を無限小数で割るのと同じようなものだと思っておくことにしよう。同様に，式 (E.11) を用いて

$$\tanh x = \frac{\exp(x) - \exp(-x)}{\exp(x) + \exp(-x)} = \frac{2\left(x + \frac{1}{6}x^3 + \cdots\right)}{2\left(1 + \frac{1}{2}x^2 + \cdots\right)} = x - \frac{1}{3}x^3 + \cdots \quad (E.14)$$

を得る。

Taylor 展開は，式 (E.8) の代わりに，独立変数の原点をずらした

$$f = f(x) = b_0 + b_1(x - a) + b_2(x - a)^2 + b_3(x - a)^3 + \cdots \quad (E.15)$$

の形で考えることもあり，"a まわりの Taylor 展開" などという[¶]。係数は

$$b_0 = f(a), \quad b_1 = f'(a), \quad b_2 = \frac{1}{2}f''(a), \quad \ldots$$

となる。さらに，式 (E.15) は，原点をずらした変数を新たな文字で置けば

$$f = f(a + h) = f(a) + f'(a)h + \frac{f''(a)}{2}h^2 + \frac{f'''(a)}{6}h^3 + \cdots \quad (E.15')$$

のようにも書ける。

図形的には，もとの関数のグラフ $y = f(x)$ に対し，Taylor 展開 (E.15) を 1 次で打ち切った $y = b_0 + b_1(x - a)$ という 1 次関数のグラフは，a における接線を与える。もとの関数にグラフが接するような 1 次関数という考え方を任意の n 次の多項式関数に拡張するのが Taylor 展開の目指すところだと言っていい。

F　オーダー記号

Taylor 展開を途中で打ち切って近似式として利用するためには，切り捨てた部分が微小でなければならないが，式 (E.8) や式 (E.15) のように末尾を "$+\cdots$" で表記していたのでは，その部分の微小さが定量的に把握できない。こういう微小さを定量的に表記したい場合に "オーダー記号" というもの[*]を用いる。

[¶]　原点をずらさない (0 まわりの) Taylor 展開を，特に **Maclaurin** 展開と呼ぶことがある。

[*]　オーダー記号は，E. Landau という数学者の本で用いられたので "ランダウの記号" とも言う（理論物理学の L. Landau とは別人）。

たとえば，ある関数 f の Taylor 展開を

$$f(x+h) = f(x) + f'(x)h + \frac{f''(x)}{2}h^2 + O(h^3) \tag{F.1}$$

と書いた場合（ただし x は定数と考える），h はゼロに近いという大前提があって，最後の $O(h^3)$ は "h^3 と同じくらいの微小さをもつ項" を意味する。この $O(\ )$ がオーダー記号である。決して O 倍という意味ではないことは，たとえば

$$O(h) \pm O(h) = O(h), \quad O(h) \pm O(h^2) = O(h), \quad O(h^3) \pm O(h^3) = O(h^3)$$

$$(h \text{ を含まない式}) \times O(h) = O(h), \quad O(h^m) \times O(h^n) = O(h^{m+n})$$

のような数式が何を言おうとしているのか考えてみれば見当がつくだろう。

もう少し正確にオーダー記号の意味を説明しよう。これは "はさみうち" の考え方を示すものだ。式 (F.1) において，左辺すなわち $f(x+h)$ と，右辺に現れている $f(x) + f'(x)h + f''(x)h^2/2$ との差を $R = R(h)$ と書こう。式 (F.1) は，

$f(x+h) = f(x) + f'(x)h + \dfrac{f''(x)}{2}h^2 + R(h)$

ただし $R(h)$ について，何らかの有限の値をもつ定数 K により

$-K|h|^3 < R(h) < K|h|^3$ というはさみうちが可能である

（よほど $|h|$ が大きくない限り）

という趣旨の内容を略記したものと解釈される。つまり，オーダー記号とは「係数の値はさておき，h の何乗によるはさみうちが可能か」を示す記号である。

G　ベクトルと行列

ベクトルの表記と計算

本書では，物理系工学の多くの分野における標準的な慣習に従い，ベクトル量を 1 文字で書く際[*]には太字で表記する。これにより，たとえば

$$\mathbf{p} = \begin{bmatrix} p \\ q \end{bmatrix} \qquad \begin{pmatrix} \text{成分のひとつである } p \text{ は細字で} \\ \text{書き，ベクトル } \mathbf{p} \text{ とは区別する} \end{pmatrix} \tag{G.1}$$

$$\mathbf{r} = \begin{bmatrix} x \\ y \end{bmatrix}, \quad r = \sqrt{x^2 + y^2} \qquad \begin{pmatrix} \text{ベクトルの大きさ } r \text{ を細字で書き，} \\ \text{ベクトル } \mathbf{r} \text{ 自体とは区別する} \end{pmatrix} \tag{G.2}$$

といったように，細字と太字に違う意味を持たせて用いる余地が生じる。

---

[*]　添字がついて $\mathbf{u}_n$ のようになる場合もこれに準じる（$\mathbf{u}$ の部分に太文字ルールを適用する）。

手書きで太字ベクトルを表すには，文字のなかの縦棒を二重にする。表 III の例を参考にするといい。

印刷	手書き
p	⫽P
r	⫽ʳ
u	⫽ⁿ

表 III　太字ベクトルの例

> ㊟ 太字の代わりに矢印を用いて $\vec{r}$ とする流儀もないわけではない。しかし，筆者の知る限り，ベクトルを矢印で表記するのは，$\overrightarrow{AB}$ のような 2 点を結ぶベクトルの場合に限ることが多いように思われる。

ベクトルにとって最も基本的な演算は "和" と "スカラー倍" であり，これらに基づいてベクトルの線形結合が定義される。たとえば，2 本のベクトル

$$\mathbf{u} = \begin{bmatrix} u_1 \\ u_2 \end{bmatrix}, \quad \mathbf{v} = \begin{bmatrix} v_1 \\ v_2 \end{bmatrix}$$

の線形結合とは，それぞれに何らかのスカラー（たとえば f と g）を掛けて足した

$$f\mathbf{u} + g\mathbf{v} = f\begin{bmatrix} u_1 \\ u_2 \end{bmatrix} + g\begin{bmatrix} v_1 \\ v_2 \end{bmatrix} = \begin{bmatrix} fu_1 + gv_1 \\ fu_2 + gv_2 \end{bmatrix} \tag{G.3}$$

のことをいう。式 (G.3) の左辺の形から右辺の成分表示の内容を瞬時に読み取れるように練習しておこう。

行列の計算

行列の計算の基本練習は "回転寿司の会計" で覚えるといい（消費税や割引などは無視する）。たとえば 120 円皿が 5 枚で 250 円皿が 2 枚のとき

$$(\text{支払総額})/円 = \begin{bmatrix} 120 & 250 \end{bmatrix}\begin{bmatrix} 5 \\ 2 \end{bmatrix} = 120 \times 5 + 250 \times 2 = 1100 \tag{G.4}$$

というように，単価と枚数を別々に並べて書いたものを掛けて足す。単価と枚数はどちらが左でどちらが右でもいいが，いずれにしても，左のほうを横ベクトルに，右のほうを縦ベクトルにする。

左手を横に，右手を縦に動かし，式をなぞる動きを体に覚え込ませよう。すると

$$\begin{bmatrix} u_1 & v_1 \\ u_2 & v_2 \end{bmatrix}\begin{bmatrix} f \\ g \end{bmatrix} = \begin{bmatrix} fu_1 + gv_1 \\ fu_2 + gv_2 \end{bmatrix} \tag{G.5}$$

$$\begin{bmatrix} p & q \\ r & s \end{bmatrix}\begin{bmatrix} u & x \\ v & y \end{bmatrix} = \begin{bmatrix} pu + qv & px + qy \\ ru + sv & rx + sy \end{bmatrix} \tag{G.6}$$

のような計算も自然なものに思えてくる。式 (G.5) が式 (G.3) と一致していることにも注意しておきたい。

練習問題略説

> (注) 本書では，p. 18 および p. 159 に書いた理由により，原則として練習問題の答えは載せません。ただし，模範解答の弊害が生じない一部の問題に限って，簡単な解説を以下に示します。さらに，コンピュータを用いた検算についての補足資料をウェブ上に用意する予定です。

1 導関数と原始関数

§1-1 練習問題 (p. 18)

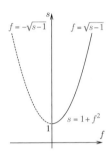

3. 対応が一対一になるように変数の動く範囲を制限する。最初に挙げた $s = 1 + f^2$ の場合，右の図の実線の範囲に制限してもいいし，点線の範囲に制限してもいいので，どちらか好きなほうを選ぶ。たとえば $0 \leq s < \infty$ のほうを選ぶと

$$s = 1 + f^2 \iff f = f(s) = \sqrt{s-1}$$

となる（このように逆関数が複数とおり存在する場合，個々の選択肢に対応する逆関数を分枝という[38, p.25]）。そのあとは

$$x = x(p) = \frac{1}{p-2}, \quad r = r(y) = \frac{1}{2}\log(y+1), \quad u = u(z) = \frac{-1 + \sqrt{1 + 4e^z}}{2}$$

のようになる。ただし最後の例では $0 < u < \infty$ となる分枝を選んだ。

4. $x = -2 + e^{t+C_1} \left(= -2 + e^{C_1}e^t \right), \quad x = e^{3C_2}(1+s)^3, \quad x = -1 + e^{C_3/2}\sqrt{y}$

7. [式 (1.1.28) の左辺] $= \dfrac{\mathrm{d}}{\mathrm{d}t}\left\{ A(1+t)^2 \right\} = 2A(1+t)$

[式 (1.1.28) の右辺] $= \dfrac{2}{1+t} \times A(1+t)^2 = 2A(1+t)$

このように，与えられた $u = u(t)$ を代入すると，独立変数 t の恒等式として左辺と右辺が等しくなるので，この u は方程式 (1.1.28) を満たしている。

8. 導関数をまず計算： $\dfrac{\mathrm{d}f}{\mathrm{d}z} = \cdots, \quad \dfrac{\mathrm{d}^2 f}{\mathrm{d}z^2} = \dfrac{\mathrm{d}}{\mathrm{d}z}(\cdots) = 6Az + 6Bz^{-4}$

$\left.\begin{array}{l} \text{[式 (1.1.29) の左辺]} = z^2(\cdots) = 6Az^3 + 6Bz^{-2} \\ \text{[式 (1.1.29) の右辺]} = 6f = 6Az^3 + 6Bz^{-2} \end{array}\right\}$ 独立変数 z の恒等式として 等号成立 ⇒ 解である

9. 平方根の中身を q と置き，$r = r(t) = \sqrt{q}$ を t で微分：

$$\frac{\mathrm{d}r}{\mathrm{d}t} = \frac{\mathrm{d}}{\mathrm{d}t}\sqrt{q} = \frac{\mathrm{d}q}{\mathrm{d}t}\frac{\mathrm{d}}{\mathrm{d}q}\sqrt{q} = 2A(t+B) \times \frac{1}{2}q^{-1/2} = A(t+B)q^{-1/2}$$

$$\frac{\mathrm{d}^2 r}{\mathrm{d}t^2} = \frac{\mathrm{d}}{\mathrm{d}t}\left\{ A(t+B)q^{-1/2} \right\} = Aq^{-1/2} + A(t+B)\frac{\mathrm{d}}{\mathrm{d}t}q^{-1/2} = \cdots$$

これから [式 (1.1.30) の左辺] $= \left\{ A(t+B)^2 + \dfrac{1}{A} \right\}^{-3/2} = $ [式 (1.1.30) の右辺] を得る。

<u>**10.**</u> 与えられた $q = q(t)$ を t で微分：

$$\frac{\mathrm{d}q}{\mathrm{d}t} = \frac{\mathrm{d}}{\mathrm{d}t}\left\{e^{-t}(A\cos 2t + B\sin 2t)\right\}$$

$$= -e^{-t}(A\cos 2t + B\sin 2t) + e^{-t}(-2A\sin 2t + 2B\cos 2t)$$

$$= e^{-t}\left\{(-A+2B)\cos 2t + (-2A-B)\sin 2t\right\}$$

$$\frac{\mathrm{d}^2 q}{\mathrm{d}t^2} = \frac{\mathrm{d}}{\mathrm{d}t}\left[e^{-t}\left\{(-A+2B)\cos 2t + (-2A-B)\sin 2t\right\}\right]$$

$$= \cdots = e^{-t}\left\{(-3A-4B)\cos 2t + (4A-3B)\sin 2t\right\}$$

これを式 (1.1.31) の左辺に代入して整理し [式 (1.1.31) の左辺] $= \cdots = 0$ を得る。

<u>**11.**</u> 与えられた (p,q) を t で微分：

$$\frac{\mathrm{d}p}{\mathrm{d}t} = -A\sin(t+B), \quad \frac{\mathrm{d}q}{\mathrm{d}t} = A\cos(t+B)$$

したがって

[式 (1.1.32a) の左辺] $= -A\sin(t+B)$,   [式 (1.1.32a) の右辺] $= -A\sin(t+B)$

[式 (1.1.32b) の左辺] $= A\cos(t+B)$,   [式 (1.1.32b) の右辺] $= A\cos(t+B)$

こうして，問題に含まれる等号が（独立変数 t の恒等式として）両方とも成立するので，与えられた (p,q) は方程式 (1.1.32) の解になっている。

<u>**12.**</u> 与えられた a_n の番号をずらすと $a_{n+1} = 1/(C-1-n)$ となる。これにより

$$[\text{式 (1.1.33) の左辺}] = \frac{1}{C-1-n} - \frac{1}{C-n} = \cdots = \frac{1}{(C-1-n)(C-n)}$$

$$[\text{式 (1.1.33) の右辺}] = \frac{1}{C-1-n} \times \frac{1}{C-n} = \frac{1}{(C-1-n)(C-n)}$$

となって，独立変数 n の恒等式として等号が成立するので，与えられた $\{a_n\}_{n=0,1,2,\dots}$ は方程式 (1.1.33) の解になっている。

§1-2 練習問題 (p. 35)

<u>**1.**</u> 図 1.1 と同じようなグラフを作って考えてみよう。

<u>**5.**</u> 右の図から読み取れる導関数の符号は，$\sin\theta$ のグラフが上り坂の箇所で正となり，下り坂の箇所で負となる。これは式 (1.2.14) に現れる $\cos\theta$ の符号と一致する。

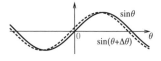

<u>**6.**</u> 加法定理により $x(\theta + \Delta\theta) = \cos(\theta + \Delta\theta) = \cos\theta\cos\Delta\theta - \sin\theta\sin\Delta\theta$ なので

$$\frac{x(\theta+\Delta\theta) - x(\theta)}{\Delta\theta} = \frac{\cos\theta\,(\cos\Delta\theta - 1) - \sin\theta\sin\Delta\theta}{\Delta\theta}$$

$$= \frac{\cos\Delta\theta - 1}{\Delta\theta}\cos\theta - \frac{\sin\Delta\theta}{\Delta\theta}\sin\theta \to -\sin\theta \quad (\Delta\theta \to 0)$$

<u>**7.**</u> 変数の $t \mapsto \theta \mapsto x$ という連鎖をたどって計算：$\dfrac{\mathrm{d}x}{\mathrm{d}t} = \dfrac{\mathrm{d}\theta}{\mathrm{d}t}\dfrac{\mathrm{d}x}{\mathrm{d}\theta} = -\dot{\theta}\sin\theta$

8. 対数関数の基本的な性質のひとつである $\log P - \log Q = \log(P/Q)$ により

$$\frac{\log f(x + \Delta x) - \log f(x)}{\Delta x} = \frac{1}{\Delta x} \log \frac{f(x + \Delta x)}{f(x)} = \frac{1}{\Delta x} \log \left\{ 1 + \frac{\Delta f}{f(x)} \right\}$$

である（ただし $f(x + \Delta x) - f(x) = \Delta f$ と置いた）。ここで $\Delta x \to 0$ の極限を考え，微小な r に対して $\log(1 + r) = r + [\text{微小な誤差}]$ になるという自然対数の性質*を用いる：

$$\frac{\mathrm{d}}{\mathrm{d}x} \log f = \lim_{\Delta x \to 0} \frac{\log f(x + \Delta x) - \log f(x)}{\Delta x} = \lim_{\Delta x \to 0} \left\{ \frac{1}{\Delta x} \times \frac{\Delta f}{f(x)} \right\} = \frac{f'(x)}{f(x)}$$

9. 積の微分を用いて式 (1.2.24) すなわち $(x\,\mathrm{d}/\mathrm{d}x)^2 f = x f'(x) + x^2 f''(x)$ を得ることができたら，その結果に，さらにもう一段 $x\,\mathrm{d}/\mathrm{d}x$ を作用させる：

$$\left(x \frac{\mathrm{d}}{\mathrm{d}x} \right)^3 f = x \frac{\mathrm{d}}{\mathrm{d}x} \left\{ x f'(x) + x^2 f''(x) \right\} = \cdots = x f'(x) + 3 x^2 f''(x) + x^3 f'''(x)$$

10. 連鎖の末端にある変数 x のずれ Δx は，途中の変数のずれ $(\Delta r, \Delta \theta)$ を用いて

$$\Delta x = \Delta r \frac{\partial x}{\partial r} + \Delta \theta \frac{\partial x}{\partial \theta} = (\cos \theta) \Delta r + (-r \sin \theta) \Delta \theta$$

と表せる。これに $\Delta r = \dot{r} \Delta t$, $\Delta \theta = \dot{\theta} \Delta t$ を代入して Δt で割り，$\Delta t \to 0$ の極限をとる。

11. 変数の連鎖が $t \mapsto r \mapsto F$ となることを確かめたうえで連鎖則を適用：

$$\frac{\mathrm{d}F}{\mathrm{d}t} = \frac{\mathrm{d}r}{\mathrm{d}t} \frac{\mathrm{d}F}{\mathrm{d}r} = e^t F'(r) = r\, F'(r)$$

§1-3 練習問題 (p. 53)

㊟ 以下では，C あるいは $C_1, C_2, \ldots$ は積分定数などの任意定数を表すものとする。

1. $w = a_0 + (a_1 + b_1) + (a_2 + 4 b_2) + (a_3 + 9 b_3)$

$f = 1 + x^2 + \dfrac{x^4}{2} + \dfrac{x^6}{6} + \dfrac{x^8}{24} + \dfrac{x^{10}}{120}$

$P = a_1 b_1 + a_2 b_2 + a_3 b_3$

$M = \rho_0 \Delta V_0 + \rho_1 \Delta V_1 + \rho_2 \Delta V_2 + \rho_3 \Delta V_3 + \cdots + \rho_i \Delta V_i + \cdots + \rho_{99} \Delta V_{99}$

$g = x - \dfrac{1}{2} x^3 + \dfrac{1}{4} x^5 - \dfrac{1}{8} x^7 + \cdots + \left(-\dfrac{1}{2} \right)^k x^{2k+1} + \cdots + \left(-\dfrac{1}{2} \right)^n x^{2n+1}$

途中の " $+ \cdots +$ " には曖昧さがあるのでトラブルの原因になり得る。総和記号をうまく使えば，こういう曖昧なものを避けて明確な手続きに置き換えることができる。

2. 答えの書き方は 1 とおりには決まらないが，たとえば以下のものが条件を満たす：

- $x = x(t) = \dfrac{1}{2} t + \dfrac{1}{4} \sin 2t + C_1$ とすると $\dfrac{\mathrm{d}x}{\mathrm{d}t} = \dfrac{1}{2} + \dfrac{1}{2} \cos 2t = u(t)$

---

* 巻末補遺の式 (C.4) で，微小な r に対し，指数関数が $\exp(r) = 1 + r + [\text{微小な誤差}]$ となることによる。なお，底が e とは限らない一般の指数関数・対数関数の場合は余計な係数がつく。

- $y = y(t) = -\dfrac{3}{25}e^{-3t}\cos 4t + \dfrac{4}{25}e^{-3t}\sin 4t + C_2$ とすると $\dfrac{\mathrm{d}y}{\mathrm{d}t} = \cdots = v(t)$

- $z = z(t) = \dfrac{1}{2}\log(1+2t) + C_3$ とすると $\dfrac{\mathrm{d}z}{\mathrm{d}t} = \dfrac{1}{2}\times\dfrac{2}{1+2t} = w(t)$

4. $g = \displaystyle\int \dfrac{f'(x)}{f(x)}\mathrm{d}x = \int\dfrac{\mathrm{d}f}{f} = \log f + C$

7. $U = -\displaystyle\int N\mathrm{d}q = -\int mg\ell_0\sin q\,\mathrm{d}q = U_0 + mg\ell_0\cos q$ （U_0 は任意定数）

8. まず不定積分を求め，そのあとで条件に合うように積分定数を決めてもいいが，最初から定積分の形に書くこともできる。

- 方程式 (1.3.35) の解：$\phi = -\displaystyle\int_\infty^r E(\tilde{r})\,\mathrm{d}\tilde{r} = -\int_\infty^r \dfrac{Q}{4\pi\varepsilon\tilde{r}^2}\,\mathrm{d}\tilde{r} = \dfrac{Q}{4\pi\varepsilon r}$

- 方程式 (1.3.37) の解：$\phi = \phi_* -\displaystyle\int_a^s E(\tilde{s})\,\mathrm{d}\tilde{s} = \phi_* -\int_a^s \dfrac{k}{\tilde{s}}\,\mathrm{d}\tilde{s} = \phi_* - k\log\dfrac{s}{a}$

9. 式 (1.3.39) をみたす ϕ の存在条件は

$$\frac{\partial E_2}{\partial x} - \frac{\partial E_1}{\partial y} = 0 \quad\text{すなわち}\quad b_2 - c_1 = 0$$

である。この条件が成り立つように，たとえば $c_1 = b_2 = k$ と置き，あとは p. 52 の例題と同じようにして方程式 (1.3.39) を解く。結果は

$$\phi = \phi_0 - a_1 x - a_2 y - \frac{1}{2}\left(b_1 x^2 + c_2 y^2 + 2kxy\right)$$

となる（ϕ_0 は任意定数）。

2 　1 階の常微分方程式

§2-1 練習問題 (p. 61)

2. まずは解くべき方程式が $\mathrm{d}x/\mathrm{d}t = u(x)$ の形になっていることを確認する。今の場合，方程式の右辺である $u(x) = 0.450x^2 + 0.700$ は常に正なので，$x = x(t)$ は単調増加する。

差分式 (2.1.2) を利用し，$\Delta t = 0.100$ とした場合の数値解は右の数表のようになる。問題文の指示により，x の値が 2 を超過したところで計算を打ち切っている。

j	t_j	x_j	$u(x_j)$
0	0.000	1.000	1.150
1	0.100	1.115	1.259
2	0.200	1.241	1.393
3	0.300	1.380	1.557
4	0.400	1.536	1.762
5	0.500	1.712	2.019
6	0.600	1.914	2.349
7	0.700	2.149	2.778

あとはこの数値解をグラフ化し，Δt を細かくした別の数値解と重ねて，Δt の大きさに見合う程度に一致するのを確かめればいい。

3. これも $\mathrm{d}x/\mathrm{d}t = u(x)$ の形である。今の場合，考えている x の範囲では $u(x)$ は負なので，$x = x(t)$ は単調減少する。したがって，たとえば，もし数値解で $x_{j+1} > x_j$ とな

る事態が発生したら，それは数値計算が正常に行われていないことを意味する。このような異常事態に注意しながら数値解を求めたうえで，そのグラフを，もっと Δt を細かくした別の数値解と重ねることで，数値計算の妥当性を検証する。

4. 数値解の計算方法そのものは他の練習問題と同じでいいが，解を図示する際には工夫が必要だ。今の場合，x の値が急激に増大し，普通の方法では適切に図示できない——たとえば初期段階で既に x が増加しているのに増加していないように見えてしまったりする——からだ。

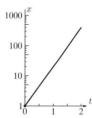

　そこで問題文の指示に従い，片対数グラフとして図示してみると，右の図のような直線になる。一般に，横軸を t とする片対数グラフでデータが右上がりの直線になるのは，一定時間ごとに 10 倍になる挙動を繰り返す指数関数的増大を意味するので，今回求めた $x(t)$ も指数関数的に増えていることが分かる。

§2-2 練習問題 (p. 68)

1. 方程式 (2.2.1) を差分化して等比数列の解 (2.2.4) を求めた過程にならって，番号づけした変数 t_j および p_j を定義し，方程式 (2.2.14) を

$$\frac{p_{j+1} - p_j}{\Delta t} = -3p_j$$

のように差分化する。この差分方程式を p_{j+1} について解くと等比数列の漸化式であることが分かり，これから $p_n = (1 - 3\Delta t)^n p_0$ を得る。

　続いて，方程式 (2.2.1) の解を等比数列の連続極限として求めたのと同じようにして，ここで得た $p_n = (1 - 3\Delta t)^n p_0$ の連続極限として方程式 (2.2.14) の解を求める：

$$p_n \to p = p(t) = \lim_{n \to \infty} \left(1 - \frac{3t}{n}\right)^n p_0 = p_0 \exp(-3t)$$

4. 式 (2.2.12) に示されている u_n を式 (2.2.10) の左辺と右辺に代入するために，まず番号 n を j に置き換え，次に番号を $j+1$ にずらして

$$u_j = \frac{\{1 + (j+1)\Delta t\}\,(1 + j\Delta t)}{1 + \Delta t} u_0, \quad u_{j+1} = \frac{\{1 + (j+2)\Delta t\}\{1 + (j+1)\Delta t\}}{1 + \Delta t} u_0$$

と書き直す。これをまず式 (2.2.10) の左辺に代入すると

$$[\text{式 (2.2.10) の左辺}] = \frac{u_{j+1} - u_j}{\Delta t} = \cdots = \frac{2\{1 + (j+1)\Delta t\}}{1 + \Delta t} u_0$$

となる。他方，右辺については，$t_j = j\Delta t$ であることを考慮すると

$$[\text{式 (2.2.10) の右辺}] = \frac{2u_j}{1 + j\Delta t} = \cdots = \frac{2\{1 + (j+1)\Delta t\}}{1 + \Delta t} u_0$$

が得られる。こうして，すべての番号 j で左辺と右辺が等しくなるので，式 (2.2.12) は差分方程式 (2.2.10) の解になっている。

§2-3 練習問題 (p. 86)

3. 階数がよく分からない場合は，例として方程式 (2.3.6) を見よ。これは 1 階である。

6. 解は $x = x(t) = \dfrac{5}{3} + \dfrac{1}{3}e^{-3t}$ である。

検算のため，まず導関数を計算すると $x'(t) = -e^{-3t}$ となる。これから

$$[\text{式 (2.3.52a) の左辺}] = -e^{-3t} + 3\left(\frac{5}{3} + \frac{1}{3}e^{-3t}\right) = 5 = [\text{式 (2.3.52a) の右辺}]$$

が示されるので方程式 (2.3.52a) の等号が成立する。さらに

$$x|_{t=0} = \left.\left(\frac{5}{3} + \frac{1}{3}e^{-3t}\right)\right|_{t=0} = \frac{5}{3} + \frac{1}{3} = 2$$

なので初期条件 (2.3.52b) も満たしている。

8. 解 $w = w(t)$ のグラフは右の図のようになる。従属変数 w は，初期値 $w|_{t=0} = 3$ から出発し，単調に減少して，$t \to +\infty$ では固定点 1/2 に漸近する（これ以外の値に漸近していたら計算ミス）。

10. 速度勾配の符号 $\mathrm{d}u/\mathrm{d}y > 0$ を考慮して方程式 (2.3.54) を正規形に直すと

$$\frac{\mathrm{d}u}{\mathrm{d}y} = \frac{1}{\kappa y}\sqrt{\frac{\tau_0}{\rho}}$$

となる。これを y で積分し $u = \kappa^{-1}\sqrt{\tau_0/\rho}\,\log y + \text{const.}$ を得る[28, 第15章]。

§2-4 練習問題 (p. 97)

1. 解を式 (2.4.6) のように置いて方程式 (2.2.1) に代入すると，両辺の t^n の係数から，漸化式 $(n+1)a_{n+1} = a_n$ が得られる。これから

$$a_1 = a_0, \quad a_2 = \frac{a_1}{2} = \frac{a_0}{2}, \quad a_3 = \frac{a_2}{3} = \frac{a_0}{3 \times 2}, \quad a_4 = \frac{a_3}{4} = \frac{a_0}{4 \times 3 \times 2}, \quad \cdots$$

したがって

$$a_n = \frac{a_0}{n!}, \qquad y = a_0 \sum_{n=0}^{\infty} \frac{t^n}{n!} = a_0\left(1 + t + \frac{t^2}{2} + \cdots + \frac{t^n}{n!} + \cdots\right)$$

となる。係数 a_0 を別にすれば，これは $\exp(t)$ の Taylor 展開にほかならない。

3. 神保[56] の p. 22 および p. 30 を見よ。こうして，$(1+x)^\alpha$ の冪級数展開，すなわち 2 項定理を得る。

6. 式 (2.4.28) は，$x_n = \sin^2\phi_n$ と置くと

$$\sin^2\phi_{n+1} = \alpha\sin^2\phi_n\cos^2\phi_n = \frac{\alpha}{4}\sin^2 2\phi_n$$

と書ける。特に $\alpha = 4$ の場合には $\phi_n = 2^n\phi_0$ という等比数列の解をもつ。

7. ストロガッツ[49, §10.2] を見るか，カオスに関する適当な参考図書で "ロジスティック写像" というキーワードに該当する箇所を探してみよ。

3 2階の常微分方程式への序論

§3-1 練習問題 (p. 116)

3. 初期値問題の解は式 (3.1.8) のようになる。検算のため，導関数を計算すると

$$\frac{\mathrm{d}y}{\mathrm{d}t} = -g\,(t - t_*) + V_*, \qquad \frac{\mathrm{d}^2 y}{\mathrm{d}t^2} = -g$$

となり，方程式 (1.1.19) に代入すると左辺と右辺が等しくなる。さらに

$$y|_{t=t_*} = \left\{ -\frac{1}{2}\,g\,(t - t_*)^2 + V_*\,(t - t_*) + Y_* \right\}\Big|_{t=t_*} = Y_*$$

$$\frac{\mathrm{d}y}{\mathrm{d}t}\Big|_{t=t_*} = \{ -g\,(t - t_*) + V_* \}|_{t=t_*} = V_*$$

となって初期条件 (3.1.7) も満たしている。

なお，解の書き表し方は1とおりに決まるわけではなく，たとえば t の多項式の形で

$$y = -\frac{1}{2}gt^2 + (gt_* + V)t - \frac{1}{2}gt_*^2 - Vt_* + Y$$

などとしても差し支えない。どのような形で書いてあろうとも，方程式 (1.1.19) と初期条件 (3.1.7) を満たしていれば，それは解である。

> 一般に，同じ微分方程式と同じ初期条件を満たす解がいくつも見つかった場合，それらは同じ関数を異なる形で書いたものなのではないかと思うのが自然だろう。この期待は多くの場合には正しいのだが，反例が存在する。第5章の pp. 259–260 および参考図書を見てほしい。

4. この境界値問題の解は式 (3.1.10) で与えられる。検算については p. 103 を見よ。

6. Taylor 展開を用いると

$$\frac{f(t + 2\Delta t) - 2f(t + \Delta t) + f(t)}{\Delta t^2} = f''(t) + f'''(t)\Delta t + \cdots = f''(t) + O(\Delta t)$$

なので，$\Delta t \to 0$ では確かに $f''(t)$ になるが，有限の Δt に対しては $O(\Delta t)$ の誤差がある。この誤差は，式 (3.1.26) における誤差 $O(\Delta t^2)$ よりも大きい。

8. $\dfrac{r_{n+1} - 2r_n + r_{n-1}}{\Delta t^2} = \dfrac{1}{r_n^3}, \quad \left(\dfrac{\mathrm{d}x}{\mathrm{d}t}\right)^2 + x^2 = 1, \quad \dfrac{\mathrm{d}^2 y}{\mathrm{d}t^2} = 1 - \left(\dfrac{\mathrm{d}y}{\mathrm{d}t}\right)^2.$

§3-2 練習問題 (p. 130)

1. 固有値は 2 と -1. 求め方については pp. 121–123 を見よ。

2. 固有値は $\frac{1}{2}(1 + \sqrt{5})$ と $\frac{1}{2}(1 - \sqrt{5})$.

> 固有ベクトルの選び方には任意性がある（1とおりには決まらない）。任意性を除きたいなら「第2成分を1にせよ」とか「長さが1になるように」といった条件を追加する必要がある。そういう条件がない限り，自分が求めた固有ベクトルを模範解答と見比べるような "答え合わせ" は無意味だ。答え合わせをするには，得られたベクトルを固有値問題の式 (3.2.12) に代入し，左辺と右辺が等しくなるのを確かめればいい。なお，固有ベクトルはゼロではいけないという条件も忘れないように。

4. 固有値は $1 \pm 2\Delta t$ と求められ，以下のような解が得られる：

$$\begin{bmatrix} v_n \\ x_n \end{bmatrix} = C_1 (1 + 2\Delta t)^n \begin{bmatrix} 2 \\ 1 \end{bmatrix} + C_2 (1 - 2\Delta t)^n \begin{bmatrix} -2 \\ 1 \end{bmatrix} \qquad (C_1, C_2 \text{ は任意定数})$$

5. 前問の解において $\Delta t = t/n \to 0$ の極限を考えると

$$\begin{bmatrix} v_n \\ x_n \end{bmatrix} \to \begin{bmatrix} v \\ x \end{bmatrix} = \begin{bmatrix} v(t) \\ x(t) \end{bmatrix} = C_1 e^{2t} \begin{bmatrix} 2 \\ 1 \end{bmatrix} + C_2 e^{-2t} \begin{bmatrix} -2 \\ 1 \end{bmatrix}$$

となる。こうして得られる (v, x) は，連立差分方程式 (3.2.34) に対応する連立微分方程式

$$\frac{\mathrm{d}v}{\mathrm{d}t} = 4x, \qquad \frac{\mathrm{d}x}{\mathrm{d}t} = v$$

を満たすことが確認できる。

6. Fibonacci のウサギの問題と同じようにして解く。固有値は $5/2$ と -2 で，解は

$$\begin{bmatrix} x_n \\ y_n \end{bmatrix} = a \left(\frac{5}{2} \right)^n \begin{bmatrix} 2 \\ 1 \end{bmatrix} + b \, (-2)^n \begin{bmatrix} -5 \\ 2 \end{bmatrix} \qquad (a, b \text{ は定数})$$

のように書ける（固有ベクトルの選び方には任意性があるが a と b に吸収できる）。初期条件を $x_0 = 0, y_0 = 4$ とすると，定数は $a = 20/9$，$b = 8/9$ に決まる。

世代数 n が大きくなると，上記の解において，ふたつの固有値に対応する項の大きさの比は $(5/2)^n : (-2)^n = 1 : (-4/5)^n \to 1 : 0$ となり，絶対値が大きいほう（固有値 $5/2$）の寄与がほぼすべてを占めるようになる。半年後 ($n = 26$) の生物 X の数は

$$x_{26} \approx 2a \left(\frac{5}{2} \right)^{26} \approx 9.8 \times 10^{11}, \qquad y_{26} \approx a \left(\frac{5}{2} \right)^{26} \approx 4.9 \times 10^{11}$$

と概算され，合わせて約 1500 億匹となる。

8. 等比数列が収束するか否かは公比の絶対値が 1 より小さいか大きいかで決まることを思い出そう。薬 A の場合の固有値は 1.3 と -0.4 で，1 より大きい固有値が含まれるので，解は増大を続ける（つまり蔓延を防止できない）。薬 B の場合の固有値は 0.9 と -0.4 で，どちらの固有値も絶対値が 1 未満なので，解はゼロに収束する。

§3-3 練習問題 (p. 153)

3. $u = \frac{1}{4} F \left(a^2 - r^2 \right)$.

5. 変数は v と t だけであることに注意して式を整理する。定数 $\gamma = \pi B a \mu / (8m)$ は時間の -1 乗の次元，$\lambda = 2m/(A\rho S)$ は長さの次元をもつ。方程式 (3.3.63) は変数分離の方法で解くことができて，解は tanh を含む式で表される。

> このような，物理的な意味づけのはっきりしている問題では，係数が極端な値をとった場合の解の挙動について吟味する習慣をつけるとよい[42, p.36]。

4 線形同次な方程式

§4-1 練習問題 (p. 181)

_1._ 方程式 (2.2.1) の y に代入してみる。左辺と右辺が等しければ解である。

$y = Y_1$ を代入：[式 (2.2.1) の左辺] $= A\exp(t)$, [右辺] $= A\exp(t)$

$y = Y_2$ を代入：[式 (2.2.1) の左辺] $= \exp(t)$, [右辺] $= \exp(t) + B$

$y = Y_3$ を代入：[式 (2.2.1) の左辺] $= \exp(t + C)$, [右辺] $= \exp(t + C)$

$y = Y_4$ を代入：[式 (2.2.1) の左辺] $= D\exp(Dt)$, [右辺] $= \exp(Dt)$

条件を満たすのは Y_1 と Y_3 であり，$A = e^C$ とすれば両者は一致する。

> 方程式の特徴（対称性）と任意定数の現れ方の関係で言えば，任意定数が Y_1 のように係数の形で現れるのは線形同次な方程式の解に特有な形，Y_3 のように $t + C$ の形で現れるのは自律系の解に特有な形である。方程式 (2.2.1) は，この両方の特徴をもつ最も簡単な例となっている。

_3._ 方程式 (4.1.40) は線形同次で，一般解は $x = C_1\phi_1(t) + C_2\phi_2(t)$ の形に書ける。方程式 (4.1.41) は $+6$ という非同次項を含む線形非同次方程式，方程式 (4.1.42) は 2 次の非線形項をもつ非線形方程式であり，これらの方程式の一般解は（仮に求められたとしても）線形同次方程式のような $C_1\phi_1(t) + C_2\phi_2(t)$ の形にはならない。

_4._ 方程式 (2.2.16) と (2.3.44) は線形同次であり，任意定数が係数の形で現れるような解をもつ。方程式 (2.3.42) と (2.3.59) は線形非同次，方程式 (2.3.43) は非線形である。

> 方程式 (2.3.43) は $u = u(s)$ を未知数とする非線形 ODE だが，独立変数と従属変数の役割を入れ替えて $ds/du = u^{-2}$ と書き直すと $s = s(u)$ に対する線形非同次 ODE になる。どちらの書き方でも積分に持ち込むことができて，$s + C$ という自律系に特有の形で任意定数 C を含む解が得られる。

_8._ 線形同次なのは方程式 (4.1.48) だけだが，方程式 (4.1.48) は指数関数を解にもたないので，条件に該当するものはない。

> 方程式 (4.1.49) は $y = e^{\alpha t}$ という解をもつけれども，だからといって (C_1, C_2) を任意定数として $y = C_1\exp(\alpha_1 t) + C_2\exp(\alpha_2 t)$ の形で一般解が得られるわけではないので，これも該当しない。

_12._ 非同次項が $2\cosh 3x = e^{3x} + e^{-3x}$ の場合，$q = q_1(x) + q_2(x)$ を代入すると

$$[式 (2.3.56) の左辺] = \frac{\mathrm{d}}{\mathrm{d}x}\{q_1(x) + q_2(x)\} + 3\{q_1(x) + q_2(x)\} = e^{3x} + e^{-3x} = [右辺]$$

なので，これで特解になっている。非同次項が $6\sinh 3x = 3e^{3x} - 3e^{-3x}$ の場合の考え方もこれと同じで，$q = 3q_1(x) - 3q_2(x)$ が特解となる。

_13._ 解の基底を $\{\mu^n\}_{n=0,1,2,\dots}$ と推測し，代入して整理すると

$$(\mu^3 - 5\mu^2 - 4\mu + 20)\mu^{n-2} = 0 \qquad したがって \quad \mu = \begin{cases} 5 \\ 2 \\ -2 \end{cases}$$

となる（非自明解を求めたいのだから $\mu \neq 0$ である）。
解の基底の線形結合により $a_n = 5^n A + 2^n B + (-2)^n C$ を得る（A, B, C は任意定数）。

15. 一般解 $F = Ar + B/r$ の任意定数 A, B を境界条件に応じて決める。前者の境界条件では $F = aF_0/r$，後者の境界条件では $F = Ur - a^2U/r$ となる。

§4-2 練習問題 (p. 206)

5. 平方完成して解くか，2次方程式の根の公式を用いるかして $p = -\dfrac{1}{2} \pm \dfrac{\sqrt{3}}{2}\mathrm{i}$ を得る。絶対値は 1，偏角は $\pm120°$（$= \pm\frac{2}{3}\pi$）。

6. $z_0 = 1$ から始めると以下のようになる：

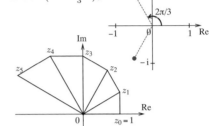

$$z_1 = 1 + \frac{\mathrm{i}}{\sqrt{3}} \qquad\quad = \quad 1.0000 + 0.5774\,\mathrm{i}$$
$$z_2 = \frac{2}{3} + \frac{2\mathrm{i}}{\sqrt{3}} \qquad = \quad 0.6667 + 1.1547\,\mathrm{i}$$
$$z_3 = \frac{8\mathrm{i}}{3\sqrt{3}} \qquad\qquad = \qquad\quad\; + 1.5396\,\mathrm{i}$$
$$z_4 = -\frac{8}{9} + \frac{8\mathrm{i}}{3\sqrt{3}} \;= -0.8889 + 1.5396\,\mathrm{i}$$
$$z_5 = -\frac{16}{9} + \frac{16\mathrm{i}}{9\sqrt{3}} = -1.7778 + 1.0264\,\mathrm{i}$$

§4-3 練習問題 (p. 224)

6. 固有値問題を経由するか，解の基底を $I \propto e^{\alpha t}$ と置くかして，α の2次方程式に帰着させる。解の様子は判別式の符号に応じて異なる。もし $R < 2\sqrt{LC}$ ならば解は振動し，$R > 2\sqrt{LC}$ なら，ほぼ振動せずに指数関数的に減衰する。

8. 境界条件を満たす解は，$\alpha = \sqrt{2\nu/\omega}$ として $F = e^{-\alpha y}(\cos\alpha y - \mathrm{i}\sin\alpha y)$ となる。

§4-4 練習問題 (p. 233)

2. 判別式がゼロになるのは $\mu = \pm 4$ の場合であり，一般解は，C_1, C_2 を任意定数として $y = (C_1 + C_2 t)\,e^{\mp 2t}$ と書ける（複号同順）。

4. 方程式 (2.2.1) と同様の方法 (p. 326) で解く。そうして得られる $e^{\mathrm{i}\omega t}$ の冪級数展開については，マオール[9, 第13章] の p. 213 や神保[56] の冒頭部分を見よ。

5. 式 (4.4.18) で $m = 2$ の場合を考えると $\mu = 6$ に決まる。この場合の2次多項式の解は $z = b_0(1 - 3z^2)$ で，b_0 はゼロでない任意定数（もし $u|_{z=1} = 1$ という条件を課すなら $b_0 = -1/2$ に決まる）。

6. 式 (4.4.20) のように置いて方程式 (4.4.23) に代入した場合，r^{-2} の係数をゼロにするには $c_0 = 0$ とするしかなく，残りの係数もすべてゼロになって，自明解しか得られない。置き方を式 (4.4.24) のように修正すると，$r^{-2+\alpha}$ の係数から $(\frac{1}{4} - \alpha + \alpha^2)c_0 = 0$ という式が得られる。非自明解を得るためには $c_0 \neq 0$ であるべきで，そのためには，条件式 $\frac{1}{4} - \alpha + \alpha^2 = 0$ が成り立つように α を決めればいいことが分かる。これから $\alpha = 1/2$ に決まり，あとは c_0 を任意定数として計算を進めていけばいい。

8. 解は Bessel 関数 $J_0(r)$ である。冪級数によるその表示は，稲岡[4, p.102] やクライツィグ[1, p.230] など，多くの本に載っている。

5   線形同次でない方程式

§5-1 練習問題 (p. 256)

<u>5.</u> 非同次特解 y_p を指数関数で推測すると $y_\mathrm{p} = \dfrac{1}{1-\beta} e^{-\beta t}$ が見つかるけれども，このままの形で $\beta \to 1$ とすると y_p は発散する。

発散を防ぐため，初期条件 $y|_{t=0} = y_0$ を課し，$y = \dfrac{e^{-\beta t}}{1-\beta} + \left(y_0 - \dfrac{1}{1-\beta}\right) e^{-t}$ という別の特解を考える。すると $\beta \to 1$ では

$$y = y_0 e^{-t} + \frac{e^{-\beta t} - e^{-t}}{1-\beta} \to (y_0 + t)e^{-t} \qquad (\beta \to 1)$$

となる。こうして得られた $(y_0 + t)e^{-t}$ は，確かに $\beta = 1$ の場合の解になっている。

<u>8.</u> $x = \left(1 + \tfrac{1}{2}t\right) e^{-t} + \tfrac{1}{2}\sin t$

<u>12.</u> 対応する同次方程式 (3.3.66) が Euler–Cauchy 型なので，$g = r\,\mathrm{d}f/\mathrm{d}r$ と置いて

$$r \frac{\mathrm{d}}{\mathrm{d}r} \begin{bmatrix} f \\ g \end{bmatrix} = \begin{bmatrix} 0 & 1 \\ 1 & 0 \end{bmatrix} \begin{bmatrix} f \\ g \end{bmatrix} + \begin{bmatrix} 0 \\ r^2 e^{-r} \end{bmatrix}$$

という 1 階の形にする。続いて，同次方程式の解に基づく定数変化法により，

$$\begin{bmatrix} f \\ g \end{bmatrix} = a(r) \begin{bmatrix} r \\ r \end{bmatrix} + b(r) \begin{bmatrix} r^{-1} \\ -r^{-1} \end{bmatrix} = \begin{bmatrix} r & r^{-1} \\ r & -r^{-1} \end{bmatrix} \begin{bmatrix} a(r) \\ b(r) \end{bmatrix} \quad \left(\begin{bmatrix} a(r) \\ b(r) \end{bmatrix} \text{は新たな未知数}\right)$$

と置いて代入し，導関数について解くと $a'(r) = \tfrac{1}{2}e^{-r}$, $b'(r) = -\tfrac{1}{2}r^2 e^{-r}$ となる。これを積分し，もとの変数に戻して $f = (1 + r^{-1})\, e^{-r} + [$同次方程式の解$]$ を得る。

§5-2 練習問題 (p. 289)

<u>4.</u> 左辺が判定条件 (5.2.26) を満たすなら完全微分方程式である。最初のふたつは条件を満たし，$-\tfrac{1}{2}x^2 - xy + \tfrac{1}{2}y^2 = \mathrm{const.}$ および $xy = \mathrm{const.}$ の形で解が得られる。

<u>5.</u> 速度場 (u, v) が式 (1.3.39′) を満たすのは $u\,\mathrm{d}x + v\,\mathrm{d}y = \mathrm{d}\Phi$ と同値であり，そのような Φ が存在するか否かの判定条件は式 (5.2.26b) で与えられる。他方，式 (5.2.23′) は $-v\,\mathrm{d}x + u\,\mathrm{d}y = \mathrm{d}\Psi$ と同値で，そのような Ψ の存在は条件式 (5.2.26a) で判定できる。

式 (5.2.89) で与えられる速度場は，式 (5.2.26b) を満たさないので，式 (1.3.39′) の形では表せない。他方，この速度場は式 (5.2.26a) を満たすので，式 (5.2.23′) の形で表せるはずだ。実際，$r = r(x, y) = \sqrt{x^2 + y^2}$ として

$$\Psi = \Psi(r) = \kappa \int \frac{e^{-\alpha r^2} - 1}{r}\,\mathrm{d}r$$

という不定積分の形で Ψ を求めれば，式 (5.2.23′) により速度場 (5.2.89) が再現される。

流体力学では，式 (5.2.26a) を非圧縮条件，式 (5.2.26b) を非回転条件あるいは渦なし条件と呼ぶ。

<u>6.</u> 方程式 (5.2.90) に $\dot{x}$ を掛けて変形すると

$$\frac{\mathrm{d}}{\mathrm{d}t}\left(\frac{1}{2}\dot{x}^2 + 2e^{-2x}\right) = 0 \quad \text{すなわち} \quad \frac{1}{2}\left(\frac{\mathrm{d}x}{\mathrm{d}t}\right)^2 + 2e^{-2x} = E$$

が得られる（ここで E は任意定数）．これは変数分離の方法で解けて，解は，たとえば

$$x = \log\frac{2\cosh\left(\sqrt{2E}\,t + D\right)}{\sqrt{2E}} \qquad (D \text{ は新たな任意定数})$$

と書ける．同様に，方程式 (5.2.91) のエネルギー積分で得られる $\frac{1}{2}\dot{y}^2 + \frac{1}{2}(y-1)^2 = E$ を変数分離の方法で解き，$y = 1 + \sqrt{2E}\,\sin(t + D)$ を得る．

> 転回点で特異解が紛れ込むが，もとの方程式に代入しても等号が成立しないので偽の解として却下する．

<u>7.</u> どれも同じ方針で解けるので最初の例で説明する．まずエネルギー積分の段階で初期条件を用いて定数を決め，$\frac{1}{2}\dot{x}^2 - \frac{1}{3}x^3 + \frac{3}{2}x = \frac{9}{2}$ を得る．これを $\dot{x}$ について解くと

$$\dot{x} = \pm\sqrt{\frac{(x-3)^2(2x+3)}{3}} = \pm(3-x)\sqrt{\frac{2x+3}{3}} \quad \left(-\frac{3}{2} \le x \le 3 \text{ と仮定}\right)$$

となり，これから変数分離の方法により（もちろん初期条件を考慮して）

$$\log\frac{3 - \sqrt{2x+3}}{3 + \sqrt{2x+3}} = \pm\sqrt{3}\,t \quad \text{したがって} \quad x = -\frac{3}{2} + \frac{9}{2}\tanh^2\frac{\sqrt{3}\,t}{2}$$

という解が得られる．この解は方程式と初期条件を満たすことが確認できるし，途中でおこなった x の範囲についての仮定とも矛盾しない．

　残る 2 つの問題も似たような方針で解けて，解は，たとえば次のように書ける：

$$\phi = \tanh^{-1}(\tan t), \qquad q = \frac{1}{2}\log\frac{\sqrt{2}\exp(4\sqrt{2}\,t) + 4 - 3\sqrt{2}}{\exp(4\sqrt{2}\,t) + 3 - 2\sqrt{2}}$$

> 解の書き方は 1 とおりには決まらないので，解答例と見比べる答え合わせは無意味であり，正解か否かの判断は代入による検算に懸かっている．特に，途中で $\pm\sqrt{}$ が現れる場合など，どの分枝を選ぶべきか迷うことがあるが，最終的に方程式と初期条件が満たされるなら，それが正解である．

<u>8.</u> 問題文中に示されている方法で，エネルギー保存と角運動量保存の式が，それぞれ

$$\frac{\mathrm{d}}{\mathrm{d}t}\left\{\frac{1}{2}m\left(\dot{x}^2 + \dot{y}^2\right) - \frac{mMG}{\sqrt{x^2 + y^2}}\right\} = 0, \qquad \frac{\mathrm{d}}{\mathrm{d}t}\left\{m\left(x\dot{y} - y\dot{x}\right)\right\} = 0$$

という形で導かれる．

<u>10.</u> 指数を $a = 2/3$ とし，変数変換 $w = kL^3\,(>0)$ により式 (5.2.96) を L の方程式に書き直すと，$\mathrm{d}L/\mathrm{d}t = \frac{1}{3}k^{-1/3}P - \frac{1}{3}QL$ という線形非同次 ODE になる．これを解いて $L = L(t)$ を求めたあと，従属変数を w に戻せばいい．

<u>12.</u> 日野[28, 第12章] および巽[24, §15-2-4] を参考にせよ．

あとがき

　かなり分厚くなってしまったこの本を，ここまでお読みいただき，どうもありがとうございます。

　この本の内容は，筆者の所属する大学の学科（2014 年まで鳥取大学工学部応用数理工学科，2015 年からは改組により機械物理系学科）で 1 年後期の学生を対象に行ってきた常微分方程式の授業の資料に基づいています。応用数理工学科時代の講義ノートと演習プリントをもとに，2017 年から作り始めた講義用の配布資料が，この本の原型です。

　第 0 章に書いたこととも重なりますが，この講義での私の一貫した問題意識は，力学をはじめとする物理を使いこなすための基本スキルとして微分方程式を習得できるようにするにはどうしたらいいのか，という点にありました。高校物理が数学との連携を封じられ，その制約のために不自由を強いられているという嘆きは多くの方々が既に書かれているとおりなのですが，大学に入ってその制約がなくなったからといって急に数学が使えるようになるはずもありません。そこには，やはり，工夫して埋めなければならない高校大学間ギャップがあるようです。力学演習で微分方程式が解けずに苦労している学生の様子を見ていて特に痛切に感じたのは，力学の教科書に書いてある "時間を Δt 刻みで進めながら考えれば初期位置と初速度から全てが決まるでしょう" という趣旨の説明と，高校で習ってきたはずの微分や積分の計算が，学生のなかでは，まったく噛み合っていないらしいことでした。

　このギャップを埋める教科書がほしい，と思ったのが，この本の原型となった講義用の配布資料を自分で書き始めた主な動機でした。

　もし，この本に何か類書と違う特徴があるとすれば，この動機ゆえの試みとしてご理解いただけるのではないかと思います。まず，この本では，微分と差分の対応を強調しました。たとえば，原始関数を計算する話のなかに微分方程式と差分方程式を対応づける図式が出てきたり，差分による数値解法が変数分離の方法よりも前に登場したりします。指数関数 exp は等比数列の連続極限として定式化し，有名な Euler の公式もその方針で（複素等比数列に対する de Moivre の公式の連続極限として）導出します。こういう考え方に親しむことで，力学などの具体的な状況での "微分の意味" を把握する助けとなるなら，筆者の狙いのひとつは達成されたことになります。

　さらに，第 0 章に書いたように，鉛直投射から最適制御まで，さまざまな応用

例を紹介するようにしました。言い換えれば「この方程式は，解けるから載っているだけで，何に使うのか分からない」という印象を与えるのをなるべく避けるように努めました。

　答え合わせは自力で行うこと，模範解答に頼らずに代入して検算することを説いているのも，この本の特徴かと思います。他方，差分と微分を素朴に対応づけている都合もあって，数学的な厳密さにはこだわらない，良くも悪くも応用数学的な書き方になりました。たとえば解の一意性の証明などは与えていません。むしろ，解の書き方が一意的でないことを強調しています。

　そのほかにも，学生の皆さんからの質問や疑問とか，板書で印象に残った箇所や分かりにくい箇所の指摘とか，そういったものがこの本のあちこちに反映されています。過去に受講された方々のお名前を個別に挙げるべくもありませんが，この場を借りて，お礼申し上げます。授業の実施に際しては，そのほか音田哲彦先生・榊原寛史先生をはじめとして，鳥取大学工学部応用数理工学科・機械物理系学科の多くの先生方にお世話になりました。さらに，2018 年 8 月の教員免許状更新講習で私の拙い授業を聴講してくださいました中学校や高校の先生方にも，心より感謝申し上げます。

　応用数理工学科時代に筆者の講義を受講された村山達宣さんは，当時から味わいのある絵を描かれていたので，講義の内容が本になった暁には挿絵を描いていただく約束をしました。それから十年以上の年月を経て，こうしてお互いに約束を果たすことができたのは嬉しい限りです。どうもありがとうございます。

　なお，この本で扱った常微分方程式の応用例のうち，建物の制振に関しては鳥取大学の谷口朋代先生に，化学反応速度の実験に関しては同じく鳥取大学の片田直伸先生に，それぞれご教示いただきました。鳥取大学工学部機械物理系学科の中谷真太朗先生・本宮潤一先生，京都大学の櫻間一徳先生，大阪公立大学の岩佐貴史先生には，原稿執筆途中での筆者からの問い合わせに快く応じていただき，たいへん貴重な助言を受けることができました。厚く感謝いたします。もちろん，もし，いただいた助言を誤解して間違ったことを書いている箇所があったならば，それはすべて筆者の責任です。

　最後になりましたが，この本の出版を勧めてくださいました学習院大学の田崎晴明さんと，企画当初から 2 年半以上にわたって辛抱強く丁寧にご支援くださいました亀書房の亀井哲治郎さんに，深く感謝いたします。

大信田 丈志

索引

大信田丈志（おおしだ・たけし）

略歴

1970 年　岩手県盛岡市に生まれる。

1993 年　京都大学理学部を卒業し，大学院理学研究科に進学。

2000 年　博士（理学）を取得。

1997 年より鳥取大学工学部に勤務。

現在は工学部機械物理系学科複雑系数理工学研究室に所属する。助教。

専門は流体物理学。人間の感覚により近いスケールでの "万物の理論" に興味がある。

趣味は外国語学習と作曲・編曲。

著書は今回がデビュー作。

じょう び ぶんほうていしきにゅうもん
常 微分方程式 入門 —— 物理を使うすべての人へ

2022 年 10 月 25 日　第 1 版第 1 刷発行

著　者·······················大信田丈志 ⓒ
　　　　　　　　　　　　おおし だたけし

発行所·······················株式会社 日本評論社
　　　　　　　　　　〒170–8474　東京都豊島区南大塚 3–12–4
　　　　　　　　　　TEL：03–3987–8621［営業部］　　https://www.nippyo.co.jp/

企画・制作·····················亀書房［代表：亀井哲治郎］
　　　　　　　　　　〒 264–0032　千葉市若葉区みつわ台 5–3–13–2
　　　　　　　　　　TEL & FAX：043–255–5676　　E-mail：kame-shobo@nifty.com

印刷所·······················三美印刷株式会社
製本所·······················株式会社難波製本
装　訂·······················銀山宏子
イラスト·······················村山達宣（カバー・本扉・本文）
組版・図版·····················大信田丈志

ISBN 978–4–535–79832–8　　Printed in Japan